합격Easy
산업위생관리
기사·산업기사 실기

2025

- ✓ 중복 소거한 서술형과 계산형으로 구분된 문제 수록
- ✓ 최신 기출복원문제 제공(2022~2023년)
- ✓ 문제의 출제빈도를 통한 효율적인 학습
- ✓ <2024 산업안전보건법> 최근 개정 법령 해설에 반영

신은상 저

기출복원문제 해설
동영상 강의 무료 제공

과년도 기출문제
무료 제공

저자가 직접 답변하는
학습지원센터 운영

 학습지원센터
https://cafe.naver.com
/sandangi
네이버 카페 산단기

산업위생관리기사·산업기사 실기
합격을 위한 Easy 가이드

STEP 1 | 합격이지 산업위생관리기사·산업기사 실기 교재 인증

① QR 코드로 [도서인증 | 산위산기] 빠른 이동
② [글쓰기] 클릭
③ 양식에 맞춰 글 작성

STEP 2 | 합격이지 산업위생관리기사·산업기사 실기 무료 강의

① QR 코드로 [산업위생 실기(해설 강의)] 빠른 이동
② 합격이지 산업위생관리기사·산업기사 실기의 **무료 강의**로 모두 다함께 학습!

STEP 3 | 산업위생관리기사·산업기사 과년도 기출문제

① QR 코드로 [산업위생 과년도 기출(실기)] 빠른 이동
② 원하시는 년도를 클릭하여 문제를 다운받으세요.
③ 풀이 후 궁금한 점이 있으면, STEP 4에 저자의 즉문즉답에 질문 남기기

STEP 4 | 합격이지 산업위생관리 저자 즉문즉답

① 학습지원센터에서 저자가 답변하는 즉문즉답
② 저자가 참여하는 오픈 카카오톡으로 정보공유 및 실시간 답변
※ 카카오톡에 '합격이지 산업위생' 검색

합격Easy
산업위생관리기사·산업기사 실기

🔒 교재 인증[등업] 방법

01 산단기 학습지원센터 카페에 가입
(https://cafe.naver.com/sandangi)
02 아래 공란에 닉네임 기입 후 **QR 코드 촬영**
03 글 양식에 맞춰 게시글 작성하고 이후 등업 확인

카페 닉네임

- 중고도서 지운 흔적 등 중복기입(인증) 불가
- 볼펜, 네임펜 등 지워지지 않는 펜으로 크게 기입

주의 사항

- ✓ 교재 인증 시 글 양식에 맞춰야 등업이 가능하니 꼭 글 양식에 맞춰 작성해 주세요.
- ✓ 카페 내 공지사항은 반드시 필독해 주세요!
- ✓ 카페 닉네임 변경 시 등급 변경에 대한 불이익을 받을 수 있습니다.

산업위생관리기사·산업기사 실기에 대한 출제 기준은 작업장 및 실내 환경의 쾌적한 환경 조성과 근로자의 건강 보호와 증진을 기초로 합니다.

산업위생관리기사·산업기사는 작업장 및 실내 환경 내에서 발생하는 화학적, 물리적, 생물학적, 그리고 기타 유해 요인에 관한 환경측정, 시료 분석 및 평가를 통하여 유해 요인의 노출 정도를 분석·평가하고, 그에 따른 대책을 제시하고, 산업 환기 점검, 보호구 관리, 공정별 유해인자 파악 및 유해 물질 관리 등을 실시하며, 보건교육 훈련, 근로자의 보건관리 업무를 통하여 환경 시설에 대한 보건 진단 및 개인에 대한 건강진단 관리, 건강증진, 개인 위생 관리 업무를 수행하는 직무를 말합니다.

실기 과목의 직무 내용에 따라 실기 문제집을 준비하면서 어려웠던 점은 산업인력공단에서 실시하는 산업위생관리기사·산업기사 실기의 문제는 원칙적으로 공개가 되지 않으므로 수험생의 기억에 의존하여 작성하였다는 것입니다. 저자의 판단에 따라 기존에 나와 있는 문제집과의 차별화를 위해 수험생의 준비 과정에 좀 더 적극적으로 도움을 주고자 문제 형식을 서술형과 계산형으로 구분하여 다음과 같이 작성하였습니다.

▶ PART I. 서술형 문제

서술형 문제의 특징은 문제별 배점에 따른 부분 점수가 부여되기 때문에 가장 확실한 정답 순으로 답안지를 작성하여야 한다는 것입니다.

만약 3가지를 작성하는 문제에서 4가지 이상을 작성하여도 3가지 이외에는 채점 대상에 포함되지 않기 때문에 해당 문제의 가장 적절한 정답을 찾아내어 작성하는 것이 키포인트입니다.

▶ PART II. 계산형 문제

계산형 문제의 특징은 부여된 점수를 받든지 아니면 0점이기 때문에 확실한 점수 획득을 하여야 한다는 것입니다. 또한, 대부분 문제가 질문 자체에 단위를 부여하고 있기 때문에 문제에 따른 공식, 풀이 과정, 정답 순으로 작성하고 최종적으로 단위를 반드시 확인하면서 계산 과정을 다시 한 번 반드시 검산하여야 하는 과정을 수행하여야 실수를 방지할 수 있습니다.

▶ PART III. 기출복원문제

최근 2년간의 기사 기출문제를 중심으로 수험생의 기억에 의존해야 하는 한계점이 있었지만, 최대한 원본 문제에 가깝게 복원하여 수록하였습니다.

최종적으로 저자가 본서의 편집 과정에서 꼼꼼히 살핀 것은 문제집에 적시된 문항마다 기출된 기사, 산업기사 대비 문제를 표기하였으며 아울러 출제 빈도도 별표(☆)를 하여 최다 출제 경향이 있는 문제는 5개로, 출제 경향이 다소 떨어지는 문제는 최소 1개로 정리하였다는 것입니다.

지난 14년간(2010년~2023년)의 기출문제를 살펴본 결과 유형별로 유사한 문제가 자주 나타나 수험생의 반복 연습을 통한 이해도가 높아질 것으로 예상되어 완전히 겹치지 않는 한 문제화시켰다는 것입니다. 특히 [계산형 문제] 같은 경우는 동일한 공식에 주어진 숫자만을 변경하여 출제하는 경향이 자주 나타나므로 자주 나오는 공식을 일목요연하게 정리해 두었으니 반복 학습한다면 합격에 큰 도움이 되리라고 생각합니다.

끝으로 문제집이 발간되기까지 물심양면으로 도움을 주신 '미디어몬'의 정재철 대표님과 도서출판 건기원 관계자분들께 진심에서 우러나오는 감사의 말씀을 전해드립니다.

저자 씀

차례

PART I 서술형 문제

CHAPTER 1 작업환경 측정 및 평가

1. 입자상 물질을 측정, 평가하기 ·· 10
2. 유해물질 측정, 평가하기 ·· 22
3. 소음·진동을 측정, 평가하기 ·· 45
4. 극한온도 등 유해인자를 측정, 평가하기 ······························ 50
5. 산업위생통계에 대하여 기술하기 ······································ 59

CHAPTER 2 작업환경 관리

1. 입자상 물질의 관리 및 대책을 수립하기 ······························ 66
2. 유해화학물질의 관리 및 평가하기 ···································· 74
3. 소음·진동을 관리하고 대책 수립하기 ································· 97
4. 산업 심리에 대하여 기술하기 ·· 102
5. 노동 생리에 대하여 기술하기 ·· 104

CHAPTER 3 환기 일반

1. 유체역학에 대하여 기술하기 ··· 110
2. 환기량 및 환기방법에 대하여 기술하기 ······························· 114
3. 기온, 기습, 압력, 유속, 유량에 대하여 기술하기 ···················· 119

CHAPTER 4 전체 환기

1. 전체 환기에 대하여 기술하기 ·· 120
2. 전체 환기시스템의 점검 및 유지관리하기 ····························· 124

차례

CHAPTER 5 국소 환기

1. 후드에 대하여 기술하기 ····· 128
2. 덕트에 대하여 기술하기 ····· 141
3. 송풍기에 대하여 기술하기 ····· 149
4. 국소 환기시스템 설계, 점검 및 유지관리하기 ····· 158
5. 공기정화에 대하여 기술하기 ····· 176

CHAPTER 6 산업안전보건법률 관련 및 작업관리

1. 산업안전보건법률 관련 ····· 192
2. 작업부하 관리 ····· 194
3. 교대제 ····· 197
4. 개인보호구 관리 ····· 198
5. 근골격계질환 예방관리프로그램 운영 ····· 201
6. 건강관리 ····· 205

PART II 계산형 문제

CHAPTER 1 작업환경 측정 및 평가

1. 입자상 물질을 측정, 평가하기 ····· 212
2. 유해물질 측정, 평가하기 ····· 215
3. 소음·진동을 측정, 평가하기 ····· 230
4. 극한온도 등 유해인자를 측정, 평가하기 ····· 236
5. 산업위생통계에 대하여 기술하기 ····· 237

CHAPTER 2 작업환경 관리

1. 입자상 물질의 관리 및 대책을 수립하기 ····· 250
2. 유해화학물질의 관리 및 평가하기 ····· 254
3. 소음·진동을 관리하고 대책 수립하기 ····· 258
4. 노동 생리에 대하여 기술하기 ····· 264

CHAPTER 3 환기 일반

1. 유체역학에 대하여 기술하기 ·········· 266
2. 환기량 및 환기방법에 대하여 기술하기 ·········· 279

CHAPTER 4 전체 환기

1. 전체 환기 일반 ·········· 290
2. 전체 환기시스템의 점검 및 유지관리하기 ·········· 296

CHAPTER 5 국소 환기

1. 후드에 대하여 기술하기 ·········· 300
2. 덕트에 대하여 기술하기 ·········· 318
3. 송풍기에 대하여 기술하기 ·········· 329
4. 국소 환기시스템 설계, 점검 및 유지관리하기 ·········· 337
5. 공기정화에 대하여 기술하기 ·········· 338

CHAPTER 6 산업안전보건법률 관련 및 작업관리

1. 작업부하 관리 ·········· 342
2. 개인보호구 관리 ·········· 343
3. 근골격계질환 예방관리프로그램 운영 ·········· 346

PART III
기출복원문제
(산업위생관리기사)

- 2022년 제1회 기출복원문제 ·········· 352
- 2022년 제2회 기출복원문제 ·········· 359
- 2022년 제3회 기출복원문제 ·········· 367
- 2023년 제1회 기출복원문제 ·········· 376
- 2023년 제2회 기출복원문제 ·········· 384
- 2023년 제3회 기출복원문제 ·········· 392
- 2024년 제1회 기출복원문제 ·········· 401
- 2024년 제2회 기출복원문제 ·········· 410
- 2024년 제3회 기출복원문제 ·········· 420

산업위생관리
기사·산업기사 실기
기출 및 예상문제집

PART I

서술형 문제

- **CHAPTER 1** 작업환경 측정 및 평가
- **CHAPTER 2** 작업환경 관리
- **CHAPTER 3** 환기 일반
- **CHAPTER 4** 전체 환기
- **CHAPTER 5** 국소 환기
- **CHAPTER 6** 산업안전보건법률 관련 및 작업관리

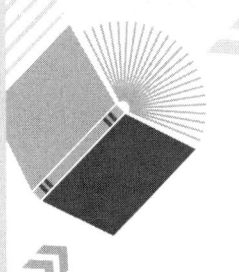

작업환경 측정 및 평가

1 입자상 물질을 측정, 평가하기

학습 개요 | 기사·산업기사 공통

1. 분진 흡입에 대한 인체의 방어기전, 분진의 크기 표시 및 침강 속도, 입자별 크기에 따른 노출기준, 채취 여과지의 종류와 특성 및 작업종류에 따른 입자상 유해물질에 대하여 기술할 수 있다.
2. 입자상 물질의 측정방법을 알고 평가할 수 있다.

기사 출제빈도 ★★

01 작업환경측정 대상 분진을 5가지 적으시오.

해답
1) 광물성분진(석영, 크로스토발라이트, 트리디마이트 등의 규산, 운모, 포틀랜드 시멘트, 소프스톤, 활석, 흑연 등의 규산염)
2) 곡물분진
3) 면분진
4) 목분진(연목, 강목)
5) 용접 흄
6) 유리섬유

참고 분진의 종류별 노출기준
1) 1종 분진: 유리규산(SiO_2) 30[%] 이상의 분진(활석, 납석, 알루미늄, 황화광), 노출기준 2[mg/m^3]
2) 2종 분진: 유리규산(SiO_2) 30[%] 미만의 분진(산화철, 카본블랙, 활성탄), 노출기준 5[mg/m^3]
3) 3종 분진: 유리규산(SiO_2) 1[%] 이하의 분진(알파알루미나, 알루미늄 금속), 노출기준 10[mg/m^3]
4) 기타 분진
   (1) 석면(길이 5[μm] 이상) 모든 형태, 노출기준 0.1[개/cm^3]
   (2) 면분진(cotton dust), 노출기준 0.2[mg/m^3]
   (3) 소프스톤(soap stone), 노출기준 6[mg/m^3]

📝 유리섬유(glass fiber)
주로 규산염으로 이루어진 무기물 계열의 섬유상 물질로 유리를 섬유처럼 가늘게 뽑은 물질이다. 유리섬유도 분말을 흡입하면 일시적으로 기침과 같은 증세가 나타날 수는 있고, 폐에 침투하여 악성중피종 같은 무서운 질병을 일으키는 석면과는 비교할 수 조차 없을 만큼 안전한 물질이라고 해서 석면 대용으로 많이 사용하고 있다.

기사·산업 출제빈도 ★★★☆

02 미국정부산업위생전문가협의회(ACGIH)/국제표준기구(ISO)/유럽표준화위원회(CEN)의 통합기준에서 인체 침투 입자별 크기에 따라 분류하시오.

해답
1) 흡입성 입자상 물질(IPM, Inhalable Particulate Matters): 비강, 인·후두, 기관 등 호흡기에 침착 시 독성을 유발하는 분진으로 평균 입경은 100[μm]이다.
2) 흉곽성 입자상 물질(TPM, Thoracic Particulates Matters): 기도, 하기도(기관지)에 침착하여 독성을 유발하는 물질로 평균입경은 10[μm]이다.
3) 호흡성 입자상 물질(RPM, Respirable Particulates Matters): 가스교환 부위인 폐포에 침착 시 독성을 유발하는 분진으로 진폐증의 원인물질이며, 평균입경은 4[μm]이다.

미국산업위생전문가협의회(ACGIH, American Conference of Governmental Industrial Hygienists)
작업장 노동자들의 안전을 확보하기 위하여 산업위생의 전문가들에게 여러 가지 교육 활동을 지원하는 미국의 정부 기관으로 미국의 직업 및 환경 보건 매년 노출 허용기준(TLV)을 설정하고 있으며, TLV에 대한 검토를 진행하는 과정에서 물질별로 발암성을 구분하여 분류한다.

기사 출제빈도 ★★★☆

03 입자상 물질의 물리적 직경을 3가지로 구분하고 설명하시오.

해답
1) 마틴직경(Martin's diameter): 입자상 물질의 면적을 2등분한 선의 길이이다. 선의 방향은 일정해야 한다. 과소평가할 수 있는 단점이 있다.
2) 페렛직경(Feret's diameter): 입자상 물질의 한쪽 끝 가장자리와 다른 쪽 끝 가장자리 사이의 거리로서 과대평가할 가능성이 있다.
3) 등면적직경(투영면적경): 입자상 물질의 면적과 동일한 면적을 가진 원의 직경으로서, 가장 정확한 직경이라고 인정받고 있다.

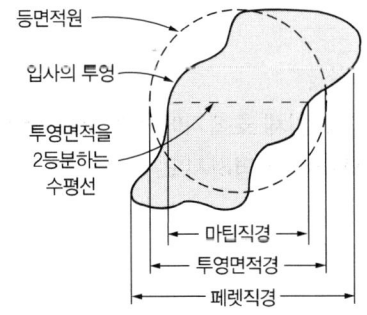

산업 출제빈도 ✩✩✩✩

04 다음 그림은 입자상 물질의 형상을 나타낸 것이다. 각각의 명칭을 적으시오.

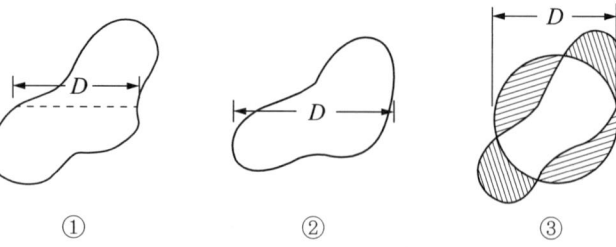

①   ②   ③

해답
① 마틴직경(Martin's diameter)
② 페렛직경(Feret's diameter)
③ 등면적직경(projected area diameter)

기사 출제빈도 ✩✩✩✩✩

05 공기역학적 직경에 대해서 서술하시오.

해답
공기역학적 직경(유체역학적 직경, aerodynamic(equivalent) diameter): 대상 먼지와 침강속도가 같고, 밀도가 1 [g/cm³]이며, 구형인 먼지의 직경으로 환산한다. 산업위생 분야에서는 이 공기역학적 직경을 사용한다.

산업 출제빈도 ✩✩

06 분진흡입으로 인체 호흡기에 침착하는 작용기전과 폐에 침착된 분진의 역할에 대하여 설명하시오.

해답
1) 작용기전: 입자상 물질이 호흡기 내에 침투하는 데는 충돌(impaction), 중력침강(gravitation deposition), 확산(diffusion), 간섭(interception) 및 정전기 침강(electrostatic deposition) 등 5가지 메커니즘이 관여한다.

(1) **상기도 부위**: 비강에서 인두 사이의 영역으로 코에서는 충돌과 침강에 의해, 입과 후두에서는 충돌에 의해 입자가 퇴적된다. 제거입경은 10[μm] 이상이다.

(2) **기도, 기관지 부위**: 기관지는 16단계까지 2분되어 있어 처음 단계에서는 충돌에 의해 큰 입자들이 퇴적된다. 단계가 내려가면서 공기 흐름속도가 낮아져서 입자는 침강에 의해 퇴적된다. 제거입경은 2~10[μm]이다.

(3) **가스교환 부위**: 16단계 이상으로 2분되는 곳을 세기관지라고 하고, 더 깊숙이 들어가면 폐포가 있는데 이곳에서 간섭과 확산에 의해 입자가 제거된다. 제거기능에 영향을 미치는 요인은 입자의 종류, 퇴적된 양, 노출된 시간, 입자의 성질 등이 있다. 제거입경은 0.5~2[μm]이고 이보다 작은 0.1~0.5[μm] 범위의 입자는 흡입된 후 곧바로 호기에 의해 배출된다.

2) 폐에 침착된 분진의 역할

(1) **정화작용**: 점액 섬모운동에 의하여 상승, 상기도로 이동되어 제거됨(1차 방어작용), 폐에 침착된 분진은 식세포에 의하여 포위되고, 포위된 분진의 일부는 미세기관지로 운반되어 점액 섬모운동에 의하여 정화된다.

(2) **진폐증**: 폐에 침착된 입자상 물질의 독성이 강할수록 식세포의 수명은 짧아진다. 특히 유리규산(SiO₂)이 침착되면 산이 생성되어 식세포는 수 시간 또는 수일 내에 사멸한다.

(3) 일부의 분진은 폐포벽을 뚫고 림프계나 다른 부위로 들어간다.

(4) 일부 분진은 서서히 용해되나 석면은 거의 용해되지 않고 깊숙이 박혀 있어 장기간에 걸쳐 암을 유발한다.

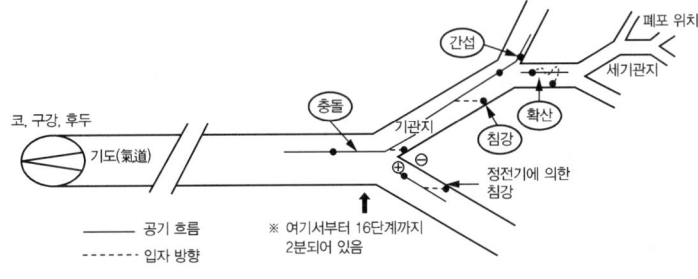

📋 **진폐증(pneumoconiosis)**
폐에 분진이 침착하여 이에 대해 조직 반응, 즉 폐 세포의 염증과 섬유화가 일어난 상태를 말한다. 진폐증에서 가장 흔히, 그리고 공통으로 경험하는 증상은 호흡곤란, 기침, 다량의 담액(쓸개즙) 및 배출곤란, 가슴의 통증(흉통) 등이다.

📋 **진폐증의 원인물질**
1) 이산화규소(silica, SiO₂): 석공들에게 규폐증을 일으키는 돌, 모래 성분
2) 규산염(silicates): 석면폐증(asbestosis)을 일으키는 석면
3) 석탄: 탄광부 진폐증의 원인
4) 금속: 베릴륨폐증, 코발트 진폐증
5) 유기물: 유기진폐증(먼 기루, 담뱃잎 가루, 곡물 가루)

기사 출제빈도 ★★★

07 ACGIH에서의 흡입성 먼지의 정의를 쓰시오. (단, 정의에는 입경의 범위, 50[%] 침착률을 나타내는 입자 평균크기를 포함하시오.)

해답
흡입성 먼지(IPM, Inspirable Particulate Matters)의 구분(ACGIH/ISO/CEN 통합기준): 호흡기의 어느 부위에 침착하더라도 독성을 나타내는 물질, 즉 코와 입으로 들어갈 수 있는 모든 입자로 호흡기로의 50[%] 침착률의 평균입경은 100[μm] 이하이다.

기사 출제빈도 ☆☆☆

08 흉곽성 입자상 물질(TPM, Thoracic Particulates Matters)을 정의하시오.

해답
가스교환 부위인 폐포나 폐기도에 침착되었을 때 독성을 나타내는 입자상 물질로 평균입경은 10[μm]이다. 채취기구는 저용량 공기시료채취기(low volume air sampler)를 사용하며 PM_{10}(미세먼지)으로 나타내기도 한다.

참고 1) 미국정부산업위생전문가협의회(ACGIH)/국제표준기구(ISO)/유럽표준화위원회(CEN)의 통합 기준에서 인체 침투 입자별 크기에 따른 분류
  (1) 흡입성 입자상 물질(IPM, Inhalable Particulate Matters)
    ① 정의: 호흡기계의 비강, 인후두, 기관 등 상기도에 침착하여 독성을 나타내는 입자상 물질(0.1~185[μm])
    ② 채취기구: 고용량 공기시료채취기(high volume air sampler)
  (2) 흉곽성 입자상 물질(TPM, Thoracic Particulates Matters)
    ① 가스교환 부위인 폐포나 폐기도에 침착되었을 때 독성을 나타내는 입자상 물질(평균입경은 10[μm])
    ② 채취기구: 저용량 공기시료채취기(low volume air sampler), PM_{10}(미세먼지)으로 나타남
  (3) 호흡성 입자상 물질(RPM, Respirable Particulates Matters)
    ① 정의: 흡입된 입자 중 가스교환 부위인 폐포까지 침투할 수 있는 입자(평균입경 3.5[μm])
    ② 채취기구: 10[mm] nylon cyclone
  2) 영국의 BMRC(영국의료연구원)의 폐에 도달하는 호흡성 먼지의 정의
    입경이 7.1[μm] 미만인 먼지로, 입경 5[μm]인 먼지의 폐포 침착률은 50[%]이고, 입경이 작아질수록 폐포 침착률은 높아진다.

기사 출제빈도 ☆☆

09 유리규산을 채취하여 X선 회절법으로 분석하고 6가 크로뮴, 아연 산화물 등 중량분석을 위한 측정에 사용되는 막여과지는?

해답
1) PVC 막여과지(Polyvinyl chloride membrane filter)
  (1) PVC 막여과지는 가볍고, 흡습성이 낮기 때문에 분진의 중량분석에 사용
  (2) 유리규산을 채취하여 X선 회절법으로 분석하는 데 적절하고 6가 크로뮴, 그리고 아연 산화합물의 채취에 이용
  (3) 수분에 영향이 크지 않아 공해성 먼지, 총 먼지 등의 중량분석을 위한 측정에 사용
  (4) 석탄먼지, 결정형 유리규산, 무정형 유리규산, 별도로 분리하지 않은 먼지 등을 대상으로 무게 농도를 구하고자 할 때 PVC 막여과지로 채취
  (5) 습기에 영향을 적게 받으려 전기적인 전하를 가지고 있어 채취 시 입자를 반발하여 채취효율을 떨어뜨리는 단점이 있는 것으로 채취 전에 이 필터를 세정 용액으로 처리함으로써 이러한 오차를 줄일 수 있음

X선 회절법
(XRD, X-Ray Diffraction)
고에너지의 X선을 물질에 입사하여 X선의 회절로 물질의 회절 패턴을 분석하여 물질의 조성, 물질 내 원자 또는 분자의 구조, 형태와 같은 정보를 비파괴 방식으로 분석할 수 있는 기법이다.

산업 출제빈도 ★★
10 PVC 막여과지 사용의 큰 이유(장점)는?

> **해답** 비흡습성이므로 입자상 물질의 중량분석에 적절하다. 특히 유리규산을 채취하여 X선 회절법으로 분석하는 데 좋으며 산화아연, 6가 크로뮴 등을 측정하는 데도 사용된다.

기사 출제빈도 ★★
11 PVC 여과지는 공경이 5.0[μm]인 것을 사용한다. 그런데 실제로 이보다 직경이 작은 호흡성 분진이 포집되는데 이때의 포집원리를 쓰시오.

> **해답** PVC 막여과지는 가볍고 흡습성이 낮아 분진 중량분석 및 6가 크로뮴의 채취에도 적용된다. 다음 그림과 같이 차단(간섭, interception), 관성충돌(inertial impaction), 확산(diffusion)에 의한 포집이 이루어진다.
>
>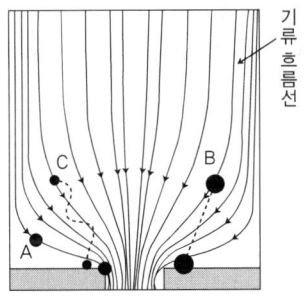
>
> A: 차단(interception)
> B: 관성충돌(inertial impaction)
> C: 확산(diffusion)

산업 출제빈도 ★★★
12 분진 시료를 채취하기 위하여 사용하는 PVC 여과지의 공극의 크기는 5[μm]이다. 이 여과지의 분진 포집 효율은 95[%] 이상이다. 분진의 크기가 여과지의 공극보다 작은 5[μm]의 호흡성분진도 이 여과지에 채취될 수 있는 이유를 3가지 기전으로 설명하시오.

> **해답** 분진의 호흡기 내 침착 기전(메커니즘)
> 1) 확산(diffusion)   2) 충돌(impaction)
> 3) 간섭(차단, interception)   4) 중력 침강(gravitational deposition)
> 5) 정전기 침강(electrostatic deposition)

산업 출제빈도 ★★

13 셀룰로오스 에스테르 막여과지(MCE)의 장·단점을 각각 3가지씩 적으시오.

해답
1) 장점
　(1) 가격이 저렴하다.
　(2) 산에 쉽게 용해된다.
　(3) 연소 시 재가 적게 남는다.
　(4) 중금속 시료채취에 유리하다.
　(5) 다양한 크기를 제작할 수 있다.
2) 단점
　(1) 전체적으로 균일하게 제조가 되지 않는다.
　(2) 채취효율이 유동적이며 유량저항이 일정하지 않다.
　(3) 수분을 흡수하기 때문에 오차를 유발할 수 있어 중량분석에 적합하지 않다.

기사 출제빈도 ★★

14 금속 채취 시 MCE 막여과지를 사용하는 이유 2가지를 쓰시오.

해답
1) 산에 쉽게 용해되어 회화되기 쉬우며 분석 시 방해물이 거의 없기 때문에
2) 여과지 기공의 크기가 $0.45 \sim 0.8[\mu m]$ 정도로 작아서 금속흄 채취가 가능하기 때문에

기사 출제빈도 ★★★

15 입자상 물질의 여과채취방법에서 여과지의 선정 시 구비조건을 5가지 적으시오.

해답
1) 될 수 있는 대로 흡습률이 낮을 것
2) 접거나 구부리더라도 파손되거나 찢어지지 않을 것
3) 될 수 있는 대로 가볍고 1매당 무게의 불균형이 적을 것
4) 측정 대상물질의 분석에 방해가 되는 불순물을 함유하지 않을 것
5) 집진 시 흡입저항은 될 수 있는 대로 낮을 것(압력손실이 적을 것)
6) 채취 대상 입자의 입도분포에 대하여 채취효율이 높을 것(입경 $0.3[\mu m]$의 입자를 95[%] 이상 채취 가능할 것)

16

다음은 '작업환경측정 및 정도관리 등에 관한 고시'에 나타낸 입자상 물질의 작업환경측정 및 분석방법에 대한 내용이다. ( ) 안에 들어갈 말을 적으시오.

> 용접흄은 (㉠)으로 측정하되 용접보안면을 착용한 경우에는 그 내부에서 채취하고 중량분석방법과 원자흡광광도계 또는 (㉡)(을)를 이용한 분석방법으로 분석한다.

해답
㉠ 여과채취방법
㉡ 유도결합플라스마

참고 제21조(측정 및 분석방법) 작업환경측정 대상 유해인자 중 입자상 물질은 다음 각호의 방법으로 측정한다.
1) 석면의 농도는 여과채취방법으로 측정하고 계수방법 또는 이와 동등 이상의 분석방법으로 분석할 것
2) 광물성분진은 여과채취방법으로 측정하고 석영, 크리스토발라이트, 트리디마이트를 분석할 수 있는 적합한 방법으로 분석할 것(다만 규산염과 그 밖의 광물성분진은 중량분석방법으로 분석한다.)
3) 용접흄은 여과채취방법으로 측정하되 용접보안면을 착용한 경우에는 그 내부에서 시료를 채취하고 중량분석방법과 원자흡광광도계 또는 유도결합플라스마를 이용한 방법으로 분석할 것
4) 석면, 광물성분진 및 용접흄을 제외한 입자상 물질은 여과채취방법으로 측정한 후 중량분석방법이나 유해물질 종류에 따른 적합한 방법으로 분석할 것
5) 호흡성분진은 호흡성분진용 분립장치 또는 호흡성분진을 채취할 수 있는 기기를 이용한 여과 채취방법으로 측정할 것
6) 흡입성분진은 흡입성분진용 분립장치 또는 흡입성분진을 채취할 수 있는 기기를 이용한 여과 채취방법으로 측정할 것

정도관리
신뢰도 높은 분석결과를 제공하기 위하여, 시료채취로부터 분석결과 보고에 이르기까지의 모든 과정과 요소(인력, 장비, 시약, 환경 등)를 관리하는 시스템을 말한다. 정도관리를 통하여 오류(error)를 최소화하고, 분석의 정확도 및 정밀도를 검정하여 분석실 자료 시스템 체계를 평가하며 신뢰받는 결과를 제공하는 것을 말한다.

유도결합플라스마 분광분석(ICP, Inductively Coupled Plasma spectrometry)
원자 및 원소 분석을 위한 고성능 분석 기술 중 하나로, 주로 원자 스펙트럼에서 원소의 양적 및 질적 정보를 측정하는 데 사용된다. ICP 분석은 미량 원소 분석을 위한 매우 민감하고 정확한 기술로 화학, 환경, 지질학, 식품 과학, 의학 등 다양한 분야에서 사용되고 있다.

17

입자상 물질이 여과지에 채취되는 기전 6가지를 쓰시오.

해답
입자상 물질을 여과재(filter)에 통과시켜 입자를 채취하는 원리는 관성충돌(inertial impaction), 직접차단(간섭, interception), 확산(diffusion), 중력침강(gravitational deposition), 정전기적인 인력(electrostatic deposition), 체(seiving)에 의해 분리, 포집한다.

기사 출제빈도 ★★

18 여과지로 입자상 물질을 채취할 경우 차단 및 간섭, 관성 충돌 및 확산 메커니즘에 끼치는 영향 인자를 각각 2가지씩 적으시오.

해답
1) 차단, 간섭: 입자 크기, 여과지의 공경(막여과지), 섬유 직경, 여과지의 고형분
2) 관성 충돌: 입자 크기, 입자 밀도, 면속도, 여과지의 공경(막여과지), 섬유 직경
3) 확산: 입자 크기(입경), 입자의 농도, 면속도, 여과지의 공경(막여과지), 섬유 직경

기사·산업 출제빈도 ★★★

19 입자상 물질의 여과 포집 시료채취 시 여과지의 종류를 4가지 적으시오.

막(membrane)여과지
미세한 구멍을 가진 셀룰로오스 유도체로 되어 있는 매우 얇은 종이 형태의 여과지로 종류로는 PVC(polyvinyl chloride), MCE (mixed cellulose ester), PTFE (teflon), Silver 등이 있다.

해답
1) 막여과지
   (1) MCE 막여과지(mixed celluose ester membrane filter): 금속, 석면, 살충제, 불소화합물
   (2) PVC 막여과지(polyvinyl chloride membrane filter): 중량분석, 6가 크로뮴
   (3) PTFE 막여과지(polytetrafluroethylene membrane filter): 일명 테프론, 농약, 알칼리성 분진, PAHs, 콜타르피치
   (4) 은 막여과지(silver membrane filter): 코크스오븐 배출물질, 석영
   (5) 핵기공 여과지(neclepore filter): 석면(전자현미경 분석용)
2) 섬유상 여과지
   (1) 유리섬유 여과지(glass fiber filter): 농약류, PAH
   (2) 셀룰로오스 섬유 여과지(celluose filter): 호흡성 분진
   (3) 석영 여과지(quartz filter): 금속, 중량 분석

산업 출제빈도 ★★

20 입자상 물질 채취를 위해 가장 많이 사용되는 여과지의 직경(mm), 공기채취유량(L/min), 여과지에서의 면속도(cm/s)는?

해답
1) 여과지 직경: 37[mm]
2) 공기채취유량: 1.0 ~ 2.5[L/min]
3) 여과지에서의 면속도: 2 ~ 5[cm/s]

21 입자상 물질이 호흡기 내로 침착하는 작용기전(mechanism) 4가지를 적으시오.

해답
1) 충돌(impaction)
2) 중력 침강(gravitational deposition)
3) 확산(diffusion)
4) 간섭(차단, interception)
5) 정전기 침강(electrostatic deposition)

22 분진을 채취하는 기기로 직경분립충돌기(cascade impactor, 일명 Anderson impactor라고도 함)와 사이클론 분립장치를 비교한 장·단점 5가지를 적으시오.

직경분립충돌기 (cascade impactor)
입자의 관성력에 의해 충돌기의 표면에 충돌하여 입자상 물질을 크기별로 채취하는 기기이다.

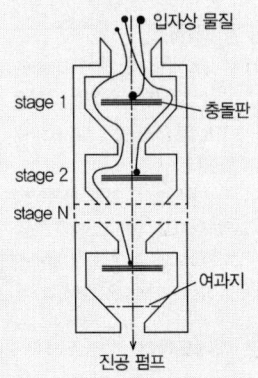

해답
1) 입자의 질량 크기분포를 얻을 수 있다.
2) 호흡기 부분별로 침착된 입자 크기의 자료를 추정할 수 있다.
3) 흡입성, 흉곽성, 호흡성 입자의 크기별로 분포와 농도를 계산할 수 있다.
4) 되튐 현상으로 인한 시료 손실이 일어날 수 있다.
5) 채취준비 시간이 과다하고 시료의 채취가 까다롭다.

23 직경분립충돌기(cascade impactor)에 장착된 마일라 기판(Mylar substrate)에 윤활제(grease)를 뿌리는 목적을 적으시오.

해답
입자 분리단에 채취된 분진의 반동(되튐)에 의한 손실을 방지하기 위한 것이다.
※ 마일라 기판(Mylar substrate)은 폴리에스테르 필름(polyester film)의 상표명이다.

원자흡수분광광도법 (AAS)

1953년 오스트레일리아의 분광학자인 Walsh가 처음 고안한 것으로 금속원자를 불꽃을 이용하여 높은 온도로 가열함으로써 만들어진 기체 상태의 중성원자에 자외선 또는 가시광선 영역의 복사에너지를 쬐어줌으로써 일어나는 복사에너지 흡수현상을 기초로 금속원소를 정량하는 분석방법이다.

입자상 물질의 입경 측정 방법

1) 직접측정법
 (1) 표준체 측정법: 체(sieve)를 이용하여 약 40[μm] 이상의 입경을 측정범위로 하여 중량분포를 나타낸다.
 (2) 현미경 측정법: 광학 또는 전자현미경을 이용하여 약 0.001~100[μm] 범위의 입경을 측정한다.

2) 간접측정법
 (1) 액상침강법: 입자가 액체 중에서 침강하는 시간을 측정하여 입경과 분포상태를 측정한다.
 (2) 관성충돌법: 입자를 관성력에 의해 시료채취 표면에 충돌시켜 채취하는 원리로 입자상 물질을 크기별로 측정한다.

아네모미터 (vane anemometer)

바람개비형 풍속계라고도 하며 속도를 약 0.5[m/s]까지 측정할 수 있다. 속도 범위는 제조사에 따라 다르며, 저속, 중속, 고속 모델은 최대 약 30[m/s]까지 사용할 수 있다.

기사 출제빈도 ☆☆☆

24 여과지 공극의 크기가 0.8[μm] 정도로 작아서 작은 입자의 금속과 흄의 채취가 가능하며, 산에 잘 녹으므로 금속 시료를 채취하여 원자흡수분광광도법으로 분석하는 데 편리하고, 시료가 여과지의 표면 또는 표면 가까운 데에 침착되어 석면 등 현미경으로 검사하는 데도 편리한 여과지는 무엇인가?

해답
MCE 막여과지(mixed cellulose ester membrane filter)

기사 출제빈도 ☆☆

25 입자상 물질의 크기를 측정하는 직접측정법과 간접측정법을 각각 2가지를 쓰시오.

해답
1) 직접측정법: 표준체 측정법, 현미경 측정법
2) 간접측정법: 액상침강법, 관성 충돌법

기사 출제빈도 ☆☆☆☆☆

26 1차 표준보정기구(calibrator) 및 2차 표준보정기구의 정의 및 정확도와 종류를 적으시오.

해답
1) 1차 표준보정기구
 (1) 정의: 물리적 크기에 의해서 공간의 부피를 직접 측정할 수 있는 기구
 (2) 정확도: ±1[%] 이내
 (3) 종류: 폐활량계(spirometer), 무마찰 거품관 또는 비누거품미터(frictionless piston meter), 피토관(pitot tube), 가스치환병, 유리피스톤미터
2) 2차 표준보정기구
 (1) 정의: 공간의 부피를 직접 측정할 수 없으며, 유량과 비례관계가 있는 유속, 압력을 유량으로 환산하는 보정기구로 1차 표준기구를 기준으로 보정하여 사용할 수 있는 기구
 (2) 정확도: ±5[%] 이내
 (3) 종류: 습식테스터미터(wet test meter), 건식가스미터(dry gas meter), 로타미터(rotameter), 오리피스미터(orifice meter), 벤투리미터(venturi meter), 아네모미터(vane anemometer)

27 공기유량을 보정하는 데 사용하는 1차 표준기구 3가지를 쓰시오.

해답
1) 폐활량계(spirometer)
2) 가스치환병(mariotte bottle)
3) 비누거품미터(soap bubble meter)

참고

1차 표준기구	사용범위	정확도
비누거품미터(soap bubble meter)	1[mL/분]~30[L/분]	±1[%]
폐활량계(spirometer)	100~600[L]	±1[%]
가스치환병(mariotte bottle)	10~500[mL/분]	±0.05~0.25[%]
유리피스톤미터(glass piston meter)	10~200[mL/분]	±2[%]
무마찰(흑연)피스톤미터 (frictionless piston meter)	1[mL/분]~50[L/분]	±1~2[%]
피토관(pitot tube)	15[mL/분] 이하	±1[%]

28 측정기구보정을 위한 2차 표준기구를 3가지 쓰시오.

해답

2차 표준기구	사용범위	정확도
로타미터(rotameter)	1[mL/분] 이하	±1~25[%]
습식테스터미터(wet test meter)	0.5~230[L/분]	±0.5[%]
건식가스미터(dry gas meter)	10~150[L/분]	±1.0[%]
오리피스미터(orifice meter)	–	±0.5[%]
열선기류계(thermo anemometer)	0.05~40.6[m/s]	±0.1~0.2[%]

2 유해물질 측정, 평가하기

학습 개요 | 기사·산업기사 공통

1. 가스상 물질의 측정 및 성질에 대하여 기술할 수 있다.
2. 연속 및 순간 시료채취에 대하여 기술할 수 있다.
3. 흡착의 원리 및 흡착관의 종류에 대하여 기술할 수 있다.
4. 시료채취 시 주의사항 및 유해물질의 측정방법과 평가에 대하여 기술할 수 있다.

기사 출제빈도 ★★

01 다음은 미국산업위생학회(AIHA)에서 정의한 산업위생의 정의이다. ( ) 안에 알맞은 용어를 써넣으시오.

> 산업위생(Occupational Hygiene)은 근로자나 일반 대중에게 질병, 건강장해, 심각한 불쾌감 및 능률저하 등을 초래하는 작업환경 요인과 스트레스를 (㉠)하고, (㉡)하며, (㉢)하고, (㉣)하는 과학(science)인 동시에 기술(art)이다.

📝 **미국산업위생학회(AIHA, American Industrial Hygiene Association)**
직장과 지역사회에서 직업적, 환경적 보건 및 안전을 보존하고 보장하는 데 전념하는 과학자 및 전문가를 위한 협회로 1939년에 설립되었다.

해답
㉠ 예측　　㉡ 인식(측정)　　㉢ 평가　　㉣ 관리

산업 출제빈도 ★

02 외국의 산업위생 역사에 관한 다음 물음에 답하시오.
1) 산업보건학의 시조라고 불리는 사람은?
2) 그가 남긴 저서의 이름은?
3) 그의 저서에서 광부들의 생체시료 검사를 통하여 밝힌 직업병과 그 원인 2가지를 적으시오.

해답
1) 이탈리아 의사인 라마치니(Ramazzini)
2) 1700년에 "직업인의 질병(De Morbis Artificum Diatriba)"을 발간
3) (1) 광부들의 생체시료 검사를 통하여 밝힌 직업병: 규폐증
　　(2) 직업병의 원인
　　　　① 작업장에서 사용하는 유해물질
　　　　② 근로자들의 불안전한 작업 자세나 과격한 행동

03 다음은 고용노동부 고시인 '작업환경측정 및 정도관리 등에 관한 고시'에서 정의한 용어들이다. 이 용어들의 정의를 적으시오.

> 1) 분석치가 참값에 얼마나 접근하였는가 하는 수치상의 표현을 (㉠)라고 한다.
> 2) 일정한 물질에 대해 반복측정·분석을 했을 때 나타나는 자료 분석치의 변동크기가 얼마나 작은가 하는 수치상의 표현을 (㉡)라고 한다.
> 3) 작업환경측정대상이 되는 작업장 또는 공정에서 정상적인 작업을 수행하는 동일 노출 집단의 근로자가 작업을 하는 장소를 (㉢)라고 한다.
> 4) 시료채취기를 이용하여 가스·증기·분진·흄(fume)·미스트(mist) 등을 근로자의 작업행동 범위에서 호흡기 높이에 고정하여 채취하는 것을 (㉣)라고 한다.
> 5) 작업환경측정·분석 결과에 대한 정확성과 정밀도를 확보하기 위하여 작업환경측정기관의 측정·분석능력을 확인하고, 그 결과에 따라 지도·교육 등 측정·분석능력 향상을 위하여 행하는 모든 관리적 수단을 (㉤)라고 한다.

해답 ㉠ 정확도, ㉡ 정밀도, ㉢ 단위작업장소, ㉣ 지역시료채취, ㉤ 정도관리
근거 작업환경측정 및 정도관리 등에 관한 고시(고용노동부고시) 제2조(정의)

04 작업환경측정의 목표에 대하여 4가지 적으시오.

해답
1) 근로자의 유해인자 노출을 파악한다.
2) 작업장 환기시설의 성능을 평가한다.
3) 과거의 노출농도가 타당한가를 확인한다.
4) 측정한 값과 노출기준과의 비교를 행한다.
5) 최소의 오차범위에서 최소의 시료수를 가지고 최대의 근로자를 보호한다.
6) 역학조사 시 근로자의 노출량을 파악하여 노출량과 반응과의 관계를 평가한다.

기사 출제빈도 ★★

05 작업환경측정의 목적을 적고, 구체적인 내용을 3가지 적으시오.

해답
1) 목적
   인체에 해로운 작업을 하는 작업장의 유해인자 발생수준이나 근로자에게 노출되는 정도를 측정·평가하여 근로자의 건강을 보호하고 쾌적한 작업환경을 조성하기 위함
2) 구체적인 내용
   (1) 환기시설의 성능 평가 및 점검
   (2) 유해물질에 대한 근로자의 허용기준 초과 여부 파악
   (3) 역학조사 시 근로자의 노출량을 파악하여 노출량과 반응과의 관계를 평가

기사 출제빈도 ★★

06 작업장의 기본적인 특성을 파악하는 예비조사의 목적 2가지를 쓰시오.

해답
1) 정확한 시료채취 전략 수립
2) 동일노출그룹 또는 유사노출그룹(HEG, Homogeneous Exposure Group)의 설정

기사 출제빈도 ★★★

07 작업환경측정 시 동일노출그룹(유사노출그룹, HEG)를 설정하는 이유를 쓰시오.

해답
동일노출그룹(HEG)은 노출되는 유해인자의 농도와 특성이 유사하거나 동일한 근로자 그룹을 말하며 유해인자의 특성이 동일하다는 것은 노출되는 유해인자가 동일하고 농도가 일정한 변이 내에서 통계적으로 유사하다는 의미이다.
1) 시료채취 수를 경제적으로 할 수 있다.
2) 모든 근로자의 노출농도를 평가할 수 있다.
3) 작업장에서 모니터링하고 관리해야 할 우선적인 그룹을 결정할 수가 있다.
4) 역학조사를 수행할 때 사건이 발생된 근로자가 속한 유사노출그룹의 노출농도를 근거로 노출 원인 및 농도를 추정할 수 있다.

📝 **유사노출군(SEG, Similar Exposure Group) 또는 동일노출그룹(HEG, Homogeneous Exposure Group)**
동일 공정에서 작업하는 사유 등으로 인해 통계적으로 유사한 유해인자 노출 수준을 가질 것으로 예상되는 근로자의 집단을 말한다.

08 다음 그림은 시료채취 시간별 노출평가 전략을 나타낸 그림이다. 각 번호별 시료채취 명칭을 적고 이 중 TLV-TWA와 TLV-STEL을 알 수 있는 가장 좋은 시료채취 전략은 어느 것인가?

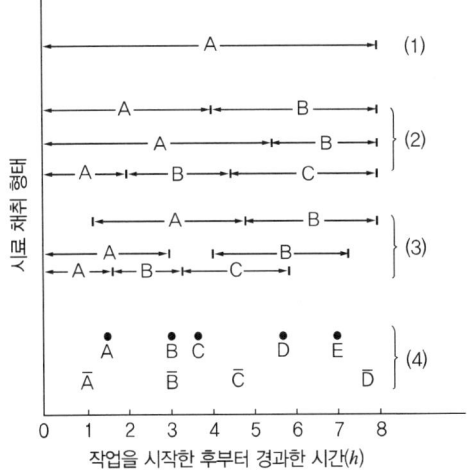

해답
(1) 전 작업시간 동안의 단일시료채취(full period single sample)
(2) 전 작업시간 동안의 연속시료채취(full period consecutive sample)
(3) 전 작업시간 동안의 간헐시료채취(partial period consecutive sample)
(4) 순간시료채취(grab sample)

시간가중평균노출기준(TWA)과 단시간노출기준(STEL)을 알 수 있는 가장 좋은 시료채취전략은 (2)이다.

09 작업장에서 가스상 물질을 측정할 경우 연속시료채취 시 능동식 시료채취방법과 수동식 시료채취방법에 대하여 설명하시오.

해답
1) 능동식 시료채취방법
  (1) 시료채취펌프를 이용, 강제적으로 시료공기를 통과시키는 방법
  (2) 흡착관 시료채취유량은 0.2[L/min] 이하
  (3) 흡수액 시료채취유량은 1.0[L/min] 이하
  (4) 시료채취는 일반적으로 흡착제, 흡수액, 시료채취 플라스틱 백 등을 사용한다.
2) 수동식 시료채취방법
  (1) 가스상 물질의 확산원리를 이용하는 방법
  (2) 시료채취는 일반적으로 수동식 시료채취기(펌프가 없음) 사용

10 작업환경측정 시 측정점 결정의 기본원칙에 대하여 설명하시오.

해답
1) 한 단위작업장소에서의 측정점 수가 $5 \leq n \leq 30$이 되도록 한다.
2) 유해물질 발산원을 중심으로 가로 3[m], 세로 3[m]를 등간격으로 나누어 교차점을 측정점으로 한다.

11 유해인자에 대한 작업환경측정 흐름도를 나타내었다. 순서대로 나열하시오.

1) 분석 및 자료처리
2) 작업장의 일반적인 특성조사(예비조사)
3) 시료채취(또는 모니터링)
4) 화학적 및 생물학적 인자인 시료의 운반 및 실험실 보관
5) 시료채취 전 측정기구의 보정
6) 노출평가
7) 시료채취 후 측정기구의 보정
8) 위해도 평가에 의한 시료채취 전략의 수립

해답
2) → 8) → 5) → 3) → 7) → 4) → 1) → 6)

12 대기환경보전법에서 정의하는 가스상 물질은?

해답
물질의 연소·합성·분해 때에 발생하거나 물리적 성질에 의하여 발생하는 기체상 물질을 말하며, 황산화물, 질소산화물, 산화물, 탄화수소, 불소화합물, 일산화탄소, 이산화탄소, 암모니아, 염화수소, 염소, 황화수소, 이황화탄소, 악취 등이 있다.

13 다음에 설명하는 가스상 물질의 명칭을 적으시오.

1) 상온에서 강한 자극취가 있는 무색의 기체이며, 광화학 반응에 의하여 생성되기도 한다. 흡입과 피부 점막을 통하여 체내에 침입, 특히 중추신경에 대한 마취작용과 점막에 대한 자극작용을 한다.
2) 계란 썩는 냄새가 나는 기체로, 인견, 고무, 아교제조, 제당, 가스공장 및 광산에서 발생한다. 세포 내부의 호흡작용의 정지, 불면증이나 식욕부진을 초래한다.
3) 황록색의 특수한 냄새가 있는 기체로 화학작용이 매우 강하고 모든 원소와 직접 반응하며, 할로겐화 반응을 일으킨다. 냉매, 불소수지, 방부제, 살충제의 제조 등 넓은 용도로 사용된다. 인 및 인산비료 제조, 요업, 유리 및 에나멜 제조, 금속주조, 용접, 제철 및 알루미늄의 정련과정 등에서 발생한다.
4) 상온에서 황록색의 기체로 특수한 자극취가 있고 1[ppm] 정도에서 취기가 있다. 액체 염소제조, 의약품, 종이, 밀가루의 표백과 살균, 고무제조, 금속공업에서 발생하며, 상수도의 살균제로도 사용한다.

해답
1) 폼알데하이드(formaldehyde, HCHO) 2) 황화수소(H_2S)
3) 불소(F_2) 4) 염소(Cl_2)

14 다음은 가스상 물질을 채취하는 방법에 관한 설명이다. ( ) 안에 알맞은 내용을 적으시오.

'액체채취방법'이라 함은 시료 공기를 액체 중에 통과시키거나 액체의 표면과 접촉시켜 (㉠), (㉡), (㉢), 용해 등을 일으키게 하여 해당 액체에 작업환경측정을 하려는 물질을 채취하는 방법을 말한다.

해답 ㉠ 반응   ㉡ 흡수   ㉢ 충돌
근거 작업환경측정 및 정도관리 등에 관한 고시 제2조(정의)

기사·산업 출제빈도 ★★★

15 가스상 및 증기 시료채취방법 5가지를 적고 간단히 설명하시오.

> **해답**
> 1) **액체채취방법**: 시료공기를 액체 중에 통과시키거나 액체의 표면과 접촉시켜 용해·반응·흡수·충돌 등을 일으키게 하여 해당 액체에 작업환경측정을 하려는 물질을 채취하는 방법
> 2) **고체채취방법**: 시료공기를 고체의 입자층을 통해 흡입, 흡착하여 해당 고체입자에 측정하려는 물질을 채취하는 방법
> 3) **직접채취방법**: 시료공기를 흡수, 흡착 등의 과정을 거치지 아니하고 직접채취대 또는 진공 채취병 등의 채취용기에 물질을 채취하는 방법
> 4) **냉각응축채취방법**: 시료공기를 냉각된 관 등에 접촉 응축시켜 측정하려는 물질을 채취하는 방법
> 5) **여과채취방법**: 시료공기를 여과재를 통하여 흡입함으로써 해당 여과재에 측정하려는 물질을 채취하는 방법
> **근거** 작업환경측정 및 정도관리 등에 관한 고시 제2조(정의)

산업 출제빈도 ★★★

16 다음은 시료공기를 고체의 입자층을 통해 흡입, 흡착하여 해당 고체입자에 측정하려는 물질을 채취하는 방법인 고체채취방법에 대한 내용이다. ( ) 안에 알맞은 내용을 쓰시오.

> 고체채취방법에서 정성·정량 분석하기 위하여 고체의 입자층(활성탄)에 흡착된 유기용제를 분리하는 과정을 (㉠)이라고 하고, 이때 사용하는 용매는 (㉡)이다.

> **해답**
> ㉠ 탈착
> ㉡ 이황화탄소(CS_2)

📖 이황화탄소(CS_2)

이황화탄소는 연한 노란색 액체로서 비스코스레이온 수지, 셀로판, 사염화탄소 등 각종 합성재료, 살충제, 국소마취제, 고무황화 촉진제, 용매, 분석용(탈착제) 시약 등으로 사용된다. 인화성도 매우 높고 강한 독성을 가지고 있으며 인체에 대한 영향은 대부분 흡입을 통해서 흡수되지만, 피부로도 흡수, 중독이 가능하다. 역사적으로 보면 1990년대 초 원진레이온 공장에서의 대규모 직업병 유발의 사례가 있다.

17 작업환경측정에서 화학시험의 일반사항 중 용어에 관한 내용이다. 다음 물음에 답하시오.

1) 시험조작 중 '즉시'의 정의
2) '감압 또는 진공'의 정의
3) '약(約)'의 정의

해답
1) 30초 이내에 표시된 조작을 하는 것을 뜻한다.
2) 따로 규정이 없는 한 15[mmHg] 이하를 뜻한다.
3) 그 무게 또는 부피 등에 대하여 ±10[%] 이상의 차이가 있지 아니한 것을 뜻한다.

18 ACGIH에서 언급한 유해물질 허용농도 설정 시 가장 중요한 자료 1가지와 그 이유를 적으시오.

해답
1) 사업장 역학조사 자료
2) 이유: 실제 산업현장에서 상시 근로하는 근로자가 대상이므로 사업장 역학조사 자료가 가장 신뢰성을 가진 자료이기 때문이다.

19 미국의 ACGIH에서 제시하는 노출농도(또는 허용농도) TLV를 적용할 수 없는 경우를 4가지 적으시오.

해답
1) 대기오염 평가 및 관리에 적용될 수 없다.
2) 기존의 질병이나 육체적 조건을 판단하기 위한 척도로 사용될 수 없다.
3) 작업조건이 미국과 다른 나라에서는 ACGIH-TLV를 그대로 적용할 수 없다.
4) 24시간 노출 또는 정상 작업시간을 초과한 노출에 대한 독성평가에는 적용될 수 없다.

미국의 작업환경 노출기준 종류

1) ACGIH(미국정부산업위생전문가협의회)의 TLVs(Threshold Limit Values)는 허용기준임. 생물학적 노출지수(BEIs: Biological Exposure Indices)는 권고기준임
2) OSHA(미국산업안전보건청)의 PEL(Permissible Exposure Limits)은 법적기준임
3) NIOSH(미국국립산업안전보건연구원)의 REL(Recommended Exposure Limits)은 권고기준임
4) AIHA(미국산업위생학회)의 WEEL(Workplace Environmental Exposure Level)

TLV의 정의
잠재적인 건강 위험에 대한 대책을 세울 때의 지침(ACGIH, 1990)으로 시간가중평균농도(TWA), 단기노출농도(STEL), 최고치인 최고노출농도(C)로 표시한다. 초과기준(Excursion limit)을 제정하여 8시간 평균치가 시간가중농도를 초과하지 않는 조건하에서 하루에 30분간 이내에는 시간가중평균농도의 3배까지 노출하며 어떤 일이 있어도 5배를 넘지 않도록 하고 있다.

TLV와 PEL의 비교
TLV는 대부분의 모든 근로자(nearly every worker)가 건강장해 없이 작업장에 근무하는 동안 매일 노출되어도 괜찮은 농도인 반면, OSHA의 PEL은 모든 근로자들이 건강장해를 가져오지 않는 농도로 정한 것이다. 또한 TLV는 일일 8시간 동안의 노출에 따른 주당 40시간 노출 시의 기준인 반면, PEL은 일생 근무기간 동안(working life time) 아무런 건강장해를 가져오지 않는 기준으로 정한 것이다.

산업장의 직업성질환 역학조사를 요구하는 경우
1) 건강진단결과만으로 직업성 질환 이환 여부의 판단이 곤란한 근로자의 질병에 대하여, 사업주, 근로자대표, 보건관리자 또는 건강진단기관의 의사가 역학조사를 요청하는 경우
2) 근로복지공단이 정하는 바에 따라 업무상 질병 여부의 결정을 위하여 역학조사를 요청하는 경우
3) 한국산업안전보건공단(산업안전보건연구원)이 직업성 질환의 예방을 위하여 필요하다고 판단하여 역학조사평가위원회의 심의를 거친 경우
4) 그 밖에 직업성질환의 이환 여부로 사회적 물의를 일으킨 질병에 대하여 작업장 내 유해 요인과의 연관성 규명이 필요한 경우 등으로서 지방고용노동관서의 장이 요청하는 경우

---

20 TWA가 설정되어 있는 유해물질 중 급성독성 유발물질을 평가하는 단시간 노출허용농도(STEL)나 노출시간의 개념이 없는 천장값 또는 최고 노출허용농도(TLV-C, ceiling)가 설정되어 있지 않은 물질인 경우, TWA 외에 허용농도 상한치(excursion limit)를 설정한다. TLV-STEL이나 TLV-C가 미설정된 물질에만 적용하는 TWA 노출의 상한선과 노출시간 권고사항 2가지를 쓰시오.

해답
1) TLV-TWA 3배 이상의 농도인 경우: 30분 미만 노출 권고(30분 이상 노출되어서는 안 된다.)
2) TLV-TWA 5배 이상의 농도인 경우: 잠시라도 노출되어서는 안 된다.

21 노출기준 중 TLV-C에 대하여 설명하시오.

해답
근로자가 1일 작업시간 동안 잠시라도 노출되어서는 안 되는 기준, 즉 최고허용기준을 의미한다. 노출기준 고시에 최고노출기준(ceiling, C)이 설정되어 있는 대상물질을 측정하는 경우에는 최고노출 수준을 평가할 수 있는 최소한의 시간 동안 측정하여야 한다.

22 노출기준(TLV)을 설정하는 이론적인 배경이나 개정 시 이용되는 자료 3가지를 쓰시오.

해답
1) 동물실험 자료
2) 인체실험 자료
3) 산업장 역학조사 자료
4) 화학 구조상의 유사성: 가장 기초적인 단계인 이 방법은 동물실험, 인체실험 및 산업장 역학 조사 자료가 부족할 때 이용된다.

기사 출제빈도 ★

23 작업장에서 휘발성 유기화합물 측정을 위해 국내·외에서 널리 이용되고 있는 수동식 시료채취기(passive sampler)의 결핍 현상에 대하여 정의하시오.

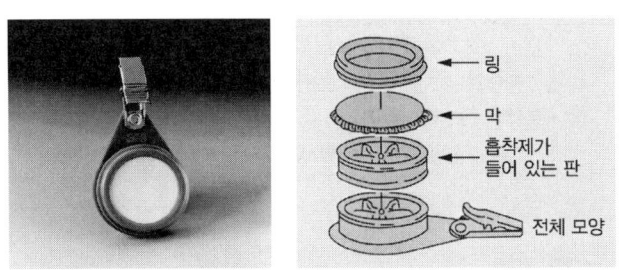

수동식 시료채취기는 Fick의 확산에 대한 제1법칙에 따라 공기층을 통한 확산, 흡착, 투과 현상을 이용하므로 공기채취펌프가 필요하지 않다. 이 채취기의 결핍현상(starvation)은 확산에 필요한 최소한의 기류가 없을 때 생기는 현상으로 채취기 표면에서 일단 확산에 의하여 오염물질이 제거되면 농도가 없어지거나 감소하게 된다. 이러한 결핍현상을 제거하는 데 가장 중요한 요소는 수동식 시료채취기의 면속도를 최소한 0.05 ~ 0.1[m/s]로 유지해야 한다. 그 이유는 공기의 결핍 현상으로 확산경로가 길어짐으로써 생기는 포집속도의 저하를 막을 수 있기 때문이다.

참고 수동식 시료채취기의 장·단점
1) 장점
  (1) 시료채취 전·후에 펌프 유량을 보정하지 않아도 된다.
  (2) 사용 및 시료포집 과정 측면이 아주 간편하고 편리하다.
  (3) 착용이 편리하기 때문에 근로자들이 불편 없이 착용 가능하다.
  (4) 시료채취 개인용 펌프가 필요 없어 채취기구의 제한 없이 다수의 근로자에게 착용이 용이하다.
  (5) 시료채취기가 배지(badge) 형태로 가볍고 크지 않아서 근로자들이 착용하는 데 불편함이 거의 없다.
2) 단점
  (1) 시료채취시간, 기류, 온도, 습도 등의 영향을 받는다.
  (2) 작업장 내 최소한의 기류(0.05 ~ 0.1[m/s])가 있어야 한다.
  (3) 매우 낮은 농도를 측정하려면 능동식에 비하여 더 많은 시간이 소요된다.
  (4) 시료채취 및 분석의 오차, 정확도 등의 성능에서 기존의 능동식 시료채취방법보다 미흡하다.

📝 Fick의 제1법칙 (Fick의 확산법칙)

물질이 고농도에서 저농도로 또는 고밀도에서 저밀도로 에너지를 소모하지 않고 스스로 퍼져 나가는 현상을 확산(diffusion)이라고 하는데 수동식 시료채취기는 공기 중 유해 증기의 분자가 농도 구배에 의해 확산되어 흡착제에 흡착되는 것을 이용한 것이다. 정상상태에서 물질전달이 일어난다면 다음과 같은 Fick의 확산 제법칙을 적용할 수 있다. 화학성분의 물질전달속도,

$$J = -D_{AB} \times A \times \frac{d_{XA}}{d_Z}$$

여기서, D_{AB}: 확산계수, A: 수동식 시료채취기의 유효단면적, $\dfrac{d_{XA}}{d_Z}$는 공기층을 가로지르는 성분의 농도 구배이다.

기사 출제빈도 ☆☆☆

24 액체흡수법(임핀저, 버블러)으로 채취 시 흡수효율을 높이기 위한 방법 3가지를 쓰시오.

해답
1) 흡수액의 양을 늘려준다.
2) 액체의 교반을 강하게 한다.
3) 기포의 체류시간을 길게 한다.
4) 흡수용액의 온도를 낮추어 오염물질의 휘발성을 제한한다.
5) 시료채취속도(채취물질이 흡수액을 통과하는 속도)를 낮춘다.
6) 두 개 이상의 임핀저나 버블러를 연속적(직렬)으로 연결하여 사용한다.

기사 출제빈도 ☆

25 작업환경측정 시 가스상 물질의 '순간시료채취'에 대한 정의와 활용 시기를 적으시오.

해답
1) 순간시료채취 : 작업시간이 단시간이어서 시료의 포집이 불가능할 때는 순간 시료를 포집, 분석하여 이것을 8시간으로 나누어 평가하는 방법으로 적당한 용기에 시료를 직접 포집하며, 근로자의 건강진단 시 채취하는 혈액과 요(尿)는 대표적인 순간채취시료이다.
2) 활용 시기
   (1) 오염발생원 확인을 필요로 할 때
   (2) 미지의 가스상 물질의 동정을 알려고 할 때
   (3) 간헐적 공정에서의 순간 농도변화를 알고자 할 때
   (4) 직접 포집해야 되는 메탄, 일산화탄소, 산소 측정에 사용

기사·산업 출제빈도 ☆☆

26 작업장 오염물질에 대한 순간시료채취방법을 적용할 수 없는 경우를 3가지 적으시오.

해답
1) 공기 중 오염물질의 농도가 낮을 때
2) 오염물질의 농도가 시간에 따라 변할 때
3) 시간가중평균치(TLV-TWA)를 구하고자 할 때

27 작업장 오염물질을 순간시료채취방법으로 채취할 경우 장·단점을 각각 3가지씩 적으시오.

해답
1) 장점
   (1) 포집효율이 거의 100[%]임
   (2) 누출원의 결정 및 밀폐장소의 입장 전 확인하는 데 유리함
   (3) 채취시간이 짧고 오염물질의 피크 농도를 알고자 할 경우 유용함
   (4) 농도의 즉시 인지가 가능하므로 긴급상황 시 개인보호구 착용이 용이함
2) 단점
   (1) 장시간 동안에 농도변화를 알 수 없음
   (2) 시료 손실이 많고 농도가 시간마다 변할 때는 사용이 불가능함
   (3) 대기 중 농도가 낮은 경우 분석기기의 센서가 감지 못하여 정확한 측정이 불가능함

28 작업자의 가스상 물질을 순간시료채취방법으로 채취할 경우 사용하는 시료채취백에 대한 주의사항을 5가지 적으시오.

해답
1) 이 방법은 정확성과 정밀성이 높지 않다.
2) 연결 부위에 그리스 등을 사용하지 않는다.
3) 분석할 때까지 오염물질이 안정하여야 한다.
4) 백의 재질과 오염물질 간에 반응성이 없어야 한다.
5) 누출검사가 필요하며, 이전 시료채취로 인한 잔류효과가 적어야 한다.
6) 백의 재질이 채취하고자 하는 오염물질에 대한 투과성이 낮아야 한다.
7) 시료채취 전에 백의 내부를 불활성 가스로 몇 번 치환하여 내부 오염물질을 제거한다.

29 채취한 시료의 운반과 보관 시 주의사항 3가지를 적으시오.

해답
1) 채취된 대상물질이 진동이나 충격에 의해 손실되는 것을 방지한다.
2) 대상물질과 동일한 물질이 외부에서 유입되어 오염되는 것을 방지한다.
3) 외부로부터 받는 물리적 작용(온도, 습도, 압력, 빛) 또는 화학적 작용을 최소화시켜야 한다.

기사 출제빈도 ★★★

30 검지관 측정법의 원리 및 구조에 대하여 간략히 서술하시오.

해답
1) **원리**: 작업환경 중의 오염된 공기를 통과시켜 오염물질과 반응관 내 검지제와 화학적 작용으로 검지제가 변색되는 것을 이용하여 오염물질의 농도를 측정하는 직독식 측정방법이다.
2) **구조**: 검지관은 내경이 2 ~ 4[mm]의 가늘고 긴 유리관 속에 측정대상 물질에 대응하는 검지제를 넣어 양단을 밀봉한 것으로서 측정할 때에는 양단을 개방한 후 한쪽은 측정하고자 하는 위치에, 다른 한쪽은 흡입펌프에 끼워 사용한다.

기사 출제빈도 ★★★

31 작업장 가스상 유해물질을 검지관 방식으로 측정하는 경우 측정 위치 2가지를 적으시오.

해답
1) 해당 작업근로자의 호흡기 및 가스상 물질 발생원에 근접한 위치
2) 근로자 작업행동 범위의 주 작업 위치에서의 근로자 호흡기 높이

기사·산업 출제빈도 ★★★

32 가스상 물질 측정 시 검지관 방식으로 측정 가능한 경우를 3가지 기술하시오.

해답
1) 예비조사 목적인 경우
2) 발생하는 가스상 물질이 단일물질인 경우
3) 검지관 방식 외에 다른 측정방법이 없는 경우
   검지관 방식의 측정결과가 노출기준을 초과하는 것으로 나타난 경우에는 즉시 재측정을 하여야 하며, 당해 사업장에 대하여는 측정치가 노출기준 이하로 나타날 때까지는 검지관 방식으로 측정할 수 없다.
   근거 작업환경측정 및 정도관리 등에 관한 고시 제25조(검지관방식의 측정))

기사·산업 출제빈도 ★★☆

33 가스상 유해물질을 측정하는 검지관 측정법의 장·단점을 3가지씩 적으시오.

해답

1) 장점
   (1) 사용이 간편하다.
   (2) 반응시간이 빨라서 측정결과를 즉시 알 수 있다.
   (3) 숙련된 산업위생전문가가 아니더라도 어느 정도만 숙지하면 사용할 수 있다.
   (4) 맨홀, 밀폐공간, 폭발성 가스로 인한 안전이 문제가 될 경우 유용하게 사용된다.

2) 단점
   (1) 단시간 측정만 가능하다.
   (2) 측정물질이 미리 동정이 되어 있어야 측정이 가능하다.
   (3) 근로자에게 노출된 TWA를 측정하는 데는 불리한 측면이 있다.
   (4) 민감도, 특이도가 낮아 고농도에만 적용이 가능하고 오차가 크다.
   (5) 색변화에 따라 주관적으로 읽을 수 있어 판독자에 따라 변이가 심하다.
   (6) 한 검지관으로 단일물질만 측정이 가능하여 각 오염물질에 맞는 검지관을 선정해야 하므로 불편하다.

📝 **정도관리에서 사용되는 민감도와 특이도**
1) sensitivity(민감도): 측정할 수 있는 물질의 최소량을 판단하는 척도
2) specificity(특이도): 측정하고자 하는 물질과는 특이하게 반응하는 정도의 척도

기사 출제빈도 ★★☆

34 가스상 유해물질을 검지관 방식으로 측정하는 경우 측정시간 간격과 측정 횟수를 나타낸 내용이다. ( ) 안에 들어갈 숫자를 적으시오.

> 검지관 방식으로 측정하는 경우에는 1일 작업시간 동안 (㉠)시간 간격으로 (㉡)회 이상 측정하되 측정시간마다 (㉢)회 이상 반복 측정하여 평균값을 산출하여야 한다.

해답
㉠ 1
㉡ 6
㉢ 2

흡착(adsorption)

흡착은 고체의 표면현상을 말한다. 고체표면에 불균형이 존재하거나 잉여의 힘이 있기 때문에 고체에 접촉하고 있는 기체상이나 용액에 있는 다른 종류들의 분자를 고체표면으로 끌어들이므로 결국 고체표면에 달라붙은 분자들의 농도가 커지게 된다. 이러한 현상을 흡착이라고 하고 기체상이나 용액에 있는 물질을 취하는 고체를 흡착제(adsorbent), 고체로 흡착되는 가스와 용질을 피흡착질(adsorbate)이라고 한다.

35 화학적 흡착과 비교하여 물리적 흡착의 특징을 3가지 적으시오.

해답
1) 다분자 흡착층의 흡착이며 흡착열이 낮다.
2) 임계온도 이상에서는 흡착이 이루어지지 않는다.
3) 가역성이 매우 높아 흡착제의 재생과 오염가스의 회수가 용이하다.
4) 가스 중의 분자 간 상호인력보다 고체표면과의 인력이 커질 때 발생한다.
5) 가스와 흡착제가 분자 간의 인력(반데르발스 결합력)으로 약하게 결합되어 있다.
6) 흡착제에 대한 용질의 온도가 낮을수록, 분자량이 높을수록, 압력이 높을수록 흡착이 잘 일어난다.

참고 화학적 흡착의 특징
1) 흡착력은 단분자층의 영향을 받는다.
2) 반응열을 수반하기 때문에 온도가 높다.
3) 비가역적이므로 흡착제의 재생 및 오염가스의 회수가 불가능하다.
4) 가스와 흡착제가 화학적 반응을 하기 때문에 물리적 흡착보다 결합력이 크다.

36 국소배기시설에서 공기정화장치를 흡착장치로 할 경우 흡착제(adsorbent)의 선택 시 고려해야 할 사항을 5가지 적으시오.

해답
1) 흡착제의 강도가 커야 한다.
2) 단위질량 당 표면적이 커야 한다.
3) 흡착제의 재생과 회수가 용이해야 한다.
4) 가스 흐름에 대한 압력손실이 적어야 한다.
5) 흡착물질(adsorbate)에 대한 친화력이 커야 한다.

37 흡착제를 사용하는 흡착장치 선정 시 고려사항 3가지를 쓰시오.

해답
1) 흡착률이 우수할 것
2) 흡착제의 재생이 용이할 것
3) 흡착물질의 회수가 용이할 것
4) 어느 정도 강도와 경도가 있을 것
5) 흡착탑 내에서 기체 흐름에 대한 저항(압력손실)이 적을 것

38 가스상 물질의 측정에 사용하는 흡착관의 종류와 그에 따른 포집 물질을 적으시오.

해답
1) 고체흡착관
   (1) 활성탄관: 비극성 유기용제(사이클로헥세인, 사염화탄소, 벤젠 등)의 포집에 편리함
   (2) 실리카젤관: 극성 유기용제(에탄올, 아세톤 등)의 포집에 편리함
2) 크로모조브 지지체

> 활성탄관이나 실리카젤관은 작업환경 중 유기용제증기의 채취에 이용된다. 활성탄관은 일반적으로 극성이 약한 대부분의 유기용제에 적용하고 있고, 실리카젤관은 아세톤, 메탄올 등의 극성이 강한 물질에 적용하고 있다. 시료의 채취는 튜브의 양쪽 끝을 절단하여 흡입 펌프에 연결해서 사용하고, 채취 후 용매(CS_2 등)로 추출해서 기체크로마토그래프법에 의해 정량한다.

> **크로모조브 지지체**
> 대부분의 GC 지지체는 규조토를 기본으로 사용되기 전에 불순물이 제거되어야 한다. 지지체의 다른 명칭은 디아토마이트로 이를 원료로 한 지지체를 John-Manville Company에서 크로모조브라는 상품명으로 하여 생산하고 있다.

39 흡착제의 흡착능력과 관련된 특성 3가지를 적고 설명하시오.

해답
1) 포화(saturation): 흡착제가 최대로 흡착할 수 있는 능력
2) 보전력(retenivity): 흡착제에 남아 있는 가스의 무게를 흡착제 무게로 나눈 값
3) 파과점(break point): 유해가스 성분이 포함된 배출가스를 흡착제에 투입시키면 초기에는 흡착률이 높아서 출구가스 중에 유해가스 성분이 측정되지 않지만, 시간이 흘러 흡착제가 포화상태가 되면 출구가스 중에 유해가스 성분의 농도가 높아져서 흡착탑의 입구와 출구 농도가 같아지게 된다. 이와 같이 출구가스 중에 유해가스 성분의 농도가 나타나기 시작하는 점을 파과점이라고 한다.

> **고체 지지체 (solide support)**
> 기체크로마토그래프(GC)에서 충진분리관(packed column)에 들어있는 고체 충진물을 말한다.

> **고체 지지체의 구비조건**
> 1) 단위 부피당 표면적이 높을 것
> 2) 균일한 크기의 기공을 갖는 구조일 것
> 3) 균일한 입자 크기를 가지며 가급적 구형일 것
> 4) 시료 중 극미량 성분을 흡착하지 않도록 비활성일 것
> 5) 코팅이나 충진 과정에서 견디어낼 수 있도록 물리적인 강도가 높을 것

40 흡착법으로 채취한 유기용제를 분석할 경우 흡착관의 탈착효율의 정의와 산출식을 적으시오.

해답
1) 탈착효율의 정의
   고체흡착관을 이용하여 채취한 유기용제 등의 분석값을 보정하는 데 필요한 것으로 채취에 사용하지 않은 동일한 흡착관에 첨가된 양과 분석량의 비로 표현된 것을 말한다.
2) 탈착효율(%) = $\dfrac{\text{분석량}}{\text{첨가량}} \times 100$

산업 출제빈도 ★★

41 흡착법에 의한 가스상 물질의 탈착방법의 종류와 각 탈착방법의 특징을 2가지씩 적으시오.

해답
1) 용매추출법
   (1) VOCs의 농도가 ppb 단위인 저농도의 분석에는 다소 부적합하고, 고농도인 특정 환경에서 이용할 수 있다.
   (2) 이황화탄소(CS_2)와 같은 용매를 사용하기 때문에 건강에 위험이 있고, 또한 GC 분석 시 나타나는 용매의 피크 때문에 분석감도가 떨어지게 되는 문제점이 있다.
2) 열탈착법
   (1) 탈착과정의 자동화가 쉽고, 흡착튜브의 탈착효율을 쉽게 확인할 수 있다.
   (2) 용매추출법에 비해 분석감도가 뛰어나므로 저농도로 존재하는 VOC의 분석에 이용된다.

기사 출제빈도 ★

42 다음 그림은 공기 중 가스상 물질의 고체포집법(흡착법)으로 이용되는 활성탄관이다. ( ) 안에 알맞은 용어를 쓰시오.

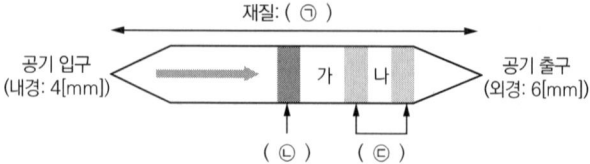

해답 ㉠ 유리관, ㉡ 유리섬유(glass fiber), ㉢ 우레탄 폼(urethane foam) – 격리용

산업 출제빈도 ★★★

43 가스상 물질을 채취하는 흡착법에서 실리카겔(silica gel)관이 활성탄관에 비해 갖는 장점 3가지를 쓰시오.

해답
1) 매우 유독한 이황화탄소(CS_2)를 탈착 용매로 사용하지 않는다.
2) 극성물질을 채취한 경우 물, 에탄올 등 다양한 용매로 쉽게 탈착된다.
3) 추출액이 화학분석이나 기기분석에 방해 물질로 작용하는 경우가 많지 않다.

44 공기 중에 존재하는 케톤류, 알코올류, 방향족 탄화수소류, 수분을 실리카젤에 대한 친화력이 큰 순서대로 나열하시오.

해답
수분 > 알코올류 > 케톤류 > 방향족 탄화수소류

참고 실리카젤의 친화력(극성이 강한 순서)
물 > 알코올류 > 알데하이드류 > 케톤류 > 에스테르류 > 방향족 탄화수소류 > 올레핀류 > 파라핀류

45 활성탄관으로 시료를 흡착하여 채취한 경우 탈착방법 2가지를 적으시오.

해답
1) 열 탈착법
2) 용매 추출법(용매 탈착법)

46 유해물질을 처리하는 흡착법에서 오염물질이 고체 흡착관의 앞 층에 포화된 다음 뒤 층에 흡착되기 시작하며 기류를 따라 흡착관을 빠져나가는 현상의 명칭을 적으시오.

해답
파과(breakthrough) 현상

참고 활성탄관은 두 개의 층, 즉 앞 층과 뒤 층으로 나뉘어져 있으며, 뒤 층은 전체 활성탄 양의 1/3이므로, 뒤 층에 흡착된 양이 앞 층의 25[%] 이상이면 "파과에 의한 유의한 손실 가능성 있음"이라고 보고해야 한다. 뒤 층에 흡착된 양이 앞 층의 50[%] 이상이면 과소평가되었으므로 시료 결과를 사용할 수 없다.

케톤, 올레핀, 파라핀
1) 케톤(ketone): 카보닐기(-CO)로 두 개의 작용기가 연결된 탄화수소 유도체를 말한다. 화학구조식은 $R_1(CO)R_2$이다. 가장 단순한 케톤은 아세톤이다.
2) 올레핀(olefin): 지방족 불포화 탄화수소로 일반식으로 C_nH_{2n}(알켄, alkene)으로 나타낼 수 있으며 분자구조에 탄소 이중결합($C=C$)을 가지고 있는 것을 통틀어 말한다. 에텐(C_2H_4), 프로펜(C_3H_6), 뷰텐(C_4H_8) 등의 화합물이 있다.
3) 파라핀(paraffin): C_nH_{2n+2} ($n \geq 19$)의 화학식으로 표현되는 알케인(alkane) 탄화수소를 일컫는 말이다.

열탈착법과 용매탈착법
1) 열탈착(thermal desorption)은 흡착관에 포집되어 있는 휘발성 유기화합물질을 고온에서 탈착시켜 불활성 기체를 이용하여 기체크로마토그래프로 전달하는 과정을 말한다.
2) 용매탈착은 용매를 이용해서 오염물질을 흡착제로부터 탈착시키는데 CS_2를 많이 사용한다.

파과부피와 안전 시료채취 부피
1) 파과부피(breakthrough volume): 평가대상 유기화합물질을 흡착할 수 있는 흡착관의 최대 부피를 말한다. 다만, 흡착관에 흡착되지 않고 통과되는 부피는 전체의 5[%]를 초과할 수 없다.
2) 안전 시료채취부피(safe sampling volume): 평가대상 유기화합 물질을 손실 없이 안전하게 채취할 수 있는 시료채취 부피를 말한다. 다만, 시료채취 부피는 파과부피의 70[%] 미만 또는 머무름 부피의 50[%] 미만으로 설정되어야 한다.

기사 출제빈도 ☆

47 활성탄은 앞 층, 뒤 층이 구분되어 있는데, 이는 파과 현상을 알아보기 위한 것이지만 유해물질이 저농도로 발생할 때 사용하는 Tenax관은 앞 층과 뒤 층이 분리되어 있지 않다. Tenax관으로 유해물질을 포집할 때 파과 현상을 판단하는 기준은 무엇인가?

해답 Tenax관은 튜브 2개를 연속으로 연결하여 시료를 채취한 후 분석한 결과 뒤쪽의 튜브에서의 분석 성분이 앞쪽의 튜브보다 5[%] 이상이면 파과로 판단한다.

📝 **Tenax(테낙스) 흡착관**
휘발성 유기화합물질을 흡착할 수 있는 흡착제가 충진되어 있는 고체흡착관의 제품명을 말한다.

기사·산업 출제빈도 ☆☆

48 악취 가스처리를 위한 흡착법에서 흡착제로 사용하는 데 있어 고려해야 할 대표적인 특성 2가지와 사용되는 활성탄과 실리카겔의 처리대상물질을 2가지를 각각 적으시오.

해답
1) 대표적인 흡착제의 특성
  (1) 흡착제의 흡착 용량(adsorption capacity)으로서 흡착 등온선(adsorption isotherm) : 흡착 용량에 가장 큰 영향을 미치는 인자들은 흡착제의 비표면적(specific surface area), 세공의 크기 및 분포, 그리고 제거 또는 회수대상이 되는 악취가스와 사용 흡착제 표면간의 흡착친화도(adsorption affinity)이며 이러한 인자들은 대기 중의 악취 농도와 조작 온도에 따라 그 영향이 달라지게 된다.
  (2) 선택도(selectivity) : 선택도에 영향을 미치는 인자는 세공의 크기 및 분포, 흡착제 표면의 성질이다. 특히 활성탄은 악취가스의 처리를 위해 현재 가장 많이 사용되는 흡착제로서, 활성탄의 세공 크기 및 분포와 표면의 성질에 가장 영향을 주는 것은 활성탄의 원료물질과 그 제조과정에 있다.
2) 처리대상물질
  (1) 활성탄은 주성분이 탄소로 되어 있으며 트리메틸아민, 메르캅탄, 황화메틸 등 유기성 악취 물질을 잘 흡착한다.
  (2) 실리카겔이나 활성 알루미나 등 극성이 강한 흡착제는 암모니아나 황화수소 등을 잘 흡착한다.

참고 각종 흡착제의 선택성

구분		비극성 포화 결합	극성 불포화 결합
분자 직경	대 ↑ ↓ 소	활성탄 ←——————→ ←——————→ 분자체(molecular seive)	실리카겔(silica gel) 알루미나(alumina) 합성 제올라이트(zeolite)

📝 **흡착제를 선정할 경우 구비조건**
1) 흡착효율 및 재생률이 우수하며, 흡착제 수명이 긴 것
2) 내산성·부식성이 없으며, 습분(물질이 지니는 수분)에 강한 것
3) 압력손실이 적고 장치 내에서 충분한 체류시간을 갖는 것
4) 불순물 함유량이 적은 제품을 고려하여 선정해야 한다.

49 고체채취방법(흡착관)에서 일반적으로 파과(breakthrough)가 안 되기 위한 기준치를 간략히 설명하시오.

해답 파과는 측정하는 가스에 대하여 흡착관 내부의 흡착제가 포화상태가 되어 흡착능력을 상실한 상태로 일반적으로 유출농도가 입구농도의 5 ~ 10[%]에 달하는 시점을 파과점(breakthrough point)이라고 한다. 즉, 흡착관 앞 층의 1/10 이상이 뒤 층으로 넘어가면 파과가 일어났다고 하고 측정결과로 사용할 수 없다. 그래서 파과가 안 되기 위한 기준은 뒤 층의 흡착량이 앞 층의 흡착량의 10[%] 이내이어야 한다.

50 가스상 물질을 임핀저로 채취하는 액체흡수법의 흡수효율을 높이기 위한 방법 3가지를 적으시오.

해답
1) 채취속도를 낮춘다.
2) 액체의 교반을 강하게 한다.
3) 기체와 액체의 접촉면적을 크게 한다.
4) 흡수액의 온도를 낮추어 오염물질의 휘발성을 제한한다.
5) 2개 이상의 임핀저나 버블러를 연속적으로 직렬 연결하여 사용한다.

51 가스상 물질은 액체 흡수법(임핀저, 버블러)으로 채취 시 흡수효율을 높이는 방법 3가지를 적으시오.

해답 버블러가 포함된 임핀저를 사용하여 가스상 물질을 채취하는 액체포집방법(액체흡수법)에서 흡수효율(채취효율)을 높이기 위한 방법은 다음과 같다.
1) 흡수액의 양을 늘려준다.
2) 액체의 교반을 강하게 한다.
3) 기포의 체류시간을 길게 한다.
4) 흡수용액의 온도를 낮추어 오염물질의 휘발성을 제한한다.
5) 시료채취 속도(채취물질이 흡수액을 통과하는 속도)를 낮춘다.
6) 2개 이상의 임핀저나 버블러를 연속적(직렬)으로 연결하여 사용한다.
7) 기포와 액체의 접촉면적을 크게 하기 위해 가는 구멍이 많은 프리티드(fritted) 버블러를 사용한다.

극성(친수성)과 비극성(소수성) 흡착제

흡착제는 크게 친수성(극성)과 소수성(비극성)으로 나뉘는데, 친수성 흡착제가 활성백토, 실리카젤, 활성알루미나, 제올라이트 등으로 원료가 무기질인 반면에 소수성 흡착제는 목탄, 갈탄, 활성탄 등으로 원료가 유기질이다.

기사 출제빈도 ★★★

52 다음 중 파과(breakthrough)와 관련하여 틀린 것을 선택하여 옳게 고치시오.

1) 비극성은 상관있고 극성은 상관없다.
2) 파과가 일어났다는 것은 시료채취가 잘 이루어진 것이다.
3) 작업환경측정 시 많이 사용하는 흡착관은 앞 층 100[mg], 뒤 층 50[mg]이다.
4) 일반적으로 앞 층의 5/10 이상이 뒤 층으로 넘어가면 파과가 일어났다고 한다.
5) 앞 층과 뒤 층으로 구분되어 있는 이유는 파과현상으로 인한 오염물질의 과소평가를 방지하기 위함이다.

해답
1) 극성흡착제를 사용할 경우 습도가 높을수록 파과가 일어나기 쉽고, 비극성은 상관없다.
2) 파과는 유해물질 농도를 과소평가할 우려가 있어 시료채취가 잘 이루어진 것이 아니다.
3) 5/10 → 1/10

기사·산업 출제빈도 ★★★

53 다음은 고용노동부 고시인 '작업환경측정 및 정도관리 등에 관한 고시'에서 시료채취 근로자 수를 나타낸 내용이다. ( ) 안을 채우시오.

1) 단위작업 장소에서 최고 노출근로자 (㉠)명 이상에 대하여 동시에 (㉡) 방법으로 측정하되, 단위작업 장소에 근로자가 1명인 경우에는 그러하지 아니하며, 동일 작업 근로자 수가 10명을 초과하는 경우에는 매 (㉢)명당 1명 이상 추가하여 측정하여야 한다. 다만, 동일 작업 근로자 수가 100명을 초과하는 경우에는 최대 시료채취 근로자 수를 (㉣)명으로 조정할 수 있다.
2) (㉤) 방법으로 측정을 하는 경우 단위작업장소 내에서 2개 이상의 지점에 대하여 동시에 측정하여야 한다. 다만, 단위작업 장소의 넓이가 (㉥)평방미터 이상인 경우에는 매 30평방미터마다 1개 지점 이상을 추가로 측정하여야 한다.

해답
㉠ 2 ㉡ 개인시료채취 ㉢ 5 ㉣ 20 ㉤ 지역시료채취 ㉥ 50

54 염소가스나 이산화질소 가스와 같이 흡수제에 쉽게 흡수되지 않는 물질의 시료채취에 사용되는 시료채취 매체는 무엇이며, 그 이유를 쓰시오.

해답
1) 시료채취 매체: 고체흡착관
2) 이유: 염소가스는 극성 흡착제(실리카젤), 이산화질소는 비극성 흡착제(활성탄)를 이용하여 채취한다.

55 용접 근로자 50명이 용접 작업하고 있는 단위작업장소에서 채취해야 할 시료채취 근로자 수는 몇 명 이상인가?

해답 동일 작업 근로자 수가 10명을 초과하는 경우에는 매 5명당 1명 이상 추가하여 측정하여야 하므로 50명의 근로자는 5인당 1명으로 전체 시료채취 근로자 수는 10명이다.
근거 작업환경측정 및 정도관리 등에 관한 고시 제19조(시료채취 근로자 수)

56 작업환경측정 및 정도관리 등에 관한 고시에서 말하는 '개인시료채취'의 정의에 대하여 적으시오.

해답 '개인시료채취'란 개인시료채취기를 이용하여 가스·증기·분진·흄(fume)·미스트(mist) 등을 근로자의 호흡위치(호흡기를 중심으로 반경 30[cm]인 반구)에서 채취하는 것을 말한다.

57 작업환경측정 및 정도관리 등에 관한 고시에서 말하는 '지역시료채취'의 정의에 대하여 적으시오.

해답 '지역시료채취'란 시료채취기를 이용하여 가스·증기·분진·흄(fume)·미스트(mist) 등을 근로자의 작업행동 범위에서 호흡기 높이에 고정하여 채취하는 것을 말한다.

기사·산업 출제빈도 ★★★

58 원자흡수분광광도법의 비어-램버트 법칙(Beer-Lambert law)을 설명하시오.

해답 물질들이 빛의 흡수과정에서 입사광과 투과광의 강도의 비율은 그 물질의 성질에 따라 비례한다는 것을 보여주는 법칙이다. 비어-람베르트 법칙, 또는 비어(베르)의 법칙으로도 알려져 있다.

즉, 세기 I_o인 빛이 농도 C, 길이 l이 되는 용액층을 통과하면 이 용액에 빛이 흡수되어 입사광의 광도가 감소되는 것을 이용하는 원리이다.

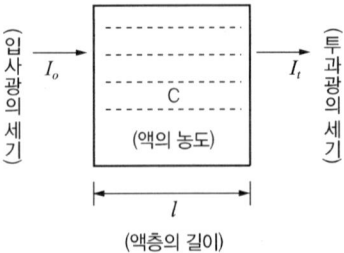

$$I_t = I_o \times 10^{-\varepsilon Cl}$$

여기서, ε : 비례상수로서 흡광계수로 $C=1[\text{mol}]$, $l=10[\text{mm}]$일 때 ε의 값을 몰흡광계수라 하며 K로 표시한다. 투과도, $t = \dfrac{I_t}{I_o}$, 투과퍼센트, $T = t \times 100$

흡광도(투과도의 역수의 상용대수), $A = \log \dfrac{1}{t}$ 또는 $A = \varepsilon \times C \times l$

기사 출제빈도 ★

59 금속이온의 킬레이트 생성반응을 이용하는 착염 적정법의 일종인 킬레이트 적정법의 종류 3가지를 쓰시오.

해답
1) **직접적정법** : 목적하는 금속이온 용액에 지시약을 가한 다음 킬레이트 시약으로 적정하는 방법
2) **치환적정법** : 용액 내의 정량하고자 하는 금속이온을 제2의 다른 금속으로 치환시키고, 이때 유리된 제2의 금속을 킬레이트 시약 표준액으로 작정하여 간접적으로 정량하는 방법
3) **역적정법** : pH가 높아서 목적의 금속이온이 수산화물로 되어 침전하거나 적당한 금속 지시약이 없을 때 또는 킬레이트의 생성반응속도가 느려서 직접적정을 할 수 없을 경우에 사용

📝 **킬레이트 적정법**

킬레이트 시약과 금속이온과의 킬레이트 생성반응을 이용하여 금속이온을 정량하는 분석법으로 콤플렉스 적정법(complexometry)이라고도 한다. 금속이온을 함유한 용액에 금속이온과 반응하여 변색하는 지시약을 넣어 정색시킨 다음 킬레이트 표준용액으로 적정한다.

60 비정상적인 작업시간에 대한 허용농도의 보정 중 OSHA의 보정방법에서 노출기준에 보정을 생략할 수 있는 경우 3가지를 적으시오.

해답
1) 기술적으로 타당성이 없는 노출기준
2) 천장값(TLV-C)으로 되어 있는 노출기준
3) 만성중독을 일으키지 않고 다만 가벼운 자극을 일으키는 물질에 대한 노출기준

> **미국산업안전보건청(OSHA)의 허용농도 보정방법**
> 1) 급성중독(1일 노출시간 기준):
> 보정된 허용농도
> =PEL-TWA × $\dfrac{8[h]}{1일\ 노출시간}$
> 2) 만성중독(1주 노출시간 기준):
> 보정된 허용농도
> =PEL-TWA × $\dfrac{40[h]}{1일\ 노출시간}$

3 소음·진동을 측정, 평가하기

학습 개요 | 기사·산업기사 공통

1. 소음·진동의 인체 영향에 대하여 기술할 수 있다.
2. 소음·진동의 측정 및 평가에 대하여 기술할 수 있다.

01 정상 청력을 가진 사람의 가청주파수 영역을 쓰시오.

해답
20 ~ 20,000[Hz]

> **소리의 가청 주파수 범위**
> 가청범위(hearing range 또는 audio frequency, audible frequency, AF)는 인간, 또는 여타 동물들이 감지할 수 있는 주파수의 범위를 가리키는 용어이다. 사람의 귀로 들을 수 있는 가청주파수는 약 20 ~ 20,000[Hz]에 이른다. 일부 동물들은 인간보다 훨씬 더 넓은 가청범위를 가진다. 예컨대 일부 돌고래와 박쥐 종류는 100,000[Hz] 이상의 초음파를 감지할 수 있으며 코끼리는 14 ~ 16[Hz], 일부 고래는 물속에서 7[Hz] 이하의 초저주파를 감지할 수 있다.

02 배경소음에 대해 설명하시오.

해답
배경소음(background noise)은 한 장소에 있어서의 특정의 음을 대상으로 생각할 경우 대상소음이 없을 때 그 장소의 소음을 대상소음에 대한 배경소음이라 한다.

산업 출제빈도 ★★

03 소음의 종류 3가지를 쓰시오.

해답
1) **연속음**: 하루 종일 일정한 크기의 소리가 발생되는 것을 말하며, 1초에 1회 이상의 음이 발생하는 것을 말한다.
2) **단속음**: 발생되는 소음의 간격이 1초보다 클 때를 말한다.
3) **충격음**: 최대 음압수준이 120[dB] 이상인 소음이 1초 이상의 간격으로 발생하는 음을 말한다.

산업 출제빈도 ★★★★

04 '산업안전보건기준에 관한 규칙'에서 정의하는 소음작업과 충격소음작업의 정의를 정확히 적으시오.

해답
1) **소음작업**: 1일 8시간 작업을 기준으로 85데시벨 이상의 소음이 발생하는 작업을 말한다.
2) **충격소음작업**: 소음이 1초 이상의 간격으로 발생하는 작업으로서 다음 어느 하나에 해당하는 작업을 말한다.
    (1) 120데시벨을 초과하는 소음이 1일 1만 회 이상 발생하는 작업
    (2) 130데시벨을 초과하는 소음이 1일 1천 회 이상 발생하는 작업
    (3) 140데시벨을 초과하는 소음이 1일 1백 회 이상 발생하는 작업
    근거 산업안전보건기준에 관한 규칙 제512조(정의))

기사 출제빈도 ★★

05 다음 [보기]에 나타낸 귀의 각 기관(organ)을 소음이 귀를 통하여 대뇌로 전달되는 순서대로 역할과 함께 적으시오.

[보기]
이소골, 고막, 청각신경(코르티 기관), 외이도, 달팽이관(청각세포)

해답
외이도(음파의 전달: 기체 매체) → 고막(음파에 의해 처음 진동되는 얇은 막) → 이소골(고막의 진동을 증폭시켜 달팽이관으로 전달: 고체 매체) → 달팽이관(청각세포, 음파를 자극으로 받아들임: 액체 매체) → 청각신경(코르티 기관, 청각세포가 받아들인 자극을 대뇌로 전달)

코르티 기관
(Organ of Corti)
귓속 달팽이관 내부의 청각 수용기로, 이것의 기저막이 위·아래로 움직이면서 유모세포를 구부러뜨려 수용기 전위를 발생시키는 청각기관이 있어 음의 진동을 전기적 신호로 바꾸어 대뇌로 전달하며 달팽이관 전체에 고루 분포한다.

기사 출제빈도 ★★☆

06 일시적 청력변화(TTS)와 영구적 청력 변화(PTS)에 대하여 설명하시오.

해답
1) TTS: 심한 소음에 노출되면 일시적으로 음이 들리지 않는 현상으로 소음 노출을 그치면 다시 노출 전의 상태로 회복되는 변화를 말한다. 발생 주파수는 4,000[Hz]와 6,000[Hz]이다.
2) PTS: 간헐적인 소음에 폭로되는 것이 오랫동안 계속되면 영구적인 난청을 초래한다. 소음성 난청은 고막의 파열, 내이의 코르티(cortis) 기관 내 신경 말단의 손상 또는 소골열의 위치 변경 등으로 생기는 것이며, 초기에는 3,000 ~ 6,000[Hz] 범위, 특히 4,000[Hz]에 대한 청력장해가 나타나고, 점차로 난청의 정도가 심하여 질수록 6,000[Hz] 이상의 고음역과 3,000[Hz] 이하의 저음역에 까지 청력손실이 미친다.

산업 출제빈도 ★★★

07 음원의 위치가 다음과 같을 경우 지향지수(DI, Directivity Index) dB를 구하시오.
1) 음원이 자유 공간(공중)에 있을 때
2) 음원이 반자유 공간(바닥 위)에 있을 때
3) 음원이 두 면이 접하는 구석에 있을 때
4) 음원이 세 면이 접하는 구석에 있을 때

해답
1) 지향계수 $Q=1$, ∴ 지향지수 $DI=10\log 1=0[dB]$
2) 지향계수 $Q=2$, ∴ 지향지수 $DI=10\log 2=3[dB]$
3) 지향계수 $Q=4$, ∴ 지향지수 $DI=10\log 4=6[dB]$
4) 지향계수 $Q=8$, ∴ 지향지수 $DI=10\log 8=9[dB]$

📝 **지향계수(Q, directivity factor)와 지향지수(DI, Directivity Index)**
지향계수는 파원의 지향성을 나타내는 수치이고, 지향지수는 지향계수를 레벨 표시한 지표이다. 지향지수는 지향계수 값의 상용로그를 10배한 값($DI=10\log Q$)이다.

기사 출제빈도 ★★☆

08 작업환경측정 시 소음계의 청감보정회로 및 동특성을 어떻게 하여야 하는가?

해답
1) 청감보정회로는 A특성에 고정하여 측정한다.
2) 동특성은 빠름(fast) 모드로 하여 측정한다.

📝 **청감보정회로(weighting network)**
어떤 음의 감각적인 크기 레벨을 등청감곡선을 역으로 한 보정 회로를 말한다. 40[phon], 70[phon], 85[phon]의 등청감곡선을 역으로한 보정회로를 A 특성, B 특성, C 특성 청감보정회로라 하며 일반적인 소음계에서는 주로 A 특성이 사용된다.

09 소음공정시험기준에서 다음에 제시된 소음계의 성능에 대하여 적으시오.

1) 측정가능 주파수의 범위
2) 측정가능 소음도의 범위
3) 레벨레인지 변환기의 전환오차
4) 지시계기의 눈금오차

해답
1) 31.5[Hz] ~ 8[kHz] 이상
2) 35 ~ 130[dB] 이상
3) 0.5[dB] 이내
4) 0.5[dB] 이내

10 다음은 소음계의 구성도이다. 여기서 레벨레인지 변환기와 청감보정회로의 번호를 찾아 적으시오.

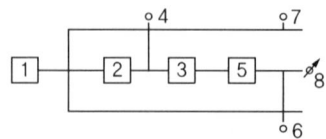

해답
3: 레벨레인지 변환기, 5: 청감보정회로

11 다음은 진동레벨계의 구성도이다. 여기서 1, 2, 3, 4의 명칭을 적으시오.

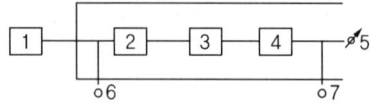

해답
1: 진동픽업(pick-up), 2: 레벨레인지 변환기, 3: 증폭기, 4: 감각보정회로

진동픽업(pick-up)
지면에 설치하여 진동을 감지하는 센서로 진동을 전기신호로 바꾸어 주는 장치를 말한다.

12 진동공정시험기준에서 다음에 제시된 진동레벨계의 성능에 대하여 적으시오.

1) 측정가능 주파수의 범위
2) 측정가능 진동레벨의 범위
3) 레벨레인지 변환기의 전환오차
4) 지시계기의 눈금오차

해답
1) 1 ~ 90[Hz] 이상
2) 45 ~ 120[dB] 이상
3) 0.5[dB] 이내
4) 0.5[dB] 이내

13 진동레벨의 배출허용기준의 적합성 여부를 측정할 때 디지털 진동자동분석계를 사용할 경우, 측정지점의 측정진동레벨은 다음과 같이 측정한다. ( ) 안에 들어갈 말은?

샘플주기를 1초 이내에서 결정하고 (㉠)분 이상 측정하여 자동 연산·기록한 (㉡)[%] 범위의 상단치인 (㉢)값을 그 지점의 측정진동레벨으로 한다.

해답
㉠ 5
㉡ 80
㉢ L_{10}

4 극한온도 등 유해인자를 측정, 평가하기

학습 개요 기사·산업기사 공통
1. 이상기압, 고열환경, 한랭환경의 측정 및 평가에 대하여 기술할 수 있다.
2. 직업성 피부질환의 발생요인에 대하여 기술할 수 있다.
3. 유해광선에 대한 측정 및 평가에 대하여 기술할 수 있다.

[산업] 출제빈도 ☆☆

01 고압 환경에서 정상기압으로 복귀하는 과정에서 감압 환경 하에서 감압병의 원인을 일으키는 기체를 적으시오.

해답
질소(N_2)

참고 고압 환경의 이차성 압력 현상에 의한 생체변환으로 4기압 이상에서 공기 중 질소 가스가 기포가 되어 체내의 지방조직, 혈관 등에 떠돌면서 마취작용을 일으켜 작업력이 저하되고, 기분의 전환, 즉 행복감을 과도하게 느끼는 질환인 다행증(多幸症, euphoria(유포리아))을 일으킨다. 이를 위한 예방책으로 고압 환경에서 작업을 할 때 마취작용을 일으킬 수 있는 질소를 헬륨(He)으로 대치한 공기를 호흡시킬 때 사용한다.

[기사] 출제빈도 ☆☆

02 고압환경 및 감압환경에서 인체에 영향을 미치는 화학적 장해에 대하여 설명하시오.

해답
1) 고압환경 하에서는 공기 중 질소가 체액에 많이 녹아 들어가 이산화탄소에 의한 질소마취 작용이 증강되어 작업저하, 다행증(euphoria)를 유발한다.
2) 고압환경에서 급속하게 감압을 하는 감압환경 하에서는 공기가 빨리 팽창하여 인체 내에 있던 많은 양의 용해질소가 기포를 형성하여 혈관, 피부로 떠돌면서 여러 가지 증상을 유발한다. 급성증상으로는 폐기흉, 공기전색, 동통성 관절장해, 흉통 및 호흡곤란, 피부 소양감이 발생하고 만성으로는 무균성 골괴사가 있다.

03 고열을 이용하여 유리를 제조하는 작업장에서 작업자가 눈에 통증을 느꼈다. 이때 발생한 물질과 질환의 명칭을 쓰시오.

해답
1) 복사열
2) 안질환(백내장)

참고 안질환인 백내장은 유해광선이 발생하는 유리제조공장의 초자공, 주물공 등에서 발생 가능성이 가장 높은 직업병이다.

> **백내장(cataract)**
> 눈으로 들어온 빛은 수정체를 통과하면서 굴절되어 망막에 상을 맺게 되는데, 백내장은 이러한 수정체가 혼탁해져 빛을 제대로 통과시키지 못하게 되면서 안개가 낀 것처럼 시야가 뿌옇게 보이게 되는 질환을 말한다.

04 고온순화(순응)의 메커니즘 4가지를 쓰시오.

해답
1) 열생산 감소
2) 열방산 능력 증가
3) 체온조절 기전의 항진
4) 더위에 대한 내성 증가

05 한랭장해를 예방하기 위한 작업대책 3가지를 쓰시오.

해답
1) 젖은 작업복 등은 즉시 갈아입도록 한다.
2) 혈액순환을 원활히 하기 위한 운동 지도를 실시한다.
3) 적정한 지방과 비타민 섭취를 위한 영양 지도를 실시한다.
4) 한랭환경의 작업에서 차가운 금속에 근로자의 피부가 접촉되지 않도록 한다.
5) 추운 곳에서 일하는 근로자들은 가급적 순환 근무를 하여 한랭환경에 너무 오래 노출되지 않게 한다.
6) 작업복이 심하게 젖게 되는 작업장에 대하여는 탈의시설, 목욕시설, 세탁시설 및 작업복을 건조시킬 수 있는 시설을 설치·운영한다.
7) 다량의 저온물체를 취급하는 장소 또는 현저히 차가운 장소에는 관계 근로자 외외 자외 출입을 금지시키고 그 뜻을 보기 쉬운 장소에 게시하여야 한다.
8) 근로자들이 휴식시간에 이용할 수 있는 휴게시설을 갖춘다. 휴게시설을 설치하는 때에는 한랭작업과 격리된 장소에 설치한다. 한랭작업이 야외작업인 경우에는 트레일러, 승합차 등과 같은 이동식 시설을 포함한 따뜻한 휴게시설이 제공되어야 한다.

참고 한국산업안전보건공단 '한랭작업환경 관리 지침'

📌 저체온증(hypothermia)
임상적으로 중심체온(심부 체온)이 35[℃] 이하로 떨어진 상태를 말한다. 인체의 열생산이 감소되거나 열손실이 증가될 때, 또는 두 가지가 복합적으로 발생할 때 초래되며, 저체온증은 갑자기 생기거나 점차적으로 발생할 수 있다. 체온이 정상보다 낮아지면 혈액순환과 호흡, 신경계의 기능이 느려진다.

기사 출제빈도 ★

06 산업안전보건기준에 관한 규칙에서 말하는 한랭의 정의를 적고 저온에 의한 장해를 3가지 적으시오.

해답
1) 한랭: 냉각원(冷却源)에 의하여 근로자에게 동상 등의 건강장해를 유발할 수 있는 차가운 온도
2) 저온에 의한 장해: 저체온증(hypothermia), 참호족, 동상, 알레르기

기사 출제빈도 ★★★★★

07 사업주는 고열작업에 근로자를 종사하도록 하는 때에는 열경련·열탈진 및 열사병 등의 건강장해를 예방하기 위하여 고열의 위해성을 평가해야 한다. 고열작업의 평가를 위한 지표로 사용하는 실효온도와 WBGT를 옥내와 옥외로 구분해서 각각 설명하시오.

해답
1) 실효온도
   작업자가 느끼는 체감온도 또는 감각온도로 온도, 습도, 기류 등이 영향을 주며 이 실효온도가 증가할수록 육체적 작업능력이 떨어진다.
2) 습구흑구온도지수(WBGT, Wet-Bulb Globe Temperature)
   근로자가 고열환경에 종사함으로써 받는 열스트레스 또는 위해를 평가하기 위한 도구(단위, ℃)로서 기온, 기습 및 복사열을 종합적으로 고려한 지표를 말한다. 습구흑구온도지수(WBGT)의 산출식은 다음과 같다.
   (1) 옥외(태양광선이 내리쬐는 장소)
      WBGT(℃) = 0.7×자연습구온도(NWB) + 0.2×흑구온도(GT) + 0.1×건구온도(DB)
   (2) 옥내 또는 옥외(태양광선이 내리쬐지 않는 장소)
      WBGT(℃) = 0.7×자연습구온도(NWB) + 0.3×흑구온도(GT)

기사 출제빈도 ★★★

08 고온환경에서의 작업 시 인체의 고온 순응에 대해 쓰시오.

해답
1) 높은 발한율　　　　　　　2) 순환 혈액량의 좋은 지표인 혈장량의 증가
3) 땀의 전해질량(염분농도) 감소　4) 피부 혈류량의 감소

기사 출제빈도 ★★★

09 인체와 환경 간의 열교환에 관여하는 온열조건 인자를 4가지 적으시오.

해답 인체와 환경 간의 열교환식(열수지 방정식): 생체의 열교환에 미치는 환경요인은 기온, 기습, 기류, 복사열이며 이것을 온열인자라고 한다.

$$\Delta S = M - E \pm R \pm C$$

여기서, ΔS: 생체 내 열용량의 변화($\Delta S = 0$인 상태가 가장 쾌적한 상태임)
M: 대사(metabolism)에 의한 열생산(항상 +값)
E: 수분 증발(evporation)에 의한 열방산(항상 −값)
R: 복사(radiation)에 의한 열득실
C: 대류(convection) 및 전도(conduction)에 의한 열득실

기사 출제빈도 ★★

10 지적온도란 무엇이며 그 영향요인을 3가지 적으시오.

해답
1) 지적온도(적정온도, optimum temperature): 인간이 활동하기에 가장 좋은 상태인 온열조건으로 환경온도를 감각온도로 나타낸 것이다.
2) 영향요인
   (1) 노인보다 젊은이의 지적온도가 낮다.
   (2) 작업량이 클수록 체열방산이 많아 지적온도는 낮아진다.
   (3) 더운 음식물, 알코올, 기름진 음식을 섭취하면 지적온도는 낮아진다.
   (4) 여름철(21 ~ 22[℃])이 겨울철(18 ~ 21[℃])보다 지적온도가 높다.
   (5) 주관적(쾌적감각온도), 생리적(기능지적온도), 생산적(최고생산온도) 지적온도로 구분된다.

기사 출제빈도 ★★

11 직경이 5 ~ 7.5센티미터, 15센티미터 되는 흑구온도계 또는 습구흑구온도(WBGT)를 동시에 측정할 수 있는 기기를 사용하여 흑구 및 습구흑구온도를 측정할 경우, 측정에 소요되는 시간(분)을 나타내시오.

해답
1) 직경이 7.5센티미터 또는 5센티미터일 경우 5분 이상
2) 직경이 15센티미터일 경우 25분 이상

기사·산업 출제빈도 ★★★★★

12 실효온도(체감온도)의 정의를 쓰고, 습구흑구온도지수를 옥내, 옥외로 구분하여 계산하는 방법을 쓰시오.

해답
1) 실효온도의 정의: 기온, 기류, 기습의 3가지 인자를 종합하여 인체에 주는 온감을 말하는 것으로 감각온도 또는 체감온도라고 한다.
2) WBGT 계산방법
　(1) 옥내(또는 햇볕이 쬐지 않는 실외)
　　　WBGT(℃) = (0.7×자연습구온도) + (0.3×흑구온도)
　(2) 옥외
　　　WBGT(℃) = (0.7×자연습구온도) + (0.2×흑구온도) + (0.1×건구온도)

기사 출제빈도 ★★★

13 다음은 열중증을 설명한 것이다. 해당되는 열중증의 종류를 쓰시오.

1) 신체 내부 체온조절계통이 기능을 잃어 발생하며, 체온이 지나치게 상승할 경우 사망에 이를 수 있고 수액을 가능한 한 빨리 보충해 주어야 하는 열중증
2) 더운 환경에서 고된 육체적 작업을 통하여 신체의 지나친 염분 손실을 충당하지 못할 경우 발생하는 고열장해로 빠른 회복을 위해 염분과 수분을 공급하지만 염분 공급 시 식염정제를 사용하여서는 안 되는 열중증
3) 고열작업장에 순화되지 못한 근로자가 고열작업을 수행할 경우 신체 말단부에 혈액이 과다하게 저류되어 뇌의 혈액흐름이 좋지 못하게 됨에 따라 뇌에 산소부족이 발생하는 열중증

열중증(hyperthermia)
외부 공기의 고온다습함 등의 원인으로 발생하는 증상의 총칭으로 다량의 땀을 흘려서 체내의 수분이나 염분의 균형이 무너지거나 체온조절을 할 수 없게 되어 몸 상태가 나쁘게 되는 고온장애이다.

해답
1) 열사병(heat stroke)
2) 열경련(heat cramps)
3) 열허탈(heat collapse) 또는 열피로(열피비, heat exhaustion), 열실신(heat syncope)

14 '산업안전보건기준에 관한 규칙'에서 곤충 및 동물매개 감염병 고위험작업을 하는 경우 사업주가 취하는 예방조치 사항 5가지를 쓰시오.

해답
1) 긴 소매의 옷과 긴 바지의 작업복을 착용하도록 할 것
2) 곤충 및 동물매개 감염병 발생 우려가 있는 장소에서는 음식물 섭취 등을 제한할 것
3) 작업 장소와 인접한 곳에 오염원과 격리된 식사 및 휴식 장소를 제공할 것
4) 작업 후 목욕을 하도록 지도할 것
5) 곤충이나 동물에 물렸는지 확인하고, 이상 증상 발생 시 의사의 진료를 받도록 할 것

15 근로자가 고열환경에 종사함으로써 받는 열스트레스 또는 위해를 평가하기 위한 도구(단위: ℃)인 습구흑구온도지수(WBGT, Wet- Bulb Globe Temperature)는 어떤 온열요소를 종합적으로 고려한 지표인가?

해답
1) 기온
2) 기습
3) 복사열

16 '산업안전보건기준에 관한 규칙'에서 제시된 근로자가 상시 작업하는 장소의 작업면 조도(照度) 기준을 초정밀작업, 정밀작업, 보통작업으로 나누어 적으시오.

해답
1) **초정밀작업**: 750럭스(lx) 이상
2) **정밀작업**: 300럭스(lx) 이상
3) **보통작업**: 150럭스(lx) 이상
[근거] 산업안전보건기준에 관한 규칙, 제8조(조도)

📖 **조도(illuminance) 또는 조명도**
어떤 면이 받는 빛의 세기를 나타내는 값으로 단위 면적에 도달하는 광선속으로 계산한다
단위로는 럭스(lx)나 포토(ph)를 쓴다.

산업 출제빈도 ☆☆☆

17 고열측정(습구온도, 흑구온도) 구분에 의한 측정기기와 측정시간 기준 및 측정기의 위치에 대하여 설명하시오.

해답
1) 습구온도의 측정기기와 측정시간 기준
   (1) 0.5도 간격의 눈금이 있는 아스만통풍건습계, 자연습구온도를 측정할 수 있는 기기 또는 이와 동등 이상의 성능이 있는 측정기기
      ① 아스만통풍건습계: 25분 이상
      ② 자연습구온도계: 5분 이상
   (2) 직경이 5센티미터 이상되는 흑구온도계 또는 습구흑구온도(WBGT)를 동시에 측정할 수 있는 기기
      ① 흑구의 직경이 15센티미터일 경우: 25분 이상
      ② 흑구의 직경이 7.5센티미터 또는 5센티미터일 경우: 5분 이상
2) 측정기의 위치
   바닥면으로부터 50센티미터 이상, 150센티미터 이하의 위치에서 측정한다.
   [근거] 작업환경측정 및 정도관리 등에 관한 고시, 제4장 작업환경측정방법, 제5절 고열, 제31조

산업 출제빈도 ☆

18 국부조명이 비치는 작업환경에서 고려해야 할 사항 3가지를 적으시오.

해답
1) 빛의 색   2) 눈부심의 휘도   3) 조도와 조도의 분포

기사 출제빈도 ☆

19 첩포시험(patch test)에 대하여 설명하시오.

해답
첩포시험(첩포검사)은 적절한 농도의 여러 가지 알레르기항원을 환자의 피부에 부착한 후 48시간 이후 피부반응을 보는 검사이다. 이는 알레르기성 접촉피부염의 진단에 필수적이며 그 원리는 환자의 등에 원인 가능 물질을 붙인 후 인위적으로 피부반응을 유발시켜 2일과 4일 후에 판독하는 검사 방법이다. 그러나 첩포검사에서 양성반응을 보인다고 하더라도 환자의 병력이나 병터부위, 형태와 일치하지 않을 경우 알레르기접촉피부염으로 진단할 수 없다.

휘도(luminance)
어떤 광원의 단위 면적당의 광도, 즉 광원의 단위 면적에서 단위 입체각으로 발산하는 광선속(빛의 양)을 의미한다. 측정단위는 cd/m^2를 사용하며 이를 줄여서 니트(nit, nt)라 하고, cd/cm^2를 줄여서 스틸브(stilb, sb)라는 단위를 사용하기도 한다.

20 피부에 색소를 침착시키는 물질과 감소시키는 대표적인 물질 2가지를 적으시오.

해답
- 색소를 침착시키는 물질: 타르(tar), 피치(pitch)
- 색소를 감소시키는 물질: 페놀(phenol), 카테콜(catechol)

> **타르(tar)와 피치(pitch)**
> 타르는 유기물을 분해증류(destructive distillation)하여 나오는 점성의 검은색 액체이다. 대부분의 타르는 석탄으로부터 만들어지며 석유나 나무, 이탄(peat)으로부터도 만들 수 있다. 타르와 피치는 때때로 서로 혼동하여 쓰이기도 하지만 피치는 타르에 비해 더욱 굳고 고체에 가깝다.

> **카테콜(catechol)**
> 클로로페놀의 알칼리성 수용액을 약 200[℃]로 가열하면 얻을 수 있는 사진 현상액의 주성분이며, 산화가 되기 쉽다.

21 다음은 직업성 피부질환에 대한 종류이다. 이 질환들의 발생원인을 적으시오.
1) 자극성 접촉피부염
2) 알레르기성 접촉피부염
3) 피부암

해답
1) **자극성 접촉피부염**: 직업성 피부질환의 약 90[%]가 접촉피부염이라고 하며 그 중 80[%]가 자극에 의한 접촉피부염으로 원인물질은 유기용제, 산, 염기를 포함한 화학물질과 중금속 등이다.
2) **알레르기성 접촉피부염**: 살충제, 크로뮴, 코발트, 콜로포니, 색소, 에폭시레진, 폼알데하이드, 폼알데하이드레진, 향료, 니켈, 옻나무와 같은 식물류, 반응촉진제나 항산화제와 같은 고무제조과정의 화학물질 등이 흔한 원인물질이다. 국내에서는 직업성으로 발생된 알레르기 접촉피부염의 보고가 많지 않으나, 금속을 다루는 직공 종사자에게는 금속 가공유나 금속 성분, 미용사에게는 머리염색약, 간호사나 병원 종사자에게는 항생제나 수술 장갑의 라텍스, 현장 공사장 근로자에게 에폭시레진이나 폼알데하이드레진에 의해 발생한다.
3) **피부암**: 자외선, 다환방향족탄화수소물(PAHs), 비소(As)와 전리방사선이다. PAHs는 알루미늄 생산, 석탄가스화, 코크스 생산, 철이나 강철 생산, 타르 증류나 혈암유 추출 등의 공정에서 많이 발생힌다. As(비소)는 유리 생신, 구리·아연·납 제련, 반도체 생산 과정에 사용되고 있다. 또한 살충제로도 사용되어 농부들도 비소에 노출된다. 비소에 장기간 노출되면 비소각화증, 편평세포암, 기저세포암, 보웬병, 머켈세포암 등이 발생할 수 있다. 많은 양의 전리방사선에 급성으로 노출되거나 누적될 경우 방사선 피부염뿐 아니라 피부, 갑상샘, 간, 뼈나 조혈기관에 다양한 암이 발생된다.

전리방사선

전자파 또는 입자선 중 원자에서 전자를 떼어내어 주위의 물질을 이온화 시킬 수 있는 능력을 가진 것으로서 α입자, 중양자선, 양자선, β입자 그 밖의 중하전 입자선, 중성자 입자, γ선, X선 등의 에너지를 가진 입자나 파동을 말한다.

22 전리방사선의 종류를 적으시오.

해답 α입자, β입자, 중성자 입자, γ선, X선

23 다음 방사선량에 대한 설명과 단위를 적으시오.
1) 조사선량(照射線量)
2) 흡수선량
3) 등가선량
4) 유효선량

해답
1) **조사선량(照射線量)**: 1[kg]의 공기에 대하여 2.58×10^{-4} 쿨롱(C)의 전기량을 생성하는 방사선량, 단위: C/kg
2) **흡수선량**: 방사선이 어떤 물질과 상호 작용을 한 결과 그 물질의 단위질량에 흡수된 에너지, 단위: Gy(그레이, gray)
3) **등가선량**: 동일량의 에너지가 인체조직에 흡수되었을 때, 생체에 미치는 효과(RBE, Relative Biological Effectiveness)를 곱한 선량으로 등가선량(RBE) = 흡수선량×RBE, 단위: Sv(시버트, Sievert)
   (※ RBE값: X선, γ선, β선은 1, 느린 속도의 중성자 5, α선, 양자, 고속 중성자 10)
4) **유효선량**: 인체조직의 등가선량에 조직의 감수성을 나타내는 조직가중치를 곱하여 방사선을 받은 모든 조직에 대해 합산한 것, 단위: Sv

24 전리방사선인 α선, β선, γ선, X선에 대해 그 투과력과 전리작용을 크기순으로 배치하시오.

해답
1) 투과력: γ선, X선〉β선〉α선
2) 전리작용: α선〉β선〉X선, γ선

25 유해광선인 방사선으로 인한 인체 장애를 5가지 적으시오.

해답
1) 조혈기능의 장애
2) 생식기능의 장애
3) 피부점막의 궤양
4) X선 백내장
5) 악성 신생물 유발(백혈병, 갑상선 암)

5 산업위생통계에 대하여 기술하기

학습 개요 기사·산업기사 공통

1. 통계의 필요성, 용어에 대하여 기술할 수 있다.
2. 평균, 표준편차, 표준오차 및 신뢰구간에 대하여 기술할 수 있다.

01 산업위생통계의 필요성(중요성)에 대하여 설명하시오.

해답
1) 관리대책의 효과를 판정할 수 있다.
2) 산업위생 문제의 심각성을 판단할 수 있다.
3) 측정자료가 대상지역의 대표치가 될 수 있다.
4) 문제가 되는 물질과 발생원을 판별할 수 있다.
5) 계획수립과 관리대책을 마련하는 데 중요한 참고자료로 활용할 수 있다.

02 산업안전보건법 중대 재해법에 해당하는 재해를 3가지 적으시오.

해답
1) 사망자가 1명 이상 발생한 재해
2) 3개월 이상의 요양이 필요한 부상자가 동시에 2명 이상 발생한 재해
3) 부상자 또는 직업성 질병자가 동시에 10명 이상 발생한 재해

기사 출제빈도 ☆

03 산업재해 예방을 위하여 종합적인 개선조치를 할 필요가 있다고 인정되는 사업장의 사업주에게 고용노동부장관은 안전보건개선 계획을 하라고 명할 수 있다. 여기에 해당하는 사업장의 종류를 적으시오.

해답
1) 산업재해율이 같은 업종의 규모별 평균 산업재해율보다 높은 사업장
2) 사업주가 필요한 안전조치 또는 보건조치를 이행하지 아니하여 중대재해가 발생한 사업장
3) 대통령령으로 정하는 수 이상의 직업성 질병자가 발생한 사업장
4) 유해인자의 노출기준을 초과한 사업장

참고 산업안전보건법 제49조(안전보건개선계획의 수립·시행 명령) ① 고용노동부장관은 다음 각 호의 어느 하나에 해당하는 사업장으로서 산업재해 예방을 위하여 종합적인 개선조치를 할 필요가 있다고 인정되는 사업장의 사업주에게 고용노동부령으로 정하는 바에 따라 그 사업장, 시설, 그 밖의 사항에 관한 안전 및 보건에 관한 개선계획을 수립하여 시행할 것을 명할 수 있다.

기사·산업 출제빈도 ☆☆☆

04 산업재해의 통계치인 도수율, 강도율, 건수율, 연천인율에 대한 계산 공식을 쓰시오.

해답
1) **도수율**: 연간 총 근로시간 1,000,000 시간당 재해발생 건수

$$도수율 = \frac{재해발생\ 건수}{연\ 근로시간\ 수} \times 10^6$$

2) **강도율**: 연간 총 근로시간 1,000시간당 재해발생으로 인한 근로손실일수

$$강도율(SR) = \frac{일정기간\ 중\ 근로손실일수}{일정기간\ 중\ 연\ 근로시간\ 수} \times 1,000$$

3) **건수율(또는 발생률)**: 연천인율을 보완한 것으로 1,000명의 근로자 중에서 연간(또는 일정기간) 재해 건수가 몇 건인가를 나타냄

$$건수율(발생률) = \frac{연간\ 재해\ 건수}{평균\ 근로자\ 수} \times 1,000$$

4) **연천인률**: 근로자 1,000명당 1년간 발생하는 재해자 수의 비율(연천인율 = 도수율×2.4)

$$연천인률 = \frac{연간\ 재해\ 건수}{평균\ 근로자\ 수} \times 1,000$$

기사·산업 출제빈도 ☆☆☆

05 산업위생 분야에서 많이 사용하는 대푯값인 기하평균과 기하표준편차에 대해 설명하시오.

해답

1) 기하평균(GM, Geometric Mean): 숫자들을 모두 곱해서 거듭 제곱근을 취해서 얻는 평균
   공식: $GM = \sqrt[n]{x_1 \times x_2 \times \cdots \times x_n}$

2) 기하표준편차(GSD, Geometric Standard Deviation): 자료가 기하정규분포할 경우 대표치인 기하평균에서 얼마나 흩어져 있는가를 나타내는 값
   (1) 누적분포 그래프로 구할 때 다음 식을 사용한다.
   $$GSD = \frac{84.1[\%]\text{에 해당하는 값}}{50[\%]\text{에 해당하는 값}} = \frac{50[\%]\text{에 해당하는 값}}{15.9[\%]\text{에 해당하는 값}}$$

   (2) 계산에 의한 방법으로 구할 때는 모든 자료를 대수로 변환하여 표준편차를 구한 값을 역대수를 취하여 구한다.
   $$\log(GSD) = \left[\frac{(\log X_1 - \log GM)^2 + (\log X_2 - \log GM)^2 + \cdots + (\log X_n - \log GM)^2}{N-1}\right]^{0.5}$$

기사 출제빈도 ☆☆

06 작업장 내 유해물질의 농도를 여러 번 측정할 경우 대체적으로 어떤 형태의 분포를 이루고 있는지를 나타내고, 자료(데이터)의 중앙 집중성을 알아보는 대푯값과 자료의 흩어진 정도를 측정하는 산포도를 구하는 산업위생 통계치를 각각 2가지 적으시오.

📝 **산포도(dispersion)**
측정 데이터가 얼마나 그리고 어떻게 퍼져 있나를 나타내는 통계학 용어로 변량이 흩어져 있는 정도를 하나의 수로 나타낸 값이다. 범위, 사분위수 범위, 분산, 표준편차, 절대편차, 변동계수 등이 이에 속한다.

해답
1) 대수정규분포
2) 대푯값: 중앙값, 기하평균
3) 산포도를 구하는 통계치: 표준편차, 기하표준편차

기사·산업 출제빈도 ★★★

07 산업통계에서 변이계수에 대한 정의, 공식, 중요성 3가지를 적으시오.

해답

1) 정의 : 변이계수(CV, Coefficient of Variation)는 표준편차의 수치가 평균치에 비해 몇 %가 되느냐를 나타내는 계수로 표준편차를 산술평균으로 나눈 것이다. 상대 표준편차(RSD, Relative Standard Deviation)라고도 한다.
2) 공식 : $CV[\%] = \dfrac{SD}{M} \times 100$
3) 중요성
   (1) 변이계수의 값은 데이터의 정밀도를 표현한 계수
   (2) 측정 자료가 데이터로서의 가치가 있음을 나타내는 지표
   (3) 변이계수가 작을수록 자료들이 평균 주위에 가깝게 분포한다는 의미

기사 출제빈도 ★★★

08 다음은 무엇에 대한 정의인가?

1) 일정한 물질에 대해 반복 측정·분석했을 경우 나타나는 자료 분석치의 변동 크기가 얼마나 작은가 하는 수치
2) 폐포에 침착하여 독성을 나타내는 물질, 입경이 $3.5[\mu m]$인 입자가 폐포로 들어올 확률은 50[%]이다.
3) 시료채취기를 이용하여 가스, 증기, 분진, 흄, 미스트 등 유해인자를 근로자의 정상 작업 위치 또는 작업행동 범위에서 호흡기 높이에 고정하여 채취하는 것을 말한다.

해답
1) 정밀도
2) 호흡성 먼지(RPM, Respirable Particulate Matters)
3) 지역시료채취

09 산업통계에서 대표치의 종류인 중앙치와 최빈치에 대하여 설명하시오.

해답
1) **중앙치**: N개의 측정치를 크기순서로 배열하였을 때 그 중앙에 오는 값으로 측정치가 홀수일 때는 $\frac{N+1}{2}$번째 값, 짝수일 때는 $\frac{N}{2}$번째 값과 $\frac{N}{2}+1$번째 값의 산술평균값이다.
2) **최빈치**: 변수의 측정치 중에서 가장 큰 것을 말함

10 정확도와 정밀도를 나타내는 통계치를 갖고 이를 설명하시오.

해답
1) **정확도(accuracy)**: 측정값과 참값의 차이인 오차가 적을수록 정확도가 높아진다. 즉 정확도는 참값에 근접한 정도이다.
2) **정밀도(precision)**: 측정값들의 재현성 정도(분포 정도)를 말하며 측정값들이 평균 가까이에 분포하는지 흩어져서 분포하는지를 측정하는 산포도와 측정치와 평균치의 차이인 편차로 나타낸다.

📝 **정밀도(precision)와 정확도(accuracy)**

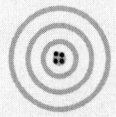
정확도 높음
정밀도 높음

정확도 낮음
정밀도 높음

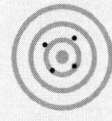
정확도 높음
정밀도 낮음

정확도 낮음
정밀도 낮음

11 측정할 수 있는 오차(보정 가능한 오차)와 측정할 수 없는 오차(원인을 알 수 없는 오차)의 종류를 적으시오.

해답
1) **측정할 수 있는 오차**: 조작오차(실험조작의 잘못으로), 개인오차(개인의 결함, 습관 등으로), 방법오차(분석방법 자체로)
2) **측정할 수 없는 오차**: 우발오차(불확정성이 원인임)

12 계통오차의 정의와 종류를 3가지 적으시오.

해답
1) 계통오차(systematic error): 측정계기의 미비한 점에 기인되는 오차로서 그 크기와 부호를 추정할 수 있고 보정할 수 있는 오차이다.
2) 계통오차의 종류
   (1) 개인오차(personal error): 측정하는 개인의 선입관으로 인한 오차
   (2) 기계오차(instrumental error): 사용된 기계의 부정확성으로 인한 오차
   (3) 외계오차(external error): 측정 시 온도나 습도와 같은 알려진 외계의 영향으로 생기는 오차

참고 우발오차(random error)
한 가지 실험측정을 반복할 때 측정값들의 변동으로 인한 오차를 말하며 계통오차와 달리 제거할 수 없고 보정할 수도 없는 것이지만 측정의 횟수를 될 수 있는 대로 많이 하여 오차의 분포를 살펴 가장 확실성 있는 값, 즉 최확치를 추정할 수 있는 것이다. 일반적으로 계통오차가 없을 때는 측정결과가 정확하다고 말하고, 우발오차가 작을 때는 정밀하다고 말한다.

13 산업위생 통계에 적용되는 계통오차와 우발오차에 대하여 각각 설명하시오.

해답
1) 계통오차(systematic error): 측정계기의 미비한 점에 기인되는 오차로서 그 크기와 부호를 추정할 수 있고 보정할 수 있는 오차이다.
   (1) 외계오차(external error): 측정 시 온도나 습도와 같은 알려진 외계의 영향으로 생기는 오차
   (2) 기계오차(instrumental error): 사용된 기계의 부정확성으로 인한 오차
   (3) 개인오차(personal error): 측정하는 개인의 선입관으로 인한 오차
2) 우발오차(random error): 한 가지 실험측정을 반복할 때 측정값들의 변동으로 인한 오차를 말하며 계통오차와 달리 제거할 수 없고 보정할 수도 없는 것이지만 측정의 횟수를 될 수 있는 대로 많이 하여 오차의 분포를 살펴 가장 확실성 있는 값, 즉 최확치를 추정할 수 있는 것이다.
일반적으로 계통오차가 없을 때는 측정결과가 정확하다고 말하고, 우발오차가 작을 때는 정밀하다고 말한다.

CHAPTER 2 작업환경 관리

1 입자상 물질의 관리 및 대책을 수립하기

학습 개요 | 기사·산업기사 공통
1. 일반적인 분진 및 유해입자의 관리에 대하여 기술할 수 있다.
2. 분진, 석면, 금속먼지 및 흄, 기타 작업에서의 관리에 대하여 기술할 수 있다.

기사 출제빈도 ★★

01 주물 공정에서 근로자에게 노출되는 호흡성 분진을 추정하고자 한다. 이때 호흡성 분진의 정의와 추정하는 목적을 기술하시오. (단, 정의는 ACGIH에서 제시한 평균 입자의 크기를 예를 들어 설명하시오.)

해답
1) 호흡성 분진(RPM, Respirable Particulate Matters): 폐포에 침착하여 독성을 나타내는 물질(종말 모세 기관지나 폐포 영역의 가스교환이 이루어지는 영역까지 도달하는 미세분진), 입경이 4[μm]인 입자가 폐포로 들어올 확률은 50[%]이다.
2) 측정하는 목적: 호흡성 분진이 폐에 들어가면 독성으로 인한 섬유화를 일으켜 진폐증에 걸릴 수 있기 때문에 측정한다.

기사 출제빈도 ★★★

02 고농도 분진이 발생하는 작업장에 대한 환경관리대책 4가지를 적으시오.

해답
1) 작업공정의 습식화: 연속적인 살수작업으로 최대 75[%]까지 분진의 비산을 감소시킨다.
2) 작업장소의 밀폐 또는 포위
3) 국소배기장치 및 전체 환기장치의 설치
4) 개인보호구(호흡용 보호구인 방진마스크) 지급 및 착용

03 분진 및 유해입자의 관리에 대한 일반적인 대책 5가지에 대하여 설명하시오.

해답
1) 발생원에 대한 밀폐(밀폐된 공간을 음압이 되도록 하여 작업장으로 유해입자가 누출되지 않도록 한다. 이 방법은 석면 제거작업에 필수적으로 사용하도록 법적으로 규정되어 있다.)
2) 원격조정장치(remote control)를 이용하여 발생원과 작업자를 분리한다.
3) 국소배기장치를 설치하여 유해입자를 제거한다.
4) 습식법을 이용하여 작업장(암석굴진, 연마, 분쇄 및 주물작업 등) 공기 중 유해입자의 발생량을 감소시킨다.
5) 유해성이 적은 물질로 대치하여 사용(모래털기작업에 사용하는 모래를 금강사로 대치)한다.
6) 마지막으로 고려할 수 있는 방법은 개인보호구인 방진마스크를 착용하는 방법이다.

04 입자상 물질의 하나인 흄(fume)의 생성기전 3단계를 쓰시오.

해답
1) 1단계: 금속의 증기화
2) 2단계: 증기물질의 산화
3) 3단계: 산화물질의 응축

05 인체 내 방어기전 중 대식세포의 기능에 손상을 주는 물질 3가지를 쓰시오.

해답
1) 석면
2) 유리섬유
3) 다량의 박테리아

📝 **대식세포(macrophage) 또는 탐식세포**
선천 면역을 담당하는 주요한 세포로 온몸에 정착성으로 있는 것이 대부분이나 일부는 혈액 내에서 단핵구의 형태로 존재한다. 대식세포는 세포 조직이나 이물질, 미생물, 암세포 등 건강한 몸에 존재하는 단백질이 아닌 것을 흡수하고 소화시키는 식세포 작용을 하는 백혈구의 한 유형이다.

06 조형, 탈사 및 후처리를 행하는 분진발생이 많은 작업장에서 행하는 작업관리 예방 및 대책에 관하여 설명하시오.

해답 조형, 탈사 및 후처리 작업 시 발생하는 분진에 의한 건강장해 예방을 위하여 밀폐하거나 효율적으로 제거할 수 있는 국소배기장치 또는 전체 환기장치 설치 등 공학적 대책을 가장 우선적으로 적용하며, 근로자 노출 시간의 단축 또는 교대 근무의 실시 등 작업관리대책을 시행한다.

07 입자상 물질을 채취하는 데 사용하는 직경분립 충돌기(cascade impactor)의 장점과 단점을 각각 2가지씩 기술하시오.

해답
1) 장점
   (1) 입자의 질량 크기분포를 얻을 수 있다.
   (2) 호흡기에 부분별로 침착된 입자 크기의 자료를 추정할 수 있다.
   (3) 흡입성, 흉곽성, 호흡성 입자의 크기별 분포와 농도를 계산할 수 있다.
2) 단점
   (1) 시료채취 준비시간이 과다하고 시료채취가 까다롭다.
   (2) 공기가 유입되지 않도록 각 충돌기의 철저한 조립과 장착이 필요하다.
   (3) 되튐으로 인한 시료의 손실이 일어나 과소 분석결과를 초래할 수 있어 매체의 코팅과 같은 별도의 특별한 준비 및 처리가 필요하다.

08 분진이 상시로 발생하는 분진 발생 작업장에서 상시 근로하는 작업자에게 알려야 하는 유의사항 5가지를 적으시오.

해답
1) 작업장 및 개인 위생관리
2) 분진의 유해성과 노출경로
3) 호흡용 보호구의 사용 방법
4) 분진에 관한 질병 예방 방법
5) 분진의 발산 방지와 작업장의 환기 방법

기사 출제빈도 ★★☆

09 직독식(direct reading) 분진 측정기기의 공기 중 분진 측정원리 3가지를 쓰시오.

> **직독식 기구(direct reading instrument)**
> 직독식 기구란 현장에서 바로 농도를 알 수 있는 측정기기로 가스검지관(gas detector tube)을 포함하여 입자상 물질 측정기, 가스모니터, 현장에서 시료를 분석할 수 있는 휴대용 가스크로마토그래피와 적외선분광광도계 등 많은 종류가 있다.

해답
1) **진동수를 이용한 측정(압전천칭식 분진계)**: 압전 결정판이 일정한 주파수로 진동할 때 먼지로 인하여 결정판의 질량이 달라지면 그 변화량에 따라 진동 주파수가 달라지게 되는데 이러한 현상을 이용하여 먼지의 양을 측정한다.
2) **흡수광의 양을 이용한 측정(광흡수 분진계)**: 여과지 위에 채취된 먼지의 양에 따라 빛의 투과율이 달라지는 원리를 이용하여 먼지의 양을 측정한다.
3) **β선 흡수를 이용한 측정(β선 흡수 분진계)**: 여과지 위에 먼지를 채취하여 이 먼지에 의한 β선을 쬐어 흡수율로부터 먼지의 양을 측정한다.
4) **산란광의 강도를 이용한 측정(광산란 분진계)**: 먼지의 틴들(Tyndall)현상을 이용하여 산란된 빛의 양을 이용하여 먼지의 양을 측정한다.

기사 출제빈도 ★★☆

10 산업안전보건법 시행규칙 [별표 21]의 작업환경측정 대상 유해인자 중 분진의 종류 7종을 적으시오.

해답
1) 광물성 분진   2) 곡물 분진   3) 면 분진   4) 목재 분진
5) 석면 분진   6) 용접 흄   7) 유리섬유

산업 출제빈도 ★★★

11 석면의 종류 3가지를 적으시오.

해답 석면이란 자연적으로 생성되며 섬유상 형태를 갖는 규산염(硅酸鹽) 광물류이다.
1) 악티노라이트(녹섬석, actinolite)석면
2) 안소필라이트(직섬석, anthophylite)석면
3) 트레모라이트(투각섬석, tremolite)석면
4) 청석면(crocidolite)
5) 갈석면(amosite)
6) 백석면(chrysotile)

근거 석면안전관리법 시행규칙 제2조(석면의 종류)

참고 6가지의 석면 중 백석면, 청석면, 갈석면 순으로 많이 사용되었으며 사람의 몸에 해로운 정도는 청석면이 가장 크고, 다음으로 갈석면, 백석면 순이다.

기사 출제빈도 ☆

12 석면의 종류와 성분에 대하여 설명하시오.

해답
1) 석면의 종류
   2가지 계열의 6가지 종류로 구분된다. 뱀 껍질 같은 무늬의 섬유가 들어 있는 돌인 사문석(蛇紋石, serpentine)계 석면에는 백석면(chrysotile)이 있다. 각진 모양의 돌인 각섬석계(角閃石, amphibole)석면에는 청석면(crocidolite), 갈석면(amosite), 직섬석석면(anthophylite), 투각섬석석면(tremolite)과 녹섬석석면(actinolite)이 있다.
2) 구성 성분
   어느 계열이든 토양의 기본 구성원소인 규소, 수소, 마그네슘, 철, 산소, 칼슘, 나트륨 등의 원소로 구성되어 있으며, 석면의 기본적인 화학구조는 $Mg_6Si_4O_{10}(OH)_8$이다. 백석면의 주성분은 실리카(SiO_2)와 마그네슘(Mg)이다. 갈석면과 청석면의 주요 성분은 실리카(SiO_2)와 산화철(Fe_2O_3)이다.

기사 출제빈도 ☆☆☆

13 근로자의 건강상 심각한 장애를 유발하는 석면의 종류 4가지를 쓰시오.

해답
백석면(사문석 계열), 갈석면, 청석면, 안소필라이트석면, 트레모라이트석면, 악티노라이트석면(각섬석 계열)

기사 출제빈도 ☆☆☆

14 석면을 채취할 경우, 기기와 사용하는 여과지의 명칭 및 계수할 수 있는 석면의 조건은?

해답
1) 사용기기: 위상차 현미경(Phase Contrast Microscope)
2) 여과지: MCE 막여과지
3) 조건: 길이가 5[μm] 이상, 길이: 직경의 비(aspect ratio) = 3 : 1 이상인 섬유

위상차 현미경(PCM, Phase Contrast Microscope)
무색투명한 시료라도 내부의 구조를 뚜렷하게 관찰할 수 있도록 한 특수한 현미경이다. 물질을 통과한 빛이 물질의 굴절률의 차이에 의해 위상차를 갖게 되었을 때 이를 명암으로 바꾸어 관찰한다. 시료를 염색하지 않아도 되는 장점이 있어 살아 있는 시료를 관찰할 때도 주로 사용한다.

기사 출제빈도 ★★

15 다음은 석면에 관한 내용이다. 물음에 답하시오.

1) 다음에 설명하는 석면의 종류를 적으시오.
   (1) 가늘고 부드러운 솜모양이며 인장강도가 크며 석면 중 가장 많이 사용되어져 왔다.
   (2) 고내열성 섬유로, 취성(脆性, 부스러짐)을 가지고 있다. 비교적 독성이 강하다.
   (3) 석면 형태가 날카롭고, 가늘고 강해 체내 보존성이 높아 석면 중 가장 독성이 강하다.

2) 석면 해체 및 제거 작업 계획 수립 시 포함되어야 할 사항 3가지를 쓰시오.

해답
1) 석면(Asbestos)의 종류
   (1) 백석면(크리소타일, chrysotile)
   (2) 갈석면(아모사이트, amosite)
   (3) 청석면(크로시도라이트, crocidolite)
2) 석면 해체 및 제거 작업 계획 수립 시 포함되어야 할 사항
   (1) 작업절차
   (2) 작업방법
   (3) 근로자 보호조치

기사 출제빈도 ★

16 작업장의 석면 제거 시 작업수칙 3가지를 작성하시오.

해답
1) 작업장 바닥은 진공청소기 등을 이용하여 청소한다.
2) 석면을 담은 용기의 운반 시 뚜껑을 닫고 작업한다.
3) 해당 작업에 사용된 용기 등의 처리 시 주의를 요한다.
4) 방진 보호구를 사용하고 점검, 보관, 청소 조치를 행한다.
5) 그 밖에 석면 분진의 발산을 방지하는 필요 조치를 취한다.
6) 작업자의 왕래와 외부기류 또는 기계진동 등에 의한 석면 분진의 흩날림을 방지하는 조치를 취한다.
7) 석면 분진이 확산되거나 작업자가 석면 분진에 노출될 위험이 있는 경우에는 선풍기 사용을 금한다.
8) 석면 분진이 쌓일 염려가 있는 깔개 등을 작업장 바닥에 방치하는 행위를 방지하는 조치를 취해야 한다.

기사 출제빈도 ★★

17 석면을 포집할 때 사용되는 여과지는?

해답
MCE 막여과지, 석면의 전자현미경(TEM) 분석 시: 핵기공 여과지(nucleopore filter)

기사 출제빈도 ★

18 석면의 제조·사용 작업에 근로자를 종사하도록 하는 경우에 석면분진의 발산과 근로자의 오염을 방지하기 위하여 사업주가 정하는 작업수칙 5가지를 적으시오.

해답
1) 진공청소기 등을 이용한 작업장 바닥의 청소방법
2) 작업자의 왕래와 외부기류 또는 기계진동 등에 의하여 분진이 흩날리는 것을 방지하기 위한 조치
3) 분진이 쌓일 염려가 있는 깔개 등을 작업장 바닥에 방치하는 행위를 방지하기 위한 조치
4) 분진이 확산되거나 작업자가 분진에 노출될 위험이 있는 경우에는 선풍기 사용 금지
5) 용기에 석면을 넣거나 꺼내는 작업
6) 석면을 담은 용기의 운반
7) 여과집진방식 집진장치의 여과재 교환
8) 해당 작업에 사용된 용기 등의 처리
9) 이상 사태가 발생한 경우의 응급조치
10) 보호구의 사용·점검·보관 및 청소
11) 그 밖에 석면분진의 발산을 방지하기 위하여 필요한 조치

근거 산업안전보건기준에 관한 규칙 제482조(작업수칙)

폭발하한(LEL, Lower Explosive Limit)과 폭발상한(UEL, Upper Explosive Limit)
폭발하한(LEL)은 폭발이 일어날 수 있는 인화성 가스, 인화성 액체 증기 또는 분진과 공기의 최소 농도이다. 폭발상한(UEL)은 폭발이 일어날 수 있는 인화성 가스, 인화성 액체 증기 또는 분진과 공기의 최대 농도이다. 농도가 폭발하한보다 낮으면 폭발이 일어날 수 없다.

기사 출제빈도 ★

19 석탄의 채광과 운반작업 시 막장에서 발생되는 분진을 제거하기 위한 배기장치의 배기속도와 메탄가스의 폭발하한치를 나타내시오.

해답
1) 배기장치의 배기속도: 0.4 ~ 0.5[m/s]
2) 메탄가스의 폭발하한치: LEL 5[%] 이하

기사 출제빈도 ★★

20 유리규산, 석탄 및 면분진에 따른 진폐증의 질병명을 적으시오.

해답
1) **유리규산(SiO₂)**: 채석장 및 모래 분사 작업장(sand blasting)에서 발생하는 유리규산의 미립자가 함유된 공기를 장기간 흡입함으로써 증세가 발생하는 만성질환인 규폐증(silicosis)
2) **석탄**: 석탄분진의 흡입으로 인한 진폐증(탄광부 진폐증 또는 탄폐증)
3) **면분진**: 면, 아마나 대마 입자를 흡입하여 초래되는 기도의 협착으로 일반적으로 휴식 후 업무 첫날에 흉부의 쌕쌕거림과 긴장을 초래할 수 있는 면폐증

기사 출제빈도 ★★

21 용접작업 시 발생하는 금속흄 및 금속분진(Cd, Cr, Fe, Mn, Pb, Zn)에 포함된 금속의 종류별 인체 영향을 나타내시오.

해답
1) **카드뮴(Cd)**: 보호피복재, 용접전극피복재 또는 합금으로 사용된다. 폐를 자극하여 예민한 반응을 보이며, 폐수종을 유발할 수 있고 만성 영향으로 폐기종과 신장손상을 초래하기도 한다.
2) **크로뮴(Cr)**: 스테인리스와 고합금 강철에 있어 주요합금 원료로 사용된다. 불용성 6가 크로뮴에 대한 과도한 장기노출은 피부자극과 폐암 발생의 위험을 높일 수 있다. 크로뮴 함유 스테인리스강이나 크로뮴 함유 용접봉을 사용할 경우 용접 흄이 발생된다.
3) **철(Fe)**: 용접 흄 중의 주요한 오염물질로서 급성 영향으로 코, 목과 폐에 과민반응을 일으키며, 주된 만성 영향으로는 철폐증이 있다.
4) **망가니즈(Mn)**: 대부분의 탄소, 스테인리스 합금과 용접전극 봉에 소량 포함된다. 노출 정도에 따라 큰 차이가 있으며, 용접작업자는 보통 위험한 농도까지 노출되지 않으나, 금속열을 일으킬 수 있다. 장기 노출 시 중추신경계에 이상을 초래할 수 있다.
5) **납(Pb)**: 주로 납땜, 황동과 청동합금 그리고 강재의 초벌 도료 제거 작업 시 발생된다. 고농도에 노출 시 위장장해, 빈혈증, 신경근육징애, 뇌증 등의 급성증상이 나타날 수 있다. 혈중 납농도를 측정하는 것은 납 노출을 평가하는 유일한 지표이다. 납독성과 관계된 만성증상으로는 빈혈증, 피로감, 복통과 생식능력저하 및 신장, 신경손상 등이 있다.
6) **아연(Zn)**: 청동, 황동 및 납땜 작업 시 발생된다. 아연 흄에 노출 시 나타날 수 있는 주요 증상은 금속열이다.

📝 **황동과 청동**
- 황동: 구리(Cu)와 아연(Zn)의 합금
- 청동: 구리(Cu)와 주석(Sn)의 합금

2 유해화학물질의 관리 및 평가하기

학습 개요 | 기사·산업기사 공통

1. 유해화학물질의 정의, 표시에 대하여 기술할 수 있다.
2. 유기화합물, 산, 알칼리, 가스상 물질의 관리 및 대책을 수립할 수 있다.

기사 출제빈도 ☆☆

01 화학물질관리법에서 정의하는 '유해화학물질'이란?

해답
유해화학물질: 유독물질, 허가물질, 제한물질 또는 금지물질, 사고대비물질, 그 밖에 유해성 또는 위해성이 있거나 그러할 우려가 있는 화학물질을 말한다.

기사 출제빈도 ☆

02 다음은 화학물질관리법(화관법)에서 정의하는 화학물질이다. 그 명칭을 적으시오.

> 1) 유해성(有害性)이 있는 화학물질로서 대통령령으로 정하는 기준에 따라 환경부장관이 정하여 고시한 것
> 2) 위해성(危害性)이 있다고 우려되는 화학물질로서 환경부장관의 허가를 받아 제조, 수입, 사용하도록 환경부장관이 관계 중앙행정기관의 장과의 협의와 화학물질평가위원회의 심의를 거쳐 고시한 것
> 3) 특정 용도로 사용되는 경우 위해성이 크다고 인정되는 화학물질로서 그 용도로의 제조, 수입, 판매·보관·저장, 운반 또는 사용을 금지하기 위하여 환경부장관이 관계 중앙행정기관의 장과의 협의와 화학물질평가위원회의 심의를 거쳐 고시한 것을 말한다.
> 4) 위해성이 크다고 인정되는 화학물질로서 모든 용도로의 제조, 수입, 판매, 보관·저장, 운반 또는 사용을 금지하기 위하여 환경부장관이 관계 중앙행정기관의 장과의 협의와 화학물질평가위원회의 심의를 거쳐 고시한 것을 말한다.

해답
1) 유독물질   2) 허가물질   3) 제한물질   4) 금지물질

03 유해성과 위해성의 차이를 설명하시오.

해답
1) 유해성: 화학물질의 독성 등 사람의 건강이나 환경에 좋지 아니한 영향을 미치는 화학물질 고유의 성질
2) 위해성: 유해성이 있는 화학물질이 노출되는 경우 사람의 건강이나 환경에 피해를 줄 수 있는 정도

04 유해성과 위험성(risk) 용어에 대한 정의를 적으시오.

해답
1) 유해성: 노출기준이나 위험문구, 유해·위험문구 등에 따라 등급을 분류하는 것으로 인체에 영향을 미치는 화학물질의 고유한 성질을 말한다.
2) 위험성: 근로자가 화학물질에 노출됨으로써 건강장해가 발생할 가능성(노출수준)과 건강에 영향을 주는 정도(유해성)의 조합을 말한다.

05 화학물질의 등록 및 평가 등에 관한 법률(화평법)에서 정의한 화학물질 중에서 위해성이 있다고 우려되어 화학물질평가위원회의 심의를 거쳐 환경부장관이 정하여 고시하는 '중점관리물질'에는 어떤 것이 있는지를 4가지로 설명하시오.

해답
1) 사람 또는 동물에게 암, 돌연변이, 생식능력 이상 또는 내분비계 장애를 일으키거나 일으킬 우려가 있는 물질
2) 사람 또는 동식물의 체내에 축적성이 높고, 환경 중에 장기간 잔류하는 물질
3) 사람에게 노출되는 경우 폐, 간, 신장 등의 장기에 손상을 일으킬 수 있는 물질
4) 사람 또는 동식물에게 위의 3가지 물질과 동등한 수준 또는 그 이상의 심각한 위해를 줄 수 있는 물질

중점관리물질 지정 기준
1) 사람 또는 동물에게 암, 돌연변이, 생식능력 이상, 내분비계 장애를 일으킬 우려가 있는 물질(CMR, Carcinogenic, Mutagenic or Reprotoxic)
2) 사람 또는 동식물의 체내에 축적성이 높고, 환경 중에 장기간 잔류하는 물질(PBT, Persistent Bio-accumulative and Toxic)
3) 사람에게 노출되는 경우, 폐, 간, 신장 등의 장기에 손상을 일으킬 수 있는 물질(STOT, Specific Target Organ Toxicity)

CHAPTER 2

기사 출제빈도 ★★★★

06 일반적인 작업환경관리의 기본원칙을 4가지 적으시오.

> **해답**
> 1) 대치(substitution) 또는 대체(substitution, 물질·공정·시설의 변경)
> 2) 격리 및 밀폐(isolation & enclosing)
> 3) 환기(ventilation)
> 4) 교육과 훈련(education & training)

📝 **개선 대책인 대치의 예**
1) 물질의 변경: 야광 시계 자판의 라듐(Ra)을 인(P)으로 대치
2) 공정의 변경: 페인팅 시 분무방식을 함침방식이나 전기흡착식으로 변경, 비산먼지의 방지를 위해 작업 전 물을 뿌려 습식처리하는 방식
3) 시설의 변경: 화재예방을 위해 가연성물질을 철제통에 저장, 염화탄화수소 취급 시 폴리비닐 알코올 장갑 사용

산업 출제빈도 ★★★☆

07 유해한 작업환경에 대한 개선 대책인 대치(substitution)의 종류 3가지를 적으시오.

> **해답**
> 1) 물질의 변경
> 2) 공정의 변경
> 3) 시설의 변경

기사 출제빈도 ★

08 사업장 위험성 평가에 관한 지침에서 제시한 다음 용어를 정의하시오.

> 1) 위험성, 2) 위험성 추정, 3) 위험성 결정, 4) 위험성 평가

> **해답**
> 1) **위험성**: 유해·위험요인이 부상 또는 질병으로 이어질 수 있는 가능성(빈도)과 중대성(강도)을 조합한 것
> 2) **위험성 추정**: 유해·위험요인별로 부상 또는 질병으로 이어질 수 있는 가능성과 중대성의 크기를 각각 추정하여 위험성의 크기를 산출하는 것
> 3) **위험성 결정**: 유해·위험요인별로 추정한 위험성의 크기가 허용 가능한 범위인지 여부를 판단하는 것
> 4) **위험성 평가**: 유해·위험요인을 파악하고 해당 유해·위험요인에 의한 부상 또는 질병의 발생 가능성(빈도)과 중대성(강도)을 추정·결정하고 감소대책을 수립하여 실행하는 일련의 과정

기사 출제빈도 ★★

09 작업장에서 사용하는 화학물질의 유해·위험성 평가(위해성 평가 절차) 실시 순서를 4단계로 나타내시오.

해답
1) 유해성 확인
2) 노출량-반응 평가(종민감도분포 평가)
3) 노출 평가
4) 위해도 결정

근거 화학물질 위해성 평가의 구체적 방법 등에 관한 규정, 제4조(위해성 평가 절차)

기사 출제빈도 ★

10 위험성 평가기법 중 정성적 평가(Hazard Identification Method) 의 종류에 대하여 설명하시오.

해답
1) 체크리스트 평가(check list)
   공정 및 설비의 오류, 결함 상태, 위험 상황 등을 목록화한 형태로 작성하여 경험적으로 비교함으로써 위험성을 정성적으로 파악하는 위험성 평가기법이다.
2) 사고예상 질문 분석(what-if 분석)
   공정에 잠재하고 있으면서 원하지 않은 나쁜 결과를 초래할 수 있는 사고에 대하여 예상 질문을 통해 사전에 확인함으로써 위험을 줄이는 위험성 평가기법이다.
3) 상대위험순위(dow and mond indices)
   설비에 존재하는 위험에 대하여 수치적으로 상대위험 순위를 지표화하여 그 피해정도를 나타내는, 상대적 위험 순위를 정하는 위험성 평가기법이다.
4) 위험과 운전 분석(HAZOP, hazard & operability studies)
   대상공정에 관련된 여러 분야의 전문가들이 모여서 공정에 관련된 자료를 토대로 정해진 연구 방법에 의해 공장(공정)이 원래 설계된 운전목적으로부터 이탈(deviation)하는 원인과 그 결과를 찾아보며 그로 인한 위험(hazard)과 조업도(operability)에 야기되는 문제에 대한 가능성이 무엇인가를 조사(investigation)하고 연구하는 위험성 평가기법이다.
5) 이상과 위험도 분석(FMECA, Failure Modes Effects & Criticality Analysis)
   공정 및 설비 고장의 형태 및 영향, 고장형태별 위험도 순위 등을 결정하는 위험성 평가기법이다.

기사 출제빈도 ☆

11 위험성 평가기법 중 정량적 평가(Hazard Assessment Method)의 종류에 대하여 설명하시오.

해답

1) 결함수 분석(FTA, Fault Tree Analysis)
   하나의 특정한 사고에 집중한 연역적 기법으로 사고의 원인을 규명하기 위한 평가기법을 제공한다. 결함 수는 사고를 낳을 수 있는 장치의 이상과 고장의 다양한 조합을 표시하는 위험성 평가 기법이다.
2) 사건수 분석(ETA, Event Tree Analysis)
   정량적 분석방법으로 초기화 사건으로 알려진 특정한 장치의 이상이나 근로자의 실수로부터 발생되는 잠재적인 사고결과를 예측·평가하는 기법이다.
3) 원인-결과 분석(CCA, Cause-Consequence Analysis)
   잠재된 사고의 결과와 이러한 사고의 근본적인 원인을 찾아내고 사고 결과와 원인의 상호관계를 예측하는 위험성 평가기법이다.

📝 **독성용량(TDs, Toxic Doses): 유해한 독성작용을 일으키는 용량**
1) TD_{10}: 집단의 10[%]에 대해 독성을 나타냄
2) TD_{50}: 집단의 50[%]에 대해 독성을 나타냄

기사 출제빈도 ☆

12 다음 그림은 유해화학물질 A와 B의 양-반응관계곡선의 형태에 따른 독성의 변화를 나타낸 것이다. TD_{10}과 TD_{50}에 입각하여 유해물질 A와 B의 독성 특성을 비교하시오.

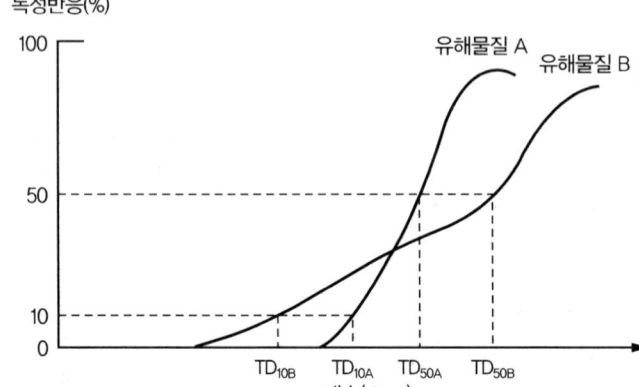

해답 TD_{50}을 비교하면 유해물질 A의 독성이 유해물질 B보다 더 크다. 그러나 TD_{10}에 해당하는 값을 비교하면 유해물질 B의 TD_{10}이 더 적으므로 B의 독성이 A보다 더 크다고 할 수 있다. 따라서 유해물질 A가 더 강한 독성물질인 것처럼 보이지만 투여량이 적은 영역에서는 유해물질 B의 작은 역치량 때문에 오히려 유해물질 B의 독성이 더 크다.

13 위험성 평가의 단계 수행방법을 5단계로 설명하시오.

해답
1) 1단계: 평가대상 공정(작업) 선정
   (1) 평가대상을 공정(작업)별로 분류하여 선정
   (2) 작업공정 흐름도에 따라 평가대상 공정(작업)이 결정되면 사업장 안전보건 위험정보를 작성하여 평가대상 및 범위 확정
   (3) 위험성 평가 대상공정(작업)에 대한 안전보건 유해·위험정보 사전파악
2) 2단계: 유해·위험요인의 도출
3) 3단계: 위험도 계산
   (1) 2단계에서 파악된 대상공정 및 작업의 유해·위험요인에 대하여 그 유해·위험요인이 사고로 발전할 수 있는 빈도(가능성)와 사고발생 시 사고의 강도(피해 크기)를 단계별로 수준을 정하고 양자를 조합하여 위험도(위험의 크기) 계산
   (2) 각 유해·위험요인에 대한 위험도 계산은 빈도 수준과 강도 수준의 조합으로 위험도(위험의 크기) 수준 결정
   위험도 = 사고의 빈도 × 사고의 강도
   여기서, 사고의 빈도는 위험이 사고로 발전될 확률, 폭로빈도와 시간을 말한다. 사고의 강도는 부상 및 건강장애 정도, 재산손실 크기이다.
   (3) 위험도 계산에 필요한 발생빈도의 수준을 5단계로, 피해크기인 강도의 수준을 4단계로 정함
4) 4단계: 현재 위험도 평가
5) 5단계: 개선대책 수립

14 작업장 내에 유기화합물 취급 업무가 이루어지는 작업공정을 배치시키는 경우 조치사항에 대하여 설명하시오.

해답
1) 해당 공정을 가능한 한 자동화한다.
2) 해당 공정이 분산 배치되지 않도록 하고 가능하면 타 작업장과 격리시킨다.
3) 관련 기계, 기구 등을 배치할 때는 가능한 한 밀폐시키거나 국소배기장치 등을 설치하여 근로자에게 유기화합물에 의한 노출을 최소한으로 줄이도록 한다.

기사 출제빈도 ★

15 유기화합물 취급 업무를 행하는 작업장에서 유기화합물의 증기 발산원을 밀폐하는 설비를 설치할 경우 지켜야 할 사항에 대하여 설명하시오.

> **해답**
> 1) 작업상 필요한 개구부를 제외하고는 완전히 밀폐시킨다.
> 2) 유기화합물의 보관장소 등 밀폐된 작업장소에서는 내부의 공기가 밖으로 나오지 않도록 한다.
> 3) 작업특성상 밀폐실 내부의 공기가 밖으로 나오지 않도록 하는 것이 곤란한 경우 또는 개구부 등을 통하여 유기화합물 증기가 누출되는 경우에는 해당 부위에 국소배기장치를 설치하여 가능한 한 유기화합물의 발산을 최소화한다.

기사 출제빈도 ★★

16 사업장에서 사업주가 위험성 평가를 실시한 경우 위험성 평가의 결과와 조치사항을 기록·보존할 때 위험성 평가에 따른 자료를 몇 년간 보존해야 하는가?

> **해답**
> 3년
> **근거** 산업안전보건법 시행규칙 제37조(위험성 평가 실시내용 및 결과의 기록·보존
> ② 사업주는 위험성 평가에 따른 자료를 3년간 보존해야 한다.)

기사 출제빈도 ★★

17 유해화학물질에 관한 내용이다. 다음 ( ) 안에 알맞은 용어를 쓰시오.

> 가스상 물질은 (㉠) 정도에 따라 인체에 침착되는 부분이 달라진다. 자극제인 (㉡)은(는) 상기도 점막에 침착하여 자극을 하고, (㉢)은(는) 종말기관지나 폐포에 침착하여 자극한다.

> **해답**
> ㉠ 용해도
> ㉡ 암모니아, 염화수소, 아황산가스 중 택일
> ㉢ 이산화질소, 오존, 황화수소 중 택일

18 벤젠의 작업환경측정 결과가 노출기준을 초과하는 경우 몇 개월 후에 재측정을 하여야 하는지를 쓰시오.

해답
작업환경측정 결과가 발암성 물질의 측정치가 노출기준을 초과하는 경우, 그 측정일로부터 3개월 후에 1회 이상 작업환경 측정을 실시하여야 한다.

19 농약인 파라티온의 인체 침입 경로를 4가지 적으시오.

해답
1) 호흡기 침투
2) 피부로 흡수
3) 농약에 오염된 물의 음용
4) 농약에 중독된 가축의 섭취

📝 **파라티온(parathion)**
화학식은 $C_{10}H_{14}NO_5PS$로 비침투성 살충제로 해충의 방제 효과는 좋으나 인축에는 독성이 강하게 작용하여 접촉독, 가스독 및 소화중독의 3가지 작용을 한다.

20 지하역사 및 지하도 상가에 대한 실내공기질 시행규칙상 실내공기질 권고기준에서 다음 오염물질 항목의 권고기준을 단위까지 정확하게 쓰시오.
1) 이산화질소
2) 라돈
3) 총 휘발성 유기화합물

해답
1) 이산화질소: 0.1[ppm] 이하
2) 라돈: 148[Bg/m^3] 이하
3) 총 휘발성 유기화합물: 500[$\mu g/m^3$] 이하

21 유기화합물을 넣은 용기가 온도 상승에 따라 팽창하여 외부로 누출되지 않도록 하려면 용기 용량의 몇 % 이상에 해당하는 공간을 유지하여 밀폐하여야 하는가?

해답 2.5[%] 이상

22 유해 화학물질에 대한 작업자의 진정한 노출 정도와 섭취량을 평가하고 생체 영향을 추정하는 데 사용되는 생물학적 모니터링의 생체시료 3가지를 적으시오.

해답
1) 소변(尿)
2) 혈액
3) 호기(날숨, 呼氣)

참고
1) NIOSH와 OSHA의 생물학적 모니터링(biological monitoring)에 대한 정의
   적절한 참고치와 비교하여 노출과 건강 위해도를 평가하기 위해 조직, 분비물, 배설물, 호기 내의 유해한 화학물질이나 그 대사물들을 측정하고 평가하는 것이다.
2) 한국산업안전보건공단의 생물학적 노출지표물질 분석에 관한 기술지침
   "생물학적 노출지표검사(biological monitoring)"란 혈액, 소변, 호기 가스 등 생체시료로부터 유해물질 그 자체, 또는 유해물질의 대사산물 또는 생화학적 변화산물 등 '생물학적노출 지표(물질)'를 분석하여 유해물질 노출에 의한 체내 흡수 정도 또는 건강영향 가능성 등을 평가하는 것을 말한다.

23 생물학적 모니터링에서 생체시료 중 호기(날숨) 시료를 잘 사용하지 않는 이유 2가지를 적으시오.

해답
1) 채취시간, 호기 상태에 따라 농도가 변한다.
2) 수증기에 의한 수분응축의 영향에 따라 농도가 변한다.
3) 반감기가 매우 짧고, 혼합 호기의 농도와 폐포 내 호기 농도의 차이가 있다.

24 다음은 생물학적 모니터링의 설명이다. 이 중 잘못된 항을 옳게 고치시오.

> 1) 노출근로자의 호기, 뇨, 혈액 등 생체시료를 분석한다.
> 2) 개인시료 결과보다 측정결과를 해석하기가 간편하고 쉽다.
> 3) 개인의 작업특성, 습관 등에 따른 노출의 차이는 평가할 수 없다.
> 4) 작업자의 생물학적 시료에서 화학물질의 노출을 추정하는 것을 말한다.

해답
2) 개인시료 결과보다 측정결과를 해석하기가 복잡하고 어렵다.
3) 개인의 작업특성, 습관 등에 따른 노출의 차이도 평가할 수 있다.

25 생체모니터링의 장·단점에 대하여 설명하시오.

해답
1) 장점
 (1) 외적인 개인별 차이를 반영할 수 있다.
 (2) 보호구 사용의 효과에 대하여 설명할 수 있다.
 (3) 건강결과와 한층 더 밀접한 관계성을 갖고 있다.
 (4) 노출, 흡수, 분포, 감수성, 대사기전에 대한 개인별 차이를 반영할 수 있다.
2) 단점
 (1) 분석 비용이 비싸다.
 (2) 시료채취가 어렵다.
 (3) 표준화시키기가 어렵다.
 (4) 시료가 오염되거나 변질되기 쉽다.
 (5) 근로자를 실험동물로 인식할 수가 있다.
 (6) 노출수준과 상관관계를 나타내지 않는 경우도 발생한다.
 (7) 이러한 단점들로 인하여 ACGIH에서는 생체모니터링 결과를 대기 모니터링에 의하여 노출평가할 때에 보조수단으로 활용할 것을 권고하고 있다.

마뇨산(hippuric acid)
히푸르산($C_9H_9NO_3$)은 카르복실산이자 유기화합물이다. 소변에서 발견되며 벤조산과 글리신의 결합으로 형성된다. 히푸르산 수치는 페놀성 화합물(과일 주스, 차, 와인 등)을 섭취하면 증가하며 페놀은 먼저 벤조산으로 전환된 다음 히푸르산으로 전환되어 소변으로 배설된다.

기사 출제빈도 ★★★☆

26 분자량이 92.130이고, 방향의 무색액체로 인화 및 폭발의 위험성이 있으며, 인체 내 대사산물이 소변(尿) 중 마뇨산인 물질은 무엇인가?

해답
톨루엔(toluene, C_6H_5OH): 메틸벤젠(methylbenzene)으로도 불리는 시너 냄새가 나는 불용성 액체로, 벤젠의 수소 원자 하나를 메틸기로 치환하여 얻는 화합물이다. 방향족 탄화수소로 용매로 쓴다. 사카린의 원료로 사용되기도 한다.

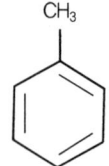

기사 출제빈도 ★★★☆

27 다음은 생물학적 노출지표를 나타내는 표이다. 내용 중 ( ) 안에 들어갈 용어를 써넣으시오.

물질명	생물학적 검체대상	결정인자(대사산물)	시료채취 시간
아세톤	(㉠)	아세톤	작업종료 시
카드뮴	혈액	(㉢)	중요하지 않음
일산화탄소	(㉡)	일산화탄소	(㉤)
에틸벤젠	소변(尿)	(㉣)	작업종료 시
크로뮴(6가)	소변(尿)	크로뮴	(㉥)

만델릭산 또는 만델산 (mandelic acid)
만델산은 분자식 $C_6H_5CH(OH)CO_2H$를 갖는 방향족 알파 하이드록시산으로 아몬드에서 추출한 알파 하이드록시산(AHA)이다. 그래서 아몬드를 뜻하는 독일어인 mandel에서 그 이름이 유래되었다. 소변에서 검출되는 스타이렌과 에틸벤젠의 생분해로 인해 발생한다.

해답
㉠ 소변 ㉡ 호기(날숨) ㉢ 카드뮴
㉣ 만델릭산 ㉤ 작업종료 시 ㉥ 주말작업 종료 시

기사 출제빈도 ★★☆☆

28 생물학적 모니터링에서 페놀, 자일렌, 카드뮴에 대한 대사산물과 시료채취 시기에 대하여 적으시오.

해답
1) 페놀의 대사산물: 소변 중 메틸마뇨산, 시료채취 시기: 작업 종료 시
2) 자일렌의 대사산물: 소변 중 메틸마뇨산, 시료채취 시기: 작업 종료 시
3) 카드뮴의 대사산물: 소변 또는 혈액 중 카드뮴, 시료채취 시기: 아무 때나(중요하지 않음)

참고
1) 벤젠의 대사산물: 소변 중 총페놀, 시료채취 시기: 작업 종료 시
2) 에틸벤젠의 대사산물: 소변 중 만델린산, 시료채취 시기: 작업 종료 시
3) 톨루엔의 대사산물: 소변 중 마뇨산 또는 오르소-크레졸, 시료채취 시기: 작업 종료 시

[기사] 출제빈도 ★

29 어떤 근로자가 높은 농도의 수은 증기에 노출되어 급성중독 상태이다. 이에 따른 신체 영향으로 폐 기관과 중추신경계에 영향을 주어서 발열, 오한, 오심, 구토, 호흡 곤란, 두통 등이 수 시간 내로 발생하였다. 이에 대한 대책을 적으시오.

중추신경계(CNS, Central Nervous System)
두개골에 싸여있는 뇌와 척수를 포함하는 신경계로 우리 몸에서 느끼는 감각을 수용하고 조절하며 운동, 생체 기능을 조절하는 중요한 기능을 수행한다.

[해답] 착화치료를 다음과 같이 빠르게 실시한다.
1) 우유와 계란의 흰자를 먹여 단백질과 해당 물질을 결합시켜 침전시키거나, BAL(dimercaprol)을 근육주사(체중 1[kg]당 5[mg] 정도)로 투여한다.
2) 알약 형태로 되어 있는 페니실아민(D-penicillamine), DMPS(Sodium 2,3-dimercaptopropane-1-sulfonate, 상품명 Dimaval)와 DMSA(meso-2, 3-dimercaptosuccinic acid, 상품명 Succimer)를 100[mg]씩 하루에 3~4회, 수 주일 동안 경구 투여한다.

[기사] 출제빈도 ★★

30 다음에 제시한 생물학적 시료의 채취 목적으로 타당하지 않은 것을 고르고 그 이유를 설명하시오.

> 1) 혈액 중 유해물질, 날숨 중 유기용제 및 소변 중 중금속 또는 유기용제 자체나 그 대사산물을 측정한다.
> 2) 작업자 개인의 생체 장해에 대비함과 동시에 개인을 비롯하여 작업자 집단의 섭취량도 측정·평가하기 위함이다.
> 3) 작업자가 생체 장해를 일으킨 후의 영향을 알아내어 치료의 목적으로 채취한다.
> 4) 유해물질의 작업자에 대한 외부 노출량(exteral dose)의 측정과 평가에 사용된다.

[해답] 채취 목적으로 타당하지 않은 것은 3)과 4)이다.
3)은 작업자가 생체 장해를 일으킨 전 단계의 초기 영향을 찾아내어 건강장해의 예방에 기여하는 것이 목적이다.
4)의 유해물질의 작업자에 대한 외부 노출량(exteral dose)의 측정과 평가에 사용되는 시료채취는 '작업환경 대기 중 농도에 의한 모니터링'의 목적이다.

기사 출제빈도 ★★★

31 벤젠과 톨루엔을 취급하는 근로자의 생물학적 모니터링을 하기 위하여 소변 시료를 확보하였다. 분석해야 하는 대사산물을 각각 적으시오.

해답 화학물질에 대한 대사산물
1) 벤젠의 대사산물은 소변 중 총페놀, t, t-뮤코닉산(t, t-Muconic acid)
2) 톨루엔의 대사산물은 소변 중 마뇨산(hippuric acid) 또는 오르소-크레졸

기사 출제빈도 ★★★★

32 생물학적 모니터링에서 페놀, 자일렌, 카드뮴에 대한 대사산물과 시료채취 시기에 대하여 적으시오.

해답
1) 페놀의 대사산물: 소변 중 메틸마뇨산, 시료채취 시기: 작업 종료 시
2) 자일렌의 대사산물: 소변 중 메틸마뇨산, 시료채취 시기: 작업 종료 시
3) 카드뮴의 대사산물: 소변 또는 혈액 중 카드뮴, 시료채취 시기: 아무 때나(중요하지 않음)

기사 출제빈도 ★★

33 다음에 제시된 유해화학물질의 노출기준을 정하고 있는 기관과 노출기준의 명칭(약어)을 적으시오.

OSHA, ACGIH, NIOSH, AIHA

해답
1) OSHA(미국산업안전보건청): PELs(Permissible Exposure Limits)
2) ACGIH(미국정부산업위생전문가협의회): TLVs(Threshold Limit Values)
3) NIOSH(미국국립산업안전보건연구원): RELs(Recommended Exposure Limits)
4) AIHA(미국산업위생학회): WEEL(Workplace Environmental Exposure Level)

34 근로자가 유해요인에 노출되는 경우 거의 모든 근로자에게 건강상 나쁜 영향을 미치지 아니하는 농도인 허용농도(TLV) 적용상의 주의사항 3가지를 쓰시오.

해답
1) TLV는 대기오염 평가 및 관리에 적용될 수 없다.
2) TLV는 독성의 강도를 비교할 수 있는 지표가 아니다.
3) TLV는 반드시 산업위생전문가에 의하여 적용되어야 한다.
4) TLV는 안전농도와 위험농도를 정확히 구분하는 경계선이 아니다.
5) 기존의 질병이나 육체적 조건을 판단하기 위한 척도로 사용될 수 없다.
6) 작업조건이 미국과 다른 나라에서는 ACGIH-TLV를 그대로 적용할 수 없다.
7) 24시간 노출 또는 정상 작업시간을 초과한 노출에 대한 독성 평가에는 적용될 수 없다.

참고 고용노동부고시인 '화학물질 및 물리적 인자의 노출기준'에 따른 노출기준 사용상의 유의사항
1) 노출기준은 대기오염의 평가 또는 관리상의 지표로 사용할 수 없다.
2) 각 유해인자의 노출기준은 해당 유해인자가 단독으로 존재하는 경우의 노출기준을 말하며, 2종 또는 그 이상의 유해인자가 혼재하는 경우에는 각 유해인자의 상가작용으로 유해성이 증가할 수 있다.
3) 노출기준은 1일 8시간 작업을 기준으로 하여 제정된 것이므로 이를 이용할 경우에는 근로시간, 작업의 강도, 온열조건, 이상기압 등이 노출기준 적용에 영향을 미칠 수 있으므로 이와 같은 제반 요인을 특별히 고려하여야 한다.
4) 유해인자에 대한 감수성은 개인에 따라 차이가 있고, 노출기준 이하의 작업환경에서도 직업성 질병에 이환되는 경우가 있으므로 노출기준은 직업병 진단에 사용하거나 노출기준 이하의 작업환경이라는 이유만으로 직업성 질병의 이환을 부정하는 근거 또는 반증 자료로 사용하여서는 아니 된다.

35 다음은 고용노동부에서 고시한 '작업환경측정 및 정도관리 등에 관한 고시' 중 노출기준의 종류별 측정시간에 관한 내용이다. ( ) 안에 알맞은 내용을 쓰시오.

> 「화학물질 및 물리적 인자의 노출기준」에 시간가중평균기준(TWA)이 설정되어 있는 대상물질을 측정하는 경우에는 1일 작업시간 동안 (㉠) 이상 연속 측정하거나 작업시간을 등간격으로 나누어 (㉡) 이상 연속분리하여 측정하여야 한다.

 ㉠ 6시간, ㉡ 6시간

산업 출제빈도 ★★★

36 '화학물질 및 물리적 인자의 노출기준'에 시간가중평균기준(TWA)이 설정되어 있는 대상물질을 측정하는 경우에는 1일 작업시간 동안 6시간 이상 연속 측정하거나 작업시간을 등간격으로 나누어 6시간 이상 연속분리하여 측정하여야 한다. 이 경우에 예외 되는 대상물질의 발생시간 동안 측정할 수 있는 경우를 3가지 적으시오.

해답
1) 대상물질의 발생시간이 6시간 이하인 경우
2) 불규칙작업으로 6시간 이하의 작업을 하는 경우
3) 발생원에서 발생시간이 간헐적인 경우

근거 작업환경측정 및 정도관리 등에 관한 고시 제18조(노출기준의 종류별 측정시간)

기사 출제빈도 ★★★★

37 우리나라 산업안전보건법에서 정의하는 TLV-STEL(Threshold Limit Value-Short Time Exposure Limit)을 적으시오.

해답
단시간노출기준(STEL)
15분간의 시간가중평균노출값으로서 노출농도가 시간가중평균노출기준(TWA)을 초과하고 단시간노출기준(STEL) 이하인 경우에는 1회 노출 지속시간이 15분 미만이어야 하고, 이러한 상태가 1일 4회 이하로 발생하여야 하며, 각 노출의 간격은 60분 이상이어야 한다.

참고 독성학적인 의미의 STEL
근로자가 자극, 만성 또는 불가역적 조직 장애, 사고유발, 응급 시 대처능력의 저하 및 작업능률 저하 등을 초래할 정도의 마취를 일으키지 않고 단시간(15분) 동안 노출될 수 있는 농도이다. 즉, 단시간에 있어서의 노출한계치로서 근로자가 15분간 연속하여 노출되어도 자극, 만성적인 조직 변화, 작업능률의 실질적인 저하 등을 초래하는 정도의 마취상태 등을 일으키지 않는 유해물질(급성독성물질에 적용)의 최고농도이다.

산업 출제빈도 ☆☆☆☆

38 유해인자별 노출농도의 허용기준인 시간가중평균값(TWA, Time-Weighted Average)과 단시간 노출값(STEL, Short-Term Exposure Limit)에 대하여 설명하시오.

해답
1) 1일 8시간 작업을 기준으로 한 평균 노출농도로서 산출공식은 다음과 같다.

   TWA 환산값 $= \dfrac{C_1 \cdot T_1 + C_2 \cdot T_2 + \cdots + C_n \cdot T_n}{8}$ 에서 C: 유해인자의 측정농도(단위: ppm, mg/m^3 또는 개/cm^3), T: 유해인자의 발생시간(단위: 시간)

2) 15분 간의 시간가중평균값으로서 노출농도가 시간가중평균값을 초과하고 단시간 노출값 이하인 경우에는
   (1) 1회 노출 지속시간이 15분 미만이어야 하고,
   (2) 이러한 상태가 1일 4회 이하로 발생해야 하며,
   (3) 각 회의 간격은 60분 이상이어야 한다.

기사 출제빈도 ☆☆

39 유해물질의 노출기준(허용농도)을 준수하지 않아도 되는 경우를 3가지 적으시오.

해답
1) 시설과 설비의 설치나 개선이 현존하는 기술로 가능하지 않은 경우
2) 천재지변 등으로 시설과 설비에 중대한 결함이 발생한 경우
3) 고용노동부령으로 정하는 임시작업(월 24시간 미만인 작업)과 단시간 작업(1일 1시간 미만인 작업)의 경우

기사 출제빈도 ☆☆

40 개인시료채취기로 납을 채취할 시 채취 여과지와 분석기기의 명칭을 쓰시오.

해답
개인시료채취는 가스·증기·분진·흄(fume)·미스트(mist) 등을 근로자의 호흡위치(호흡기를 중심으로 반경 30[cm]인 반구)에서 채취하는 것을 말한다.
1) 납 채취 여과지: MCE 막여과지(mixed cellulose ester membrane filter)
2) 분석기기: 원자흡수분광광도계

산업 출제빈도 ★★★★

41 작업환경 내에 2가지 이상의 유해물질이 존재하는 경우 일어날 수 있는 상호작용 4가지를 쓰시오.

해답
1) 독립작용
2) 상가작용
3) 상승작용
4) 길항작용

기사 출제빈도 ★★★★

42 인체에 침입한 독성물질 간 상호작용(협동작용)을 독성이 미치는 정도를 숫자로 표시하여 4가지로 설명하시오.

해답
1) 상가작용(addition) : 두 물질을 동시에 투여한 경우 각각의 유해물질의 독성이 합한 것으로 영향을 미치는 경우(예 2+3→5)
2) 상승작용(synergism) : 두 물질을 동시에 투여한 경우 개별적으로 투여한 경우의 독성을 합한 것보다 큰 경우(예 2+3→9)
3) 가승작용(potentiation) 또는 잠재작용 : 단독으로 투여할 경우에는 전혀 독성이 없거나 거의 없는 물질(A)이 다른 독성물질(B)의 독성을 현저하게 증가시키는 경우(예 0+2→7로 무독성인 아이소프로페놀을 간장 독성물질인 사염화탄소와 함께 투여하면 사염화탄소의 간장 독성을 현저하게 증가시킴)
4) 길항작용(antagonism) : 두 물질을 동시에 투여한 경우 서로 독성을 방해하여 독성의 합보다 독성이 작아지는 작용(예 2+3→3)

기사 출제빈도 ★★★★

43 화학물질의 상호작용 중 길항작용의 3가지 종류를 적으시오. (단, 화학적 길항작용은 다음과 같이 예시된다.)

[예시]

> 화학적 길항작용 : 두 물질을 동시에 투여한 경우 상호 반응에 의해 독성이 감소되는 경우(예 중금속의 독성이 BAL의 투여 시 감소됨)

📝 BAL(British Anti-Lewisite) 주사제
화학명은 dimercaprol이고 분자식은 $C_3H_8S_2O$로 보통 기름에 녹여서 주사한다. 수은, 금, 비소, 납(EDTA와 혼합하여 사용), 안티모니, 폴로늄, 구리, 크로뮴, 텅스텐, 니켈, 비스무트, 아연 등 중금속 중독 해독제로 널리 사용하고 있으며, WHO가 지정한 필수 의약품 중에 하나로 등록되어 있다.

해답
1) **기능적 길항작용**: 두 물질이 생체에서 서로 반대되는 생리적 기능을 갖는 관계로 동시에 투여한 경우 독성이 감소되는 경우(예 수면제(barbiturate) 중독에 의해 발생하는 혈압강하 현상이 혈관수축제인 메타라미놀(metaraminol)을 투여하여 혈압 강하를 방지함)
2) **배분적 길항작용**: 독성물질의 생체과정인 흡수, 분포, 생전환, 배설 등의 변화를 일으켜 독성이 낮아지는 경우(예 유기인 살충제 독성을 활성탄을 이용하여 체내 흡수를 방해함)
3) **수용체 길항작용**: 두 물질이 생체 내에서 같은 수용체에 결합하여 동시 투여 시 독성이 감소되는 경우(예 일산화탄소 중독 시 산소를 이용하여 일산화탄소의 독성을 감소시킴)

44 생물체 내의 현상에서 두 개의 요인이 동시에 작용할 때 서로 그 효과를 상쇄하여 독성이 낮아지는 길항작용(antagonism)의 예를 2가지 적으시오.

해답
1) **화학적 길항작용**: 두 물질을 동시에 투여한 경우(중금속의 독성이 BAL의 투여 시 감소됨)
2) **기능적 길항작용**: 두 물질이 생체에서 서로 반대되는 생리적 기능을 갖는 관계로 동시에 투여한 경우(수면제(barbiturate) 중독에 의해 발생하는 혈압강하 현상이 혈관수축제인 메타라미놀(metaraminol)을 투여하여 혈압 강하를 방지함)
3) **배분적 길항작용**: 독성물질의 생체과정인 흡수, 분포, 생전환, 배설 등의 변화를 일으켜 독성이 낮아지는 경우(유기인 살충제 독성을 활성탄을 이용하여 체내 흡수를 방해함)
4) **수용체 길항작용**: 두 물질이 생체 내에서 같은 수용체에 결합하여 동시 투여 시 독성이 감소되는 경우(일산화탄소 중독 시 산소를 이용하여 일산화탄소의 독성을 감소시킴)

45 유해물질 독성을 결정하는 인자 5가지를 적으시오.

해답
1) 노출농도
2) 노출시간
3) 작업강도
4) 기상조건
5) 개인의 감수성

국제암연구위원회 또는 국제암연구소(IARC)

세계보건기구(WHO) 산하 기구로서, 발암 요인 확인평가 그룹(CIE, The Carcinogen Identification and Evaluation Group)을 주축으로 1971년 이래 IARC 모노그래프 프로그램을 운영해 오고 있다. IARC에서는 체외실험, 동물실험과 사람을 대상으로 한 역학적 연구 등에 근거하여 발암성을 평가하며, 이를 바탕으로 발암 요인을 5개 군으로 분류한다.

[기사] 출제빈도 ★★★

46 국제암연구위원회(IARC)의 발암물질 구분 그룹의 정의를 쓰시오.

[해답] 국제암연구위원회(IARC, International Agency for Research on Cancer)의 발암물질 구분
1) Group 1: 확실하게 암을 일으키는 물질(인체 발암성 확인 물질)
2) Group 2A: 사람에게 암을 일으키는 개연성이 있는 물질(인체 발암성 예측·추정 물질)
3) Group 2B: 사람에게 암을 일으키는 가능성이 있는 물질(인체 발암성 가능 물질)
4) Group 3: 사람에게 암을 일으키는 것이 분류되지 않은 물질(인체 발암성 미분류 물질)
5) Group 4: 사람에게 암을 일으키지 않는 물질(인체 비발암성 추정 물질)

[기사] 출제빈도 ★★

47 산업안전보건법 시행령상 물질안전보건자료의 작성·제출 제외 대상 화학물질 중 6가지만 적으시오.

[해답]
1) 「건강기능식품에 관한 법률」에 따른 건강기능식품
2) 「농약관리법」에 따른 농약
3) 「마약류 관리에 관한 법률」에 따른 마약 및 향정신성의약품
4) 「비료관리법」에 따른 비료
5) 「사료관리법」에 따른 사료
6) 「생활주변방사선 안전관리법」에 따른 원료물질
7) 「생활화학제품 및 살생물제의 안전관리에 관한 법률」에 따른 안전확인대상생활화학제품 및 살생물제품 중 일반소비자의 생활용으로 제공되는 제품
8) 「식품위생법」에 따른 식품 및 식품첨가물
9) 「약사법」에 따른 의약품 및 의약외품
10) 「원자력안전법」에 따른 방사성물질
11) 「위생용품 관리법」에 따른 위생용품
12) 「의료기기법」에 따른 의료기기
  12의2) 「첨단재생의료 및 첨단바이오의약품 안전 및 지원에 관한 법률」에 따른 첨단바이오의약품
13) 「총포·도검·화약류 등의 안전관리에 관한 법률」에 따른 화약류
14) 「폐기물관리법」에 따른 폐기물
15) 「화장품법」에 따른 화장품

[근거] 산업안전보건법 시행령 제86조(물질안전보건자료의 작성·제출 제외 대상 화학물질 등)

기사 출제빈도 ☆

48 조선업종의 작업환경에서 발행하는 대표적인 위해요인을 5가지만 쓰시오.

해답
조선업의 여러 공정 중 작업환경, 재해유형, 유해물질, 작업내용, 작업복과 안전보호구 등을 고려하여 선정한 4가지 공정은 용접(welding), 도장(painting), 사상(grinding), 취부(fitting) 공정이다.
1) 용접(welding) 공정의 작업환경에서 발생하는 대표적인 위해요인: 중금속 분진, 소음, 고온·고열, 유해가스, 유해광선, 흄, 진동
2) 도장(painting) 공정의 작업환경에서 발생하는 대표적인 위해요인: 유기용제, 소음, 중금속 분진, 고온·고열, 유해가스
3) 사상(grinding) 공정의 작업환경에서 발생하는 대표적인 위해요인: 중금속 분진, 소음, 흄, 진동, 고온·고열
4) 취부(fitting) 공정의 작업환경에서 발생하는 대표적인 위해요인: 소음, 중금속 분진, 고온·고열, 흄, 진동, 유해광선, 유해가스

기사 출제빈도 ☆☆☆

49 유해화학물질 사용 시 사업장에서 비치해야 할 항목 3가지를 적으시오.

해답
화학물질의 분류·표시 및 물질안전보건자료에 관한 기준
1) 화학물질의 분류 및 경고표시
2) 물질안전보건자료(MSDS)의 작성
3) 유해화학물질 식별정보의 표시

산업 출제빈도 ☆☆☆☆

50 유해물질안전보건자료(MSDS) 작성 시 포함사항 6가지를 적으시오.

해답
1) 대상 화학물질 명칭   2) 화학물질 구성성분
3) 취급 시 주의사항   4) 인체와 환경에 미치는 영향
5) 물리·화학적 특성   6) 독성에 관한 정보

MSDS(Material Safety Data Sheet)
화학물질의 관리에 관한 물질안전보건자료이며 화학물질의 판매, 구매 및 취급에 필요한 정보로 화학물질을 판매하거나 양도 시 MSDS를 사용자에게 전달해야 하고, 화학물질을 안전하게 취급하기 위하여 근로자나 실수요자에게 필요한 정보를 제공함으로써 화학물질에 의한 산업재해나 직업병 등을 예방한다.

기사 출제빈도 ☆

51 바이오 에어로졸의 정의 및 생물학적 유해인자 3가지를 쓰시오.

해답
1) 바이오 에어로졸: 생물학적 유해인자 중에서 공기 중에 퍼져있는 생물체와 관련한 입자(0.02 ~ 100[μm] 정도의 크기로 세균, 바이러스, 곰팡이, 꽃가루 등) 및 액체상 물질을 말한다.
2) 생물학적 유해인자
   (1) 유기체 자체
      ① 바이러스(viruses)
      ② 세균(bacteria)
      ③ 곰팡이(fungi)
      ④ 진드기(mites)
      ⑤ 원형동물(protozoa)
      ⑥ 바퀴벌레(cockroach)
   (2) 유기체에서 유래하는 유해인자
      ① 애완동물의 가죽, 털, 피부, 침액, 꽃가루
   (3) 유기체로부터 발생하는 유해인자
      ① 내독소, 아플라톡신, 각종 VOCs

기사 출제빈도 ☆☆

52 휘발성 유기화합물(VOC) 처리방법과 그 특징을 각각 2가지씩 쓰시오.

해답
1) 고열산화법(열소각법)
   (1) VOC 농도가 높은 경우 적합하며, 시스템이 간단하여 보수가 용이하다.
   (2) 열소각에서는 보통 650 ~ 870[℃] 정도의 연소온도를 유지시켜 주기 위해 가스나 기름 등 보조연료가 사용되어 비용이 많이 든다.
2) 촉매산화법(촉매소각법)
   (1) VOC 농도가 낮고 가스량이 적은 경우에 적용한다.
   (2) 촉매(귀금속 촉매: 백금(Pt), 팔라듐(Pd), 금속산화물 촉매: 크로뮴, 코발트, 구리, 망가니즈 산화물)를 사용하여 저온인 200 ~ 400[℃]에서 처리하여 보조연료 소모가 적어 경제적이다.

기사 출제빈도 ★★

53 관리대상 유해물질을 취급하는 작업에 근로자를 종사하도록 하는 경우에 근로자를 작업에 배치 전 사업주가 근로자에게 알려야 하는 사항 3가지를 쓰시오.

해답
1) 취급상의 주의사항
2) 인체에 미치는 영향과 증상
3) 착용하여야 할 보호구와 착용 방법
4) 관리대상 유해물질의 명칭 및 물리, 화학적 특성

기사 출제빈도 ★★

54 '산업안전보건기준에 관한 규칙 [별표 12]'에 적시된 [보기]의 관리대상 유해물질 중에서 특별관리물질 4가지만 고르시오.

[보기]
트리클로로아세트산, 폼알데하이드, 오산화바나듐, 사염화탄소
1,3-부타디엔, 나이트로벤젠, 다이메틸아민, 벤젠, 아세톤

해답
1) 벤젠
2) 1, 3-부타디엔
3) 사염화탄소
4) 폼알데하이드

기사 출제빈도 ★

55 산 및 알칼리 용액에서의 안정성에 대하여 설명하시오.

해답
고분자화합물이 산 또는 알칼리용액에서 분해되지 않거나 수평균분자량, 분자량 분포 등 고분자화합물 본래의 특성이 변화되지 않는 성질을 말한다.

56 산업안전보건법 시행규칙 [별표 6] 안전보건표지의 종류와 형태에 나타낸 다음 '경고표지'는 무엇을 경고하는 표지인가?

1) 2) 3)  4) 5) 6)

해답
1) 인화성 물질 경고
2) 산화성 물질 경고
3) 폭발성 물질 경고
4) 급성독성 물질 경고
5) 부식성 물질 경고
6) 발암성·변이원성·생식독성·전신독성·호흡기 과민성 물질 경고

57 유해물질의 환경 위해도 평가의 5단계를 적으시오.

해답
1) 1단계: 위험성 확인(hazard identification)
   특정 물질이 암이나 불임과 같이 특정 보건 영향과 인과 관계를 가지는지를 결정하는 과정
2) 2단계: 용량-반응 평가(dose-response assessment)
   섭취된 물질의 선량과 보건의 악 영향 발생과의 관계를 특성화하는 과정
3) 3단계: 노출평가(exposure assessment)
   대상 독성물질에 피폭되는 인구의 규모와 특성, 노출시간과 독성물질의 농도를 결정하는 사항 포함
4) 4단계: 위해도 결정(risk characterization)
   공중인의 보건문제와 크기를 평가. 위의 세 가지 단계를 종합
5) 5단계: 위해도 관리(risk management)
   무엇을 할 것인가에 대한 과정. 공중인의 보건과 환경을 보호하기 위해 국가적 자산의 배분, 정책 결정 → 정치적, 사회적 판단 필요

58 작업환경관리 측면에서 가스상 물질에 대한 건강장해 예방대책을 설명하시오.

해답

1) **대체**: 현재 취급 및 사용하고 있는 가스상 물질을 대체할 수 있는 독성이 낮은 물질이 있는지와 대체사용 가능성을 검토하여 근원적으로 근로자의 건강에 대한 영향을 낮춘다.
2) **밀폐 또는 격리**: 가스상 물질의 제조, 취급 및 사용하는 설비는 가능한 밀폐시킨다.
   (1) 작업상 필요한 부분만을 제외하고 완전히 밀폐시킨다.
   (2) 밀폐 설비 내부는 음압이 유지되도록 하여 유해물질이 배출되지 않도록 조치한다.
3) **환기**: 국소배기장치를 설치하여 작업장 내로 확산되기 전에 제거하도록 한다. 발생 장소가 많고 발생원이 이동되어 국소배기가 곤란한 경우에는 천장, 벽면 등에 배기 팬을 달아 작업장 전체를 환기시킨다.

3 소음·진동을 관리하고 대책 수립하기

학습 개요 | 기사·산업기사 공통

1. 일반적인 소음의 대책을 수립할 수 있다.
2. 흡음, 차음, 기타 공학적 소음대책을 수립할 수 있다.
3. 진동의 관리 및 대책을 수립할 수 있다.
4. 개인보호구에 대하여 수립할 수 있다.

01 소음계의 청감보정회로에서 A 특성이 갖는 의미를 간단히 쓰시오.

해답
A 특성은 사람의 청감에 맞춘 것으로 순차적으로 40[phon]의 등청감곡선과 비슷하게 주파수에 따른 반응을 보정하여 측정한 음압수준을 말한다.

참고
소음계의 청감보정회로는 A, B, C 특성으로 구분하고, A 특성은 40[phon], B 특성은 70[phon], C 특성은 100[phon]의 음의 크기에 상응하도록 주파수에 따른 반응을 보정하여 각각 측정한 음압수준이다.

> **등청감곡선(equal-loudness contour)**
> 서로 다른 주파수의 순수 사인파로 발생된 소리를 듣고 청각 장애가 없는 젊은 청취자가 같은 음 세기로 느끼는 점을 연결한 곡선으로 사람의 귀는 물리적으로 같은 크기의 소리라도 주파수에 따라 다르게 느낀다. 이를 고려하여 같은 크기의 소리로 들리는 주파수별 음압수준을 실험적으로 조사하여 표시한 것을 말한다.

기사·산업 출제빈도 ★★★

02 C₅-dip 현상을 간단히 설명하시오.

> **해답**
> 각 주파수별로 청력을 측정할 때 감각신경성 난청 중 소음성 난청이 있는 사람에게 유독 4,000[Hz]에서 갑자기 청력이 뚝 떨어지는(산의 골짜기처럼) 현상이 발생하는 현상으로 소음성 난청의 초기 단계에 나타난다.

기사 출제빈도 ★★

03 작업장의 소음을 누적소음노출량 측정기(noise dosimeter)로 측정해야 하는 경우 2가지를 적으시오.

📝 **누적소음노출량 측정기 (noise dosimeter)**
불규칙한 소음의 총 에너지를 연속음의 에너지로 변환시켜 음압레벨을 평가하는 기기로 작업장의 소음측정에 가장 많이 사용하고 있다.

> **해답**
> 1) 작업자의 이동성이 큰 경우
> 2) 소음의 강도가 불규칙적으로 변동하는 소음인 경우

산업 출제빈도 ★★★

04 소음 측정방법에서 누적소음노출량 측정기로 소음을 측정하는 경우에는 Criteria, Exchange Rate, Threshold의 기기 설정값을 적으시오.

> **해답**
> 1) Criteria: 90[dB]
> 2) Exchange Rate: 5[dB]
> 3) Threshold: 80[dB]

산업 출제빈도 ★★★

05 소음계의 청감보정 A, B, C 특성치는 각각 몇 phon의 등감곡선에 해당하는가?

> **해답**
> 1) 청감보정 A 특성: 40[phon] 등감곡선
> 2) 청감보정 B 특성: 60[phon] 등감곡선
> 3) 청감보정 C 특성: 85[phon](또는 100[phon]) 등감곡선

06 소음 작업장에서 95[dB(A)]의 소음이 발생한 경우에 세울 수 있는 대책을 다음 제시된 대책별로 2가지씩 쓰시오.
1) 공학적 대책
2) 작업관리 대책
3) 근로자 건강보호 대책

해답
1) 공학적 대책: 흡음, 차음
2) 작업관리 대책: 저소음 기계로 교체, 작업방법의 변경
3) 근로자 건강보호 대책: 개인보호구인 귀마개, 귀덮개 착용

07 덕트 내에서 토출되는 공기에 의하여 발생하는 취출음의 감소방법 2가지를 쓰시오.

해답
1) 토출 유속을 저감시킴
2) 소음기(消音器, silencer) 부착

📝 **소음기(silencer)**
관(duct) 계통의 전파 소음을 줄이기 위해 벽면에 흡음재를 부착하거나 관심 주파수에 따라 길이 및 관의 단면적을 조절함으로써 관의 단면적에 의한 관심 주파수의 소음을 차단하는 수동적인 소음감소 장치이다. 보통은 소음이 진행하는 관을 확장 또는 축소하여 진행 방향을 불연속적인 형태로 하거나 소리의 충분한 반사 효과를 유발하기 위한 여러 가지 다양한 형상이 있다. 또한, 수로 고주파 대역의 소음을 줄이기 위하여 흡음재, 천공관 등을 사용하기도 한다.

08 소음방지를 위해 사용하는 다공질형 흡음재료의 종류 3가지를 쓰시오.

해답
1) 펠트
2) 유리솜(glass wool)
3) 발포수지재료(스티로폼)
4) 암면(rock wool) 등의 무기질 섬유

기사 출제빈도 ★★

09 소음 전파과정에서 나타나는 물리적 현상(특성) 5가지를 적으시오.

해답
반사, 흡수, 투과, 회절, 굴절, 마스킹

참고
1) 반사의 특징
   (1) 고유 음향 임피던스의 차이가 크면 반사율이 커진다.
   (2) 파장이 크고, 반사면이 크면 반사는 잘 이루어진다.
   (3) 파장이 크고, 표면의 요철이 작으면 정반사가 일어난다.
2) 굴절의 특징
   (1) 상공이 저온이면 지표면 방향의 음은 작아진다.
   (2) 굴절 전·후의 음속 차이가 크면 굴절이 커진다.
   (3) 상공의 풍속이 커지면 지표면의 풍상 쪽 음이 작아진다.
   (4) 온도 차, 풍속 차에 의한 음의 굴절에서 대기의 온도는 낮에는 햇빛으로 인하여 지표면이 따뜻하게 되어 지상에 가까운 쪽이 상공보다 높아진다.
3) 회절의 특징
   (1) 회절의 크고 적음은 파장과 물체의 크기로 결정된다.
   (2) 파장이 크고, 물체(또는 구멍)가 작으면 회절이 커진다.
4) 마스킹의 특징
   (1) 두 음의 주파수가 서로 가까울 경우 마스킹이 커진다.(단, 순음의 경우는 주파수가 거의 같아지면 울림(beat)이 일어나 마스킹이 약해진다.)
   (2) 저음이 고음을 잘 마스크한다.

청력도 검사
청력장애의 장애 정도 평가는 순음청력검사의 기도순음역치를 기준으로 한다. 평균순음역치는 청력측정기(오디오미터)로 측정하여 데시벨(dB)로 표시하고 장애등급을 판정하되, 주파수별로 500[Hz], 1,000[Hz], 2,000[Hz], 4,000[Hz]에서 각각 청력검사를 실시한다.

기사 출제빈도 ★★

10 소음성 난청을 예방하고 관리하기 위하여 소음노출평가, 노출기준 초과에 따른 공학적 대책, 청력보호구의 지급 및 착용, 소음의 유해성과 예방에 관한 교육, 정기적 청력검사, 기록, 관리 등이 포함된 종합적인 계획의 명칭과 이것을 시행하여야 할 대상 사업장을 쓰시오.

해답
1) 청력보존 프로그램
2) 청력보존 프로그램을 시행하여야 할 대상 사업장
   (1) 소음의 작업환경 측정 결과 소음수준이 유해인자 노출기준에서 정하는 소음의 노출기준을 초과하는 사업장
   (2) 소음으로 인하여 근로자에게 건강장해가 발생한 사업장

산업 출제빈도 ★★☆

11 실내의 평균흡음률을 구하는 방법을 3가지 적으시오.

해답
1) 잔향시간 측정에 의한 방법
2) 각 재질의 흡음률과 흡음면적을 이용한 계산에 의한 방법
3) 이미 알고 있는 표준음원(파워레벨을 알고 있는 음원)에 의한 방법

참고
1) 잔향시간 측정에 의한 방법
   실내 잔향시간(reverberation time)을 측정하여 Sabine식으로 평균 흡음률을 계산함

   흡음력, $A = S \times \overline{\alpha} = \dfrac{0.161 \times V}{T}$

   ∴ 평균흡음률, $\overline{\alpha} = \dfrac{0.161 \times V}{S \times T}$

   여기서, S: 실내의 표면적(m^2)
   V: 실내의 체적(m^3)
   T: 잔향시간(s)

   ※ 잔향시간: 실내에서 음원을 뜬 순간부터 음압레벨이 60[dB](에너지 밀도가 10^{-6} 감소)까지 감쇠되는 데 소요되는 시간(초)

2) 각 재질의 흡음률과 흡음면적을 이용한 계산에 의한 방법
   사용 재료별 면적, $S_i[m^2]$와 흡음률, α_i를 구해 다음 식으로 계산한다.

   $\overline{\alpha} = \dfrac{\sum S_i \alpha_i}{\sum S_i} = \dfrac{S_1 \alpha_1 + S_2 \alpha_2 + \cdots}{S_1 + S_2 + \cdots}$, 흡음력, $A = S\overline{\alpha} = \sum\limits_{i=0}^{n} S_i \alpha_i$

3) 이미 알고 있는 표준음원에 의한 방법
   표준음원의 음향 파워레벨 PWL_o을 사용하여 이 음원에서 충분히 떨어진 거리에서 음압레벨 SPL_o을 측정한 후 다음 식으로 구함

   $SPL = PWL + 10\log\left(\dfrac{4}{R}\right) = PWL - 10\log R + 6$,

   $SPL_o = PWL_o - 10\log R + 6$

   $R = \dfrac{S\overline{\alpha}}{1-\overline{\alpha}}$ 에서 $\overline{\alpha} = \dfrac{R}{R+S}$

   ∴ $\overline{\alpha} = \dfrac{\log^{-1}\left(\dfrac{PWL_o - SPL_o + 6}{10}\right)}{S + \log^{-1}\left(\dfrac{PWL_o - SPL_o + 6}{10}\right)}$

참고 흡음재의 성능을 평가하는 흡음률(absorption efficiency, α)을 측정하는 방법
1) 정재파 tube를 이용한 측정법
2) 잔향실 측정법
3) 2개의 마이크로폰을 이용한 측정법

4 산업 심리에 대하여 기술하기

학습 개요 기사·산업기사 공통

1. 산업심리의 영역에 대하여 기술할 수 있다.
2. 직무 스트레스 원인, 평가 및 관리에 대하여 기술할 수 있다.
3. 조직과 집단에 대하여 기술할 수 있다.
4. 직업과 적성에 대하여 기술할 수 있다.

기사 출제빈도 ★★

01 산업안전보건법상 보건관리자의 직무 4가지를 적으시오.

해답
1) 건강 장해를 예방하기 위한 작업관리
2) 사업장 순회 점검, 지도 및 조치의 건의
3) 근로자의 건강관리, 보건교육 및 건강증진 지도
4) 작성된 물질안전보건자료(MSDS)의 게시 또는 비치

기사 출제빈도 ★★

02 다음에 나타낸 사업의 종류에 따른 보건관리자의 수를 적으시오.
1) 고무 및 플라스틱제품 제조업이고 상시근로자 수가 500명 이상인 경우
2) 공사금액 800억 원 이상의 건설업인 경우

해답
1) 2명 이상   2) 1명 이상

기사 출제빈도 ★★

03 건설업 보건관리자 선임 규정과 제조업 보건관리자를 선임해야 하는 사업장의 기준을 적으시오.

해답
1) 건설업 보건관리자 선임 규정: 공사금액 800억 이상(토목공사는 1,000억 이상) 또는 상시 근로자 600명 이상 공사현장에 보건관리자 1명 이상을 선임하도록 규정하고 있음
2) 제조업 보건관리자의 선임 규정
보건관리자를 선임해야 하는 사업장의 기준은 상시 근로자 50명 이상 500명 미만의 경우 1명 이상, 500명 이상 2,000명 미만의 경우 2명 이상, 상시 근로자 2,000명 이상의 경우 2명 이상

기사 출제빈도 ★★

04 산업안전보건법 시행령에 나타낸 보건관리자의 자격에 해당하는 사람을 3가지 적으시오.

해답
1) 산업보건지도사 자격을 가진 사람
2) 의사
3) 간호사
4) 산업위생관리산업기사 또는 대기환경산업기사 이상의 자격을 취득한 사람
5) 인간공학기사 이상의 자격을 취득한 사람
6) 전문대학 이상의 학교에서 산업보건 또는 산업위생 분야의 학위를 취득한 사람

기사 출제빈도 ★★

05 본인이 보건관리자로 출근을 하게 되었다. 그 작업장에서 시너를 사용하고 있지만 측정기록 일지에는 시너에 대한 유해 정도와 배출 정도에 대한 자료가 없었다. 보건관리자로서 제일 먼저 수행하여야 할 업무 3가지를 적으시오.

해답
1) 유해인자 측정
2) MSDS로 대상 유해인자 확인
3) 유해인자의 노출기준(TLV)과 비교 평가

기사 출제빈도 ★★

06 다음 조건의 근로자에게 시켜서는 안 될 작업을 한 가지씩 쓰시오.

1) 편평족(扁平足)   2) 고혈압   3) 천식 및 만성기관지염
4) 비만증   5) 당뇨증   6) 간기능 장해

해답
1) **편평족**: 서서 하는 작업(예 백화점 종업원)
2) **고혈압**: 잠수 작업, 고열 작업
3) **천식 및 만성기관지염**: 분진 발생 작업, 유해가스 발생 작업
4) **비만증**: 고소(高所) 작업, 고열 작업, 감압 작업
5) **당뇨증**: 외상을 받기 쉬운 작업, 중노동 작업
6) **간기능 장해**: 화학물질 취급 작업

📝 **고소 작업**
물체의 조립, 해체, 기계설비의 점검 등을 위해 발판, 사다리 등의 발디딤을 이용해서 높은 곳에서 하는 작업으로 〈산업안전보건기준에 관한 규칙〉에서는 높이가 2[m] 이상인 장소에서 실시하는 작업을 말한다.

5 노동 생리에 대하여 기술하기

학습 개요 기사
1. 근육의 대사과정, 산소 소비량, 작업강도, 에너지 소비량에 대하여 기술할 수 있다.
2. 작업자세, 작업시간과 휴식에 대하여 기술할 수 있다.

기사 출제빈도 ★

01 다음에 제시된 특수작업환경에 따른 권장 영양소(비타민 및 무기염류)에 대해서 적으시오.

특수 작업환경	권장 영양소	특수 작업환경	권장 영양소
일산화탄소 중독	(㉠)	사염화탄소 중독	(㉣)
벤젠급성 및 이황화탄소 중독	(㉡)	아연 중독	(㉥)
벤젠의 만성중독	(㉢)	고온 환경	(㉦)
암모니아 중독	(㉤)		

해답
㉠ 비타민 B₁   ㉡ 비타민 B₂
㉢ 비타민 B₆   ㉤ 비타민 C
㉣ 비타민 E, 니코틴(Nicotin) 산   ㉥ 철(Fe), 구리(Cu)
㉦ 염분(NaCl)

비타민 부족 시 발병되는 질병의 특징
- 구순염: 입술과 얼굴 피부의 경계 부위에 각종 자극에 의해 발생한 염증으로 구내염으로 인해 발생하기도 하지만, 입술 부분에만 한정된 특수한 경우도 있다.
- 각기병: 티아민이라는 비타민 B1이 부족하여 생기는 질환으로, 다리 힘이 약해지고 지각 이상(저림 등)이 생겨서 제대로 걷지 못하는 병이다.
- 곱추병 또는 구루병: 칼슘과 인의 대사 장애로 인해 뼈 발육에 장애가 발생하는 질환을 의미하며 흉곽 모양이나 척추, 다리의 변형을 동반한다. 구루병은 주로 비타민 D 결핍으로 발생하는 병이다.

기사 출제빈도 ★

02 다음에 제시된 비타민 부족 시 인체에 유발되는 대표적인 질병을 적으시오.

㉠ 비타민 A   ㉡ 비티만 B₂   ㉢ 비타민 C
㉣ 비타민 D   ㉤ 비타민 E   ㉥ 비타민 K

해답
㉠ 비타민 A 부족 시: 야맹증   ㉡ 비타민 B₂ 부족 시: 구순염
㉢ 비타민 C 부족 시: 각기병   ㉣ 비타민 D 부족 시: 구루병
㉤ 비타민 E 부족 시: 불임증(생식기 장애)
㉥ 비타민 K 부족 시: 혈액 응고 장애

기사 출제빈도 ★★

03 산소부채 현상에 대한 설명과 안정 시 70[kg]의 젊은 성인이 1분에 섭취하는 산소의 양(L)을 적으시오.

해답

1) 산소부채(oxygen debts): 작업 종료 후 휴식 시보다 초과된 산소섭취량, 다시 말해 작업 시작 후 안정 상태에 이르기 전 산소부족 현상을 나타내는 말로, 이때 생긴 젖산을 산화하기 위하여 작업 종료 후 회복기에 산소소비량이 증가한다는 현상이다. 최근에는 이 현상을 작업 종료 후 초과산소소비량(EPOC, Excess Postexercise Oxygen Consumption)로 나타내기도 한다.

2) 안정 시 산소섭취량의 측정은 신체가 필요한 최소한의 에너지소비량을 예측할 수 있게 하며 예를 들어 70[kg]의 젊은 성인은 1분에 0.25[L]의 산소를 섭취한다 (3.5[mL/1분·kg]).

참고 작업 종료 후 초과산소섭취량(EPOC)에 미치는 요인

1) 근육에서 PC(Phospho Creatine, 크레아틴 인산)의 재합성
2) 젖산 제거
3) 근육과 혈액의 산소를 저장
4) 체온 상승
5) 작업 종료 후 심박수 및 호흡수의 상승
6) 호르몬의 상승

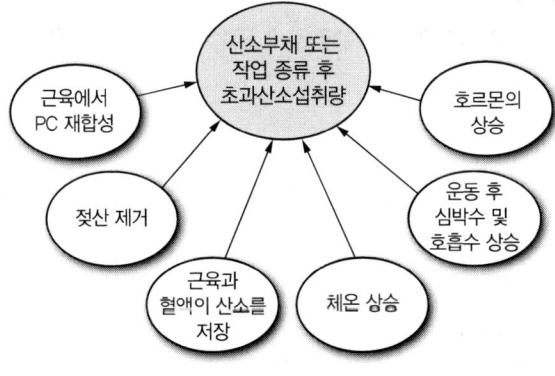

기사·산업 출제빈도 ★★★

04 산소부채(oxygen debt)에 대하여 설명하시오.

해답 작업이 끝난 후에도 남아 있는 젖산을 제거하기 위하여 산소가 더 필요하게 되며, 이때 동원되는 산소소비량을 산소부채(oxygen debt)라고 한다.

참고 다음 그림은 작업이 시작된 후의 호기성 대사에 필요한 산소소비량의 변화에서 산소부채의 형성과 보상을 설명한 것이다.

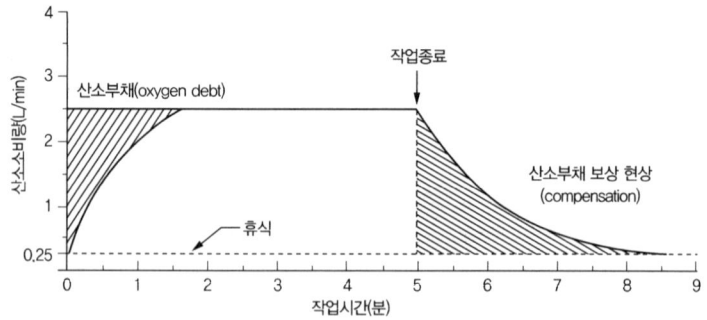

기사 출제빈도 ★★★

05 산소부채에 대하여 설명하고 근육에 공급되는 에너지원 2개를 적으시오.

해답
1) 작업이 끝난 후에 남아 있는 젖산을 제거하기 위하여 산소가 더 필요하게 되며, 이때 동원되는 산소소비량을 산소부채(oxygen debt)라고 한다.
2) 근육운동에 필요한 에너지원
  (1) 혐기성 대사: 근육 내에 존재하는 ATP(Adenosine Triphosphate, 아데노신삼인산), CP(Creatine Phosphate, 크레아틴인산), Glycogen(글리코겐), Glucose(포도당)
  (2) 호기성 대사: 음식물로 섭취된 포도당, 단백질, 지방 등

참고 산소부채는 작업이 시작되면서 발생하며 작업 시 소비되는 산소소비량은 초기에 서서히 증가하다가 작업강도에 따라 일정한 양에 도달하고, 작업이 종료된 후 서서히 감소되어 일정 시간 동안 산소를 소비하는 산소부채의 보상(compensation) 현상이 발생한다. 따라서 산소부채 현상은 작업강도에 따라 필요한 산소요구량과 산소공급량의 차이에 의하여 발생한다.

혐기성 대사
산소 분자를 사용하지 않고 이루어지는 에너지 대사를 말한다.

호기성 대사
산소를 이용한 대사 방법으로 체내에 산소 공급이 충분한 상태에서 영양소가 완전히 분해될 때 생산되는 에너지가 ATP 합성에 사용되는 대사작용이다.

기사·산업 출제빈도 ★★

06 산업피로 증상에서 혈액과 소변의 변화를 2가지씩 쓰시오.

해답
1) 혈액
   (1) 혈액 중 이산화탄소량이 증가한다.
   (2) 혈당치가 낮아지고 젖산과 탄산량이 증가하여 산혈증으로 된다.
2) 소변
   (1) 소변 내의 단백질 또는 교질물질의 배설량이 증가한다.
   (2) 소변량이 줄고 진한 갈색으로 변하며 심한 경우 단백뇨가 나타난다.

📝 **교질물질**
콜로이드 같은 고체와 액체의 중간 상태의 물질을 말한다.

기사 출제빈도 ★★

07 다음은 산업피로의 증상이다. ( ) 안에 들어갈 내용을 적으시오.

1) 맥박 및 호흡이 (㉠)지고, 혈액 내 혈당치는 (㉡)진다.
2) 혈압은 초기에 (㉢)지나, 피로가 진행되면 오히려 (㉣)진다.
3) 일반적으로 체온이 (㉤)지나, 피로 정도가 심해지면 오히려 (㉥)진다.
4) 혈액 내 혈당치가 (㉦)지고, 젖산과 탄산량이 증가하여 (㉧)이(가) 된다.
5) 소변량이 (㉨)고, 진한 갈색을 나타내거나, 심한 경우 단백질 교질물질을 많이 포함한 (㉩)(이)가 된다.

해답
1) 맥박 및 호흡이 ㉠ 빨라지고, 혈액 내 혈당치는 ㉡ 낮아진다.
2) 혈압은 초기에 ㉢ 높아지나, 피로가 진행되면 오히려 ㉣ 낮아진다.
3) 일반적으로 체온이 ㉤ 높아지나, 피로 정도가 심해지면 오히려 ㉥ 낮아진다.
4) 혈액 내 혈당치가 ㉦ 낮아지고, 젖산과 탄산량이 증가하여 ㉧ 산혈증이 된다.
5) 소변량이 ㉨ 줄고(적어지고), 진한 갈색을 나타내거나 심한 경우 단백질 교질물질을 많이 포함한 ㉩ 단백뇨가 된다.

📝 **단백뇨**
소변으로 단백질이 빠져나가는 상태를 말한다. 정상적인 신장(콩팥)의 사구체는 혈중의 단백질은 여과하지 않도록 설계되어 있는데 어떤 원인으로 인해 단백질이 다량 여과되어 소변으로 배출되게 되면 이를 단백뇨라고 부른다.

기사·산업 출제빈도 ☆☆☆

08 산업보건기준에 관한 규칙(밀폐공간 작업으로 인한 건강장해의 예방)에 명시된 '적정공기'의 정의를 기술하시오.

해답
적정공기
- 산소농도의 범위가 18[%] 이상 23.5[%] 미만
- 탄산가스의 농도가 1.5[%] 미만
- 일산화탄소의 농도가 30[ppm] 미만
- 황화수소의 농도가 10[ppm] 미만인 수준의 공기를 말한다.

[근거] 산업안전보건기준에 관한 규칙 제618조(정의)

기사 출제빈도 ☆☆

09 산소가 부족한 밀폐공간에서의 환기 시 주의사항 3가지를 적으시오.

해답
1) 정전 등에 의한 환기 중단 시에는 즉시 외부로 대피시킬 것
2) 작업 전에는 유해공기의 농도가 기준농도를 넘지 않도록 충분히 환기를 실시할 것
3) 급기구와 배기구를 적절하게 배치하여 작업장 내 환기가 효과적으로 이루어지도록 할 것

아데노신 삼인산(ATP, adenosine triphoshate)
화학식은 $C_{10}H_{16}N_5O_{13}P_3$로 근육 수축, 신경 세포에서 흥분의 전도, 물질 합성 등 살아 있는 세포에서 다양한 생명 활동을 수행하기 위해 에너지를 공급하는 유기화합물이다.

크레아틴인산염(CP, Creatine Phosphate)
화학식은 $C_4H_{10}N_3O_5P$로 세포의 에너지 화폐인 아데노신 삼인산(ATP)을 재생하기 위해 골격근과 뇌에서 신속하게 이동할 수 있는 고에너지 인산의 역할을 하는 인산화된 크레아틴 분자이다. 근육에서 에너지 완충제 역할을 하며 근육의 ATP 농도가 고갈될 갑작스러운 폭발이나 운동 중에 근육의 ATP 농도를 일정하게 유지하는 데 도움이 된다.

기사 출제빈도 ☆☆☆

10 근육운동에 필요한 에너지를 생산하는 혐기성 대사의 에너지원과 에너지원이 대사에 주로 동원되는 대사 소비순서(시간대별)를 나타내시오.

해답
1) 혐기성 대사 에너지원
ATP(Adenosine Triphosphate), CP(Creatine Phosphate), 글리코겐($(C_6H_{10}O_5)_n$), 포도당
2) 근육운동의 에너지원 대사 소비순서
ATP(아데노신삼인산) → CP(크레아틴인산) → Glycogen(글리코겐) 또는 포도당

CHAPTER 3 환기 일반

1 유체역학에 대하여 기술하기

학습 개요   기사·산업기사 공통

1. 단위, 밀도, 점성, 비중량, 비체적, 비중에 대하여 기술할 수 있다.
2. 유량과 유속, 속도압, 정압, 전압, 증기압에 대하여 기술할 수 있다.
3. 밀도보정계수, 압력손실, 마찰손실에 대하여 기술할 수 있다.
4. 베르누이의 정리, 레이놀즈 수에 대하여 기술할 수 있다.

01 다음 유해인자에 대한 허용농도 단위를 적으시오.
1) 석면
2) 가스 및 증기
3) 고온

해답
1) 세제곱센티미터당 개수(개/cm³)   2) 피피엠(ppm)
3) 습구흑구온도지수(WBGT, ℃)

참고 화학물질 및 물리적 인자의 노출기준 제11조(표시단위)
1) 가스 및 증기의 노출기준 표시단위는 피피엠(ppm)을 사용한다.
2) 분진 및 미스트 등 에어로졸(Aerosol)의 노출기준 표시단위는 세제곱미터당 밀리그램(mg/m³)을 사용한다.
3) 석면 및 내화성세라믹섬유의 노출기준 표시단위는 세제곱센티미터당 개수(개/cm³)를 사용한다.
4) 고온의 노출기준 표시단위는 습구흑구온도지수(WBGT, ℃)를 사용한다.

기사 출제빈도 ★★

02 유체역학의 질량보존원리를 환기장치 응용에 필요한 4가지의 공기특성에 대한 주요 가정 중 3가지를 쓰시오.

해답
1) 환기시설 내외의 열교환은 무시한다. 그러나 덕트 내부 온도가 외부온도와 크게 다를 때, 덕트 내외의 열교환이 일어날 수 있고 덕트 내 온도 변화에 따라 공기

질량보존의 법칙(law of conservation of mass)

닫힌계의 질량이 화학반응에 의한 상태 변화에 상관없이 변하지 않고 계속 같은 값을 유지한다는 법칙이다. 물질은 갑자기 생기거나, 없어지지 않고 그 형태만 변하여 존재한다는 뜻을 담고 있다. 다시 말해, 닫힌계에서의 화학반응에서, '(반응물의 질량) = (결과물의 질량)'이라는 수식을 만족한다.

유량도 변할 수 있다.
2) 공기의 압축이나 팽창을 무시한다. 그러나 만약 공기가 환기시설의 입구로부터 마지막 송풍기까지 흐르는 동안 50[mmH₂O]의 압력손실이 발생하면 공기의 밀도가 약 5[%] 정도 달라지고 동시에 유량도 변하므로 보정이 필요하다.
3) 공기는 건조하다고 가정한다. 만약 다량의 수증기가 포함되어 있다면 이에 대한 밀도 보정이 요구된다.
4) 대부분의 환기시설 내에서는 공기 중에 포함된 오염물질의 무게와 부피를 무시한다. 다만 오염물질의 농도가 높아서 화재나 폭발위험의 수준에 도달했을 경우 이에 대한 보정이 필요하다.

03 덕트 내 표준공기의 흐름에서 층류와 난류를 구분하는 데 사용되는 레이놀즈 수의 계산에 필요한 항목을 4가지 적으시오.

해답
레이놀즈 수는 표준공기의 흐름에서 관성력과 점성력의 비를 무차원 수로 나타낸 것이다. 난류 흐름에서는

관성력 > 점성력으로 $R_e = \dfrac{관성력}{점성력} = \dfrac{\rho \times v \times D}{\mu} = \dfrac{v \times D}{\nu}$

여기서, ρ: 공기의 밀도(kg/m³)
D: 공기가 흐르는 덕트의 직경(m)
v: 덕트 내 공기의 평균 유속(m/s)
μ: 공기의 점성계수(kg/m·s = Poise, 표준공기 21[℃]에서 점성계수는 1.8×10^{-5}[kg/m·s]
ν: 공기의 동점성계수($\nu = \dfrac{\mu}{\rho} = \dfrac{1.8 \times 10^{-5}[\text{kg/m·s}]}{1.2[\text{kg/m}^3]}$
$= 1.5 \times 10^{-5}[\text{m}^2/\text{s}]$)

> **층류(laminar flow)와 난류(turbulent flow)**
> • 층류는 공기의 규칙적인 흐름으로, 흐트러지지 않고 일정하게 흐르는 것을 말한다.
> • 난류는 공기의 각 부분이 시간적이나 공간적으로 불규칙한 운동을 하면서 흘러가는 것을 말한다.

04 다음 그림은 피토튜브를 이용한 덕트 내의 압력 측정방법을 나타낸 것이다. (A), (B), (C)는 각각 어떤 압력을 측정하려는 것인가?

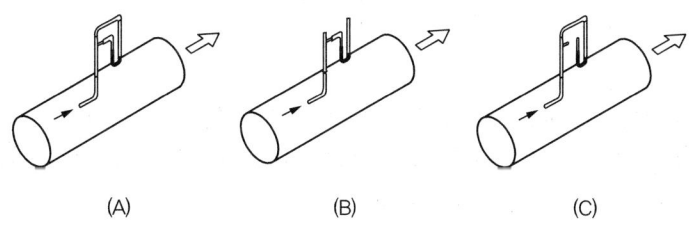

(A)　　　　　　　(B)　　　　　　　(C)

해답
(A) 전압　　　(B) 정압　　　(C) 속도압(동압)

기사 출제빈도 ★★

05 덕트 내 압력측정 도구에 대하여 설명하시오.

> **해답**
> 덕트 내의 압력은 액주 방식의 압력측정 도구를 사용한다.
> 1) U-tube manometer(측정범위: 200 ~ 2,000[mmH₂O])
> 2) 경사식 마노미터(측정범위: 10 ~ 300[mmH₂O])
> 3) Well type 마노미터(측정범위: 300 ~ 2,000[mmH₂O])
>
>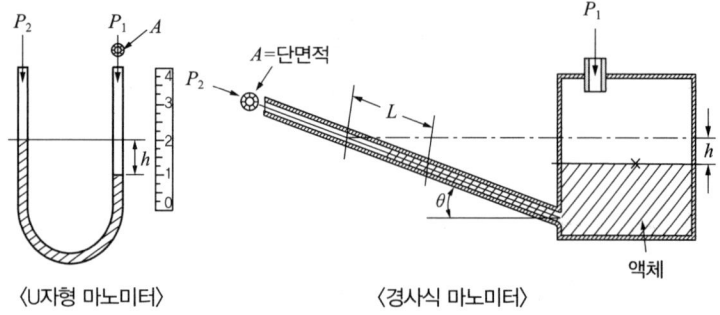
> 〈U자형 마노미터〉   〈경사식 마노미터〉

기사 출제빈도 ★★★★

06 덕트 내 기류에 작용하는 압력의 종류 3가지를 쓰고 서로 간 관련 공식을 적으시오.

> **해답**
> 1) **정압(SP)**: 밀폐된 공간인 덕트 내에 사방으로 동일하게 미치는 압력으로 모든 방향에서 동일한 압력이며 송풍기 앞에서는 음압, 송풍기 뒤에서는 양압이다.
> 2) **속도압(VP)**: 동압이라고도 하며 공기의 흐름으로 인하여 항상 (+) 압력이 발생한다.
> 3) **전압**: 단위 유체 흐름의 방향으로 작용하는 정압과 속도압의 총합이다.
> 4) TP(전압) = SP(정압) + VP(속도압)

기사 출제빈도 ★★★

07 가까이 마주보는 2개의 평행판 사이에서 유체가 층류로 유동할 때 작용하는 힘을 2개만 쓰시오.

> **해답**
> 점성력, 관성력

기사 출제빈도 ★★★★

08 속도압의 정의와 공기 속도와의 관계식을 쓰시오. (단, 공기의 비중량은 1.203[kg$_f$/m³], 중력가속도는 9.81[m/s²]이다.)

해답
1) 정의: 공기의 흐름 방향으로 미치는 압력으로 단위 체적의 유체가 갖고 있는 운동에너지를 의미하며 항상 0 또는 양압을 갖는다.
2) 공기 속도와 속도압의 관계식

$$VP = \frac{\gamma V^2}{2g}[\text{mmH}_2\text{O}] \text{ 또는 } VP = \left(\frac{V}{4.043}\right)^2[\text{mmH}_2\text{O}]$$

기사 출제빈도 ★★★

09 유체역학의 질량보존 원리를 환기시설에 적용하는 데 필요한 공기특성의 주요 가정 4가지를 쓰시오.

해답
1) 공기는 건조하다고 가정한다.
2) 공기의 압축이나 팽창을 무시한다.
3) 환기시설 내·외의 열교환은 무시한다.
4) 대부분의 환기시설 내에서는 공기 중에 포함된 오염물질의 무게와 부피를 무시한다.

기사 출제빈도 ★★

10 덕트 내 유체의 정상적인 흐름에서 '임의의 점 A로부터 점 B로 흐르는 사이에 위치수두, 압력수두, 속도수두의 값은 각각 변화할 수 있지만 이 3가지 수두의 총계는 같다'라는 베르누이 정리는 $\frac{p}{\gamma} + \frac{v^2}{2g} + z = H[\text{m}]$로 정의된다. 각 항의 에너지(수두)의 명칭을 쓰시오.

해답
$\frac{p}{\gamma}$: 압력수두, $\frac{v^2}{2g}$: 속도수두, z: 위치수두, H: 전수두

수두(water head)
물이 압력, 속도 또는 위치의 조건에서 가지는 에너지의 크기를 물기둥(수주)의 높이로 변환하여 나타낸 것을 가리킨다.

베르누이 방정식 또는 베르누이 정리(Bernoulli's equation)
유체 동역학에서 점성과 압축성이 없는 이상적인 유체(ideal fluid)가 규칙적으로 흐르는 경우에 대해, 유체의 속도와 압력, 위치 에너지 사이의 관계를 나타낸 공식이다. 유체의 압력(정압)은 유체의 속도가 증가하는 곳에서 감소한다. 즉, 유체의 속도가 빨라지면 속도압이 증가하고 속도압이 증가하면 정압이 감소한다.

기사 출제빈도 ★★★

11 덕트 내 층류의 속도분포에서 덕트 내의 중심 최대속도($v_{\max}$)는 평균속도의 몇 배인가?

> **해답**
> $v = \dfrac{v_{\max}}{2}$ 이므로 덕트 내 중심 최대속도는 평균속도의 2배이다.

2 환기량 및 환기방법에 대하여 기술하기

✏️ **학습 개요** | 기사·산업기사 공통

1. 유해물질에 대한 전체환기량, 환기량 산정방법에 대하여 기술할 수 있다.
2. 환기량을 평가할 수 있다.
3. 공기 교환횟수, 환기방법의 종류를 기술할 수 있다.

산업 출제빈도 ★★★

01 자연 환기 방식의 특징을 3가지 적으시오.

> **해답**
> 1) 기계적 시설이 필요 없다.
> 2) 자연 환기의 가장 큰 원동력은 실내외 온도차이다.
> 3) 작업장의 개구부를 통하여 바람, 온도, 기압 차이에 의한 대류작용으로 환기가 이루어진다.

산업 출제빈도 ★★★

02 전체 환기 중 자연 환기에 비하여 강제 환기가 갖는 장·단점을 2가지씩 적으시오.

> **해답**
> 강제 환기는 송풍기와 같은 기계적인 힘을 이용하여 강제적으로 환기하는 것을 말한다.
> 1) 장점
>   (1) 필요환기량을 송풍기 용량으로 조절이 가능하다.
>   (2) 외부 조건에 관계없이 작업환경을 일정하게 유지시킬 수 있다.
> 2) 단점
>   (1) 송풍기 가동에 따른 소음, 진동문제가 발생한다.
>   (2) 동력이용 및 냉난방 효율에 따른 막대한 에너지 비용이 발생할 수 있다.

03 다음은 전체 환기에 대한 내용이다. ( ) 안에 들어갈 알맞은 내용을 적으시오.

> 1) 전체 환기 중 자연환기는 작업장의 개구부를 통하여 바람이나 작업장 내외의 (㉠)과 (㉡) 차이에 의한 (㉢)으로 이루어지는 환기를 말한다.
> 2) 외부공기와 실내공기의 압력차이가 0인 부분의 위치를 (㉣)라 하며, 이는 환기 정도를 좌우하고, 이것이 높을수록 환기효율이 양호해진다.
> 3) 인공 환기를 다른 말로 (㉤)라고도 하며, 이것은 환기량 조절이 가능하고 배기방식은 오염작업장에 적용하며 실내압은 (㉥)으로 유지한다. 급기방식은 청정산업에 적용하며 실내압은 (㉦)으로 유지한다.

📝 전체 환기장치
자연적 또는 기계적인 방법에 의하여 작업장 내의 열, 수증기 및 유해물질을 희석, 환기시키는 장치 또는 설비를 말한다.

 ㉠ 기온, ㉡ 압력, ㉢ 대류작용, ㉣ 중성대, ㉤ 기계환기, ㉥ 음압(-압), ㉦ 양압(+압)

04 단일성분의 유기화합물이 발생되는 작업장에 전체환기장치를 설치하고자 할 때 작업시간당 필요환기량(m³/h)을 구하는 공식은 다음과 같다.

$$Q = \frac{24.1 \times \rho \times M \times K}{MW \times TLV} \times 10^6$$

위 식에서 K에 대하여 설명하고 작업장 내의 공기혼합 상태에 따라 그 값을 나타내시오.

 K는 안전계수를 말하며
작업장 내의 공기혼합이 원활한 경우: $K = 1$
작업장 내의 공기혼합이 보통인 경우: $K = 2$
작업장 내의 공기혼합이 불완전한 경우: $K = 3$

기사·산업 출제빈도 ★★☆

05 다음은 각 분야의 표준공기(표준상태)에 관한 사항이다. ( ) 안에 알맞은 수치를 적으시오.

구분	표준공기 온도(℃)	1[mol]의 부피(L)
1) 순수 자연분야	(㉠)	(㉣)
2) 산업위생 분야	(㉡)	(㉤)
3) 산업환기 분야	(㉢)	(㉥)

해답
㉠ 0, ㉡ 25, ㉢ 21, ㉣ 22.4, ㉤ 24.45, ㉥ 24.1

산업 출제빈도 ★★★

06 전체환기량을 산정할 경우 필요환기량에 안전계수(K)를 반영한다. 이 안전계수를 결정하는 데 고려해야 할 사항 6가지를 쓰시오.

해답
1) 작업장 내 공기혼합의 상태
2) 자연환기량의 계절적인 변화
3) 작업장의 오염 발생 위치와 오염원 개수
4) 공정 사용기간, 공정 주기, 오염원과 근로자와의 거리
5) 기류 흐름을 주도하는 송풍기의 기계 효율에 있어서의 감소분
6) 근로자의 호흡대에 있어서 유해물질 농도에 영향을 미치는 어떤 상황

기사 출제빈도 ★★★★★

07 작업장 내 발생원에서 방출된 유해물질이 작업장 내로 확산되거나 근로자의 호흡기로 흡입되기 전에 발생원 주변에서 포집·제거하는 환기장치인 국소배기시설 적용조건 6가지를 나열하시오.

해답
1) 발생원이 고정되어 있는 경우
2) 오염물질의 발생량이 많은 경우
3) 발생주기가 균일하지 않는 경우
4) 독성이 강한, 즉 TLV가 낮은 오염물질인 경우
5) 근로자의 작업 위치가 오염물질 발생원에 근접해 있는 경우
6) 산업안전보건법에 입각하여 국소배기시설을 꼭 설치해야 하는 경우

기사 출제빈도 ★★☆

08 실내압을 음압으로 설정했을 때 전체환기량 조건을 급기 형태, 배기 형태, 전체환기 효과, 적용 작업장 등 4가지로 구분하여 해당하는 것을 적으시오.

해답
1) **급기 형태**: 자연급기를 하여 실내의 오염된 공기가 외부로 빠져나가는 것을 막을 수 있다.
2) **배기 형태**: 배기할 때 송풍기를 설치하여 기계적인 방법으로 환기를 하는 방식으로 흡출식 환기법(3종 환기)을 취한다.
3) **전체환기 효과**: 음압기를 가동하여 내부의 공기를 강제로 배출함으로써 출입구 및 기타 미세한 틈으로 유입되는 외부의 신선한 공기는 작업장 환경을 개선해주는 효과가 있다.
4) **적용 작업장**: 석면해체·제거 작업장, 바이러스 확산방지를 위한 음압병실, 양돈 작업장 등

기사 출제빈도 ★☆☆

09 다음 내용은 고용노동부 고시 '사무실 공기관리지침'에 관한 것이다. 내용 중 틀린 번호를 쓰고 옳게 고치시오.

1) 공기정화시설을 갖춘 사무실에서 근로자 1인당 필요한 최소 외기량은 분당 0.57세제곱미터 이상이며, 환기횟수는 시간당 4회 이상으로 한다.
2) 사무실 오염물질 관리기준은 8시간 시간가중평균농도 기준으로 한다.
3) 공기의 측정시료는 사무실 안에서 공기질이 가장 나쁠 것으로 예상되는 한 곳에서 채취하고, 측정은 사무실 바닥면으로부터 0.9미터 이상 1.5미터 이하의 높이에서 한다.
4) 사무실 공기질의 측정결과는 측정치 전체에 대한 최댓값을 오염물질별 관리기준과 비교하여 평가한다.
5) 사무실 공기질의 오염물질 중 일산화탄소는 측정횟수는 연 1회 이상, 시료채취 시간은 업무 시작 후 1시간 전후 및 업무종료 후 1시간 전후에 각각 10분간 측정을 실시한다.

해답
3) ~공기질이 가장 나쁠 것으로 예상되는 2곳 이상에서 채취~
4) 사무실 공기질의 측정결과는 측정치 전체에 대한 평균값을 ~
5) ~시료채취 시간은 업무 시작 후 1시간 전후 및 업무종료 전 1시간 전후에 ~

기사 출제빈도 ☆☆☆

10 다음 표는 고용노동부 고시 '사무실 공기관리지침'상 오염물질의 관리기준이다. ( ) 안에 알맞은 내용을 채우시오.

오염물질	관리기준
초미세먼지	50[$\mu g/m^3$]
이산화탄소	(㉠)
폼알데하이드	(㉡)
총 휘발성 유기화합물	(㉢)

해답
㉠ 1,000[ppm]
㉡ 100[$\mu g/m^3$]
㉢ 500[$\mu g/m^3$]

산업 출제빈도 ☆☆☆

11 다음은 사무실 공기관리 지침에 관한 내용이다. ( ) 안에 들어갈 내용을 적으시오.

1) 사무실의 환기기준: 공기정화시설을 갖춘 사무실에서 근로자 1인당 필요한 최소 외기량은 (㉠) 이상이며, 환기횟수는 시간당 (㉡) 이상으로 한다.
2) 시료채취 및 측정지점: 공기의 측정시료는 사무실 안에서 공기 질이 가장 나쁠 것으로 예상되는 (㉢) 이상에서 채취하고, 측정은 사무실 바닥면으로부터 (㉣)의 높이에서 한다. 다만, 사무실 면적이 500제곱미터를 초과하는 경우에는 500제곱미터마다 1곳씩 추가하여 채취한다.
3) 일산화탄소의 시료채취 시간: 업무시작 후 1시간 전후 및 종료 전 1시간 전후 각각 (㉤)분간 측정한다.

해답
㉠ 분당 0.57세제곱미터(0.57[m^3/min])
㉡ 4회
㉢ 2곳
㉣ 0.9미터 이상 1.5미터 이하(0.9~1.5[m])
㉤ 10

기사 출제빈도 ★★

12 고용노동부 고시 '사무실 공기관리 지침'상 오염물질의 관리기준을 적으시오.

1) 미세먼지(PM_{10})
2) 일산화탄소
3) 곰팡이
4) 라돈

해답
1) 미세먼지(PM_{10}) 관리기준: 100[$\mu g/m^3$]
2) 일산화탄소 관리기준: 10[ppm]
3) 곰팡이 관리기준: 500[CFU/m^3]
4) 라돈 관리기준: 148[Bg/m^3]

3 기온, 기습, 압력, 유속, 유량에 대하여 기술하기

학습 개요 기사 · 산업기사 공통
1. 기온, 기습, 압력에 대하여 기술할 수 있다.

기사 출제빈도 ★★

01 절대습도, 포화습도, 비교습도를 각각 정의하시오.

해답
1) **절대습도**: 공기 1[m^3]당 함유되어 있는 수증기량을 그램(g) 단위로 나타낸 것으로 습도 측정의 기준으로 사용된다.
2) **포화습도**: 일정 공기 중의 수증기량이 한계를 넘을 때, 이때 공기 중의 수증기량(g)이나 수증기 장력(mmHg), 즉 공기 1[m^3]가 포화상태에서 함유할 수 있는 수증기량 또는 장력을 나타낸다.
3) **비교습도**: 상대습도라고도 하며, 같은 온도에서 포화수증기압에 대한 수증기압의 비율을 백분율(%)로 나타낸 것이다. 비교습도(%) = $\dfrac{절대습도}{포화습도} \times 100$

CHAPTER 4 전체 환기

1 전체 환기에 대하여 기술하기

학습 개요 | 기사·산업기사 공통

1. 환기의 방식에 대하여 기술할 수 있다.
2. 전체 환기의 원칙에 대하여 기술할 수 있다.
3. 강제 환기, 자연 환기에 대하여 기술할 수 있다.
4. 제한 조건에 대하여 기술할 수 있다.

기사 출제빈도 ☆☆☆

01 전체 환기의 환기 방식 2가지를 적고 각각의 장·단점 2가지씩을 적으시오.

해답

1) 자연 환기 방식: 작업장 내외의 온도, 압력 차이에 의해 발생하는 기류의 흐름을 자연적으로 이용하는 방식
   (1) 장점
      ① 소음발생이 적다.
      ② 설치비 및 유지보수비가 적게 든다.
      ③ 에너지 비용을 최소화할 수 있어 냉방비 절감효과가 있다.
   (2) 단점
      ① 계절변화에 불안정하다.
      ② 정확한 환기량 산정이 힘들다.
      ③ 환기량이 일정하지 않아 이용에 제한적이다.
2) 인공 환기 방식: 환기를 위한 기계적 시설을 이용하는 방식
   (1) 장점
      ① 외부 조건에 관계없이 작업조건을 안정적으로 유지할 수 있다.
      ② 환기량을 기계적(송풍기): 결정하므로 정확한 예측이 가능하다.
   (2) 단점
      ① 소음발생이 크다.
      ② 운전 비용, 설비비 및 유지보수비가 많이 든다.

산업 환기

산업 환기는 크게 국소배기와 전체 환기로 나눈다. 국소배기는 오염원이 작업장으로 확산되기 전에 그 오염물질을 적정한 배기계통을 통해 처리는 과정을 말하며, 전체 환기는 오염물질의 발생원이 넓게 분산되어 국소배기가 어려울 때 주로 적용하는데 오염물질의 농도가 낮고 독성이 약한 물질에 적용하는 것이 바람직하다.

기사 출제빈도 ★★☆

02 유체역학의 질량보존 원리를 환기장치 응용에 필요한 4가지의 공기 특성에 대한 주요 가정 중 3가지를 쓰시오.

해답
1) 환기 시설 내외의 열교환은 무시한다. 그러나 덕트 내 온도가 외부온도와 크게 다를 때에는 덕트 내외의 열교환이 일어날 수 있고 덕트 내 온도 변화에 따라 공기 유량도 변할 수 있다.
2) 공기의 압축이나 팽창을 무시한다. 그러나 만약 공기가 환기시설의 입구로부터 마지막 송풍기까지 흐르는 동안 50[mmH$_2$O]의 압력손실이 발생하면 공기의 밀도가 약 5[%] 달라지고 동시에 유량도 변하므로 보정이 필요하다.
3) 공기는 건조하다고 가정한다. 만약 다량의 수증기가 포함되어 있다면 이에 대한 밀도 보정이 요구된다.
4) 대부분의 환기 시설 내에서는 공기 중에 포함된 오염물질의 무게와 부피를 무시한다. 다만 오염물질의 농도가 높아서 화재나 폭발위험의 수준에 도달했을 경우 이에 대한 보정이 필요하다.

기사 출제빈도 ★★★★

03 다음의 전체 환기 내용 중 ( ) 안에 알맞은 용어를 쓰시오.

전체 환기 중 자연 환기는 작업장의 개구부를 통하여 바람이나 작업장 내외의 (㉠)와 (㉡) 차이에 의한 (㉢)으로 행해지는 환기를 말한다. 외부공기와 실내공기와의 압력차이가 0인 부분의 위치를 (㉣)라 하며 환기 정도를 좌우하고, 높을수록 환기효율이 양호하다.
인공 환기(기계환기)는 환기량 조절이 가능하고, 배기법은 오염 작업장에 적용하며 실내압을 (㉤)으로 유지한다. 급기법은 청정산업에 적용하며 실내압은 (㉥)으로 유지한다.

㉠ 온도
㉡ 압력
㉢ 대류작용
㉣ 중성대
㉤ 음압(-압)
㉥ 양압(+압)

기사 출제빈도 ★★★★★

04 전체 환기 방식의 적용조건을 5가지 적으시오.

> **해답**
> 1) 배출원이 이동성일 경우
> 2) 유해물질 발생량이 적은 경우
> 3) 유해물질이 증기나 가스상 물질일 경우
> 4) 국소배기장치의 설치가 불가능할 경우
> 5) 유해물질이 시간에 따라 균일하게 발생할 경우
> 6) 동일 작업장에 다수의 오염원이 분산되어 있는 경우
> 7) 유해물질 독성이 비교적 낮은 경우, 즉 노출기준(TLV)이 높은 유해물질인 경우

산업 출제빈도 ★★★★

05 전체 환기에서 작업장 내부의 실내압을 양압(+)으로 유지시키고자 할 때 요구되는 급기 및 배기방식을 각각 1가지씩 쓰고, 이런 형식을 적용함으로써 얻게 되는 환기효과와 적용되는 작업장의 예를 1가지만 쓰시오.

> **해답**
> 1) 실내압을 양압(+)으로 유지시키고자 할 때 요구되는 인공환기방식: 급기 방식은 기계급기 방식, 배기 방식은 자연배기 방식
> 2) 청정공기가 필요한 작업장은 실내압을 양압(+)으로 유지하여 외부의 오염물질이 실내로 유입되는 것을 방지한다. 작업장의 예는 전자부품 생산 작업장, 식품 가공 작업장이다.

산업 출제빈도 ★★★

06 건물 내에서 발생하는 연기의 이동력을 설명할 경우 언급되는 중성대(NPL, Neutral Pressure Level)에 대해 쓰시오.

> **해답**
> 건물 내부의 압력이 외부의 압력과 일치하는 수직적인 위치를 건물의 중성대라 한다. 이론적으로 틈새(crack)나 다른 개구부가 수직적으로 균일하게 분포되어 있다면 중성대는 정확하게 건물의 중간 높이가 될 것이다. 즉, 실내와 실외의 정압이 같아지는 경계면(0포인트)이 형성되는 면을 말한다. 이 중성대는 건물의 상부에 큰 개구부가 있다면 중성대는 올라가고 건물의 하부에 큰 개구부가 있다면 중성대는 내려온다.

📝 **중성대**
1) 건축물의 실내 화재 시 열기류가 부력에 의해 상부에 축적되므로 이 부분에서 온도가 상승한 만큼 공기밀도가 감소하고 공기팽창에 의한 압력이 상승한다.
2) 실내 상부의 압력이 실외보다 높고, 실내 하부의 압력은 실외보다 낮아지므로 실내외의 기류 흐름이 상하부 간에는 반대로 흐르게 된다.
3) 이때 천장과 바닥 사이 높이의 중간지점에서는 실내외 정압이 같은 부분이 있게 되는데 이 부분을 중성대라고 한다.

07 전체 환기는 분진, 흄이 발생하는 장소에서는 적용할 수 없다. 그 이유를 국소배기장치와 비교하여 3가지를 적으시오.

해답
1) 작업장 내 청소비 등 작업장 관리 비용이 크기 때문에
2) 실내 방해기류에 의한 재비산이 발생할 수 있기 때문에
3) 비중이 큰 입자상 물질은 희석력보다 강제력에 의한 국소배기를 적용해야 하기 때문에

08 전체 환기 시설 설치 시 기본원칙 4가지를 쓰시오.

해답
1) 오염물질 사용량을 조사하여 필요환기량을 계산한다.
2) 배출된 공기를 보충하기 위하여 청정공기를 공급해야 한다.
3) 공기배출구와 근로자의 작업 위치 사이에 오염원이 위치해야 한다.
4) 오염물질의 배출구는 가능한 한 오염원으로부터 가까운 곳에 설치하여 점환기 효과(spot ventilation)를 얻는다.

참고 점환기 효과(spot ventilation): 체적이 큰 공간에서 구경이 매우 작은 덕트 개구면에서 공기를 흡입하는 것처럼 효과를 얻는 것을 말한다.

09 강제 환기 시설의 기본원칙을 4가지 적으시오.

해답
1) 배출공기를 보충하기 위하여 청정공기를 공급한다.
2) 오염물질 사용량을 조사하여 필요환기량을 계산한다.
3) 오염된 공기는 작업자가 호흡하기 전에 충분히 희석되어야 한다.
4) 작업장 내 압력을 경우에 따라 양압이나 음압으로 조정해야 한다.
5) 공기 배출구와 근로자의 작업위치 사이에 오염원이 위치해야 한다.
6) 오염물질은 가능한 한 비교적 일정한 속도로 유출되도록 조정해야 한다.
7) 오염물질 배출구는 가능한 한 오염원으로부터 가까운 곳에 설치하여 '점환기' 효과를 얻는다.

기사 출제빈도 ★★
10 자연 환기 방식의 특징을 3가지 적으시오.

해답
1) 기계적 시설이 필요 없다.
2) 자연 환기의 가장 큰 원동력은 실내외 온도차이다.
3) 작업장의 개구부를 통하여 바람, 온도, 기압 차이에 의한 대류작용으로 환기가 행하여진다.

2 전체 환기시스템의 점검 및 유지관리하기

학습 개요 기사 · 산업기사 공통
1. 환기시스템, 공기공급 시스템, 공기공급 방법, 공기혼합 및 분배에 대하여 기술할 수 있다.
2. 배출물의 재유입에 대하여 기술할 수 있다.
3. 설치, 검사 및 관리에 대하여 기술할 수 있다.

기사 출제빈도 ★★
01 전체 환기 계획법을 목적에 따라 2가지만 쓰시오.

해답
1) 환기장치법   2) 필요환기량법

기사 출제빈도 ★★
02 공기공급시스템에서 보충용 공기(make up air)의 정의를 적으시오.

해답
보충용 공기(make up air): 환기시설에 의해 작업장 내에서 배기된 만큼의 공기를 작업장 내로 재공급하는 공기를 말한다. 즉, 국소배기장치가 효과적인 기능을 발휘하기 위해서는 환기시설을 통해 배출되는 것과 같은 양의 공기가 외부로부터 보충되어야 하기 때문이다.

기사 출제빈도 ★★★

03 작업장 환기에서 공기공급시스템(보충용 공기의 공급 장치)이 필요한 이유를 5가지 적으시오.

해답
1) 에너지 절감(연료비 절약)
2) 국소배기장치의 효율 유지
3) 국소배기장치의 원활한 작동을 위하여
4) 안전사고 예방(정화되지 않은 외부공기의 유입 예방)
5) 작업장 내의 방해기류(교차기류, cross-draft)가 생기는 것을 방지하기 위해 필요

기사 출제빈도 ★★

04 실내에 실외의 공기를 공급하는 방법 2가지를 적으시오.

해답
1) 공기가 압력차에 따라 자연적으로 이동하여 공급되는 방법(자연 환기, 중력 환기)
2) 휀과 같은 설비를 이용하여 강제력으로 동력을 이용하여 공기를 공급하는 방법(기계 환기, 공기공급시스템)

기사 출제빈도 ★★

05 공기조화시스템(HVAC, Heating, Ventilation, & Air Conditioning)에서 공기의 흐름과정을 나타낸 흐름도이다. ( ) 안에 들어갈 내용을 적으시오.

실내로 들어가는 공기(SA, Supply Air) → 실내 → 실내에서 배기되는 환류공기(RA, Return Air) → (①) → 외부공기(OA, Outdoor Air)와 혼합된 공기(MA, Mixed Air) → (②) → 실내로 급기되는 공기(SA)

📝 **공기조화시스템**
난방, 환기, 공기조화를 뜻하는 공기조화시스템은 사람 또는 물품에 공기조화의 4대 요소인 온도, 습도, 기류, 청정도를 목적에 알맞은 상태로 조전하여 쾌적한 실내환경을 조성하는 것이 주목적이며, 이를 위해 공조설비, 열수송설비, 자동제어설비, 냉·난방기 등의 각종 장비가 사용된다.

해답
① 재순환공기(recirculation air)
② 공기조화(가열, 여과, 가습 등)

기사 출제빈도 ★★
06 전체 환기에서 지붕 모니터(roof monitor)는 무엇을 말하는가?

해답
열, 유해물질 제어 및 습도조절을 통해 작업장의 자연 환기를 촉진시키기 위해 지붕 위에 설치하는 환기 설비

기사 출제빈도 ★★
07 지붕 모니터링의 효율적인 설치와 운영을 통해 얻을 수 있는 장점은 무엇인가?

해답
작업장 내부에 발생하는 열 정체에 따른 고온 문제를 해결할 수 있어 결과적으로 냉방비 절약의 효과를 가져다준다.

CHAPTER 5 국소 환기

1 후드에 대하여 기술하기

학습 개요 기사·산업기사 공통

1. 후드의 종류, 선정방법에 대하여 기술할 수 있다.
2. 후드 제어속도, 필요환기량, 정압, 압력손실, 유입손실에 대하여 기술할 수 있다.

산업 출제빈도 ☆☆☆

01 후드의 모양에 따라 분류되는 형식을 3가지로 기술하시오.

해답
1) 포위식 후드(enclosure hood)
2) 외부식 후드(exterior hood)
3) 리시버식 후드(receiving hood)

기사 출제빈도 ☆☆☆

02 베나수축(vena contracta) 현상에 대하여 설명하시오.

해답
공기가 후드로 흡입될 때 유선이 일시적으로 수축했다가 다시 발달하는 현상으로 베나수축에 의해 압력손실이 발생한다. 따라서 후드정압 측정 시 베나수축이 예상되는 구간에서 측정하면 압력이 과대평가될 수 있으므로 후드와 덕트의 접합부 하류 방향으로 2D ~ 4D(덕트 직경) 지점에서 정압 측정구를 이용하여 단일 튜브나 피토관을 이용하여 후드정압을 측정하기를 권장한다.

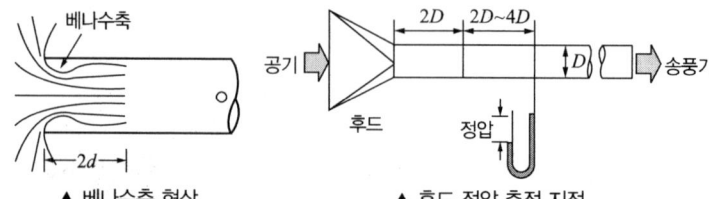

▲ 베나수축 현상   ▲ 후드 정압 측정 지점

기사 · 산업 출제빈도 ★★★★☆

03 국소배기장치의 후드(hood)의 선택 시 고려사항 4가지를 쓰시오.

해답
1) 필요환기량을 최소화하여야 한다.
2) 후드는 덕트보다 두꺼운 재질을 선택해야 한다.
3) ACGIH 및 OSHA의 설계기준을 준수하여야 한다.
4) 작업자의 호흡영역을 유해물질로부터 보호해야 한다.
5) 작업자의 작업방해를 최소화할 수 있도록 설치되어야 한다.
6) 제어거리가 멀어도 제어할 수 있다. 또는 '무거운 증기는 후드를 바닥에 설치해야 한다'라는 생각의 설계오류를 범하지 않도록 유의해야 한다.

기사 출제빈도 ★★☆☆

04 국소배기시설의 후드와 관련된 다음 용어를 설명하시오.

1) 충만실(플래넘, plenum)
2) 제어속도(capture velocity)
3) 분리날개(split wings)
4) 플랜지(flange)
5) 테이퍼(taper)
6) 배플(baffle)

> **제어속도(control velocity 또는 capture velocity)**
> 오염물질을 후드 쪽으로 흡입하기 위하여 필요한 속도를 말한다. 발생하는 오염물질을 후드로 끌어들이는 데 요구되는 제어속도는 오염원에서뿐만 아니라 오염원에서 후드 반대쪽으로 비산하는 오염물질의 초기속도가 0이 되는 지점까지 도달해야 제대로 오염물질을 처리할 수 있다.

해답
1) 후드 뒷부분에 위치하며 개구면 흡입 유속을 일정하게 하므로 압력과 공기 흐름을 균일하게 형성하는 데 필요한 장치이며, 설치는 가능한 한 길게 하는 것이 좋다.
2) 유해물질을 후드 내로 완벽하게 흡입하기 위하여 필요한 최소풍속으로 유해물질의 비산방향과 비산거리, 후드의 형식 등을 고려하여야 한다.
3) 후드 개구부를 몇 개로 나누어 유입하는 형식이며 부식 및 유해물질 축적 등의 단점이 있는 장치이다.
4) 후드 개구면에 덧붙여 후방 유입기류를 차단함으로써 후드 전면에서 포집 범위를 확대시켜 후드 개구면 주위에 플랜지를 붙이면 플랜지가 없는 후드에 비해 약 25[%] 정도의 송풍량을 감소시킬 수 있을 뿐만 아니라 후드에 기류가 흡입될 때의 저항, 즉 유입 압력손실도 적어지는 장점이 있다. 플랜지의 폭은 후드 단면적의 제곱근($\sqrt{A_h}$) 이상이 되어야 하며 최대 15[cm]가 적당하다.
5) 후드와 덕트 연결 부위로 경사접합부라고도 하며, 급격한 단면변화로 인한 압력손실을 방지하며, 후드 개구면 속도를 균일하게 분포시키는 장치이다.
6) 후드 흡입기류에 영향을 미치는 방해기류를 차단하기(배제시키기) 위해 설치하는 설비이다.

산업 출제빈도 ★★★

05 외부식 후드의 방해기류를 방지하고 후드 개구면 속도를 균일하게 분포시켜 송풍량을 절약하는 방법 3가지를 적으시오.

해답

1) 테이퍼 설치: 후드와 덕트의 연결 부위로 포위식 후드에서는 각도를 45°로 유지한다.
2) 슬롯(slot) 사용: 후드 개구면 속도를 균일하게 분포시키는 것으로 후드 개구면의 길이(L)과 폭(W)의 비, 즉 $\dfrac{W}{L} < 0.2$인 가늘고 긴 면을 지닌 후드를 말한다.
3) 차폐막 이용
4) 분리 날개 설치

산업 출제빈도 ★★★

06 국소배기장치에서 후드의 성능 방법 중 'null point 이론'에 대해 설명하시오.

해답

'null point'를 무효점 또는 제로점이라 말하며, 무효점은 발생원에서 배출된 유해물질이 초기 운동에너지를 상실하여 비산속도가 0이 되는 비산한계점을 의미한다. 이는 후드에서 필요한 제어속도의 결정 시 발생원뿐만 아니라 이 발생원을 넘어서 유해물질의 초기 운동에너지가 거의 감소된 지점의 유해물질까지 흡입할 수 있도록 확대되어야 한다는 이론이다. 그림으로 설명하면 다음과 같다.

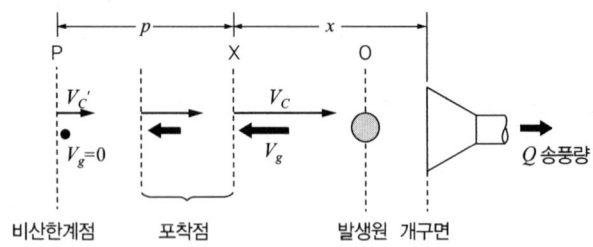

위의 그림에서 발생원에서 날아오른 오염물질이 왼쪽 방향으로 이동하는 속도인 V_g가 점점 줄어들어 비산한계점인 P에서 $V_g = 0$이 되어 멈춘 게 되는데, 후드의 성능을 나타낼 경우 실제 제어속도 결정 시 비산한계점에 있는 유해물질까지도 흡입할 수 있는 제어속도의 영향이 확대되어야 한다는 이론이다.

07 외부식 후드로 유입하는 공기 흐름의 분포를 균일하게 유지시키는 것은 후드 개구면에서 방해기류에 의한 난류현상을 줄여 오염물질을 모두 후드 안으로 흡입시키는 데 매우 중요하다. 이때 방해기류를 방지하고 공기 흐름을 균일하게 분포시켜 송풍량을 절약하기 위한 방법을 3가지 적으시오.

해답
1) 테이퍼(경사접합부) 설치
2) 분리날개의 설치
3) 슬롯(slot)의 사용
4) 차폐막을 이용

08 방사성 동위 원소나 맹독성 가스를 취급하는 공정에서 가장 적합한 국소 환기 시설의 후드 형식은?

해답
장갑부착 상자형(glove box) 후드: 박스 내부가 음압이 형성되어 있으므로 독성가스 및 방사성 동위원소 취급공정, 발암성 물질 취급에 주로 사용하며 형식기호는 포위식으로 EX로 나타낸다.

> **방사성 동위 원소 (radioactive isotope)**
> 원소기호는 같으나 중성자 수가 다른 동위원소로 방사선을 방출하며 안정된 것으로 붕괴하는 것을 말한다.

09 국소배기장치의 후드 설계 시 플랜지(flange)의 부착 효과 3가지를 적으시오.

해답
1) 후드의 후방 유입기류를 차단한다.
2) 후드 전면에서 유해물질의 제어거리 범위를 확대한다.
3) 플랜지가 없는 후드에 비해 송풍량을 약 25[%] 정도 감소시켜 경제적이다.

10 후드의 재질선정 시 고려해야 할 사항 3가지를 적으시오.

해답
1) 후드의 입구 측에 강한 기류음이 발생하는 경우 흡음재를 부착하여야 한다.
2) 후드 내벽이 높을 때, 또는 대형 후드에는 판에 보강재를 설치하거나 두꺼운 재료를 써야 한다.
3) 후드의 재질은 덕트보다 두꺼운 것으로 선택하고 오염물질의 물리·화학적 성상을 고려한다.
4) 후드는 내마모성 또는 내부식성 등의 재료 또는 도포한 재질을 사용하고, 변형 등이 발생하지 않는 충분한 강도를 지닌 재질로 하여야 한다.

11 후드가 대형일 때는 판에 보강재를 설치하거나 두꺼운 재료를 사용해야 한다. 적합한 철판의 두께는 얼마인가?

해답
0.8 ~ 4.5[mm]

12 후드의 판정 기준이 되는 지침 사항을 4가지 기술하시오.

해답
1) 도장(painting)의 손상이 없어야 한다.
2) 마모, 부식, 찌그러짐 등의 손상이 없어야 한다.
3) 흡입기류를 방해하는 기둥, 벽 등의 구조물이 없어야 한다.
4) 유해물질이 후드 밖으로 비산되지 않고 완전히 후드 내로 흡입되어야 한다.

13 후드의 종류는 크게 4가지로 분류한다. 이 중 포위식 후드를 제외한 나머지 3개의 종류와 그에 따른 작업방법의 예를 1가지씩을 쓰시오.

해답
1) 부스식 드래프트챔버형 후드(연마 작업, 동위원소 취급 작업)
2) 외부식 슬롯(slot)형 후드(도금 작업, 블래스팅(주물사 제거) 작업)
3) 리시버식 캐노피형 후드(노 작업, 용융 작업)

14 후드 정압이 감소하게 된 원인을 후드에서만 찾아 2가지를 적으시오.

해답
1) 후드 가까이에 장애물이 존재할 경우
2) 후드 형식이 작업조건에 부적합할 경우
3) 외기 영향(방해기류)으로 후드 개구면의 기류제어가 불량할 경우

15 외부식 후드 중 오염원이 외부에 있고 송풍기의 흡입력을 이용하여 유해물질의 발생원에서 후드 내로 흡입하는 형식 3가지를 쓰고, 각각의 적용 작업을 1가지씩 쓰시오.

해답
1) 슬롯형 후드: 도금작업
2) 루버형 후드: 주물공장에서 모래털기(sand blasting) 작업
3) 그리드형: 도장(painting) 작업

📝 **모래털기(sand blasting) 작업**
연마재를 주물의 모재에 고압으로 분사하여 주물사로 거친 표면을 부드럽게 하거나, 부드러운 표면을 거칠게 하는 등 표면에 부착되어 있는 녹, 페인트, 주물사 등의 이물질을 제거하는 작업으로 금속가루나 유리규산 분진이 많이 발생한다.

📝 **제어속도를 결정하는 인자**
후드의 모양, 후드에서 오염원까지의 거리, 오염물질의 종류 및 확산상태, 작업장 내 기류 등이다.

16 다음에 제시된 작업공정의 제어속도 범위가 증가되는 순서대로 나열하면서 제어속도의 범위를 적으시오. (단, ACGIH 권고치로 작성하시오.)

1) 탱크에서 증발, 탈지시설
2) 연마작업, 블라스트작업
3) 컨베이어 적재, 분쇄기
4) 용접, 도금작업

해답 1) 0.4 ~ 0.5[m/s] → 4) 0.5 ~ 1.0[m/s] → 3) 1.0 ~ 2.5[m/s] → 2) 2.5 ~ 5.0[m/s]

기사 출제빈도 ☆☆☆

17 조용한 대기 중에 실제 거의 속도가 없는 상태로 발산하는 가스, 증기, 흄 등을 제거하기 위한 적정 제어속도(v_c)는?

해답 0.25 ~ 0.5[m/s]

기사 출제빈도 ☆☆☆

18 다음 후드 모양에 따른 압력손실계수(F)의 값이 큰 것부터 순서대로 나타내시오.

1) 원형 덕트 형태
2) 플랜지가 부착된 원형 덕트 형태
3) 플랜지가 부착된 직사각형 덕트 형태
4) 슬롯(slot) 형태
5) 종 모양 형태

해답 4) 슬롯 형태(1.73) → 1) 원형 덕트 형태(0.93) → 3) 플랜지가 부착된 직사각형 덕트 형태(0.70) → 2) 플랜지가 부착된 원형 덕트 형태(0.50) → 5) 종 모양 형태(0.04)

산업 출제빈도 ☆☆☆

19 미국산업위생전문가협의회(ACGIH)에서 권고하는 제어속도의 범위가 약간의 공기 움직임이 있고 낮은 속도로 유해물질이 배출되는 작업조건으로 하한치가 0.50[m/s]이고 상한치가 1[m/s]를 유지하는 데 적용하는 작업공정 3가지를 적으시오.

해답
1) 스프레이 도장 작업
2) 용접 작업
3) 도금 작업

기사 출제빈도 ★★

20 리시버식 캐노피형 후드의 제어속도를 측정하기 위한 적정 부위는?

> **해답**
> 후드 주위의 난류 상태 부위

기사·산업 출제빈도 ★★★★

21 후드로 흡입되는 제어풍속(m/s)은 유해물질 발생조건에 따라 하한값 ~ 상한값으로 정해져 있다. 이 범위 중에서 적정 제어풍속을 결정할 경우 하한값과 상한값의 선택 시 고려해야 할 내용을 각각 4가지씩 적으시오.

📖 ACGIH에서 권고하는 제어속도(m/s) 범위

작업공정 사례	제어속도
탱크에서 증발, 탈지 등	0.3 ~ 0.5
스프레이 도장, 용접, 도금, 저속 컨베이어 운반	0.5 ~ 1.0
스프레이도장, 용기 충진, 컨베이어 적재, 분쇄기	1.0 ~ 2.5
회전연삭, 블라스팅	2.5 ~ 10.0

> **해답**
> 1) 하한값(범위가 낮은 쪽)을 고려할 경우
>   (1) 대형 후드로 배풍량이 큰 경우
>   (2) 유해물질의 생성이 적거나 간헐적인 경우
>   (3) 유해물질의 독성이나 유해성이 낮은 경우
>   (4) 작업장 내 난기류가 없거나 오염물질을 제어하기 좋은 경우
> 2) 상한값(범위가 높은 쪽)을 고려할 경우
>   (1) 작업장 내 방해기류가 클 경우
>   (2) 소형 후드로 배풍량이 적은 경우
>   (3) 유해물질의 발생농도 및 양이 큰 경우
>   (4) 유해물질의 독성이나 유해성이 높은 경우

기사 출제빈도 ★★★

22 포위식 후드의 장점 3가지를 쓰시오. (단, 맹독성 물질 취급 시를 적용하시오.)

> **해답**
> 1) 유해물질의 완벽한 흡입이 가능하다.
> 2) 유해물질 제거에 요구되는 필요 송풍량이 다른 형태의 후드보다 월등히 적어 경제적이다.
> 3) 작업장 내 횡단 방해기류 등의 난기류 및 기타 후드 주위환경으로 인한 장애를 거의 받지 않는다.

23 다음에 제시된 후드 형식별 적용 작업의 예를 2가지씩 적으시오.
1) 부스식 후드
2) 외부식
3) 리시버식

해답
1) 동위원소 취급작업, 화학분석 및 실험
2) 도금작업, 분쇄작업
3) 가열로 작업, 연삭작업

24 유기화합물 취급 업무를 행하는 작업장에 국소배기장치를 설치하는 경우 후드의 설치조건에 대하여 설명하시오.

해답
1) 후드는 유기화합물 증기가 발생하는 발산원마다 설치한다.
2) 후드의 형식은 포위식 또는 부스식 후드를 설치하는 것을 원칙으로 한다.
3) 포위식 또는 부스식 후드를 설치하기가 곤란한 경우에는 외부식 또는 리시버식 후드를 설치하되 유기화합물 증기가 발생되는 발산원에서 가장 가까운 위치에 설치한다.

25 국소배기장치의 설계 시 후드의 성능을 유지하기 위한 방법을 5가지 적으시오.

해답
1) 필요환기량을 최소화하여야 한다.
2) 가급적이면 공정을 많이 포위하도록 한다.
3) 가능한 한 오염물질 발생원에 가까이 설치한다.
4) 후드의 재질을 덕트보다 두꺼운 재질로 선택한다.
5) 후드의 개구면적은 완전한 흡입 조건하에 가능한 한 작게 한다.
6) 후드 개구면에서 흡입기류가 균일하게 분포되도록 설계한다.
7) 후드는 작업자의 호흡 영역을 유해물질로부터 보호해야 한다.

기사 출제빈도 ★★★☆

26 다음 [보기]에 나타낸 후드를 효율성이 높은(필요환기량이 적은) 순서대로 번호를 적으시오.

> [보기]
> 1) 포위식 후드
> 2) 플랜지가 부착되어 있는, 작업면에 고정된 외부식 후드
> 3) 플랜지가 없는, 자유공간 외부식 후드
> 4) 플랜지가 부착되어 있는, 자유공간 외부식 후드

1) → 2) → 4) → 3)

산업 출제빈도 ★★★★

27 제어속도(포착속도)란?

후드 근처에서 발생하는 오염물질을 주변의 방해기류를 극복하고 후드 안쪽으로 흡입하기 위한 공기의 속도, 즉 유해물질을 후드 쪽으로 흡입하기 위하여 필요한 최소풍속을 말한다(기호: V_c, 단위: m/s).

기사 출제빈도 ★★★★

28 후드를 사용하여 흡입할 때 유의할 점, 즉 필요환기량을 감소시키는 방법을 5가지 쓰시오.

해답
1) 가급적이면 공정을 많이 포위한다.
2) 작업에 방해되지 않도록 설치해야 한다.
3) 가능한 한 오염물질 발생원에 가까이 설치한다.
4) 공정에서 발생되는 오염물질의 절대량을 감소시킨다.
5) 제어속도는 작업조건을 고려하여 적정하게 선정한다.
6) 후드 개구면에서 기류가 균일하게 분포되도록 설계한다.

기사 출제빈도 ★★★

29 다음 그림은 리시버식 캐노피형 후드(receiving canopy hoods)를 나타낸 것이다. 다음 물음에 답하시오.

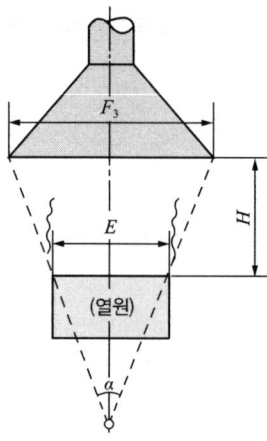

1) 리시버식 캐노피형 후드가 사용되는 작업장소를 적으시오.
2) 후드와 열원의 모서리를 연결한 연장선의 각도(α)를 적으시오.
3) 후드의 직경(F_3)을 열원의 크기(E)와 높이(H)를 이용하여 나타내시오.
4) 가장 좋은 고도비$\left(\dfrac{H}{E}\right)$를 나타내시오.
5) Q_1을 열상승기류량, Q_2를 유도기류량, Q_3를 필요송풍량, m을 누출안전계수, K_L을 누입한계유량비, K_D를 설계유량비라고 할 경우 유량비법에 의한 리시버식 후드의 필요송풍량을 계산하는 순서(5단계)를 쓰고 계산식을 나타내시오.

해답

1) 가열로, 용융로, 열처리로 등 가열로가 있는 작업장소에서 사용하는 후드이다.
2) 후드와 열원의 모서리를 연결한 연장선의 각도는 40~45° 정도이다.
3) $F_3 = E + 0.8H$
4) $\dfrac{H}{E}$의 비는 0.7 이하로 하는 것이 가장 좋다.
5) 유량비법에 의한 리시버식 후드의 필요송풍량을 계산하는 순서
  (1) **1단계**: 계산에 필요한 다음 자료를 구한다.

  [오염원과 형태, 설치위치에서 계산에 필요한 제원]
  E(오염원의 폭), F_3(후드 개구면의 폭), H(후드의 설치 높이), Z(후드의 가상 고도), Δt(고도비$\left(\dfrac{H}{E}\right)$에 따른 온도차), γ(열원의 측장비(종횡비)), A(열원 면적) 등

(2) 2단계: 열상승기류량 공식을 이용하여 Q_1을 구한다.
(3) 3단계: 열원 모양의 열상승기류량에 대한 누입한계유량비(K_L)를 계산한다.
(4) 4단계: 난기류의 크기에 따른 누출안전계수(m)의 값을 선정한다. 단, 난기류의 크기는 미리 미풍속계(열선풍속계)로 측정해서 구해둔다.
(5) 5단계: 산출된 Q_1, m, K_L 값을 다음 식에 대입하여 Q_3를 구한다.
 【계산식】 $Q_3 = Q_1 \times \{1+(m \times K_L)\} = Q_1 \times (1+K_D)$

30 다음은 국소배기시설과 관련된 내용이다. 옳지 않은 번호를 택하여 수정하시오.

1) 필요환기량을 최대화하여야 한다.
2) 후드는 가급적이면 공정을 많이 포위한다.
3) 후드는 가능한 한 오염물질 발생원 가까이에 설치한다.
4) 후드 개구면에서 기류가 균일하게 분포되도록 설계한다.
5) 덕트의 재질은 후드보다 두꺼운 재질을 선택하여 설치한다.
6) 후드는 작업자의 호흡 영역을 유해물질로부터 보호해야 한다.
7) 후드의 개구면적은 유해물질의 완전한 흡입이 이루어지도록 가능한 한 크게 하는 것이 좋다.

해답
1) 필요환기량을 최소화하여야 한다.
5) 후드의 재질은 덕트보다 두꺼운 재질을 선택하여 설치한다.
7) 후드의 개구면적은 유해물질의 완전한 흡입이 이루어지도록 가능한 한 작게 하는 것이 좋다.

31 외부식 후드에서 필요환기량을 구할 때 면적을 구하는 것이 포위식에 비해 어렵다. 그 이유는 무엇인지 설명하시오.

해답
제어속도가 동일하게 달성되는 면인 등속도면의 면적을 구하는 것은 동그란 면적이 정형화되어 있지 않기 때문에 어려운 일이다. 따라서 외부식 후드의 모양에 따라 실험에 의해 구해진 공식을 그대로 이용하면 된다.

산업 출제빈도 ★

32 오리피스 형상의 후드에 플랜지 부착 유무에 따른 유입손실식을 쓰시오.

해답
1) 플랜지 미부착 유입손실식: $\Delta P_1 = F \times \mathrm{VP} = 0.93 \times \mathrm{VP}\,[\mathrm{mmH_2O}]$
2) 플랜지 부착 유입손실식: $\Delta P_2 = F \times \mathrm{VP} = 0.49 \times \mathrm{VP}\,[\mathrm{mmH_2O}]$

기사 출제빈도 ★★

33 설계유량비를 결정하는 인자를 3가지 이상 쓰시오.

해답
설계유량비(K_D) = 누출안전계수(m) × 누입한계유량비(K_L)로 나타난다. 따라서 설계유량비의 변수는 누입한계유량비를 결정하는 인자와 같으므로 측장비, 온도차, 가상고도, 후드 높이(H), 열원의 직경(E), 후드직경 등이 있다.

기사 출제빈도 ★★

34 리시버식 캐노피형 후드의 필요송풍량 결정에서 누입한계유량비(K_L)는 매우 중요한 인자이다. 이 누입한계유량비를 계산할 경우 관련된 인자 6가지를 열거하시오.

해답
1) 열원의 폭(E)
2) 후드 개구면의 폭(F_3)
3) 후드의 설치 높이(H)
4) 열원의 종횡비(γ)
5) 후드의 덮개비$\left(\dfrac{F_3}{E}\right)$
6) 기류의 온도차(Δt)

2 덕트에 대하여 기술하기

학습 개요 — 기사·산업기사 공통
1. 덕트의 직경과 원주에 대하여 기술할 수 있다.
2. 덕트의 길이 및 곡률반경에 대하여 기술할 수 있다.
3. 덕트의 반송속도, 압력손실, 설치 및 관리에 대하여 기술할 수 있다.

기사 출제빈도 ☆

01 Darcy–Weisbach의 마찰손실 공식을 쓰고 식을 간단히 설명하시오.

해답

원형 덕트에 유체가 흐를 때 덕트 벽의 마찰에 의하여 발생하는 마찰손실 수두를 산정하는 공식이다.

베르누이 방정식 $\dfrac{p_1}{\gamma} + \dfrac{v_1^2}{2g} + z_1 = \dfrac{p_2}{\gamma} + \dfrac{v_2^2}{2g} + z_2 + h_L$ 에서 h_L을 나타내는 공식이다.

$h_L = f \times \dfrac{L}{D} \times \dfrac{v^2}{2g}$, 즉 마찰 손실수두는 덕트 직경에 반비례하고, 길이와 속도수두에 비례한다.

여기서, 마찰계수 f는 무차원계수로 레이놀즈 수(R_e)와 상대조도 $\left(\dfrac{e}{D}\right)$의 함수이다.

기사 출제빈도 ☆☆

02 덕트 내 유체의 난류운동에서 마찰저항의 특징을 3가지만 쓰시오.

해답

1) 점성계수에 영향을 받는다.
2) 평균유속의 제곱에 비례한다.
3) 흐름에 접촉하는 벽에 따라 다르다.

덕트의 재질

덕트는 내마모성, 내부식성 등의 재료 또는 도포한 재질을 사용하고, 변형 등이 발생하지 않는 충분한 강도를 지닌 재질로 하여야 한다.

반송속도
(tansport velocity)
유해물질이 덕트 내에서 퇴적이 일어나지 않고 이동하기 위하여 필요한 최소 속도를 말한다.

기사·산업 출제빈도 ★★★

03 덕트 내 분진이송 시 반송속도를 선정할 경우 고려인자 4가지를 쓰시오.

해답
1) 덕트의 직경
2) 곡관 수 및 모양
3) 단면 확대 또는 수축
4) 덕트 재료의 조도(粗度, 거칠기)

기사 출제빈도 ★★

04 송풍관 내의 풍속(반송속도)을 측정할 수 있는 계기 3가지를 쓰시오.

해답
덕트의 반송속도 측정에 사용되는 기구(풍속계, anemometer)
1) 열선식 풍속계: 이상적인 측정범위는 0 ~ 20[m/s]
2) 풍차 풍속계: 이상적인 측정범위는 5 ~ 60[m/s]
3) 피토관 풍속계: 이상적인 측정범위는 1 ~ 100[m/s]

기사 출제빈도 ★★

05 덕트의 반송속도를 표준형 피토관으로 측정하고자 한다. 이 피토관으로 측정하는 반송속도의 최소 측정한계는 몇 m/s인가?

해답
3[m/s]

카타온도계
(KATA thermometer)
보통 카타온도계와 고온 카타온도계로 알코올의 강하시간을 측정하여 실내 기류를 파악하여 온열환경 영향평가를 하는 온도계로서 0.2[m/s] 이상의 실내 기류를 측정 시 KATA 냉각력과 온도차를 기류산출 공식에 대입하여 풍속을 구한다.

기사 출제빈도 ★★

06 기류를 냉각시켜 풍속을 측정하는 풍속계의 종류 2가지를 쓰시오.

해답
1) 카타온도계
2) 열선풍속계

기사 출제빈도 ★★

07 덕트의 조도(粗度)를 절대조도와 상대조도 개념을 사용하여 설명하시오.

해답
덕트의 조도는 내면의 거칠기 정도를 말하며, 덕트 내 벽면이 거친 관의 마찰계수는 레이놀즈 수 외에 덕트 벽의 요철의 크기에 의해 관계되는데 이러한 덕트 내부 요철을 절대조도(絕對 粗度)라고 하고 보통 e로 표기한다. 이 절대조도 e를 덕트 직경 D로 나눈 값을 상대조도(相對粗度, relative roughness)라고 한다. 일반적으로 덕트의 조도는 상대조도를 말하며 관마찰계수는 레이놀즈 수와 상대조도의 함수로 나타낸다. 즉, $\lambda = f\left(R_e, \dfrac{e}{D}\right)$

산업 출제빈도 ★★

08 덕트의 조도를 표시하는 '상대조도'에 대해 쓰시오.

해답
절대 표면조도(표면 거칠기)를 덕트 직경으로 나눈 값이다. 이 값은 $10^{-6} \sim 0.05$ 범위를 갖는다.

기사 출제빈도 ★★★

09 덕트의 배치 시 압력손실을 줄이는 방법을 4가지 적으시오.

해답
1) 하향구배를 만든다.
2) 곡관(bend)의 수는 되도록 적게 한다.
3) 가능한 한 후드의 가까운 곳에 설치한다.
4) 덕트 단면은 되도록 급격한 변화를 피한다.
5) 압력손실을 적게 하기 위해 가능한 한 짧게 배치한다.
6) 곡관은 되도록 곡률반경을 크게 하여 부드럽게 구부린다.

덕트의 사용 및 적합성

덕트는 가능한 한 원형관을 사용하고, 다음의 사항에 적합하도록 하여야 한다.
1) 덕트의 굴곡과 접속은 공기흐름의 저항이 최소화될 수 있도록 할 것
2) 덕트 내부는 가능한 한 매끄러워야 하며, 마찰손실을 최소화할 것
3) 마모성, 부식성 유해물질을 반송하는 덕트는 충분한 강도를 지닐 것

CHAPTER 5

기사 출제빈도 ★★★

10 곡관의 압력손실을 결정하는 요인을 3가지 적으시오.

해답
1) 곡률반경비
2) 곡관 연결상태
3) 곡관의 크기 및 형태

참고 가능한 한 곡관의 곡률반경을 크게 하여야 압력손실이 적어진다. 곡률반경은 최소한 덕트 직경의 1.5배 이상, 주로 2.0배를 사용한다. 곡관의 압력손실은 곡관의 덕트 직경(D)와 곡률반경(R)의 비, 즉 곡률반경비(R/D)에 의해 좌우되며 곡률반경비를 크게 할수록 압력손실이 적어진다.

곡률반경
곡선의 휘어진 정도를 나타내는 양으로 곡선을 잘게 자르면 호의 일부분으로 근사할 수 있는데 이 호의 반지름을 그 지점에서의 곡률반경이라고 한다. 그러므로 곡률반경이 클수록 곡선은 직선에 가까워지고 곡률반경이 작을수록 많이 휘어져 있음을 나타낸다.

산업 출제빈도 ★★★

11 다음은 원형 덕트 내로 흐르는 공기의 총 마찰손실에 대한 기술이다. ( ) 안에 들어갈 내용을 적으시오.

1) 총 마찰손실은 덕트의 (㉠)에 비례한다.
2) 총 마찰손실은 덕트의 (㉡)에 반비례한다.
3) 총 마찰손실은 유속의 (㉢)에 비례한다.

해답
덕트의 압력손실(총 마찰손실) 계산식
$$\Delta P = \lambda \frac{L}{D} \times \mathrm{VP} = \lambda \frac{L}{D} \times \frac{\gamma V^2}{2g}$$ 이므로
㉠ 길이, ㉡ 직경, ㉢ 제곱

산업 출제빈도 ★★

12 덕트 내에서 압력손실이 발생되는 경우를 2가지 적으시오.

해답
1) 마찰 압력손실(덕트 면의 거칠기, 덕트의 형상)
2) 난류 압력손실(곡관에 의한 기류의 방향전환, 관의 수축·확대)

산업 출제빈도 ★★☆

13 덕트 내 공기에 의한 마찰손실에 영향을 주는 요소를 5가지 적으시오.

해답
1) 공기 속도
2) 덕트 직경
3) 공기 밀도
4) 공기 점도
5) 덕트의 형상
6) 덕트 내면의 조도(거칠기)

기사 출제빈도 ☆

14 새우등 곡관의 새우등 개수를 다음 조건에 따라 몇 개인지를 나타내시오.
1) 덕트 직경이 15[cm]인 경우
2) 덕트 직경이 15[cm]를 초과하는 경우

해답 덕트 직경이 $D \leq 15[\text{cm}]$인 경우에는 새우등 3개 이상, $D > 15[\text{cm}]$인 경우에는 새우 곡관등은 최소한 5개 이상을 사용한다.

기사 출제빈도 ☆

15 덕트 내 여러 지점에 압력 검출구를 설치하여 덕트 내 압력을 정기적으로 점검할 필요가 있다. 점검 시 만약 압력에 변화가 있다면 이의 원인으로서 고려될 수 있는 사항을 3가지 이상 기술하시오.

해답
1) 덕트 내에 먼지가 쌓여서 기류의 움직임에 장애를 주고 있다.
2) 마모성이 있는 먼지 때문에 덕트의 일부에 마모가 일어나 공기의 누출이 있다.
3) 취급하는 함진 기류가 이상이 있어서 재료나 두께에 적합한 계획을 세우지 않았기 때문에 덕트의 어떤 부위에 부식이 일어나서 공기가 누출되고 있다.

CHAPTER 5

산업 출제빈도 ★★

16 다음 덕트의 평균 유속 측정점에 대한 물음에 답하시오.

1) 덕트 내 유속의 분포가 축대칭인 경우 평균유속의 측정점은?
2) 덕트 내 유속의 분포가 비축대칭인 경우 평균유속의 측정점은?

해답

1) 축대칭(원형 덕트)인 경우는 측정 단면에서 서로 직교하는 직경 선상 위치를 측정점으로 단면 동심원상의 20지점에서 측정하여 산술평균하여 평균유속을 구한다.

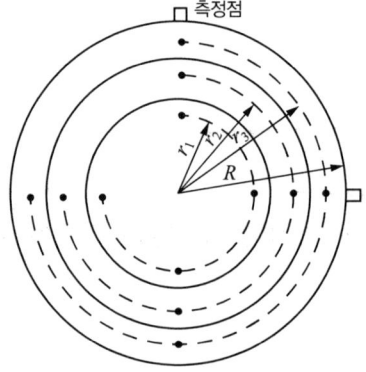

2) 비축대칭(장방형 덕트)인 경우는 덕트 단면을 등단면적 16개로 나누어 면적의 중심점에서 측정하여 산술평균하여 평균유속을 구한다.

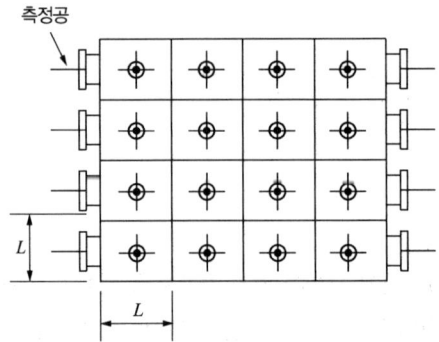

기사 출제빈도 ★

17 덕트 내 송풍량을 재는 게이지를 3개 쓰시오.

해답

1) 벤투리미터   2) 오리피스   3) 피토관

기사 출제빈도 ☆

18 국소배기장치의 덕트에서 갑자기 흡입이 중단되었다. 그 원인을 3가지만 쓰시오.

해답
1) 덕트 연결 부위의 풀림
2) 댐퍼(damper)의 폐쇄
3) 덕트 자체의 폐쇄

📝 **댐퍼(damper)**
공기가 흐르는 통로에 저항체를 넣어 유량을 조절하는 장치를 말한다.

기사 출제빈도 ☆☆

19 덕트(송풍관) 점검 시 확인해야 할 사항 4가지를 쓰시오.

해답
1) 덕트 자체의 찌그러짐(마모, 부식, 변형)
2) 송풍관의 두께를 측정(초음파 측정기를 사용)
3) 댐퍼의 작동상태 확인(발연관을 사용하여 관찰)
4) 덕트 내 분진 퇴적(점검구에서 확인, 테스트 해머로 타격하여 이상음 유무로 판정)
5) 접속부의 이완 유무(플랜지의 고정용 볼트, 너트 및 패킹의 손상유무 관찰, 송풍관 내 정압 측정 → 판정기준은 초기 정압(P_s) ±10[%] 이내일 것)

산업 출제빈도 ☆☆☆

20 산업 환기시스템에서 공기 유량이 일정할 때, 덕트 직경을 1/2배로 할 경우 압력손실은 어떻게 변하는가?

해답
덕트 압력손실, $\Delta P = \lambda \dfrac{L}{D} \times VP = \lambda \dfrac{L}{D} \times \dfrac{\gamma V^2}{2g}$, 또한 $V = \dfrac{Q}{A} = \dfrac{4Q}{\pi D^2}$이므로 $V^2 \propto \left(\dfrac{1}{D^2}\right)^2 = \dfrac{1}{D^4}$

∴ $\Delta P \propto \left(\dfrac{1}{D} \times \dfrac{1}{D^4}\right) = \dfrac{1}{D^5} = \left(\dfrac{1}{\left(\dfrac{1}{2}\right)^5}\right)$ = 32배 증가한다.

기사 출제빈도 ★★

21 덕트 내의 압력손실을 구하는 식은 일반적으로 패닝의 식(Fanning's equation)의 실험식이 사용된다. 이 식에 사용되는 인자를 4가지 적으시오.

해답 1) 덕트의 마찰계수 2) 덕트 내의 속도압 3) 덕트의 길이 4) 덕트의 직경

참고 패닝의 실험식: $P_L = f \times \dfrac{S_d}{A_d} \times \text{VP} \times L$

여기서, 덕트의 마찰계수(철강판일 경우) 덕트의 마찰계수, $f = 0.005$, 덕트의 주장(周長), $S_d = \pi D$[m], 덕트의 단면적 $A_d = \dfrac{\pi D^2}{4}$[m²], 덕트의 길이 L[m]

속도압 $\text{VP} = \dfrac{\gamma V_T^2}{2g}$[mmH₂O] ($\gamma$: 유체의 비중량 ≒ 1.2[kg/m³], v_T: 반송속도, g: 중력가속도 $= 9.8$[m/s²])

$\therefore P_L = f \times \dfrac{S_d}{A_d} \times \text{VP} \times L = 0.005 \times 4 \times \dfrac{\pi D}{\pi D^2} \times L \times \text{VP}$

$= 0.02 \times \dfrac{L}{D} \times \dfrac{\gamma V_T^2}{2g}$ [mmH₂O]

산업 출제빈도 ★★★

22 산업 환기시스템에서 공기 유량(m³/s)이 일정할 때, 덕트 직경을 2배로 할 경우 다음 물음에 답하시오.

1) 유속은 어떻게 변하는가?
2) 압력손실은 어떻게 변하는가?
3) 동력은 어떻게 변하는가?

해답 환기량 공식과 달시–바이스바하(darcy–Weisbach) 방법을 적용하면

1) 공기 유량, $Q = V \times A = V \times \dfrac{\pi}{4} D^2$에서 $V \propto \dfrac{1}{D^2}$이므로 덕트 직경을 2배로 하면 유속은 $V = \dfrac{1}{2^2} = \dfrac{1}{4}$배로 감소된다.

2) 덕트 압력손실, $\Delta P = \lambda \dfrac{L}{D} \times \text{VP} = \lambda \dfrac{L}{D} \times \dfrac{\gamma V^2}{2g}$, 또한 $V = \dfrac{Q}{A} = \dfrac{4Q}{\pi D^2}$이므로 $V^2 \propto \left(\dfrac{1}{D^2}\right)^2 = \dfrac{1}{D^4}$

$\therefore \Delta P \propto \left(\dfrac{1}{D} \times \dfrac{1}{D^4}\right) = \dfrac{1}{D^5} = \left(\dfrac{1}{2^5}\right) = \dfrac{1}{32}$ 배로 줄어든다.

3) 소요동력, $\text{kW} = \dfrac{Q \times \Delta P}{6{,}120 \times \eta} \times \alpha$ 에서 $\text{kW} \propto Q$이고, $Q \propto D^2$이므로 $\text{kW} \propto D^2$.

따라서 직경을 2배로 하면 동력은 $\text{kW} = 2^2 = 4$배로 증가된다.

3 송풍기에 대하여 기술하기

📖 **학습 개요**   기사·산업기사 공통

1. 송풍기의 기초이론에 대하여 기술할 수 있다.
2. 송풍기의 종류, 선정방법, 동력에 대하여 기술할 수 있다.
3. 송풍량의 조절방법, 작동점과 성능곡선에 대하여 기술할 수 있다.
4. 송풍기 상사법칙, 시스템의 압력손실에 대하여 기술할 수 있다.
5. 연합운전과 소음대책, 설치 및 관리에 대하여 기술할 수 있다.

기사 출제빈도 ☆

01 풍력 제품인 fan, blower와 compressor를 일본 JIS기준 압력단위(kPa)와 미국 기계기술자학회(ASME) 기준 압력비($\frac{토출압}{흡입압}$)에 따라 구별하시오.

해답

기준	미국 ASME 기준($\frac{토출압}{흡입압}$)	일본 JIS 기준 (압력단위 kPa)
fan	1.11까지	10[kPa] 미만
blower	1.11 ~ 1.20	10 ~ 100[kPa]
compressor	1.20 이상	100[kPa] 이상

※ 10[kPa] ≒ 1,000[mmH₂O]

📝 **배출압력에 의한 송풍기의 분류**

송풍기		압축기
fan (팬)	blower (블로어)	compressor
1,000 [mmAq] 미만 (0.1[kg/cm²] 미만)	1,000~10,000 [mmAq] 미만 (0.1~1.0 [kg/cm²] 미만)	10,000 [mmAq] 이상 (1.0[kg/cm²] 이상)

📝 **날개형식에 따른 송풍기의 분류**

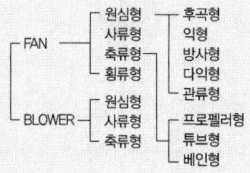

기사 출제빈도 ☆☆

02 분진이 많이 발생되는 작업장에 설치된 송풍기의 정압이 200[mmH₂O]였는데 2년 후 측정해 보니 450[mmH₂O]로 증가되어 있었다. 이 송풍기의 정압이 증가된 이유 2가지를 쓰시오.

해답
1) 공기정화장치 내의 분진 퇴적
2) 덕트계통의 분진 퇴적
3) 후드 입구에 가까운 댐퍼의 닫힘

기사 출제빈도 ★★

03 송풍기의 정압이 감소되는 이유를 2가지 적으시오.

> **해답**
> 1) 송풍기 벨트의 늘어짐
> 2) 송풍기 날개(임펠러)의 변형 및 분진부착으로 인한 성능 저하

📝 다익형 송풍기

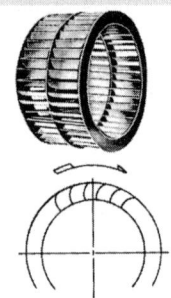

산업 출제빈도 ★★★

04 원심력 송풍기는 회전날개의 각도에 따라 (㉠), (㉡), (㉢)로 분류된다. ( ) 안에 알맞은 내용을 적으시오.

> **해답**
> ㉠ 전향 날개형 송풍기(forward curved blade fan)
>   다익형 송풍기, 시코로 송풍기라고도 하며, 동일 풍량, 동일 풍압에 비해 가장 소형이며, 제한된 장소에서 사용이 가능하다. 또한, 회전속도가 낮아 소음이 적고, 저가이다.
> ㉡ 후향 날개형 송풍기(backward curved blade fan)
>   터보형 송풍기 또는 한계부하 송풍기라고도 하며, 송풍량이 증가해도 동력이 증가하지 않는 장점이 있다.
> ㉢ 방사날개형 송풍기(radial blade fan)
>   플레이트 송풍기, 평판형 송풍기라고도 하며, 날개가 다익형보다 적고, 직선이며 평판 모양을 하고 있어 강도가 매우 높게 설계되어 있다. 고농도의 분진 함유 공기나 부식성이 강한 공기를 이송하는 데 많이 이용된다.

📝 터보형 송풍기

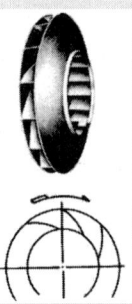

📝 방사날개형 송풍기

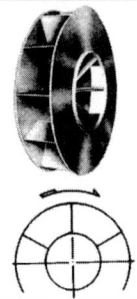

산업 출제빈도 ★★★

05 터보형 송풍기(turbo fan)의 장·단점을 각각 3가지씩 적으시오.

> **해답**
> 터보형 송풍기(turbo fan)는 후곡 날개형으로 회전날개가 회전 방향과 반대 방향으로 경사지게 설계되어 있으며 공조용의 고압 운전에 많이 적용된다.
> 1) 장점
>   (1) 장소의 제약을 받지 않는다.
>   (2) 최고속도가 높아 효율(약 70[%] 이상)이 가장 좋다.
>   (3) 송풍기를 병렬로 배치해도 송풍량에는 지장이 없다.
>   (4) 하향구배 특성으로 풍압이 바뀌어도 풍량의 변화가 적다.

(5) 송풍량이 증가해도 동력이 크게 상승하지 않아 압력변동이 있는 경우 적합하다(한계부하 송풍기).
2) 단점
   (1) 풍압이 높다.
   (2) 소음 발생이 크다.
   (3) 깃에 분진 퇴적이 쉽다.
   (4) 대형이며 가격이 비싸다.

기사 출제빈도 ☆☆

06 축류형 송풍기(axial fan)의 종류를 3가지 쓰고, 각각의 특징 2가지를 나타내시오.

해답
1) 프로펠러형(propeller fan)
   (1) 효율이 25 ~ 50[%]로 낮지만 설치 비용이 저렴하다.
   (2) 압력손실이 25[mmH₂O] 이내로 약하여 전체환기에 적합하다.
2) 튜브형(tube axial fan)
   (1) 날개가 마모되거나 오염된 경우 교환 및 청소가 용이하다.
   (2) 효율이 30 ~ 60[%]이고, 덕트 모양의 하우징 내에 송풍기가 들어가 있다.
   (3) 전동기(motor)를 덕트 외부에 부착시킬 수 있으며 압력손실은 75[mmH₂O] 이내이다.
3) 고정 날개형(guide ane fan)
   (1) 효율이 25 ~ 50[%]로 낮지만 설치 비용이 저렴하다.
   (2) 안내깃이 붙은 형태로 압력손실은 100[mmH₂O] 이내이다.
   (3) 국소통풍이나 터널의 환기에 사용된다.

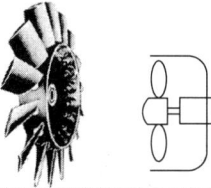
프로펠러형 송풍기

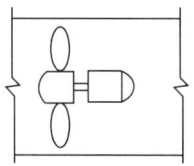
튜브형 송풍기

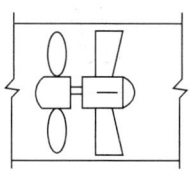
고정 날개형 송풍기

기사·산업 출제빈도 ☆☆☆☆

07 송풍기의 풍량 조절방법 3가지를 쓰고 간단히 설명하시오.

해답
1) 회전수 변환법: 송풍량을 크게 바꾸려고 할 경우 가장 적절한 방법으로 비용은 비싸이나 효율은 좋다.
2) 안내익 조절법: 송풍기 흡입구에 6 ~ 8매의 방사상 날개를 부착하여 그 각도를 변경함으로써 송풍량을 조절한다.
3) 댐퍼부착 조절법: 후드를 추가로 설치해도 쉽게 정압조절이 가능하고, 사용하지 않는 후드를 댐퍼로 막아 다른 곳에 필요한 정압을 보낼 수 있어 현장에서 가장 편리하게 사용할 수 있는 압력균형 방법이다.

기사 출제빈도 ★★★

08 공기의 이송 방향과 임펠러 축이 이루는 각도에 따라 송풍기를 2가지로 구분하여 쓰고 각각의 종류를 적으시오.

해답

1) 축류 송풍기(axial fan)
   공기를 임펠러의 축 방향과 같은 방향으로 이송시키는 송풍기로 배관이 간단하고 소형, 경량이라는 것이 장점이지만, 원심 송풍기에 비해 소음이 크다는 단점이 있다. 종류로는 프로펠러 송풍기(propeller fan), 튜브 축류 송풍기(tube axial fan), 베인 축류 송풍기(vane axial fan) 등이 있다.

2) 원심 송풍기(centrifugal fan)
   공기의 흐름이 축 방향에 수직으로 이송되면서 원심력에 의해 공기량과 압력을 발생시키는 송풍기로서 임펠러 깃의 형상과 설치 각도에 따라 특성이 변한다. 종류는 다음과 같다.
   (1) 다익 송풍기(multiblade fan) 또는 시로코 송풍기(sirocco fan), 전향 날개형 송풍기(forward curved blade fan)
   (2) 방사날개형 송풍기(radial blade fan) 또는 평판형 송풍기(plate fan)
   (3) 터보 송풍기(turbo fan) 또는 후향 날개형 송풍기(backward curved blade fan)
   (4) 한정부하 팬(limit loaded fan)
   (5) 익형 송풍기(airfoil fan)

기사 출제빈도 ★★★

09 원심력 송풍기 중 터보형 송풍기의 장점 3가지를 적으시오.

해답

1) 장소의 제약을 받지 않는다.
2) 원심력 송풍기 중 효율이 가장 좋다.
3) 날개가 하향 구배 특성이므로 풍압이 변경되어도 풍량의 변화가 비교적 적다.
4) 동력 특성의 상승이 완만해서 어느 정도 올라가면 포화되는 경향이 있기 때문에 소요 풍압이 떨어져도 마력은 크게 올라가지 않는다.

기사·산업 출제빈도 ★★★★★

10 원심식 송풍기인 다익형, 평판형, 터보형 송풍기의 장·단점을 기술하시오.

해답

1) **다익형 송풍기**(sirocco fan): 날개의 끝부분이 회전방향으로 굽은 전곡형으로서 동일 용량에 대해서 다른 형식에 비해 회전수가 상당히 적다. 동일 용량에 대해서 송풍기 크기가 작고 특히 팬코일 유닛에 적합하며, 저속 덕트용 송풍기로 많이 쓰인다.
   (1) 장점
      ① 설계가 간단하다.
      ② 제작비가 저렴하다.
      ③ 회전속도가 낮아 소음이 적다.
      ④ 동일 풍량, 풍압에서 가장 소형이므로 제한된 장소에 사용이 가능하다.
   (2) 단점
      ① 송풍량이 많다.
      ② 청소가 곤란하다.
      ③ 큰 동력을 필요로 한다.
      ④ 다른 송풍기에 비해 효율이 낮다(약 60[%]).

2) **평판형 송풍기**(radial fan or plate fan): 방사날개형 또는 플레이트 송풍기라고도 한다.
   (1) 장점
      ① 플레이트의 교체가 쉽다.
      ② 분진을 자체 정화(self cleaning)할 수 있다.
      ③ 분진 함유 공기, 마모성이나 부식성이 강한 공기 이송용으로 많이 사용한다.
   (2) 단점
      ① 가격이 비싸다.
      ② 터보형에 비해 효율이 낮다(약 65[%])

3) **터보형 송풍기**(turbo fan): 후곡 날개형으로 회전날개가 회전방향과 반대 방향으로 경사지게 설계되어 있으며 공조용의 고압 운전에 많이 적용된다.
   (1) 장점
      ① 장소의 제약을 받지 않는다.
      ② 최고속도가 높아 효율(약 70[%] 이상)이 가장 좋다.
      ③ 송풍기를 병렬로 배치해도 송풍량에는 지장이 없다.
      ④ 하향구배 특성으로 풍압이 바뀌어도 풍량의 변화가 적다.
      ⑤ 송풍량이 증가해도 동력이 크게 상승하지 않아 압력변동이 있는 경우 적합하다(한계부하 송풍기).
   (2) 단점
      ① 풍압이 높다.
      ② 소음발생이 크다.
      ③ 분진 퇴적이 쉽다.
      ④ 대형이며 가격이 비싸다.

참고 송풍기 효율 순서: 터보형 > 평판형 > 다익형

기사·산업 출제빈도 ☆☆☆☆

11 다음 각 송풍기의 효율을 적으시오.

해답
1) 다익형 송풍기: 40 ~ 77[%]
2) 평판형 송풍기: 60 ~ 77[%]
3) 터보형 송풍기: 65 ~ 80[%]

기사·산업 출제빈도 ☆☆☆☆☆

12 송풍기의 풍량(Q), 풍압(P), 동력(L)과 회전속도(N)와의 관계를 설명하시오.

해답
1) $Q \propto N$: 송풍량은 회전속도에 비례한다.
2) $P \propto N^2$: 풍압은 회전속도의 제곱에 비례한다.
3) $L \propto N^3$: 동력은 회전속도의 세제곱에 비례한다.

기사·산업 출제빈도 ☆☆☆☆☆

13 송풍기의 법칙(fan law) 3가지를 기술하시오.

해답
송풍기의 회전수와 송풍량, 풍압, 동력과의 관계로 송풍기 성능 추정에 매우 중요한 법칙으로 송풍기의 상사(相似)법칙(Law of similarity, 닮은꼴 법칙)이라고도 한다.
1) 송풍기의 크기가 같고, 공기의 비중량이 일정할 경우(회전수(회전속도)가 다를 때)

[조건]
Q_1 : 회전수 변경 전 송풍량(m³/min) Q_2 : 회전수 변경 후 송풍량(m³/min)
FTP_1 : 회전수 변경 전 풍전압(mmH₂O) FTP_2 : 회전수 변경 후 풍전압(mmH₂O)
kW_1 : 회전수 변경 전 축동력(kW) kW_2 : 회전수 변경 후 축동력(kW)
N_1 : 변경 전 축 회전수(rpm) N_2 : 변경 후 축 회전수(rpm)
D_1 : 송풍기 크기 변경 전 회전차 직경 D_2 : 송풍기 크기 변경 후 회전차 직경

(1) 송풍량은 회전속도(회전수) 비에 비례한다. $\dfrac{Q_2}{Q_1} = \dfrac{N_2}{N_1}$

(2) 풍전압은 회전속도(회전수) 비의 제곱에 비례한다. $\dfrac{\text{FTP}_2}{\text{FTP}_1} = \left(\dfrac{N_2}{N_1}\right)^2$

(3) 축동력은 회전속도(회전수) 비의 세제곱에 비례한다. $\dfrac{\text{kW}_2}{\text{kW}_1} = \left(\dfrac{N_2}{N_1}\right)^3$

2) 송풍기의 회전수와 공기의 비중량이 일정할 경우(송풍기의 크기(회전차의 직경)가 다를 때)

(1) 송풍량은 송풍기 크기(회전차 직경)의 세제곱에 비례한다. $\dfrac{Q_2}{Q_1} = \left(\dfrac{D_2}{D_1}\right)^3$

(2) 풍전압은 송풍기 크기(회전차 직경)의 제곱에 비례한다. $\dfrac{\text{FTP}_2}{\text{FTP}_1} = \left(\dfrac{D_2}{D_1}\right)^2$

(3) 축동력은 송풍기 크기(회전차 직경)의 오제곱에 비례한다. $\dfrac{\text{kW}_2}{\text{kW}_1} = \left(\dfrac{D_2}{D_1}\right)^5$

3) 송풍기의 회전수와 크기가 같을 경우(공기의 비중량이 다를 때)

(1) 송풍량은 비중량의 변화와는 무관하다. $Q_1 = Q_2$

(2) 풍전압과 축동력은 비중량에 비례하고 절대온도에 반비례한다.

$$\dfrac{\text{FTP}_2}{\text{FTP}_1} = \dfrac{\text{kW}_2}{\text{kW}_1} = \dfrac{\gamma_2}{\gamma_1} = \left(\dfrac{T_1}{T_2}\right)$$

[기사] 출제빈도 ★★

14 국소배기장치에서의 압력손실이 발생하는 부분 및 조건을 4가지로 구분하여 설명하시오.

[해답]
1) 후드 내로 공기가 들어갈 때: 후드의 형태와 테이크오프 등이 영향인자로 작용함
2) 덕트에서의 손실
   (1) 덕트 내면과의 마찰(원형과 직사각형 등 직관에서의 손실)
   (2) 덕트의 휘어짐에 따른 기류의 손실(곡관에서의 손실)
   (3) 덕트가 합해짐에 따라 생기는 손실(합류관에서의 손실)
   (4) 덕트의 확대와 축소에서의 손실
3) 공기정화장치에서의 손실
4) 배기구에서의 손실

[기사·산업] 출제빈도 ★★★★

15 송풍기 동작점(point of operation)이란?

[해답] 송풍기의 동작점은 '송풍기의 성능곡선과 시스템 요구곡선이 만나는 점'으로 송풍기를 운전함에 있어 고려해야 할 가장 중요한 요소이다.

> **송풍기의 동작점(point of operation)**
> 송풍기의 성능곡선과 시스템 요구곡선이 만나는 점을 말한다.

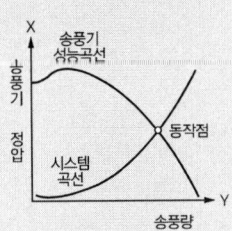

▲ 송풍기의 특성곡선

기사 출제빈도 ★★★

16 송풍기 선정상 유념해야 할 사항을 5가지 기술하시오.

해답
1) 송풍기와 덕트 사이에 플렉시블을 끼워 진동을 절연할 것
2) 먼지와 함께 부식성 가스를 흡입하는 경우 송풍기의 자재 선정에 유의할 것
3) 흡입과 배출측 방향에 따라 송풍기 자체의 성능에 악영향을 미치지 않도록 할 것
4) 송풍배기의 입자농도와 마모성을 참작하여 송풍기의 형식과 내마모 구조를 고려할 것
5) 송풍량과 풍전압을 완전히 만족시켜 예상되는 풍량의 범위 내에서 과부하하지 않고 안전한 운전이 되도록 할 것

기사 출제빈도 ★★

17 송풍기의 송풍량 부족 시 이에 대한 대책을 서술하시오.

해답
1) 전동기의 여력이 있는 경우에는 송풍기의 회전수를 약간 증가시킨다.
2) 송풍량이 절대적으로 부족할 시에는 소요 송풍량 및 풍압에 맞는 송풍기로 교환한다.
3) 송풍량 부족의 원인인 벨트의 마찰, 축수의 마모, 날개 및 케이싱의 분진 부착, 날개의 손상을 파악하여 해결한다.

기사 출제빈도 ★★

18 송풍기 운전작동에 관계되는 인자를 4가지 적으시오.

해답
1) 회전수(RPM)
2) 소음(dB(A))
3) 정압효율(%)
4) 축동력(kW)
5) 송풍기 정압(mmH$_2$O)

19 송풍기 견적상 필요한 사양서에 포함될 사항 8가지를 기술하시오.

해답
1) 전원
2) 설치장소
3) 가동시간
4) 송풍기 정압
5) 송풍기 전압
6) 흡입 배출의 방향
7) 국소배기장치 송풍량
8) 공기 중 분진의 농도
9) 배출가스 성분, 성상 및 온도

20 송풍기(전동기 포함)의 성능이 적정하게 유지·작동되고 있는지를 확인하기 위해 검사하여야 할 항목은?

해답
1) 케이싱의 표면 상태
2) 케이싱의 내면, 임펠러 및 안내익 날개의 상태
3) 벨트 등의 상태: 벨트를 손으로 눌러서 늘어지는 치수를 조사(판정기준은 벨트의 늘어짐이 10 ~ 20[mm] 이내일 것)
4) 회전계(rpm 측정기, 타코미터)를 사용하여 송풍기의 회전수를 측정한다.
5) 축수의 상태
   (1) 축수에 청음기 또는 청음봉을 대어 이상음의 유무를 조사한다.
   (2) 송풍기를 정상상태로 1시간 이상 운전한 후 정지하고 축수의 표면을 손으로 만져 봄(판정기준은 손으로 만질 수 있어야 함)
   (3) 송풍기를 정상상태로 1시간 이상 운전하고 일정 시간 동안 표면온도를 표면온도계로 측정(판정기준은 주위온도에서 + 40[℃]까지 허용하고 최고 70[℃]를 초과하지 않아야 한다.)
6) 제어판의 상태
7) 송풍기의 송풍량(피토관 또는 풍속계를 이용하여 송풍관 내 풍속분포를 측정, 풍속을 계산한다.)
8) 송풍기의 회전방향
9) 전동기(모터) 상태
   (1) 모터를 1시간 이상 운전하고 일정시간 동안 표면온도를 측정
   (2) 모터를 1시간 이상 운전하고 정상전류를 전류계로 측정(규정치 이하 확인)
   (3) 코일과 케이스 또는 접지단자 간의 절연저항을 절연저항계로 측정(규정치 이하 확인)

📝 **타코미터(tachometer)**
회전계 또는 회전속도계라고 하며 축의 회전수(회전속도)를 지시하는 측정기이며, 회전계의 일종이다.

21 국소배기장치 중 송풍기의 전동기(motor) 표면 온도와 냉매 온도의 차는 몇 도(℃)가 적합한가?

해답
30[℃]

22 송풍기 송풍량의 부족함이 발견되었을 때 이에 대한 대책을 3가지 적으시오.

해답
1) 절대적으로 부족할 시 새 송풍기로 교환한다.
2) 소량이 부족할 경우 송풍기의 회전수를 증가시킨다.
3) 벨트(마찰), 축수(마모), 날개 및 케이싱(분진 부착), 날개(손상)를 점검하여 조치한다.

4 국소 환기시스템 설계, 점검 및 유지관리하기

학습 개요 기사 · 산업기사 공통
1. 준비단계에 대하여 기술할 수 있다.
2. 공기흐름의 분배에 대하여 기술할 수 있다.
3. 압력손실 계산, 속도변화에 대한 보정에 대하여 기술할 수 있다.
4. 푸시—풀 시스템에 대하여 기술할 수 있다.
5. 설치 및 관리에 대하여 기술할 수 있다.

01 국소배기장치 5가지의 구성장치를 순서대로 나타내시오.

해답
후드(Hood) → 덕트(Duct) → 공기청정장치 → 송풍기(Fan) → 배기구

기사·산업 출제빈도 ★★★★★

02 국소배기장치의 설계순서에 맞춰 ( ) 안에 들어갈 내용을 완성하시오.

(㉠) → 제어속도의 결정 → (㉡) → 반송속도의 결정 → (㉢) → 후드의 크기 결정 → 배관의 배치와 설치장소의 선정 → (㉣) → 국소배기 계통도와 배치도 작성 → (㉤) → 송풍기 선정

해답
㉠ 후드의 형식 선정
㉡ 소요 송풍량 계산
㉢ 배관(덕트)의 내경 산출
㉣ 공기정화장치의 선정
㉤ 총압력손실량의 계산

산업 출제빈도 ★★★★★

03 다음 [보기]를 이용하여 일반적인 국소배기장치의 설계순서를 가장 적절하게 나열하시오.

[보기]
㉠ 반송속도의 결정 ㉡ 제어속도의 결정
㉢ 송풍기의 선정   ㉣ 후드 크기의 결정
㉤ 덕트 직경의 산출 ㉥ 필요송풍량의 계산

해답 ㉡ → ㉥ → ㉠ → ㉤ → ㉣ → ㉢

 일반적인 국소배기장치의 설계순서
후드형식 선정 → 제어속도 결정 → 필요송풍량 계산 → 반송속도 결정 → 덕트 직경 산출 → 후드 크기의 결정 → 덕트의 배치와 설치장소 선정 → 공기정화장치 선정 → 국소배기 계통도와 배치도 작성 → 총 압력손실량 계산 → 송풍기의 선정(사양 결정) → 국소배기장치 설치

기사 출제빈도 ★★

04 국소배기장치의 덕트나 관로에서 정압, 속도압을 측정하는 장비(측정기기) 3가지를 쓰시오.

해답
1) 피토관(pitot tube)
2) U자 마노미터(manometer)
3) 아네로이드 게이지(aneroid gauge)

기사 출제빈도 ★★

05 국소배기장치의 유지관리를 위한 점검 시 준비사항을 3가지 쓰시오.

해답
1) 점검 기록지
2) 국소배기장치의 개략도
3) 정압측정용 측정공의 위치 파악

기사 출제빈도 ★

06 국소배기장치의 점검 사항을 5가지 쓰시오.

해답
1) 송풍기의 주유 상태
2) 덕트 접속부의 이완 유무
3) 덕트, 송풍기의 청결 상태
4) 전동기와 송풍기를 연결하는 벨트의 작동상태
5) 후드 및 덕트의 마모, 부식, 기타 손상 유무와 정도

기사 출제빈도 ★

07 국소배기장치 계통 유지관리의 점검 준비사항 중 계통도에 포함될 내용을 5가지 기술하시오.

해답
국소배기장치 계통도에는 다음 5가지의 설치장소를 약도로 표시하고 번호 또는 기호로 기입해 놓는다.
1) 후드
2) 주관 및 분지관
3) 공기정화장치
4) 송풍기
5) 전동기(motor)

기사 출제빈도 ☆☆☆
08 국소배기장치의 설계 시 총 압력손실을 계산하는 이유 3가지를 적으시오.

해답
1) 환기시설 전체에서 요구되는 동력의 규모를 결정하기 위해
2) 제어속도와 반송속도를 얻는 데 필요한 송풍량을 확보하기 위해
3) 환기시설 전체에 필요한 풍량과 풍압을 얻기 위한 송풍기 형식을 선정하기 위해

산업 출제빈도 ☆☆☆☆
09 송풍량의 과부족 현상이 나타난 경우 풍량조절방법 3가지를 적으시오.

해답
1) 회전수 조절법(회전수 변환법)
2) 댐퍼(damper) 부착법(댐퍼 조절법)
3) 안내익 조절법(vane control method)

기사 출제빈도 ☆☆☆☆☆
10 국소배기장치의 설치조건 4가지를 적으시오.

해답
1) 높은 증기압의 유기용제
2) 유해물질 독성이 강한 경우
3) 유해물질 발생량이 많은 경우
4) 유해물질 발생원이 고정되어 있는 경우
5) 유해물질의 발생주기가 균일하지 않은 경우
6) 법적으로 국소배기장치를 설치해야 하는 경우
7) 근로자의 작업 위치가 유해물질 발생원에 근접해 있는 경우

11 국소배기장치의 자체 검사주기 및 사용 전 점검 사항을 3가지만 쓰시오.

해답
1) 국소배기장치의 자체 검사주기
   (1) 최초 설치 완료일 또는 신규등록 이후 3년 이내
   (2) 최초 검사 이후부터 2년마다
2) 국소배기장치 사용 전 점검 사항
   (1) 덕트와 배풍기의 분진 상태
   (2) 덕트 접속부가 헐거워졌는지 여부
   (3) 흡기 및 배기 능력
   (4) 그 밖에 국소배기장치의 성능을 유지하기 위하여 필요한 사항
   근거 산업안전보건기준에 관한 규칙, 제612조(사용 전 점검 등)

12 최근 이슈가 되고 있는 실내공기오염 원인 중 공기조화설비가 무엇인지 설명하시오.

해답
공기조화를 위한 건축설비로서 실내공간에서 인간 또는 물품을 대상으로 공기의 온도, 습도, 청정도 및 기류분포를 실내 목적에 따라 가장 알맞은 상태로 조정하는 설비를 말한다. 설비의 구성은 열원 설비, 공기조화기 설비, 열수송 설비, 자동제어 설비로 이루어져 있다.

13 국소 환기시설 자체 검사 시 꼭 갖추어야 할 측정기를 5가지만 적으시오.

해답
1) 줄자
2) 절연저항계
3) 청음기 또는 청음봉
4) 표면온도계 또는 초자온도계
5) 연기발생기(발연관, smoke tester)

기사 출제빈도 ★★

14 염화제2주석(SnCl₄)이 공기와 반응하여 흰색 연기를 발생시키는 원리이며 대략적인 후드의 성능을 평가할 수 있고, 특히 리시버식 후드의 개구부 흡입기류 방향을 확인할 수 있는 측정기의 명칭을 쓰시오.

해답 발연관(smoke tester)

기사 출제빈도 ★

15 연기발생기(스모크테스터)의 사용 목적과 역할에 대하여 적으시오.

해답
1) 오염물질의 확산이동의 관찰에 유용하다.
2) 후드의 대략적인 성능을 평가할 수 있다.
3) 작업장 내 공기의 유동현상과 이동방향을 알 수 있다.
4) 후드 성능에 미치는 난기류의 영향에 대한 평가에 사용된다.
5) 덕트 접속부의 공기 누출입 및 집진장치 배출부에서의 기류 유입 유무를 판단하는 데 사용된다.
6) 발연관은 염화제이주석(SnCl₄)이 공기와 반응하여 흰색의 연기를 발생시키는 것으로 통풍이나 환기상태 정도를 인지할 수 있도록 한 기구이다.

기사 출제빈도 ★★

16 국소배기장치 성능시험 시 필요에 따라 갖추어야 할 측정기 5가지를 쓰시오. (단, 발연관, 청음기 등은 제외한다.)

해답
1) 테스트 해머
2) 나무봉
3) 초음파 두께 측정기
4) 수주마노미터
5) 열선풍속계
6) 스크레이퍼(scraper)
7) 타코미터(rpm 측정기)
8) 피토튜브
9) 스톱위치 등

기사 출제빈도 ★★

17 산업 환기시스템에서 사용하는 유속 측정 장비 5가지와 장비별 유속(m/s) 측정범위를 적으시오.

해답
1) 발연관(smoke tester)
2) 피토튜브(pitot tube): 3[m/s] 이상(표준형)
3) 풍차풍속계(aerovane): 1[m/s] 이상(1 ~ 120[m/s])
4) 회전날개형 풍속계(rotating anemometer): 0.15 ~ 50[m/s]
5) 열선풍속계(thermal anemometer): 저속(0.05 ~ 5[m/s]), 고속(5 ~ 40[m/s])

📝 **열선풍속계에 의한 정압 측정**
1) 측정구의 직경은 1.5~3.0[mm] 이면 충분하다.
2) 측정구 부위가 덕트의 안쪽으로 밀려들어가지 않도록 매끈하게 뚫어야 한다.
3) 제조사에 따라 양압과 음압을 측정하는 방식이 다르므로 주의해야 한다.

기사 출제빈도 ★★★★

18 덕트 합류 시 설계에 의한 정압균형유지법(유속조절평형법)과 저항조절평형법(댐퍼조절평형법, 덕트균형유지법)의 장점을 3가지씩 적으시오.

해답
1) 정압균형유지법(정압조절평형법, 유속조절평형법)
   저항이 큰 쪽의 덕트 직경을 약간 크게, 또는 덕트 직경을 감소시켜 저항을 줄이거나 증가시켜 합류점의 정압이 같아지도록 하는 방법으로 분지관 수가 적고 고독성 물질이나 폭발성 및 방사성 분진을 대상으로 사용한다.
   (1) 설계가 정확할 때에는 가장 효율적인 시설이 된다.
   (2) 침식, 부식, 분진퇴적으로 인한 축적 현상이 없어 덕트의 폐쇄가 일어나지 않는다.
   (3) 분지관이 잘못 설계되거나 최대저항 경로 선정이 잘못되어도 설계 시 쉽게 발견할 수 있다.
2) 저항조절평형법(댐퍼조절평형법, 덕트균형유지법)
   각 덕트에 댐퍼를 부착하여 압력을 조정하고 평형을 유지하는 방법이며, 총 압력손실 계산은 압력손실이 가장 큰 분지관을 기준으로 산정한다. 이 방법은 분지관의 수가 많고 덕트의 압력손실이 클 때 사용한다.
   (1) 최소 설계 풍량은 평형유지가 가능하다.
   (2) 시설 설치 후 변경에 유연하게 대처가 가능하다.
   (3) 설계 계산이 간편하고, 고도의 지식을 요하지 않는다.
   (4) 공장 내부 작업공정에 따라 적절한 덕트 위치 변경이 가능하다.
   (5) 덕트의 크기를 바꿀 필요가 없기 때문에 반송속도를 그대로 유지한다.
   (6) 설치 후 송풍량의 조절이 비교적 용이하다. 즉, 임의의 유량을 조절하기가 용이하다.

산업 출제빈도 ★★

19 높은 독성 물질, 폭발성 및 방사성 분진을 취급하는 국소배기시설에서 압력손실 산출방법을 쓰고 그 방법의 장·단점을 각각 2개씩 적으시오.

해답 정압균형유지법(정압조절평형법, 유속조절평형법)
1) 장점
   (1) 설계가 정확할 때에는 가장 효율적인 시설이 된다.
   (2) 침식, 부식, 분진 퇴적으로 인한 축적 현상이 없어 덕트의 폐쇄가 일어나지 않는다.
   (3) 분지관이 잘못 설계되거나 최대저항 경로 선정이 잘못되어도 설계 시 쉽게 발견할 수 있다.
2) 단점
   (1) 설계가 복잡하고 시간이 걸린다.
   (2) 효율 개선 시 전체를 수정해야 한다.
   (3) 설계 시 잘못된 유량을 고치기 어렵다.
   (4) 설치 후 변경이나 확장에 대한 유연성이 낮다.
   (5) 때에 따라 전체 필요한 최소 유량보다 더 초과될 수 있다.
   (6) 설계유량 산정이 잘못되었을 경우, 수정은 덕트의 크기 변경을 필요로 한다.

기사 출제빈도 ★★★

20 국소배기장치 중 푸시-풀(push-pull) 후드 시스템에 대해서 쓰고 그 후드의 장·단점을 적으시오.

해답 푸시-풀(push-pull) 후드 시스템
도금조와 같은 폭이 넓은 개방조에서 피도금을 넣거나 꺼내는 작업 중에 공기막이 파괴되어 발생되는 오염물질을 효율적으로 제어하기 위해 적용되고 있는 환기방법이다.
1) 장점
   (1) 일반 측방형 후드에 비해 필요환기량을 약 50[%] 정도 절약할 수 있다.
   (2) 푸시 기류를 이용하여 에어커튼 효과로 적은 유량으로도 배기 성능을 충분히 발휘할 수 있다.
2) 단점
   (1) 푸시 기류와 풀 기류가 서로 조화를 이루지 못할 경우에는 유해물질을 유도한 푸시 기류가 풀 후드에 부딪혀 유해가스가 주변으로 비산되는 역효과가 발생되기도 한다.
   (2) 푸시-풀 후드를 설치할 때 원활한 기류 흐름을 유지하기 위한 유량 조정이 반드시 요구되며, 주기적인 성능 점검이 필수적으로 요구된다.

기사 출제빈도 ☆☆

21 다음 ( )에 알맞은 말을 쓰시오.

> 어떤 공간에서의 함진기류의 흡입특성 중 공기 분류를 일으켜서 분류의 양측에 공기를 차단시켜 국부적으로 흡입하는 방식을 ( ) 방식이라 한다.

해답 푸시–풀(push–pull)

산업 출제빈도 ☆☆☆

22 푸시–풀(push–pull) 후드의 특성을 4가지 적으시오.

해답
1) 푸시(push) 공기의 속도가 빠르면 원료의 손실이 크다.
2) 일반적으로 측방흡입형 외부식 후드에 사용된다.
3) 후드와 작업지점과의 거리가 먼 경우에 주로 활용된다.
4) 후드로부터 멀리 떨어져서 발생하는 유해물질을 후드 가까이 가도록 밀어준다.

📝 **푸시–풀 후드 사용 시 주의점**
• 푸시–풀(push–pull) 후드의 경우 중간에 물체가 놓여 있다면 푸시공기가 물체에 부딪혀 유해물질이 작업장으로 비산된다.
• 푸시–풀 후드의 경우 풀(배기) 유량이 후드에 도착하는 푸시(급기) 유량의 1.5 ~ 2.0배가 적합하다.

기사 출제빈도 ☆☆☆

23 에어커튼을 이용한 푸시–풀(push–pull) 방식에서 공기를 분사시키는 분사구의 분출기류 분류 중 잠재중심부(potential core)에 대하여 설명하시오.

해답 분출중심 속도가 분사구 출구속도와 동일한 속도를 유지하는 지점까지의 거리이며, 분출 중심속도의 분출거리에 대한 변화는 배출구 직경의 약 5배 정도까지 분출중심 속도의 변화는 거의 없다.

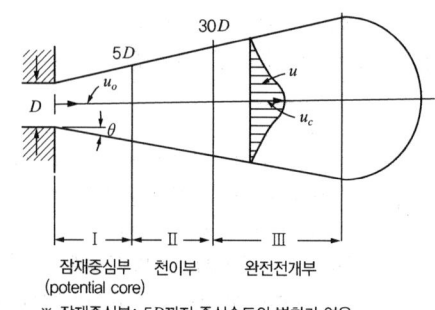

※ 잠재중심부: 5D까지 중심속도의 변화가 없음

24 에어커튼을 이용한 푸시–풀(push-pull) 방식에서 공기를 분사시키는 분사구의 분출기류에서 분출 중심속도가 50[%]까지 줄어드는 지점까지를 무엇이라 하는지 쓰시오.

해답 천이부: $30D$에서는 분사구 속도의 50[%]가 줄어듦

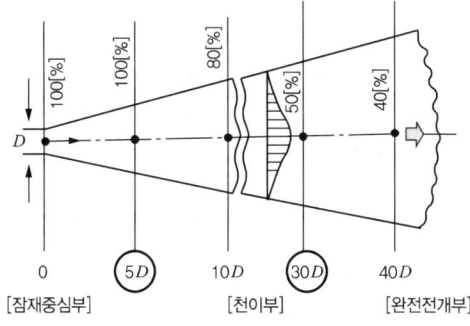

▲ 분사구 직경(D)과 중심속도(V_c)의 관계

25 국소배기장치를 설치한 작업장에 대하여 배기된 양만큼 공기가 보충되어야 하는 이유를 4가지만 쓰시오.

해답 공기공급시스템(보충용 공기의 공급 장치)이 필요한 이유
1) 에너지 절감(연료비 절약)
2) 국소배기장치의 효율 유지
3) 안전사고 예방(정화되지 않은 외부공기의 유입 예방)
4) 작업장 내의 방해기류(교차기류, cross-draft)가 생기는 것을 방지하기 위해 필요

26 후드의 성능 불량 요인을 3가지 적으시오.

해답
1) 송풍기의 용량이 부족한 경우
2) 후드 주변에 심한 난기류가 형성된 경우
3) 송풍관 내부에 분진이 과다하게 퇴적되어 있는 경우

기사 출제빈도

27 푸시-풀(push-pull) 후드가 오염물질을 포착할 때 다음 사항에 대한 내용을 적으시오.
1) 배출방법
2) 장점
3) 단점

해답
1) **배출방법**: 밀어당김형 후드라고도 하며 어떤 공간에서의 함진기류의 흡입특성 중 공기 분류를 일으켜서 분류의 양측에 공기를 차단시켜 국부적으로 흡입하는 방식을 말한다. 즉, 개방조 한 변에서 압축공기를 이용하여 오염물질이 발생하는 표면에 공기를 불어 반대쪽에 오염물질이 도달하게 한다.
2) **장점**: 포집효율을 증가시키면서 필요환기량을 대폭 감소시켜 일반적인 국소배기장치 후드보다 동력비가 적게 든다.
3) **단점**: 공정에서 작업물체를 처리조에 넣거나 꺼내는 중에 공기막이 파괴되어 오염물질이 발생하는 단점이 있다.

참고 푸시-풀(push-pull) 후드의 특성
1) 제어속도는 푸시 제트기류에 의해 발생한다.
2) 일반적으로 측방흡입형 외부식 후드에 사용된다.
3) push 공기의 속도가 빠르면 원료의 손실이 크다.
4) 후드와 작업지점과의 거리가 먼 경우에 주로 활용된다.
5) 오염 발산폭이 넓은 도금조나 페인트 스프레이 작업에 많이 사용된다.
6) 후드로부터 멀리 떨어져서 발생하는 유해물질을 후드 가까이 가도록 밀어준다.
7) 배기후드에서의 슬롯 통과속도는 3 ~ 4[m/s] 이상으로 하는 것이 안전하다.
8) 한쪽에서는 공기를 불어 주고(push) 한쪽에서는 공기를 흡입(pull)하는 장치이다.
9) 공정상 포착거리가 길어서 단지 공기를 제어하는 일반적인 후드로는 효과가 낮을 때 이용하는 장치이다.
10) 푸시-풀(push-pull) 후드의 가압노즐 송풍량은 흡입후드 송풍량의 1.5 ~ 2.0배 정도의 표준기준이 사용된다.

산업 출제빈도

28 도금조와 같이 상부가 개방되어 있고, 그 면적이 넓어 한쪽 방향에 후드를 설치하는 것으로는 충분한 흡입력이 발생하지 않는 경우에 적용하는 후드 형식은?

해답
푸시-풀 후드(push-pull hood) 또는 밀어당김형 후드

> **참고** 밀어당김형 후드(push-pull hood)는 오염 발산폭이 넓은 도금조나 페인트 스프레이 작업에 많이 사용된다.

기사 출제빈도 ★★★

29 다음은 공기의 압력과 배기 시스템에 관한 설명이다. 틀린 내용의 번호를 모두 쓰고 그 이유를 설명하시오.

> 1) 공기의 흐름은 압력차에 의해 이동하므로 송풍기 입구의 압력은 항상 (+)압이고, 출구의 압력은 (-)압이다.
> 2) 동압(속도압)은 공기가 이동하는 힘이므로 항상 (+)값이다.
> 3) 정압은 잠재적인 에너지로 공기의 이동에 소요되며 유용한 일을 하므로 (+) 혹은 (-)값을 가질 수 있다.
> 4) 송풍기 배출구의 압력은 항상 대기압보다 낮아야 한다.
> 5) 후드 내의 압력은 일반 작업장의 압력보다 낮아야 한다.

해답

틀린 내용의 번호는 1), 4)이다.
- **1)이 틀린 이유**: 공기의 흐름은 압력차에 의해 이동하므로 송풍기 입구의 압력은 항상 (-)압이고, 출구의 압력은 (+)압이다.
- **4)가 틀린 이유**: 송풍기 배출구의 압력은 항상 대기압보다 높아야 배출가스가 대기로 양호하게 배출될 수 있다.

산업 출제빈도 ★★★★

30 그림과 같이 국소배기장치에서 공기정화기의 입구와 출구의 정압이 동시에 감소되었을 경우 이상 원인을 3가지 적으시오.

해답
1) 송풍기 자체의 능력 저하
2) 송풍기 점검구의 뚜껑이 열려 있음
3) 송풍기와 덕트의 연결 부위가 풀림

산업 출제빈도 ☆☆☆

31 국소배기장치에서 송풍기의 정압이 증가되는 원인 3가지를 적으시오.

> **해답**
> 1) 덕트 내에 분진이 퇴적되어 있음
> 2) 공기정화장치 내 분진이 퇴적되어 있음
> 3) 후드 근처에 있는 덕트 내 댐퍼가 닫혀 있음

기사 출제빈도 ☆☆

32 국소배기장치 시스템에서 손실(loss)의 종류를 기술하시오.

> **해답**
> 1) 덕트의 마찰손실
> 2) 가지덕트에서의 유입손실
> 3) 공기정화장치의 유입손실
> 4) 송풍기에서의 시스템 손실
> 5) 곡관, 덕트의 축소 및 확대관에 의한 손실
> 6) 유량조절장치, 굴뚝, 소음제어장치 등에 의한 손실
> 7) 난류와 베나수축(vena contracta)에 따른 후드의 유입손실
> 8) 댐퍼, 밸브, 오리피스, 공기정화기, 배기구 등을 환기시스템에 끼울 때의 손실

기사 출제빈도 ☆☆☆

33 국소배기장치 배출구의 배기시설에 대한 일반적인 설치 방법에 있어 '15-3-15 규칙'을 참조하여 설치한다. 이 규칙의 의미를 적으시오.

> **해답**
> 배기구 설치 시 '15-3-15 규칙'
> 1) 15: 배출구와 공기를 유입하는 흡입구는 서로 15[m] 이상 떨어져야 한다.
> 2) 3: 배출구의 높이는 지붕 꼭대기나 공기 유입구보다 위로 3[m] 이상 높게 하여야 한다.
> 3) 15: 배출되는 공기는 재유입되지 않도록 배출가스 속도를 15[m/s] 이상으로 유지한다.

34 공기정화장치를 설치하지 아니한 국소배기장치의 배기구 높이는 배출된 유해물질이 당해 작업장으로 재유입되거나 인근의 다른 작업장으로 확산되지 않는 구조로 옥상 또는 옥상 난간 상부로부터 건물 높이의 몇 배로 하여야 하는가?

해답 0.5배 이상

35 국소배기장치를 설치한 후 처음 사용하거나 분해하여 개조 또는 수리한 후 처음 사용할 경우에 필요한 점검 사항을 4가지 쓰시오.

해답
1) 덕트 접속부의 이완 유무
2) 흡기 및 배기 능력의 적정성
3) 덕트 및 배풍기의 분진 퇴적 상태
4) 기타 국소배기장치의 성능 유지를 위해 필요한 사항

36 국소배기장치의 성능 저하 원인이 다음과 같을 때 대책을 쓰시오.
1) 송풍기 회전수 부족
2) 송풍기 풍량 부족

해답
1) 벨트의 장력조정, 전기배선 점검 및 보수
2) 후드 개구 면적, 흡입 거리, 방해 기류, 반송속도 재평가

양압(positive pressure)
작업장 내 압력이 외기보다 높은 상태를 말한다.

음압(negative pressure)
작업장 내 압력이 외기보다 낮은 상태를 말한다.

산업 출제빈도 ★★★

37 다음은 공기압력과 배기 시스템에 관한 설명이다. 옳지 않은 내용의 번호를 쓰고 수정하시오.

> 1) 공기의 흐름은 압력차에 의해 이동하므로 송풍기 입구의 압력은 항상 양압(+압)이고 출구의 압력은 음압(−압)이다.
> 2) 속도압은 공기가 이동하는 힘이므로 항상 양(+)의 값을 갖는다.
> 3) 정압은 잠재적인 에너지로 공기의 이동에 소요되며, 유용한 일을 하므로 음(−) 또는 양(+)의 값을 가질 수 있다.
> 4) 송풍기 배출구의 압력은 항상 대기압보다 낮아야 한다.
> 5) 후드 내의 압력은 일반 작업장의 압력보다 낮아야 한다.

해답
1) 공기의 흐름은 압력차에 의해 이동하므로 송풍기 입구의 압력은 항상 음압(−압)이고 출구의 압력은 양압(+압)이다.
4) 송풍기 배출구의 압력은 항상 대기압보다 높아야 한다.

기사 출제빈도 ★★★

38 덕트의 합류 시 유량 조정에 의한 정압 균형유지법을 이용하여 설계를 행하고자 한다. 이 경우 정압비가 다음과 같았을 경우 이에 대한 조치사항을 설명하시오.

> 1) 정압비가 1.05 이내인 경우
> 2) 정압비가 1.05 ~ 1.20 사이에 있는 경우
> 3) 정압비가 1.20을 넘는 경우

해답
1) 높은 쪽 정압을 지배정압으로 하여 계속 계산해 나간다.
2) $Q_{corr} = Q_{design} \times \sqrt{\dfrac{SP_{higher}}{SP_{lower}}}$ 식을 이용하여 정압이 낮은 쪽의 유량을 조정하여 설계에 임한다.
3) 정압이 낮은 쪽 덕트의 직경, 슬롯 개구면을 줄이거나 곡관의 곡률반경을 줄여 압력손실을 증가시킨 후 다시 정압 차를 비교한다.

39 포위식 후드의 흡입기류를 측정할 때 개구면적을 얼마만큼의 간격으로 구분하여 측정하는가?

해답 면적 간격 0.5[m] 이상

40 아래 그림은 덕트 내의 속도압(VP)을 측정하기 위해 설치한 장치이다. 그림에서 (1), (2), (3), (4)의 명칭을 적으시오.

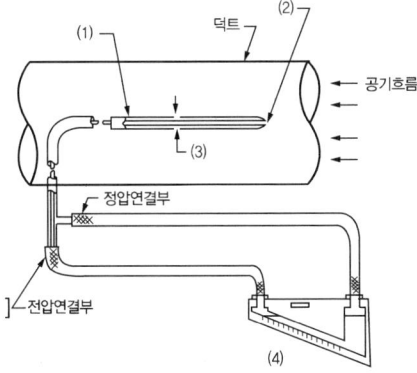

해답
(1) 피토관(pitot tube) (2) 전압공
(3) 정압공 (4) 경사마노미터

피토관에 의한 압력측정
1) 호스로 피토관의 압력 측정구와 마노메타를 연결한다.
2) 드릴을 이용하여 피토관이 들어갈 정도로 구멍을 뚫는다.
3) 피토관을 덕트와 수직이 되도록 덕트 내에 삽입하고 피토관 끝의 구멍이 나 있는 부분을 공기 흐름 방향에 마주하도록 위치시킨다.
4) 속도압은 낮은 속도에서는 잘 나타나지 않는 경우가 많기 때문에 전압과 정압을 측정하고 그 차이로 계산한다.

41 국소배기장치의 효율적인 유지관리를 위해 정압 측정공을 설치해야 한다. 측정공의 설치 지점은?

해답
1) 송풍기의 전·후
2) 집진장치의 전·후
3) 덕트의 주요한 곳
4) 후드와 덕트(송풍관)의 연결지점

기사 출제빈도 ★★★

42 아래 그림과 같이 송풍기에서 불어내는 공기 (1)과 흡입하는 공기 (2)가 있다. 출구면 (1)과 입구면 (2)에서 개구면의 직경을 D라고 했을 때, (1)과 (2)의 개구면에서의 공기 속도가 20[m/s]일 경우, 그림에서 나타낸 점선 영역의 끝에서 측정한 공기 속도는 2[m/s]로 개구면 속도의 10[%]에 해당하는 속도밖에 유지하지 못함을 알 수 있었다. 이때 (3)과 (4)의 거리는 각각 얼마인가?

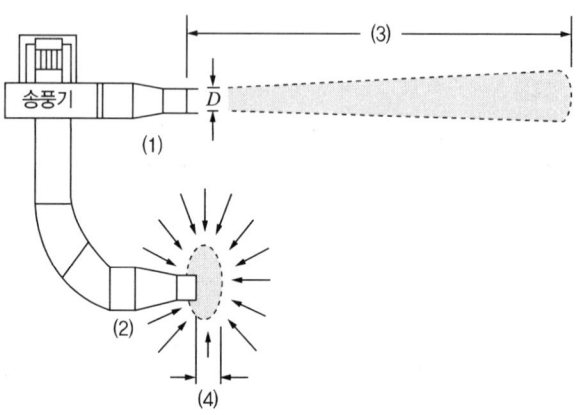

해답 (3)의 거리는 출구 개구면 직경 D의 30배인 $30D$, (4)의 거리는 입구 개구면 직경 D인 거리이다.

기사 출제빈도 ★★

43 정압측정공 설치 시 주의사항을 적으시오.

해답
1) 측정공 내면이 날이 서지 않도록 한다.
2) 측정공을 사용하지 않을 때는 고무마개로 막아 놓는다.
3) 측정공의 크기는 측정기기의 감지부가 손쉽게 삽입될 수 있어야 한다.
4) 후드가 직관덕트와 일직선으로 연결된 경우는 일반적으로 덕트 직경의 2 ~ 4배 떨어진 지점으로 한다.

기사 출제빈도 ★★☆

44 후드의 성능을 유지관리할 때, 불량원인과 대책방법을 5가지만 기술하시오.

해답
1) **원인**: 송풍기의 소요송풍량이 부족하다.
   대책: 전동기의 여력이 있는 경우 송풍기의 회전수를 약간 증가한다. 송풍량이 절대적으로 부족한 경우에는 송풍기를 교환한다.
2) **원인**: 발생원에서 후드 개구면까지의 거리가 멀다.
   대책: 작업에 지장이 없는 범위에서 개구면을 발생원 가까이에 위치시킨다.
3) **원인**: 덕트 계통에서의 분진 등의 퇴적으로 압력손실이 증가하여 소요송풍량을 얻을 수 없다.
   대책: 덕트의 반송속도를 높인다.
4) **원인**: 외기의 영향으로 후드 개구면 및 발생원과 가까운 기류가 제어되지 않는다.
   대책: 창문을 닫는 등 외기를 줄이거나 후드의 주위에 방해판(baffle)을 설치하여 주위 기류를 진정시킨다.
5) **원인**: 유해물질의 비산속도가 커서 후드의 제어권 밖으로 날아가거나 비산 방향으로 개구면이 정확하게 향해 있지 않다.
   대책: 비산속도가 낮아지도록 작업방법을 변경하거나 개구면을 발생원에 될 수 있는 대로 가까이 한다. 플랜지를 부착하여 제어풍속을 증가한다.
6) **원인**: 후드 가까운 거리에 장해물이 존재한다.
   대책: 즉시 장해물을 철거한다.
7) **원인**: 후드의 형식이 작업조건에 부적합하다.
   대책: 작업 내용에 제일 적합한 후드를 선정한다.

기사 출제빈도 ★★★

45 국소 환기시설 설계 시 총 압력손실을 계산하는 목적 3가지를 기술하시오.

해답
1) 후드의 송풍량을 얻기 위해
2) 덕트 각 부분의 소요 반송속도를 얻기 위해
3) 덕트와 장치 전체의 압력손실에 맞는 동력을 공급하기 위한 송풍기의 송풍량, 풍전압, 풍정압, 형식과 규모를 선택하기 위해

기사 출제빈도 ✮

46 국소배기장치 중 집진장치의 전·후에서 압력손실은 주로 전압 차로 나타낸다. 그러나 분진농도가 높을 때는 정압차에 속도압을 가산하여 보정한다. 보정 시 속도압은 몇 배를 가산하는가? 해당 공식을 쓰고 설명하시오.

해답

보정 공식: $\Delta P = \Delta SP + 2.5 \dfrac{\gamma \times v^2}{2g}$

분진이 많을 경우에 집진장치의 압력손실은 정압차에 속도압의 2.5배를 가산하여 산정한다.

5 공기정화에 대하여 기술하기

학습 개요 기사·산업기사 공통

1. 선정 시 고려사항에 대하여 기술할 수 있다.
2. 공기정화기의 종류에 대하여 기술할 수 있다.
3. 입자상 물질, 가스상 물질의 처리에 대하여 기술할 수 있다.
4. 압력손실에 대하여 기술할 수 있다.
5. 집진장치의 종류, 흡수법, 흡착법, 연소법에 대하여 기술할 수 있다.

공기정화장치
후드 및 덕트를 통해 반송된 유해물질을 정화시키는 고정식 또는 이동식의 제진, 집진, 흡수, 흡착, 연소, 산화, 환원 방식 등의 처리장치를 말한다.

산업 출제빈도 ✮✮✮✮

01 다음은 각종 집진장치의 성능을 나타낸 표이다. ( ) 안의 일반적인 집진장치명과 그 집진장치의 대표성을 지닌 장치명을 써넣으시오.

장치명	적용 입경(μm)	장치의 압력손실(mmH$_2$O)	집진율(%)
(㉠)	100~3	50~150	85~95
(㉡)	100~0.1	300~800	90~99
(㉢)	20~0.1	100~200	90~99
(㉣)	20~0.05	10~20	90~99.9

㉠ 원심력 집진장치(사이클론) ㉡ 세정집진장치(벤투리 스크러버)
㉢ 여과집진장치(백필터) ㉣ 전기집진장치

기사 출제빈도 ★★★☆

02 집진 원리의 작용력에 따른 집진장치의 종류를 6가지 적으시오.

해답
1) 중력집진장치   2) 관성력집진장치   3) 원심력집진장치
4) 세정집진장치   5) 여과집진장치   6) 전기집진장치

기사 출제빈도 ★★★☆

03 후드로 유입된 공기가 공기정화장치로 유입되기 전에 입경과 비중이 큰 입자를 제거할 수 있도록 전처리장치를 두는데 이것에 해당되는 장치를 3가지 적으시오.

해답
1) 중력집진장치   2) 관성력집진장치   3) 원심력집진장치

기사 출제빈도 ★★★☆

04 작업환경개선을 위해 산업 현장에서 흔히 사용되는, 효율이 높은 제진장치 3가지를 기술하시오.

해답
1) 여과제진장치   2) 세정제진장치   3) 전기제진장치

기사 출제빈도 ★★★☆

05 집진장치의 형식을 결정하는 데 필요한 인자를 5가지 이상 쓰시오.

해답
1) 입경분포   2) 함진농도
3) 전기저항   4) 분진비중
5) 부착성   6) 처리배출용량
7) 함진가스의 폭발 및 가연성   8) 함진가스 온도

📝 중력집진장치
중력을 이용하여 함진가스에 함유된 입자를 자연침강하여 분리 포집하는 장치이다. 입자의 크기는 주로 50[μm] 이상을 처리하며, 함진가스를 침강실에 도입시키고 기체의 속도를 급격히 저하시켜 기류 중의 분진입자에 중력이 작용하여 침강하여 집진시킨다.

📝 관성력집진장치
함진가스를 방해판에 충돌시켜 기류의 방향전환을 통해 관성력에 의해 입자를 분리 포집하는 장치이다.

📝 원심력집진장치
함진가스에 선회운동을 작용시켜 입자에 작용하는 원심력을 이용해 분리 포집하는 장치이다.

📝 세정집진장치
액적(물방울), 액막(공기방울), 기포(거품) 등을 이용하여 함진가스를 세정시킴으로써 입자의 부착 또는 응집을 일으켜 먼지를 분리하는 장치이다.

📝 여과집진장치
여과재에 함진가스를 통과시켜 먼지를 분리, 제거하는 장치로 다른 집진기술에 비해 최고의 집진성능으로 집진효율이 높고, 안정된 연속운전이 가능하며 여과속도의 조정으로 다량의 풍량을 처리할 수 있다.

📝 전기집진장치
함진가스 중에 부유하고 있는 분진을 인위적으로 하전하여 전기적 에너지장인 전기장(electric field)에 통과시키면서 분진을 집진하는 장치이다.

벤투리 스크러버
함진가스가 통과하는 단면을 좁게(벤투리 목부)하여 유속을 빠르게 한 후 세정수를 고속으로 분사시켜 입자상 물질인 분진과 가스상 물질을 동시에 제거하는 습식집진설비이다.

기사 출제빈도 ★★★★

06 다음에 제시한 집진장치의 적정한 처리 배출가스의 장치 유입속도(m/s)를 쓰시오.

> 1) 세정집진장치(벤투리 스크러버)
> 2) 원심력집진장치(접선 유입식 사이클론)
> 3) 여과집진장치

해답
1) 세정집진장치: 60~90[m/s]
2) 원심력집진장치(사이클론): 7~15[m/s]
3) 여과집진장치: 3[m/s]

기사 출제빈도 ★

07 제진(除塵)장치와 집진(集塵)장치는 분진을 제거한다는 뜻에서는 그 구조와 성능은 같은 의미로 사용되지만 제진장치와 집진장치는 사용목적에 따라 다르게 부르고 있다. 그 차이점은 무엇인가?

해답
1) 제진장치(dust removal equipment): 근로자의 건강보호, 제품관리, 시설보호, 대기오염방지 등의 비경제적인 목적에 사용되는 경우
2) 집진장치(dust collectro): 장치에 포집된 분진이 원료 또는 상품(분체)으로 활용되는 경우

기사 출제빈도 ★★

08 중력집진장치에서 구형 분진의 직경이 처음에 비해 3배로 증가했다면 침강속도는 처음에 비해 몇 배로 증가하는가?

해답
Stoke's의 법칙: 분진의 침강속도 $v_s = \dfrac{d^2(\rho_s - \rho)g}{18\mu}$ 에서 $v_s \propto d^2$ 이므로 침강속도는 $3^2 = 9$배로 증가한다.

기사 출제빈도 ★★☆

09 관성력 집진장치에서 집진효율을 높이기 위한 방법 4가지를 쓰시오.

해답
1) 배출가스 기류의 방향전환속도를 크게 한다.
2) 방해판과의 충돌 전 처리배가스 속도를 빠르게 한다.
3) 방해판과의 충돌 후 출구기류속도를 가능한 한 늦게 한다.
4) 유입되는 입자의 크기가 클수록 집진효율이 높아진다.

기사 출제빈도 ★☆

10 원심력집진장치에서 장치의 압력손실이 평상 시보다 높아지는 원인과 낮아지는 원인을 2가지씩 적으시오.

해답
1) 높아지는 원인
   (1) 사이클론의 내벽이 부식될 경우
   (2) 사이클론 내부에 분진의 퇴적으로 인한 마찰계수의 상승
2) 낮아지는 원인
   (1) 처리가스의 누설
   (2) 외부로부터의 공기 누입
   (3) 공정의 변화로 인한 처리배기량의 감소

기사 출제빈도 ★★★★

11 원심력 사이클론의 블로 다운 효과를 설명하시오.

해답
블로다운(blow down): 사이클론 집진장치의 집진효율을 향상시키기 위한 방법으로 호퍼부에서 처리가스의 5 ~ 10[%]를 흡입하여 선회기류의 교란을 방지하는 운전방식으로 그 효과는 다음과 같다.
1) 결과적으로 집진효율을 증대시킨다.
2) 장치 내부의 분진부착으로 인한 장치의 폐쇄현상, 즉 가교현상을 방지한다.
3) 사이클론 내 난류현상을 억제, 즉 유효원심력을 증대시켜 집진된 먼지의 비산을 방지한다.

📝 가교현상
원탄(原炭) 저장소 또는 집진기의 호퍼 내부에 탄(炭)이나 회(灰)가 굳어 아치 모양의 다리를 형성하여 탄이나 재의 배출을 방해하는 현상을 말한다.

기사 출제빈도 ★★★

12 원심력집진장치에서 블로 다운(blow down) 효과 적용 시 기대할 수 있는 내용 3가지를 서술하시오.

해답
1) 선회 기류의 난류를 막는다.
2) 집진된 먼지의 재비산을 방지할 수 있다.
3) 분진의 장치 내벽 부착으로 발생되는 분진의 축척을 방지한다.

기사 출제빈도 ★★

13 사이클론의 집진효율을 증가시키는 방법을 3가지 적으시오.

해답
1) 유입되는 입경과 밀도가 클수록 좋다.
2) 집진된 입자에 대한 블로다운 영향을 최소화시킨다.
3) 사이클론 원통의 길이를 길게 하여 선회기류의 유효회전수를 많게 한다.

기사 출제빈도 ★★

14 사이클론의 점검사항을 3가지 기술하시오.

해답
1) 배출부의 공기 유입상태를 확인한다.
2) 분진으로 인한 막힘의 유무를 해머로 확인한다.
3) 분진 배출구의 외관, 내부 상태 및 분진 배출기능의 원활성을 확인한다.

기사 출제빈도 ★★★

15 여과집진장치의 원리를 적으시오.

해답
함진가스를 여과재(filter)에 통과시켜 입자를 분리, 포집하는 장치로서 $1[\mu m]$ 이상의 분진의 포집은 $99[\%]$가 관성충돌과 직접차단에 의해 이루어지고, $0.1[\mu m]$ 이하의 분진은 확산과 정전기력에 의해 입자가 포집되는 원리이다.

16 여과집진장치에서 함진 배출가스 중 입자를 포집하는 대표적인 원리를 3가지 쓰시오.

해답
1) 관성 충돌   2) 접촉(직접차단)   3) 확산

17 여과집진장치의 집진효율을 향상시키는 조건을 3가지 적으시오.

해답
1) 겉보기 여과속도를 적게 한다.
2) 탈진방식을 농도와 처리가스량별로 선택하여 처리한다.
   (1) 간헐식 탈진방식: 저농도, 소량 가스
   (2) 연속식 탈진방식: 고농도, 대용량 가스
3) 함진가스의 성상(특히 온도) 및 탈진방식에 적합한 여과재를 선택한다.

> **겉보기 여과속도**
> 여과집진장치의 가스가 백 필터를 통과하는 여과속도로 유입 가스양과 여과포의 면적을 감안하여 산정하며, 여과 방법, 집진 효율, 먼지의 입자의 크기에 따라 그 값은 다르다.

18 여과집진장치의 장점을 5가지 적으시오.

해답
1) 집진효율이 높다.
2) 다양한 함진가스량을 처리할 수 있다.
3) 건식공정으로 포집 분진의 처리가 쉽다.
4) 여과재를 표면처리하여 가스상 물질도 처리가 가능하다.
5) 장치의 설치면적이 상대적으로 적고 적용 범위가 광범위하다.

19 여과집진장치의 운전을 정지할 경우 중요한 사항을 기술하시오.

해답
1) 함진가스의 유입을 정지시킨 후에도 5~10분 동안 계속 운전하여 장치 내부에 존재하는 분진을 충분히 치환, 제거시킨다.
2) 장치 내 분진이 부착된 상태로 방치하면 분진이 굳거나 여과재의 공극이 막히게 되어 완전히 제거한다.

기사 출제빈도 ★

20 여과집진장치의 운영 시 점검사항을 5가지 기술하시오.

해답
1) 여과재 전후의 정압차를 마노미터로 확인한다.
2) 탈진장치의 마모, 부식, 파손 유무를 확인한다.
3) 압축공기의 분사음 및 공기가 새는지 여부를 확인한다.
4) 분사 노즐에서 분사되는 공기 중 물방울 유무를 확인한다.
5) 역기류 방식의 탈진 장치인 경우 송풍기의 회전방향을 확인한다.
6) 장치의 전반적인 고정볼트, 너트, 패킹 상태를 육안으로 확인한다.

📝 **눈막힘 현상 (blinding effect)**
함진가스 중 수분이 있는 먼지나 점착성 분진이 유입될 경우 여과막 사이가 막혀 압력손실이 증대되는 현상을 말한다.

기사 출제빈도 ★

21 여과집진장치의 여과포 눈막힘 현상(blinding effect)의 대책 2가지를 쓰시오.

해답
1) 여과집진장치 정지 후 탈진 실시
2) 여과집진장치 내 각 부의 온도를 산노점(산이 이슬로 맺히는 온도인 150[℃]) 이상으로 유지

산업 출제빈도 ★★★

22 세정집진장치의 집진원리 4가지를 적으시오.

해답
세정집진장치
함진가스에 세정액을 분사시키거나 함진가스를 세정액에 분산시켜 생성되는 액적, 액막, 기포 등에 의해 함진가스를 세정시킴으로써 함진가스 내 입자를 부착 또는 응집하여 분리, 포집하는 장치로 집진원리는 다음과 같다.
1) 액적과 입자의 충돌
2) 액적, 기포와 입자의 접촉
3) 입자를 핵으로 한 증기의 응결
4) 미립자 확산에 의한 액적과의 접촉
5) 배기의 증습에 의한 입자끼리의 응집

기사 출제빈도 ★★

23 집진장치로 이용되는 세정집진장치 형식 3가지를 간단히 설명하고, 각각에 대한 장치 명칭을 2가지씩 적으시오.

해답
1) 유수식: 집진실 내에 일정한 양의 액체를 채워 넣고 처리 배기가스의 유입에 의하여 다량의 액적, 액막, 기포를 형성시켜 함진가스 중 분진을 제거하는 장치
   • 장치의 명칭: S형 임펠러, 로터형, 분수형, 나선 가이드베인형
2) 가압수식: 집진실 내로 물을 가압 공급하여 함진가스 중 분진을 제거하는 장치
   • 장치의 명칭: 벤투리 스크러버, 제트 스크러버, 사이클론 스크러버, 충전탑
3) 회전식: 송풍기의 회전을 이용하여 액적, 수막, 기포를 형성시켜 함진가스 중 분진을 제거하는 장치
   • 장치의 명칭: 타이젠 와셔(Theisen washer), 임펄스 스크러버(Impulse scrubber)

기사 출제빈도 ★★

24 세정집진장치의 종류 중 벤투리 스크러버의 운전 시 점검 사항을 4가지 기술하시오.

해답
1) 부식된 부위를 확인
2) 정지 시 급수노즐 또는 벤투리 부의 먼지 등의 청소 여부 및 직경을 점검
3) 스크러버의 목(throat) 부위에서 분사수를 공급한 후 배기를 통과시키므로 수량 점검에 유의
4) 운전 중에는 벤투리 스크러버의 주수율과 압력손실 관계를 점검함으로써 목 부위의 마모, 가스속도 저하 등의 사항을 확인

기사 출제빈도 ★★

25 가압수식(액분산형) 세정집진장치(스크러버)의 종류를 3가지 적으시오.

해답
1) 벤투리 스크러버
2) 제트 스크러버
3) 사이클론 스크러버

기사 출제빈도 ★★

26 다음 장치 종류에 맞는 세정집진장치의 형식을 3가지 쓰시오.

형식	장치 종류
1)	S형 임펠러형, 로터형, 분수형, 나선 가이드베인형
2)	벤투리 스크러버, 사이클론 스크러버, 제트 스크러버, 분무탑, 충진탑
3)	타이젠 와셔, 임펄스 스크러버

해답

1) **유수식**: 집진실 내에 일정한 양의 액체를 채워 넣고 처리 배기가스의 유입에 의하여 다량의 액적, 액막, 기포를 형성시켜 함진가스를 세정하는 장치
2) **가압수식**: 집진실 내로 물을 가압 공급하여 함진가스를 세정하는 방식
3) **회전식**: 송풍기의 회전을 이용하여 액적, 수막, 기포를 형성시켜 함진가스를 세정하는 방식

기사 출제빈도 ★

27 벤투리 스크러버의 원리를 설명하시오.

해답

함진가스 입구에 벤투리관을 삽입하고 배기가스를 벤투리관의 목부에 유속 60~90[m/s]로 빠르게 공급하여 목부 주변의 노즐로부터 세정액을 흡입 분사되게 함으로써 포집하는 방식으로 기본 유속이 클수록 작은 액적이 형성되어 미세입자를 제거한다.

참고

1) 벤투리 스크러버의 압력손실: 300 ~ 800[mmH$_2$O]
2) 액가스비(주수율, L/m^3): 10[μm] 이상의 큰 입자나 친수성입자는 0.3[L/m^3], 10[μm] 미만의 미립자나 소수성입자는 1.5[L/m^3]이다.

기사 출제빈도 ★★

28 벤투리 스크러버의 목부 유속(m/s), 액가스비(L/m^3) 및 압력손실 (mmH$_2$O)의 범위를 적으시오.

해답

1) 목(throat)부 유속: 60 ~ 90[m/s]
2) 액가스비(L/m^3)
   (1) 10[μm] 이상의 큰 입자나 친수성입자: 0.3[L/m^3]
   (2) 10[μm] 미만의 미립자나 소수성입자: 1.5[L/m^3]
3) 압력손실: 300 ~ 800[mmH$_2$O]

기사 출제빈도 ☆

29 세정집진장치의 종류에 따른 집진율 향상조건을 5가지 적으시오.

해답
1) 유수식: 세정액의 미립화 수와 가스 처리속도가 클수록
2) 가압수식(충전탑은 제외): 목(throat)부의 가스 처리속도가 빠를수록
3) 회전식: 원주속도를 크게 할수록
4) 충전탑: 공탑 내의 속도를 1[m/s] 정도로 느리게 하여 체류시간이 길수록, 충전재의 표면적과 충전밀도를 크게 할수록
5) 분무탑: 분무압력을 높게 하여 물방울 수가 많아지게 할수록
6) 기액분리기(demister)의 수적생성률이 높을수록

산업 출제빈도 ☆☆☆

30 집진장치 중에 처리 입경이 0.05~20[μm]이고 압력손실이 10~20[mmH$_2$O] 정도이며 집진효율이 80~99.5[%]로 매우 높으나, 초기 설치비가 많이 소요되는 것이 단점인 집진장치는?

해답
전기집진장치

참고
1) 전기집진장치의 장점
   (1) 운전 및 유지비가 저렴하다.
   (2) 건식 및 습식으로 집진할 수 있다.
   (3) 회수 가치성이 있는 입자 포집이 가능하다.
   (4) 낮은 압력손실(10 ~ 20[mmH$_2$O])로 대량의 가스를 처리할 수 있다.
   (5) 넓은 범위의 입경(0.05 ~ 20[μm])과 분진농도에 집진효율(80 ~ 99.5[%])이 높다.
   (6) 약 500[℃] 전후 고온의 입자상 물질도 처리가 가능하여 보일러와 철강로 등에 설치할 수 있다.
2) 전기집진장치의 단점
   (1) 가연성 입자의 처리가 곤란하다.
   (2) 기체상의 오염물질을 포집하는 데 사용하지 못한다.
   (3) 초기 설치비가 많이 들고, 넓은 설치공간이 요구된다.
   (4) 전기집진장치는 전압변동과 같은 부하변동에 쉽게 적응이 곤란하다.

산업 출제빈도 ★★

31 전기집진장치의 장점을 5가지 적으시오.

해답
1) 집진효율이 매우 높다.
2) 광범위한 온도에서 적용이 가능하다.
3) 설치 후 운전 및 유지비가 저렴하다.
4) 고온이나 폭발성 가스도 처리 가능하다.
5) 압력손실이 낮고 대용량의 가스 처리가 가능하다.
6) 회수가치의 입자 포집에 유리하고, 건식 및 습식집진이 가능하다.

기사 출제빈도 ★★

32 함진가스 중 입자가 집진되는 전기집진장치의 원리를 순서대로 나열하시오.

1) 가스분자의 이온화
2) 코로나 방전
3) 불평등 전계의 형성
4) 가스분자의 음(-)하전
5) 집진극에 퇴적된 분진을 퇴적함으로 제거
6) 입자의 음(-)하전
7) 정전기적인 인력에 의해 집진극으로의 입자 이동

📝 **코로나 방전**
(corona discharge)
전기집진장치의 방전극(도체) 주위의 유체의 이온화로 인해 발생하는 전기적 방전으로 불평등 전계에서 방전극 주변에 있는 가스분자가 전기적으로 파괴되어 전극 주위에 푸른 섬광이 발생하게 되는 것을 말한다. 코로나 방전은 음극(-) 코로나와 양극(+) 코로나로 분류된다.

해답
3) → 2) → 1) → 4) → 6) → 7) → 5)

기사 출제빈도 ★★

33 전기집진장치에서 집진에 관여하는 4가지 힘을 적으시오.

해답
1) 대전입자의 하전에 의한 쿨롱력   2) 전계강도에 의한 힘
3) 입자 간의 흡입력   4) 전기풍에 의한 힘

34 전기집진장치의 집진성능에 가장 큰 영향을 미치는 겉보기전기저항(비저항, resistivity)의 주어진 조건에 따른 범위와 단위를 적으시오.
1) 재비산 영역
2) 정상 영역
3) 역전리 영역

해답
1) 재비산 영역: $10^4[\Omega \cdot cm]$ 이하
2) 정상 영역: $10^4 \sim 10^{11}[\Omega \cdot cm]$
3) 역전리 영역: $10^{11}[\Omega \cdot cm]$ 이상

35 운전 및 유지비가 저렴하고, 설치공간이 많이 필요하며, 집진 효율이 우수하고 압력손실이 낮은 특징을 가지는 집진장치의 명칭을 쓰시오.

해답
전기집진장치(EP, ESP)

36 분진입자의 겉보기전기저항이 정상영역을 벗어나 입자의 재비산과 역전리가 발생하였을 경우에 대비한 대책을 적으시오.

해답
1) 재비산(비저항이 낮은 경우)
   (1) 암모니아(NH_3) 가스 주입
   (2) 온·습도 조절
2) 역전리(비저항이 높은 경우)
   (1) 습식집진장치 사용
   (2) 함진가스의 온·습도 조절(습도를 높임)
   (3) 탈진 시 타격빈도를 늘이거나 타격을 강하게 함
   (4) 분진의 비저항조절제(물, 수증기, 아황산가스(SO_2), 황산(H_2SO_4), 소금(NaCl), 소다회(soda ash), 트라이메틸아민(trimethylamine)) 투입

기사·산업 출제빈도 ☆☆☆

37 유해가스 처리방법을 3가지 적으시오.

해답
1) 흡수법
2) 흡착법
3) 연소법

기사·산업 출제빈도 ☆

38 유해가스 처리기술 중 용해도와 관계있는 제거방법은?

해답
흡수법

기사 출제빈도 ☆☆

39 유해가스를 흡수법으로 처리할 경우 제거효율에 영향을 미치는 인자 4가지를 적으시오.

해답
1) 반응속도
2) 흡수액의 농도
3) 기·액 접촉면적
4) 유해가스와 흡수액의 접촉시간

기사 출제빈도 ☆☆

40 일정온도에서 기체 중에 있는 특정 성분의 분압과 이에 접한 액체상 중 액농도와의 평형관계, 즉 기체의 용해도와 압력의 관계를 나타낸 법칙은?

해답
헨리의 법칙

41 기체의 용해도와 압력의 관계를 나타낸 법칙인 헨리의 법칙에 잘 적용되는 기체와 적용되지 않는 기체 각각 5가지씩을 적으시오.

헨리의 법칙(Henry's law)
일정 온도에서 기체의 용해도가 용매와 평형을 이루고 있는 그 기체의 부분압력에 비례한다는 법칙이다.

해답
1) 잘 적용되는 기체
   (1) 이산화탄소(CO_2)
   (2) 수소(H_2)
   (3) 질소(N_2)
   (4) 일산화탄소(CO)
   (5) 황화수소(H_2S)
2) 잘 적용되지 않는 기체
   (1) 염산증기(HCl)
   (2) 암모니아(NH_3)
   (3) 아황산가스(SO_2)
   (4) 플루오린화수소(HF)
   (5) 염소가스(Cl_2)

기사 출제빈도 ★★
42 유해가스 처리의 흡수법에서 흡수액의 구비조건 4가지에 대하여 적으시오.

해답
1) 독성이 없고 휘발성이 적을 것
2) 부식성이 없고 가격이 저렴할 것
3) 처리물질에 대한 용해도가 클 것
4) 점성이 적고 화학적으로 안정할 것

기사 출제빈도 ★★★
43 흡수탑(충진탑)의 충진재 구비조건 3가지를 쓰시오.

해답
1) 세정액의 체류 현상이 적을 것
2) 단위 부피 내의 표면적이 클 것
3) 압력손실이 적고, 충진 밀도가 클 것

기사 출제빈도 ★★

44 유해가스 처리에 이용하는 흡착제의 종류를 4가지 쓰시오.

해답
1) 활성탄(Activated carbon): 방향족 유기용제, 할로겐화 유기용제, 에스테르류, 알코올과 같은 비극성류 유기용제의 흡착
2) 실리카젤(Silicagel): 친수성(극성) 유기용제의 흡착
3) 합성제올라이트(Synthetic zeolite): 친수성(극성) 유기용제의 흡착
4) 활성알루미나(알루미나젤): 친수성(극성) 유기용제의 흡착, 흡착제 재생 가능
5) 호프칼라이트(Hopcalite): 공기에서 유해한 가스를 제거하는 데 사용되는 촉매제로 주요 용도는 일산화탄소(CO), 이산화황(SO_2)과 같은 유해가스 흡착
6) 보오크사이트(Bauxite)
7) 소다라임(sida lime)
8) 큐프라마이트(Kupramite)

기사 출제빈도 ★★★

45 흡착제를 사용하는 흡착장치 설계 시 고려사항 3가지를 쓰시오.

해답
1) 압력손실
2) 흡착장치의 처리능력
3) 흡착제의 파과점(break point)
4) 가스상 오염물질의 처리 가능성 검토 여부

기사 출제빈도 ★★

46 흡착제의 선정 시 고려사항을 3가지 적으시오.

해답
1) 흡착률이 우수할 것
2) 흡착제의 재생이 용이할 것
3) 흡착물질의 회수가 용이할 것
4) 어느 정도 강도와 경도가 있을 것
5) 흡착탑 내에서 기체흐름에 대한 저항(압력손실)이 적을 것

47 유해가스의 처리에 있어서 연소법으로 처리할 때의 3가지 방법을 적고 간단히 설명하시오.

해답
연소법: 처리효율이 높은 연소법인 반면 연소생성물 자체가 또 다른 오염물질이 되거나 독성이 강한 중간생성물이 생길 수 있으므로 주의를 요한다.
1) **불꽃연소법**: 농도가 높은 가연성 가스의 배출구에서 연소시켜 처리경비가 저렴하다.
2) **직접가열산화법**: 가연성 성분농도가 매우 낮아 연소가 곤란할 경우 사용하는 방법으로 저농도 유해물질에도 적합하다.
3) **촉매산화법**: 처리대상 기체를 직접가열산화법 연소온도인 800[℃]에 비해 저온인 200 ~ 400[℃]로 경제적이다.

48 연소조건 3T란 무엇인가?

해답
시간(Time), 온도(Temperature), 혼합(Turbulence)

49 가연성 오염가스 및 악취물질을 연소시켜 제거하는 소각방법에서 직접소각(가열소각)과 촉매소각의 연소실 내 온도(℃) 범위를 각각 적으시오.

📖 **촉매(catalyst)**
반응과정에서 소모되지 않으면서 반응속도를 변화시키는 물질을 말한다. 촉매는 소량만 있어도 반응속도에 영향을 미칠 수 있다.

해답
1) 가열소각: 650 ~ 850[℃]   2) 촉매소각: 250 ~ 450[℃]

50 유해가스를 촉매소각법으로 소각할 시 촉매의 종류를 3가지 쓰시오.

해답
백금(Pt), 팔라듐(Pd), 코발트(Co), 니켈(Ni)

CHAPTER 6 산업안전보건법률 관련 및 작업관리

1 산업안전보건법률 관련

> **학습 개요** | 기사·산업기사 공통
> 1. 사업장의 건강관리실 이용현황, 유소견자 현황, 산업재해 건수, 건강검진 현황과 같은 건강수준을 파악할 수 있다.
> 2. 안전보건활동의 사업별 대상, 기간, 방법, 성과지표, 업무분장, 소요예산 등을 계획할 수 있다.
> 3. 산업안전보건규정에 의거하여 안전보건활동을 지도, 감독할 수 있다.
> 4. 안전보건관리책임자와 협조하여 위험성 평가 체계를 구축할 수 있다.

기사 출제빈도 ☆

01 '산업안전보건기준에 관한 규칙'에서 정의한 특별관리물질 3가지 종류를 적고, 각각의 대표물질 1가지를 쓰시오.

> **해답** 특별관리물질(CMR, 근로자에게 중대한 건강장해를 일으킬 우려가 있는 물질)의 3가지 종류 및 대표물질은 다음과 같다.
> 1) **발암성 물질(Carcinogenicity)**: 암을 일으키거나 발생을 증가시키는 물질, 벤젠
> 2) **생식세포 변이원성 물질(Mutagenic)**: 자손에게 유전될 수 있는 사람의 생식세포에 돌연변이를 일으킬 수 있는 물질, 페놀
> 3) **생식독성 물질(Reproductive toxicity)**: 생식기능, 생식능력 또는 태아의 발생·발육에 유해한 영향을 주는 물질, 2-메톡시에탄올

기사 출제빈도 ☆☆

02 산업안전보건법률에 입각하여 사업주가 산업재해의 발생 원인을 기록한 서류, 작업 환경측정에 관한 서류, 건강진단에 관한 서류를 사업주가 보존하여야 하는 기간은 몇 년인가?

> **해답** 3년(산업안전보건법 제164조(서류의 보존))

03 사업장 내의 안전과 보건에 관련된 모든 사항을 논의, 보고, 의결하기 위해 정기적으로 개최되는 협의체를 의미하는 산업안전보건위원회의 3가지 주요 기능을 적으시오.

해답
1) 안전보건기준 제정(policy making)
2) 점검결과에 대한 심의(deliberation)
3) 안전보건경영시스템의 이해 및 의사소통(indoctrination or communication)

04 사업장 위험성 평가에 관한 지침에서 정의한 다음 용어의 뜻을 적으시오.
1) 유해·위험요인
2) 위험성
3) 위험성 평가

위험성 평가 (risk assessment)
유해·위험요인을 사전에 찾아내어 그것이 어느 정도로 위험한지를 추정하고, 그 추정한 위험성의 크기에 따라 대책을 세우는 것으로, 사고의 미연 방지가 가장 중요한 포인트이며 실시 목적이라 할 수 있다.

해답
1) 유해·위험을 일으킬 잠재적 가능성이 있는 것의 고유한 특징이나 속성을 말한다.
2) 유해·위험요인이 사망, 부상 또는 질병으로 이어질 수 있는 가능성과 중대성 등을 고려한 위험의 정도를 말한다.
3) 사업주가 스스로 유해·위험요인을 파악하고 해당 유해·위험요인의 위험성 수준을 결정하여, 위험성을 낮추기 위한 적절한 조치를 마련하고 실행하는 과정을 말한다.

05 위험성 평가의 실시 주체와 각자의 역할을 분담하여 참여하는 집단의 명칭 5가지를 적으시오.

해답
1) 실시 주체: 사업주
2) 안전보건관리책임자, 관리감독자, 안전관리자, 보건관리자, 대상공정의 근로자

2 작업부하 관리

> **학습 개요** | 기사·산업기사 공통
> 1. 효율적인 근로시간과 휴식시간을 계획하기 위하여 작업시간 및 작업자세, 휴식시간과 근로자 건강장해의 관계를 파악할 수 있다.
> 2. 건강장해 예방을 위하여 정한 휴식시간을 제안하여 개선할 수 있다.
> 3. 작업강도와 작업시간을 조절할 수 있도록 개선안을 제시할 수 있다.
> 4. 유해·위험작업에서 근로시간과 관련된 근로자의 건강 보호를 위한 근로조건의 개선방법을 제시할 수 있다.

기사 출제빈도 ☆

01 사업장의 보건관리자로부터 당신에게 문의가 왔다. 작업환경측정결과 어떤 한 작업자 개인이 유해물질에 대한 평가에서 매년 노출기준을 초과하고 있으며, 그 작업자의 생체시료에 대한 생물학적 노출지표(BEI)도 노출기준을 초과하고 있는데 이유를 모르겠다고 할 경우 당신이 담당자라면 무엇부터 해야 하는가? (단, 작업장과 작업환경측정에 대한 다음과 같은 조건이 있다.)

> [조건사항]
> 1. 배출시설은 정상이다.
> 2. 측정결과는 정확하다.
> 3. 다른 작업자와 동일한 작업을 한다.
> 4. 작업자는 작업 이외의 유해물질에는 노출되지 않는다.

📝 생물학적 노출지표검사
혈액, 소변, 호기가스 등 생체시료로부터 유해물질 그 자체, 또는 유해물질의 대사산물 또는 생화학적 변화산물 등 '생물학적 노출지표(물질)'를 분석하여 유해물질 노출에 의한 체내 흡수 정도 또는 건강영향 가능성 등을 평가하는 것을 말한다.

📝 생물학적 노출 기준값
일주일에 40시간 작업하는 근로자가 고용노동부 고시에서 제시하는 작업환경 노출기준 정도의 수준에 노출될 때 혈액 및 소변 중에서 검출되는 생물학적 노출지표의 수치를 말한다.

해답
1) 보건관리자의 조치사항
   (1) 보건관리자는 근로자의 근무시간을 관리하고, 근로자의 근무상황, 피로의 축적 정도, 그 밖의 정신건강을 포함한 근로자의 건강상태에 관하여 확인하고 근로자 본인에게 필요한 사항을 지도해야 한다.
   (2) 수면 위생에 대해 교육하고, 필요할 경우 의사에 의한 진료를 받도록 한다.
   (3) 근로자의 1개월간의 근로시간을 파악하여 주당 평균 52시간을 초과하였고, 극심한 육체적, 정신적 피로나 수면장애를 호소하는 경우에는 산업의학전문의에게 의뢰한다.
   (4) 상담지도에 관여하는 보건관리자는 근로자나 사업주로부터 얻은 정보에 대해 비밀을 지켜야 한다.
2) 근로자 개인의 조치사항
   (1) 장시간 근무로 인한 피로와 저하된 신체 능력의 회복을 위해 근로자는 6시간 이상의 수면을 취해야 한다.

기사 출제빈도 ★

02 다음은 휴게시설 설치 기준에 대한 설명이다. ( ) 안에 알맞은 내용을 적고, 휴게시설 관리 기준 중 비품 구비에 대하여 3가지를 적으시오.

> 1) 휴게시설 설치 기준
> 가. 휴게시설의 바닥 면적은 최소 (㉠) 이상이어야 하며, 공동휴게시설의 경우 최소 바닥 면적은 (㉠)에 사업장의 개수를 곱한 면적으로 한다.
> 나. 휴게시설의 바닥면으로부터 천장까지의 높이는 모든 지점에서 (㉡) 이상이어야 한다.

해답
1) 휴게시설 설치 기준
   ㉠ 6[m²], ㉡ 2.1[m]
2) 휴게시설 관리 기준
   (1) 가급적 소파, 등받이가 있는 의자, 탁자 등을 비치한다. 다만, 휴게시설을 좌식(온돌 등)으로 설치·운영하는 경우에는 비치되지 않아도 된다.
   (2) 마실 수 있는 물이나 식수 설비(정수기 등) 등을 구비한다.
   (3) 휴게시설에서 사용하는 비품을 충분히 제공하고, 부족한 경우 수시로 보충한다.
   (4) 기자재, 청소도구, 수납장 등은 별도로 확보한다.
   (5) 휴게시설임을 알 수 있는 표지를 휴게시설 외부에 부착한다.

참고 1) 휴게시설 설치 기준
   (1) 크기
     ① 최소 바닥 면적과 천장까지의 높이
       가. 휴게시설의 바닥 면적은 최소 6[m²] 이상이어야 하며, 공동휴게시설의 경우 최소 바닥 면적은 6[m²]에 사업장의 개수를 곱한 면적으로 한다.
       나. 휴게시설의 바닥면으로부터 천장까지의 높이는 모든 지점에서 2.1[m] 이상이어야 한다.
       다. 최소면적을 충족하지 못하는 경우 휴게시설 설치기준 위반이 되며, 다수 설치하는 경우 모든 휴게시설은 최소면적 이상이어야 한다.
       라. 그늘막 등 간이로 휴게시설을 설치하여 벽이나 기둥이 없는 경우에는 지붕 끝부분으로부터 1[m] 안쪽 선으로 둘러싸인, 하늘에서 아래로 내려다 보았을 때 보이는 면적을 바닥면적으로 하여 최소면적을 판단한다.
   2) 휴게시설 관리 기준
   (1) 비품 구비 및 표지 부착
     ① 가급적 소파, 등받이가 있는 의자, 탁자 등을 비치한다. 다만, 휴게시설을 좌식(온돌 등)으로 설치·운영하는 경우에는 비치되지 않아도 된다.
     ② 마실 수 있는 물이나 식수 설비(정수기 등) 등을 구비한다.
     ③ 휴게시설에서 사용하는 비품을 충분히 제공하고, 부족한 경우 수시로 보충한다.

④ 기자재, 청소도구, 수납장 등은 별도로 확보한다.
⑤ 휴게시설임을 알 수 있는 표지를 휴게시설 외부에 부착한다.

(2) 관리 담당자 지정
① 사업주는 휴게시설을 관리하는 담당자를 반드시 지정해야 한다. 공동으로 휴게시설을 설치하는 경우에는 각 사업장별로 관리 담당자를 지정하여 사업장별 관리방법(주기 등)에 대한 계획을 수립하여 관리하도록 해야 한다.
② 휴게시설 관리 담당자는 휴게시설을 주기적으로 청소하고, 소독이나 세탁 등을 실시하도록 관리해야 한다.
③ 휴게시설 관리 담당자는 휴게시설의 설치·관리 상태를 확인하고, 그 내용을 기록한 휴게시설 관리대장을 작성해 휴게시설에 비치한다.

기사 출제빈도 ★★

03 산업피로의 내적 및 외적 발생요인을 3가지씩 쓰시오.

해답
1) 내적 발생요인(개인 조건): 적응능력, 영양 상태, 숙련 정도, 신체적 조건
2) 외적 발생요인: 작업환경, 작업부하, 작업시간 및 작업편성, 생활조건

기사 출제빈도 ★★★

04 다음은 전신피로에 관한 설명이다. ( ) 안을 채우시오.

심한 전신피로 상태란 $HR_{30\sim60}$(작업종료 후 30 ~ 60초 사이의 평균 맥박수)이 (㉠)을 초과하고, $HR_{150\sim180}$(작업종료 후 150 ~ 180초 사이의 평균 맥박수)과 $HR_{60\sim90}$(작업종료 후 60 ~ 90초 사이의 평균 맥박수)의 차이가 (㉡) 미만일 때를 말한다.

해답
㉠ 110
㉡ 10

3 교대제

학습 개요 | 기사 · 산업기사 공통

1. 교대작업자의 작업설계 시 고려사항에 대해 제안할 수 있다.
2. 교대작업자의 건강관리를 위해 직무스트레스 평가와 뇌·심혈관질환 발병위험도 평가를 실시하여 그 결과에 따라 건강증진프로그램을 제공할 수 있다.
3. 교대작업자로 배치할 때 업무적합성 평가결과를 참조하여 적절한 작업에 배치할 수 있도록 제안할 수 있다.
4. 야간작업자를 분류하고 대상자에 대한 특수건강진단(배치전·후)을 받도록 조치하고 야간 작업으로 인한 건강장애를 예방하기 위한 사후관리를 할 수 있다.

01 야간 교대근무자의 생리적 현상 3가지를 적으시오.

해답
1) 위장 장해   2) 수면 장해   3) 심혈관 장해   4) 만성 신장질환

02 교대근무 시 사업주가 지켜야 할 야간 근무자의 건강관리사항 4가지를 적으시오.

해답
1) 야간작업의 경우 작업장의 조도를 밝게 한다.
2) 야간작업 동안 규칙적이고 적절한 음식이 제공될 수 있도록 배려해야 한다.
3) 야간작업자에 대하여 주기적으로 건강상태를 확인하고, 그 내용을 문서로 기록·보관한다.
4) 야간작업장의 실내 온도를 최고 27[℃]가 넘지 않는 범위에서 주간작업 때보다 약 1[℃] 정도 높여 주어야 한다.
5) 야간작업 동안 사이잠(napping)을 자게 하며, 수면실을 설치하되 소음·진동이 심한 장소를 피하고 남자용·여자용으로 구분하여 설치하도록 한다.

03 플렉스타임(flex-time)제를 간단히 설명하시오.

해답
개인의 자유시간을 고려하여 작업상 전체 근로자가 일하는 중추시간(core time)을 제외하고 주당 40시간 내외의 근로조건 하에서 자유롭게 출퇴근을 인정하는 제도로 개인 생활의 편의, 피로의 경감, 출퇴근 시 교통량의 완화 등 정신적인 면에서 효과를 나타낸다.

> **교대근무**
> 직장 근로자들이 서로 번갈아 가면서 근무하는 형태로 근로기준법에 따라 근로자의 하루 노동량을 초과하는 시간 동안 유지되는 업무 체계에서 적용하며, 대체로 24시간 근무 형태를 유지한다.

4 개인보호구 관리

학습 개요 기사 · 산업기사 공통

1. 보호구 착용 대상자를 파악하여 보호구 구입, 지급, 착용, 보관에 대한 관리계획을 수립할 수 있다.
2. 해당 보호구 선정기준에 따라 적격품을 선정할 수 있다.
3. 사업장 순회점검 시 보호구 지급 및 관리현황을 작성하여 관리할 수 있다.
4. 보건위생보호구의 착용지도를 위하여 호흡보호프로그램과 청력보호프로그램을 운영할 수 있다.
5. 해당 근로자 및 관리감독자를 대상으로 위생보호구 지급 착용에 따른 교육 및 훈련을 실시할 수 있다.

개인보호구

근로자의 건강과 안전에 가해지는 위험으로부터 근로자를 보호하는 모든 장비를 말한다. 개인보호구에는 안전모, 안전화, 보안경, 안전장갑 그리고 안전대 등이 포함된다.

기사 출제빈도 ★★★

01 개인보호구(PPE, Personal Protective Equipment)의 구비조건 4가지를 적으시오.

해답
1) 재료의 품질이 양호할 것
2) 착용하여 작업하기 쉬울 것
3) 외관이나 디자인이 양호할 것
4) 구조와 끝마무리가 양호할 것
5) 유해 위험물로부터 보호 성능이 충분할 것
6) 사용되는 재료는 작업자에게 해로운 영향을 주지 않을 것

기사 출제빈도 ★★★

02 다음 작업 내용에 알맞은 개인보호구를 적으시오.

1) 고열에 의한 화상의 위험이 있는 작업
2) 섭씨 영하 18도 이하인 급냉동 어창에서의 하역작업
3) 불꽃이나 물체가 흩날릴 위험이 있는 용접작업
4) 선창에서 비산분진이 심하게 발생하는 하역작업
5) 감전 위험이 있는 전기 작업

해답
1) 방열복
2) 방한복
3) 보안면
4) 방진마스크
5) 절연용 보호구

기사 출제빈도 ★★

03 포집효율, 누설률 등에 따라 등급이 구분되는 방진마스크의 등급과 사용 장소에 대하여 적으시오.

해답
1) **특급 방진마스크**: 석면, 베릴륨과 같은 발암성 물질이 함유된 분진 발생 장소
2) **1급 방진마스크**: 금속흄 등의 분진 발생 장소
3) **2급 방진마스크**: 분진이 발생하는 모든 장소

기사 출제빈도 ★★

04 산소가 결핍된 장소(산소농도가 18[%] 미만)에서 주로 사용하는 호흡용 보호구(RPE, Respiratory Protective Equipment) 3가지를 적으시오.

해답
1) 송기마스크(호스마스크, 에어라인마스크)
2) 공기 호흡기(SCBA, Self-Contained Breathing Apparatus)
3) 산소 호흡기

기사 출제빈도 ★★

05 작업장에서 발생하는 소음에 의한 소음성 난청을 예방하고 관리하기 위한 종합적 계획인 청력보존 프로그램에 대한 물음에 답하시오.
1) 청력보존 프로그램을 실시하는 공정 2가지
2) 청력보존 프로그램에 포함되는 내용 6가지

📝 **청력보존 프로그램**
소음성 난청을 예방하고 관리하기 위하여 소음노출 평가, 소음 노출기준 초과에 따른 공학적 대책, 청력보호구의 지급 및 착용, 소음의 유해성과 예방에 관한 교육, 정기적 청력검사·평가 및 사후 관리, 문서기록·관리 등을 포함하여 수립하는 종합적인 계획을 말한다. 작업환경 측정결과 소음수준이 85[dB(A)]을 초과하거나, 소음으로 인하여 근로자에게 건강장해가 발생한 사업장은 청력보존 프로그램을 수립·시행해야 한다(산업안전보건기준에 관한 규칙 제517조).

해답
1) **청력보존 프로그램을 실시하는 공정**
    (1) 소음의 작업환경측정결과 소음 수준이 85[dB(A)]를 초과하는 공정
    (2) 소음으로 인하여 근로자에게 건강장해가 발생한 공정
2) **청력보존 프로그램에 포함되는 내용**
    (1) 소음 노출 평가
    (2) 소음 노출기준 초과에 대한 공학적 대책
    (3) 청력 보호구의 선택, 지급 및 착용 관리
    (4) 소음의 유해성, 건강 영향과 청력손실 예방에 관한 교육
    (5) 정기적 청력검사 및 평가, 사후관리
    (6) 청력보존 프로그램 관련 문서 작성 및 기록 관리 등
    근거 산업안전보건기준에 관한 규칙 제512조(정의)

06 주괴를 녹인 액체 상태를 주형틀에 넣어서 모양을 만드는 주조 용해작업 시 보호구의 종류 3가지 및 착용 이유를 적으시오.

해답
1) **보호안경**: 유해광선을 차단하기 위해서 착용
2) **방열장갑**: 고열로부터 피부를 보호하기 위해서 착용
3) **방진마스크**: 금속흄과 분진으로부터 호흡기를 보호하기 위해서 착용

07 귀마개의 장점과 단점을 3가지씩 쓰시오.

해답
1) 장점
   (1) 작아서 편리하다.
   (2) 가격이 귀덮개보다 저렴하다.
   (3) 고온에서 착용해도 불편함이 없다.
   (4) 작은 방에서도 고개를 움직이는 데 불편이 없다.
   (5) 안경, 모자, 귀걸이, 머리카락 등에 방해를 받지 않는다.
2) 단점
   (1) 귀가 건강한 사람만 사용할 수 있다.
   (2) 귀마개에 묻어 있는 오염물질이 귀에 들어갈 수 있다.
   (3) 잘 보이지 않아서 귀마개의 사용 여부를 확인하는 데 어려움이 있다.
   (4) 좋은 귀마개라고 할지라도 귀덮개보다 차음효과가 떨어지고 사용자 간 차이가 많다.
   (5) 일정한 크기의 귀마개나 주형으로 만든 귀마개는 사람의 귀에 맞도록 조절하는 데 많은 시간과 노력이 요구된다.

08 소음에 대한 개인보호구 중 귀덮개의 장점 3가지를 적으시오.

해답
1) 귀마개보다 개인차가 적다.
2) 귀마개보다 쉽게 착용할 수 있다.
3) 귀에 염증이 있어도 사용 가능하다.
4) 크기를 여러 가지로 할 필요가 없다.
5) 고음 영역에서 차음 효과가 탁월하다.
6) 멀리서도 착용 여부를 쉽게 확인할 수 있다.
7) 귀마개보다 일관성 있는 차음 효과를 얻을 수 있다.

5 근골격계질환 예방관리프로그램 운영

학습 개요 (기사·산업기사 공통)

1. 작업장의 인간공학적 유해요인을 파악하고 목록을 작성할 수 있다.
2. 근골격계부담작업의 유무를 파악하여 근골격계부담작업 개선계획을 수립할 수 있다.
3. 근골격계부담작업을 수행하는 근로자의 자각증상을 조사표를 사용하여 평가하고 결과를 사업주에게 제출하여 개선의 필요성을 인지시킬 수 있다.
4. 근골격계부담작업에 종사하는 근로자를 대상으로 근골격계부담작업 유해요인 조사를 실시하고 결과에 따라 의학적 관리를 수행할 수 있다.
5. 근골격계질환 예방프로그램을 운영할 수 있고, 노사가 함께 개선활동을 실행할 수 있도록 노사참여형 개선활동기법을 추진할 수 있다.

---

01 '산업안전보건기준에 관한 규칙'에서 근골격계부담작업으로 인한 건강장해를 예방하기 위하여 사업주가 실시하는 작업장 상황, 작업조건, 작업과 관련된 근골격계질환 징후와 증상 유무 등에 대한 유해요인 조사는 몇 년마다 실시하여야 하는가?

해답
3년
근거 제657조(유해요인 조사) ① 사업주는 근로자가 근골격계부담작업을 하는 경우에 3년마다 유해요인조사를 하여야 한다.

> **근골격계부담작업**
> 단순반복작업 또는 인체에 과도한 부담을 주는 작업으로서 작업량, 작업속도, 작업강도 및 작업장 구조 등에 따라 정한 고용노동부고시 제2020-12호에 나타낸 11가지의 작업을 말하며 2개월 이내 종료되는 단기간 작업이나 정기적·부정기적 작업으로서 연간 총 작업시간이 60일을 초과하지 않는 간헐적이 작업은 제외한다.

---

02 '산업안전보건기준에 관한 규칙'에서 근골격계질환 예방관리 프로그램 시행에 관한 내용이다. ( ) 안에 알맞은 내용을 넣으시오.

> 근골격계질환으로 업무상 질병을 인정받은 근로자가 연간 (㉠)명 이상 발생한 사업장 또는 (㉡)명 이상 발생한 사업장으로서 발생 비율이 그 사업장 근로자 수의 (㉢)퍼센트 이상인 경우에는 근골격계질환 예방관리 프로그램을 시행해야 한다.

해답
㉠ 10   ㉡ 5   ㉢ 10

기사 출제빈도 ★★

03 업무에 종사한 기간과 시간, 업무의 양과 강도, 업무수행 자세와 속도, 업무 수행 장소의 구조 등이 근골격계에 부담을 주는 업무(신체부담업무)인 근골격계질환의 업무를 4가지 적으시오.

해답
1) 진동 작업
2) 반복 동작이 많은 업무
3) 무리한 힘을 가해야 하는 업무
4) 부적절한 자세를 유지하는 업무
5) 그 밖에 특정 신체 부위에 부담되는 상태에서 하는 업무(장시간, 장기간 작업 등)

참고 근골격계질환의 범위(산업재해보상보험법 시행령 [별표 3])
2. 근골격계에 발생한 질병
　근골격계질병은 팔(上肢), 다리(下肢) 및 허리 부분으로 구분한다.
　　1) 팔 부분은 목, 어깨, 등, 위팔, 아래팔, 팔꿈치, 손목, 손 및 손가락 부위를 말하며, 대표적인 질병으로는 경추염좌, 경추간판탈출증, 회전근개건염, 팔꿈치의 내(외)상과염, 수부의 건염 및 건초염, 수근관증후군 등이 있다.
　　2) 다리 부분은 둔부, 대퇴부, 무릎, 다리, 발목, 발 및 발가락 부위를 말하며, 대표적인 질병으로는 무릎의 연골손상, 슬개대퇴부 통증증후군, 발바닥의 근막염, 발과 발목의 건염 등이 있다.
　　3) 허리 부분은 요추 및 주변의 조직을 지칭하며 대표적인 질병으로는 요부염좌, 요추추간판탈출증 등이 있다.

기사 출제빈도 ★★★

04 NIOSH에서 중량물 취급작업 시 지켜야 할 가장 중요한 원칙, 즉 중량물 취급작업 기준의 적용 범위를 제시하고 있다. 이 기준을 다음에 예시한 것 외에 3가지를 적으시오.

[예시]
1) 보통 두 손으로 들어 올리는 작업이라야 한다.
2) 물체를 들어 올릴 때 허리를 펴고 자세가 자연스러워야 한다.

해답
1) 작업장 내 온도가 적절해야 한다.
2) 물체가 박스인 경우 손잡이가 있어야 한다.
3) 물체의 폭이 75[cm] 이하로서 두 손을 적당히 벌리고 작업할 수 있어야 한다.
4) 신발이 작업장 바닥에 닿을 때 미끄러지지 않아야 하며, 손으로 물체를 잡을 때 불편함이 없어야 한다.

05 미국 NIOSH의 권고중량물 한계기준 또는 권고기준(RWL)을 나타내는 식은 다음과 같다. 이 식에서 LC, HM, DM, AM, CM에 대한 명칭을 쓰고 간단히 설명하시오.

$$\mathrm{RWL(kg)} = \mathrm{LC} \times \mathrm{HM} \times \mathrm{VM} \times \mathrm{DM} \times \mathrm{AM} \times \mathrm{FM} \times \mathrm{CM}$$

> **권장무게한계 또는 권고기준(RWL, Recommended Weight Limit)**
> 건강한 작업자가 특정한 들기작업에서 실제 작업시간 동안 허리에 무리를 주지 않고 요통의 위험 없이 들 수 있는 무게의 한계이다.

해답
1) LC: 23[kg]으로 허리의 비틀림 없이 정면에서 들기작업을 가끔씩 할 때, 작업물이 작업자 몸 가까이 있으며 수평거리(H)는 15[cm], 수직위치(V)는 75[cm], 작업자가 물체를 옮기는 거리의 수직이동거리(D)가 25[cm] 이하이며 커플링이 좋은 상태의 최적 환경에서 들기 작업을 할 때의 최대 허용무게(kg)를 말한다.
2) HM(Horizontal Multiplier, **수평계수**): 수평거리(H)를 권장무게한계에 고려하기 위한 계수로 $\mathrm{HM} = \dfrac{25[\mathrm{cm}]}{H}$로 나타내며 25[cm]보다 작을 경우는 1이다.
3) DM(Distance Multiplier, **거리계수**): 물체를 이동시킨 수직거리(D)를 권장중량한계에 고려하기 위한 계수로서 $\mathrm{DM} = 0.82 + \left(\dfrac{4.5}{D}\right)$로 나타내고, 25[cm]보다 작을 때는 1이고 175[cm]보다 클 경우는 0이다.
4) AM(Asymmetric Multiplier, **비대칭계수**): $\mathrm{AM} = 1 - (0.0032 \times \mathrm{A})$로, 여기서 A는 정중면과 비대칭 평면 사이의 각도를 말한다. 135도가 넘을 경우 AM은 0이다.
5) CM(Coupling Multiplier, **커플링 계수**): 커플링은 물체를 들 때 미끄러지거나 떨어뜨리지 않도록 손잡이 등이 좋은지를 권장중량한계에 반영한 것이다.

06 근골격계질환 작업의 관련성을 가진 위험요인을 4가지 적으시오.

해답
1) 무리한 작업자세, 반복적인 동작
2) 부자연스러운 작업자세
3) 과도한 힘의 발휘
4) 높은 반복 및 작업빈도
5) 부적절한 휴식
6) 날카로운 면과의 접촉
7) 기타 원인으로 진동, 저온 등

07 근골격계질환의 위험요소 4가지를 적으시오.

해답
1) 반복적인 동작
2) 무리한 힘의 사용
3) 부적절한 작업 자세
4) 날카로운 면과의 신체접촉

07 전자부품 조립작업, 세탁업무를 하는 작업자가 손목을 반복적으로 사용하는 작업에서 체크리스트를 이용하여 위험요인을 평가하는 평가방법을 쓰시오.

해답
JSI(Job Strain Index) 평가방법

참고 **JSI(Job Strain Index) 평가방법**
1) **신체부위**: 손/손목
2) **평가항목**: 작업자세, 과도한 힘, 반복성, 노출시간, 작업속도
3) **평가대상작업**: 검사작업, 자료입력 작업, 포장작업 등과 같이 손목의 움직임이 많은 작업
4) **장점**: 손목 부위의 타당도가 높음
5) **단점**: 손목 부위만 제한적으로 쓸 수 있음, 국소진동 작업의 과소평가 가능성, 힘에 대한 평가가 주관적임

6 건강관리

> **학습 개요**   기사·산업기사 공통
>
> 1. 건강진단 실시 계획을 수립하고 일정을 수립하며 문서 작성을 할 수 있다.
> 2. 건강진단 판정 등급과 업무적합성 평가 결과에 따라 사후관리 계획을 수립하고 실행할 수 있다.
> 3. 계획한 건강증진 프로그램을 제공하고, 지원할 수 있다.
> 4. 사업장의 보건교육 우선순위를 결정하고, 사회적 관심, 행·재정, 자원 활용 등에 따라 사업장 보건교육의 타당성을 검토할 수 있다.
> 5. 안전보건관리책임자, 관리감독자 및 특별교육대상자의 교육이수를 점검할 수 있다.

[기사] 출제빈도 ☆

01 고용노동부장관이 근로자의 건강을 보호하기 위하여 사업주에게 특정 근로자에 대한 건강진단(임시건강진단)의 실시 명령을 내릴 경우에 해당하는 3가지 경우를 적으시오.

[해답]
1) 동일 근무자와 유사 질병증상이 발생한 경우
2) 직업병 유소견자가 다수 발생할 우려가 있는 경우
3) 지방고용노동관서의 장이 필요하다고 판단하는 경우

[기사] 출제빈도 ☆☆☆

02 산업안전보건법 시행규칙에 나타낸 건강신단의 종류를 5가지 적으시오.

[해답]
1) 일반 건강진단
2) 특수 건강진단
3) 배치 전 건강진단
4) 수시 건강진단
5) 임시 건강진단

기사 출제빈도 ★★

03 유기화합물을 취급하는 사업장에서 특수건강진단 결과 유소견자가 발견된 경우 작업환경관리에 대한 조치사항을 3가지 적으시오.

해답
1) 유소견자가 근무하는 작업장의 시설, 설비의 점검
2) 당해 근로자의 작업방법 등의 검토
3) 시설, 설비에 대한 점검 또는 작업방법 등의 검토 결과에 따른 조치
4) 작업환경측정을 실시하지 않은 경우 또는 유소견자가 발생한 원인을 파악하기 위해 필요한 경우에는 유해인자별로 보다 정밀한 작업환경측정 실시

기사 출제빈도 ★★

04 디메틸포름아미드, 염화비닐, 석면 취급 근로자의 특수건강진단의 시기 및 주기를 나타내시오.

해답
1) 디메틸포름아미드 취급 근로자
   (1) 시기: 배치 후 1개월 이내, (2) 주기: 6개월
2) 염화비닐 취급 근로자
   (1) 시기: 배치 후 3개월 이내, (2) 주기: 6개월
3) 석면 취급 근로자
   (1) 시기: 배치 후 12개월 이내, (2) 주기: 12개월

참고 산업안전보건법 시행규칙
[별표 23] 특수건강진단의 시기 및 주기(제202조 제1항 관련)

구분	대상 유해인자	시기 (배치 후 첫 번째 특수건강진단)	주기
1	N, N-디메틸아세트아미드 디메틸포름아미드	1개월 이내	6개월
2	벤젠	2개월 이내	6개월
3	1, 1, 2, 2-테트라클로로에탄 사염화탄소 아크릴로니트릴 염화비닐	3개월 이내	6개월
4	석면, 면 분진	12개월 이내	12개월
5	광물성 분진 목재 분진 소음 및 충격소음	12개월 이내	24개월

05 다음에 제시된 기호는 근로자의 건강진단 실시 결과 건강관리 구분을 판정하는 기호이다. 이 기호에 해당되는 내용을 적으시오.

> ㉠ A, ㉡ C_1, ㉢ D_1, ㉣ R

해답
㉠ A : 건강관리상 사후관리가 필요 없는 근로자(건강한 근로자)
㉡ C_1 : 직업성 질병으로 진전될 우려가 있는, 추적검사 등 관찰이 필요한 근로자(직업병 요관찰자)
㉢ D_1 : 직업성 질병의 소견을 보여 사후관리가 필요한 근로자(직업병 유소견자)
㉣ R : 건강진단 1차 검사결과 건강수준의 평가가 곤란하거나 질병이 의심되는 근로자(제2차 건강진단 대상자)

참고 근로자 건강진단 실시기준
[별표 4] 건강관리구분, 사후관리내용 및 업무수행 적합여부 판정
1. 건강관리구분 판정

건강관리구분		건강관리구분 내용
A		건강관리상 사후관리가 필요 없는 근로자(건강한 근로자)
C	C_1	직업성 질병으로 진전될 우려가 있어 추적검사 등 관찰이 필요한 근로자(직업병 요관찰자)
	C_2	일반질병으로 진전될 우려가 있어 추적관찰이 필요한 근로자(일반질병 요관찰자)
D_1		직업성 질병의 소견을 보여 사후관리가 필요한 근로자(직업병 유소견자)
D_2		일반 질병의 소견을 보여 사후관리가 필요한 근로자(일반질병 유소견자)
R		건강진단 1차 검사결과 건강수준의 평가가 곤란하거나 질병이 의심되는 근로자(제2차 건강진단 대상자)

※ 'U'는 2차 건강진단 대상임을 통보하고 30일을 경과하여 해당 검사가 이루어지지 않아 건강관리구분을 판정할 수 없는 근로자 'U'로 분류한 경우에는 해당 근로자의 퇴직, 기한 내 미실시 등 2차 건강진단의 해당 검사가 이루어지지 않은 사유를 건강진단결과표의 사후관리소견서 검진소견란에 기재하여야 함

기사 출제빈도 ★★★

06 다음 표는 산업안전보건법 시행규칙 [별표 23] 특수건강진단의 시기 및 주기에 관한 내용이다. ( ) 안에 알맞은 내용을 적으시오.

대상 유해인자	시기(배치 후 첫 번째 특수 건강진단)	주기
디메틸포름아미드	(㉠) 이내	6개월
벤젠	2개월 이내	(㉡)
1, 1, 2, 2-테트라클로로에탄 사염화탄소	3개월 이내	6개월
석면, 면 분진	(㉢) 이내	12개월
광물성 분진, 목재 분진 소음 및 충격소음	12개월 이내	(㉣)

해답
㉠ 1개월
㉡ 6개월
㉢ 12개월
㉣ 24개월

상대위험도(RR)
상대위험도는 위험인자에 노출되었을 때 질병이 발생할 확률에서, 위험인자에 노출되지 않았을 때 질병이 발생할 확률을 나눈 값이다.

기사 출제빈도 ★★

07 다음 조건에서 상대위험도를 계산하시오.

[조건]
비노출군 발병률: 1.0, 노출군 발병률: 2.0

해답
비교위험도(relative risk) 또는 상대위험비
$= \dfrac{\text{노출군에서의 질병발생률}}{\text{비노출군에서의 질병발생률}} = \dfrac{2.0}{1.0} = 2$
이 값은 (2)번에 해당
1) **상대위험비 = 1**인 경우: 노출과 질병 사이의 연관성은 없음
2) **상대위험비 > 1**인 경우: 위험의 증가를 의미
3) **상대위험비 < 1**인 경우: 질병에 대한 방어효과가 있음을 의미

08 산업안전보건법률에 따라 사업주가 안전보건교육을 자체적으로 실시하는 경우에 교육을 할 수 있는 사람 4명을 적으시오.

해답
1) 안전보건관리책임자 2) 관리감독자
3) 안전관리자 4) 보건관리자
5) 안전보건관리담당자 6) 산업보건의

09 산업안전보건법률상 사업주와 근로자가 건강증진활동을 적극적으로 추진하지 않으면 이 질환에 대한 치료 및 관리비용이 더 많이 발생할 수 있음을 인식해야 하는 대표적인 3가지 질환을 적으시오.

해답
1) 심뇌혈관 질환
2) 근골격계 질환
3) 직무 스트레스

📝 **심뇌혈관 질환**
심혈관질환과 뇌혈관질환을 아울러 이르는 말이다. 허혈성 심장질환(심근경색증, 협심증)과 심부전증과 같은 심장질환, 뇌졸중(뇌출혈, 뇌경색) 같은 뇌혈관 질환은 물론, 이러한 질환들에 선행하는 고혈압, 당뇨병, 고지혈증, 동맥경화증 등도 포함한다.

10 산업안전보건법률상 '근로자안전보건교육'에 대한 대상 그룹과 분류를 각각 4가지씩 적으시오.

해답
1) 대상
   (1) 근로자(관리감독자 포함)
   (2) 현장실습생
   (3) 파견근로자
   (4) 특수형태 근로종사자
2) 분류
   (1) **정기교육**: 해당 사업장의 근로자를 대상으로 정기적으로 실시
   (2) **채용 시 교육**: 근로자를 신규로 채용하여 직무 배치 전 실시
   (3) **작업내용 변경 시 교육**: '다른 작업으로 전환할 때'나 '작업설비나 작업방법 등의 변경이 있는 때' 등에 근로자가 변경된 작업을 하기 전 실시
   (4) **특별교육**: 유해하거나 위험한 39개 작업에 채용할 때 또는 그 작업으로 작업내용을 변경할 때 실시

산업위생관리
기사·산업기사 실기
기출 및 예상문제집

PART II 계산형 문제

- **CHAPTER 1** 작업환경 측정 및 평가
- **CHAPTER 2** 작업환경 관리
- **CHAPTER 3** 환기 일반
- **CHAPTER 4** 전체 환기
- **CHAPTER 5** 국소 환기
- **CHAPTER 6** 산업안전보건법률 관련 및 작업관리

작업환경 측정 및 평가

1 입자상 물질을 측정, 평가하기

> **학습 개요** 기사·산업기사 공통
> 1. 분진 흡입에 대한 인체의 방어기전, 분진의 크기 표시 및 침강 속도, 입자별 크기에 따른 노출기준, 채취 여과지의 종류와 특성 및 작업종류에 따른 입자상 유해 물질에 대하여 기술할 수 있다.
> 2. 입자상 물질의 측정방법을 알고 평가할 수 있다.

기사 출제빈도 ★

01 어떤 사업장에서 측정한 공기 중 분진의 공기역학적 직경이 평균 6.5[μm]였다. 이 분진을 흡입성, 흉곽성 및 호흡성 분진을 TPM 환경용 시료채취기, IPM 및 RPM 개인용 시료채취기로 채취하였다고 가정할 때, 각각에 대한 채취효율(%)을 계산하시오. (단, 각각의 채취효율을 계산하는 공식은 다음과 같다.)

> 1) IPM의 입경별 채취효율식: $SI(d_p) = 50[\%] \times \left(1 + e^{-0.06 \times d_p}\right)$
> 2) TPM의 입경별 채취효율식: $ST(d_p) = SI(d_p) \times \{1 - F(x)\}$
>   여기서, $F(x)$는 표준정규분포에서 x값에 대한 누적확률함수로 0.076의 값을 갖는다.
> 3) RPM의 입경별 채취효율식: $SR(d_p) = SI(d_p) \times \{1 - F(x)\}$
>   여기서, $F(x)$는 표준정규분포에서 x값에 대한 누적확률함수로 0.85의 값을 갖는다.

📝 **흡입성 먼지(IPM, Inhalable Particulate Mass)**
호흡기의 어느 부위에 침착하더라도 독성을 나타내는 물질로 목재분진(참나무 등), 크로뮴미스트 등 상기도에 영향을 미치는 물질을 말한다.

📝 **흉곽성 먼지(TPM, Thoracic Particulate Mass)**
기관지계, 즉 기도나 폐포(하기도)에 침착하여 독성을 나타내는 물질로 평균입경($d_{p,50}$)은 10[μm]이다.

📝 **호흡성 먼지(RPM, Respirable Particulate Mass)**
폐포에 침착하여 진폐증, 폐기종, 폐포염 등의 인체 독성을 나타내는 물질로 평균입경($d_{p,50}$)은 4[μm]이다.

해답
1) $SI(d_p) = 50[\%] \times (1 + e^{-0.06 \times d_p}) = 0.5 \times (1 + e^{-0.06 \times 6.5}) = 83.9[\%]$
2) $ST(d_p) = 83.9[\%] \times (1 - 0.076) = 77.5[\%]$
3) $SR(d_p) = 83.9[\%] \times (1 - 0.85) = 12.6[\%]$

02 A 사업장에서 측정한 공기 중 먼지의 공기역학적 직경은 평균 7.5[μm]였다. 이 먼지를 흡입성 먼지 채취기로 채취할 때 채취효율(%)을 계산하시오.

> **공기역학적 직경 (aerodynamic diameter)**
> 대상이 되는 입자상 물질과 동일한 공기역학적 성질(침강속도)을 가지며, 밀도가 1[g/cm³]인 구형 입자상 물질의 직경을 말한다.

해답
채취기의 채취효율 공식

$$SI(d_p) = 50[\%] \times (1 + e^{-0.06 \times d_p}) = 50[\%] \times (1 + e^{-0.06 \times 7.5}) = 81.9[\%]$$

03 30[μm]인 분진 입자를 중력 침강실에서 처리하려고 한다. 입자의 밀도는 2[g/cm³], 가스의 밀도는 1.2[kg/m³], 가스의 동점성계수는 1.54×10^{-5}[m²/s] 때 침강속도(m/s)는? (단, Stokes 식을 적용한다.)

해답
Stokes 법칙(종말침강속도식)

$$v = \frac{(\rho_p - \rho_o) \times g \times d^2}{18\mu}$$

여기서, ρ_p : 입자의 밀도　　ρ_o : 가스의 밀도
　　　　g : 중력가속도　　　d : 입자의 직경
　　　　μ : 가스의 점성계수(동점성계수 × 가스의 밀도)

$\therefore$ 침강속도 $v_s = \dfrac{d_p^2(\rho_p - \rho)g}{18\mu}$

$= \dfrac{(30 \times 10^{-6})^2 \times (2,000 - 1.2) \times 9.8}{18 \times (1.54 \times 10^{-5} \times 1.2)} = 0.053$ [m/s]

> **점성계수(점도, μ)와 동점성계수(ν)**
> 점성계수는 어떤 물질이 얼마나 힘을 확산하기 쉬운지를 나타내고 있고, 동점성계수는 어떤 물질이 얼마나 속도를 확산하기 쉬운지를 나타낸다.
> $\mu = \nu \times \rho, \ \nu = \dfrac{\mu}{\rho}$

04 비중이 2.5인 입자의 직경이 5[μm]인 시멘트분진이 다른 방해기류 없이 층류 이동을 할 경우, 침강속도(cm/s)를 구하시오.

해답
입경이 1~50[μm]인 먼지의 침강속도는 Lippmann의 식을 적용하면 된다.
V[cm/s] $= 0.003 \times \rho \times r^2$을 주로 사용한다.
여기서, ρ : 입자의 비중
　　　　r : 입자의 직경(μm)이다.
$\therefore V = 0.003 \times 2.5 \times 5^2 = 0.188$ [cm/s]

CHAPTER 1

산업 출제빈도 ★★★★★

05 입경이 10[μm]이고, 밀도가 1.2[g/cm³]인 입자의 침강속도(cm/s)는? (단, 공기밀도 0.0012[g/cm³], 중력가속도 980[cm/s²], 공기의 점성계수는 1.85×10^{-5}[g/cm·s]이다.)

해답

Lippmann의 식

$v = 0.003 \times \rho \times d^2$ [cm/s]

여기서, ρ: 입자의 비중
d: 입경(μm)

∴ 침강속도 $v = 0.003 \times \rho \times d^2 = 0.003 \times 1.2 \times 10^2 = 0.36$ [cm/s]

참고 Lippmann의 식은 Stokes의 종말침강속도(분리속도)식인 $v_g = \dfrac{d_p^2 \rho_p g}{18\mu}$ 에서 유도된 식임

리프만의 식에 입경을 μm로, 비중을 단위 없이 대입하였고, 단위를 cm/s로 하였으므로

$v = \dfrac{(10^{-6})^2 [\text{m}^2] \times 1,000 [\text{kg/m}^3] \times 9.8 [\text{m/s}^2]}{18 \times 1.85 \times 10^{-5} [\text{kg/s·m}]} \times 10^2 [\text{cm/m}]$

$= 0.003$ [cm/s]

산업 출제빈도 ★★★

06 공기시료채취용 펌프는 수동식 마찰이 없는 거품관을 사용하여 보정한다. 만약 1,000[cc]의 공간에 비누거품이 도달하는 데 소요되는 시간을 4번 측정한 결과 25.5초, 25.2초, 25.9초, 25.4초였다면 이 펌프의 평균 유량(L/min)을 계산하시오.

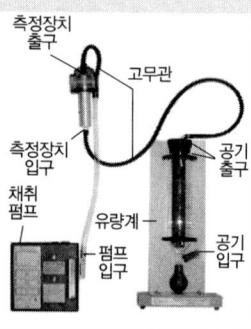

📝 무마찰 비누거품미터

해답

$1,000[\text{cc}] = 1,000[\text{mL}] = 1[\text{L}]$

평균 채취유량(L/min) = $\dfrac{\text{비누거품이 통과한 용량(L)}}{\text{비누거품이 통과한 시간(min)}}$ 에서

평균 채취유량(L/min) = $\dfrac{1[\text{L}]}{\left(\dfrac{25.5 + 25.2 + 25.9 + 25.4}{4}\right) s \times \left(\dfrac{\min}{60\,s}\right)}$

$= 2.35$ [L/min]

기사·산업 출제빈도 ★★★★

07 입경이 10[μm]이고 밀도가 1.3[g/cm³]인 입자의 침강속도 (cm/s)를 다음 제시된 식으로 구하시오.

1) Stokes의 법칙을 적용할 경우
2) Lippmann의 식을 적용할 경우

해답

1) Stokes의 법칙을 적용할 경우

$$v_s = \frac{(\rho_p - \rho_a) \times d^2 \times g}{18 \times \mu}$$

$$= \frac{(1.3[\text{g/cm}^3] - 1.2 \times 10^{-3}[\text{g/cm}^3]) \times (10^{-3})^2[\text{cm}] \times 980[\text{cm/s}^2]}{18 \times 1.846 \times 10^{-4}[\text{g/cm·s}^2]}$$

$$= 0.38[\text{cm/s}]$$

여기서, ρ_p: 분진밀도(g/cm³)
ρ_a: 공기밀도(0.0012[g/cm³])
g: 중력가속도(980[cm/s²])
μ: 공기의 점성계수(1.846×10⁻⁴[g/cm·s] (25[℃], 1기압))

2) Lippmann의 식을 적용할 경우

$$v_s = 0.003 \times \rho \times d^2 = 0.003 \times 1.3 \times 10^2 = 0.39[\text{cm/s}]$$

여기서, ρ: 입자의 비중
d: 입자의 직경(μm)

2 유해물질 측정, 평가하기

학습 개요 기사·산업기사 공통

1. 가스상 물질의 측정 및 성질에 대하여 기술할 수 있다.
2. 연속 및 순간 시료채취에 대하여 기술할 수 있다.
3. 흡착의 원리 및 흡착관의 종류에 대하여 기술할 수 있다.
4. 시료 채취 시 주의사항 및 유해물질의 측정방법과 평가에 대하여 기술할 수 있다.

산업 출제빈도 ★★★★

01 CO_2 농도 1,000[ppm]은 몇 mg/m³인가? (단, 0[℃], 1[atm]일 때이다.)

해답

$$CO_2 \text{ 농도} = 1,000 \times \frac{44}{22.4} = 1,964.29[\text{mg/m}^3]$$

산업 출제빈도 ★★☆

02 2[ppm] CS₂는 몇 mg/m³인가?

해답

$$2 \times \frac{76}{24.45} = 6.22\,[\mathrm{mg/m^3}]$$

산업 출제빈도 ★★☆

03 어떤 자동차의 배기구에서 일산화탄소 1[m³]가 100,000[m³]의 밀폐된 차고에서 방출되었을 경우, 이 차고 내 공기 중 일산화탄소의 농도(ppm)는?

해답

일산화탄소 농도 $C = \dfrac{1}{100,000} \times 10^6 = 10\,[\mathrm{ppm}]$

산업 출제빈도 ★★★

04 벤젠 32[mg/m³]를 ppm으로 변환하시오. (단, 온도와 압력은 각각 25[℃], 1기압으로 가정한다. 단, 벤젠 1그램의 분자량은 78이다.)

해답

$$\mathrm{ppm} = \mathrm{mg/m^3} \times \frac{24.45}{M} = 32 \times \frac{24.45}{78} = 10\,[\mathrm{ppm}]$$

산업 출제빈도 ★☆☆

05 벤젠의 농도가 50[℃], 2기압인 상태에서 2[ppm]일 때, 21[℃], 1기압에서는 몇 ppm인가?

해답

ppm(V/V)에서 온도와 압력의 변화는 분모와 분자 둘 다를 동시에 변화시키므로 온도와 압력이 변화된 상태에서도 같은 2[ppm]이다.

06 탈착효율은 보정하기 전의 가스상 유해물질 측정농도가 100[ppm]이었다. 탈착효율이 90[%]이었다면 탈착효율을 보정한 후의 보정농도(ppm)는?

해답

탈착효율을 고려한 보정농도(ppm) $= \dfrac{100}{0.9} = 111.11 \,[\text{ppm}]$

> **탈착효율**
> 탈착효율은 흡착관을 이용하여 채취한 물질의 분석값을 보정하는 데 필요한 것으로 채취에 사용하지 않은 동일한 흡착관에 첨가된 양과 분석량의 비로 표현된 값을 말한다. 이 실험을 통하여 흡착관의 오염, 시약의 오염, 흡착관에 대한 시료채취 효율 등을 알 수 있다.

07 온도 25[℃], 1기압하에서 공기 중 아황산가스(분자량 64)의 농도를 측정하기 위하여 공기를 200[L] 채취하여 분석한 결과 2[mg]의 아황산가스가 검출되었다. 아황산가스의 농도(ppm)를 구하시오. (단, 벤젠 1그램의 분자량은 78이다.)

해답

농도는 $2[\text{mg}]/200[\text{L}] = 10[\text{mg}/\text{m}^3]$ 이다.

$\text{ppm} = \text{mg}/\text{m}^3 \times \dfrac{24.45}{M} = 10 \times \dfrac{24.45}{78} = 3.8\,[\text{ppm}]$

08 25[℃], 1기압 공기 중 톨루엔 1[ppm]을 mg/m³으로 변환하시오. (단, 톨루엔 1그램의 분자량은 92이다.)

해답

$\text{mg}/\text{m}^3 = \text{ppm} \times \dfrac{M}{24.45} = 1 \times \dfrac{92}{24.45} = 3.76\,[\text{mg}/\text{m}^3]$

09 0.001[N] NaOH용액의 pH(수소이온농도)를 계산하시오.

해답

$\text{pH} + \text{pOH} = 14$ 에서 $\text{pOH} = -\log[\text{OH}^-] = -\log 0.001 = 3$

$\therefore \text{pH} = 14 - 3 = 11$

시간가중평균 노출기준 (TLV-TWA)

1일 8시간 작업을 기준으로 하여 유해인자의 측정치에 발생시간을 곱하여 8시간으로 나눈 값을 말하며, 다음 식에 따라 산출한다.

TWA 환산값
$$= \frac{C_1 T_1 + C_2 T_2 + \cdots + C_n T_n}{8}$$

여기서, C: 유해인자의 측정치 (단위, ppm, mg/m³ 또는 개/cm³), T: 유해인자의 발생시간(단위, 시간)

트라이클로로에틸렌 (TCE, trichloroethylene)

화학식은 C_2HCl_3로 유기화합물의 일종으로 산업 용매로 흔히 사용되는 무색의 휘발성 액체상태의 유기 할로겐화합물이다. 다소 독성이 있고 드라이클리닝, 금속 물질의 탈지, 커피에서 카페인을 제거하거나 면과 모에서 지방 및 왁스를 제거하는 등 추출공정의 용매로 사용된다.

산업 출제빈도 ★★★☆

10 다음은 어떤 작업장의 시료분석 결과표이다. 이 작업장에서의 이황화탄소(CS_2)의 시간가중평균 노출기준(TLV-TWA)을 계산하시오.

노출시간(H)	이황화탄소(CS_2) 농도(ppm)
3	1.5
2	17
2	4.6
1	20
1분(피크치)	70

해답

CS_2의 환산, $TWA = \dfrac{(1.5 \times 3) + (17 \times 2) + (4.6 \times 2) + (20 \times 1)}{8} = 8.46[ppm]$

산업 출제빈도 ★★★★

11 1일 14시간 클로로포름(TLV: 100[ppm])을 취급할 때 노출기준(ppm)을 Brief & Scala의 방법으로 보정하면 얼마가 되는가?

해답

Brief & Scala 방법의 계산식: 전신중독 또는 기관장해를 일으키는 물질에 대하여 보정계수(RF, Reduction Factor, 감소계수)를 구한 후 보정계수와 허용농도를 곱하여 보정한다.

1일 노출시간을 기준으로 할 경우

TLV 보정계수(RF) $= \dfrac{8}{H} \times \dfrac{24-H}{16} = \dfrac{8}{14} \times \dfrac{24-14}{16} = 0.36$

∴ 보정된 노출기준, $TLV_c = RF \times TLV = 0.36 \times 100 = 36[ppm]$

산업 출제빈도 ★★★☆

12 공기 중 트라이클로로에틸렌(TCE)의 농도가 45[ppm]인 A 사업장에서 1일 9시간 근무하는 경우 이 사업장에 대한 물음에 답하시오. (단, TCE의 노출기준은 50[ppm]이다.)

1) Brief & Scala 보정식으로부터 보정계수를 구하시오.
2) 보정 노출기준을 계산하고 초과 여부를 판정하시오.

해답

1) TLV 보정계수(RF) $= \dfrac{8}{H} \times \dfrac{24-H}{16} = \dfrac{8}{9} \times \dfrac{24-9}{16} = 0.83$

2) 보정 노출기준, $TLV_c = RF \times TLV = 0.83 \times 50 = 41.5[ppm]$

∴ A 사업장의 TCE 노출기준은 초과하였다.

기사 출제빈도 ★★★★

13 톨루엔의 노출기준은 100[ppm]이다. 잔업으로 인하여 톨루엔 취급 작업시간이 8시간에서 12시간으로 늘었다면 이 노출기준치는 몇 ppm으로 보정해 주어야 하는가? (단, Brief & Scala의 보정방법을 적용한다.)

해답

Brief & Scala의 보정식에 의한 보정된 노출기준 $= TLV \times RF$ 에서

$RF = \left(\dfrac{8}{H}\right) \times \dfrac{24-H}{16} = \left(\dfrac{8}{12}\right) \times \dfrac{24-12}{16} = 0.5$

∴ $100 \times 0.5 = 50[ppm]$

톨루엔의 노출기준치는 50[ppm]으로 보정되어야 한다.

기사 출제빈도 ★★★★★

14 자일렌의 노출기준은 100[ppm]이다. 잔업으로 인하여 작업시간이 8시간에서 10시간으로 늘였을 때, OSHA 보정법과 Brief & Scala 보정법을 적용하여 노출기준을 보정해 주었다. 보정된 허용기준치 간의 차이는 약 몇 ppm인가? (단, 1일 노출시간을 기준으로 한다.)

해답

1) OSHA 보정법 계산식: 급성중독을 일으키는 물질에 대해서 1일 노출시간을 기준으로 보정

보정된 노출기준 $= 8$시간 노출기준 $\times \dfrac{8\text{시간}}{\text{노출시간/일}} = 100 \times \dfrac{8}{10} = 80[ppm]$

2) Brief & Scala 방법의 계산식: 전신중독 또는 기관장해를 일으키는 물질에 대하여 보정계수(RF, Reduction Factor, 감소계수)를 구한 후 보정계수와 허용농도를 곱하여 보정한다.

TLV 보정계수(RF) $= \dfrac{8}{H} \times \dfrac{24-H}{16} = \dfrac{8}{10} \times \dfrac{24-10}{16} = 0.7$

따라서 보정된 허용농도 $= 0.7 \times 100 = 70[ppm]$

보정된 허용기준치 간의 차이 $= 80 - 70 = 10[ppm]$

산업 출제빈도 ★★☆☆☆

15 TVL 25[ppm]인 작업장에서 10시간 일할 경우 Brief & Scala보정법에 의하여 허용농도(ppm)를 보정하시오.

해답

Brief & Scala 방법의 계산식: 전신중독 또는 기관장해를 일으키는 물질에 대하여 보정계수(RF, Reduction Factor, 감소계수)를 구한 후 보정계수와 허용농도를 곱하여 보정한다.

TLV 보정계수(RF) $= \dfrac{8}{H} \times \dfrac{24-H}{16}$ 여기서, H : 노출시간/일, 16: 회복시간

∴ TLV 보정계수(RF) $= \dfrac{8}{H} \times \dfrac{24-H}{16} = \dfrac{8}{10} \times \dfrac{24-10}{16} = 0.7$

따라서 보정된 허용농도 $= 0.7 \times 25 = 17.5$[ppm]

기사 출제빈도 ★★★★☆

16 작업장에서 메틸클로로폼의 노출기준은 350[ppm]이다. 1일 10시간 작업을 할 경우 이 노출기준은 얼마로 보정해야 하는가? (단, Brief & Scala식과 우리나라 고용노동부 고시에 나타낸 보정 노출기준식을 사용하여 비교하시오.)

메틸클로로폼
(methylchloroform)
화학식은 CH_3CCl_3로 무색투명한 휘발성 액체이며 특유의 온화하고 달콤한 냄새가 난다. 주로 금속의 상온 세정 및 증기 세정에 사용된다. 불연료 용제 중에서는 독성이 가장 낮으며 이용 분야도 넓다. 또한 섬유의 얼룩제거제, 에어졸용에 적합하다.

해답

1) Brief & Scala식

8시간 노출기준 $\times \left(\dfrac{8}{H} \times \dfrac{24-H}{16} \right) = 350 \times \left(\dfrac{8}{10} \times \dfrac{24-10}{16} \right) = 245$[ppm]

2) 고용노동부 고시에 나타낸 보정 노출기준식

8시간 노출기준 $\times \left(\dfrac{8}{H} \right) = 350 \times \dfrac{8}{10} = 280$[ppm]

∴ 우리나라 고용노동부 고시에 나타낸 보정 노출기준식으로 계산한 값이 Brief & Scala식으로 계산한 값보다 35[ppm] 높다.

기사 출제빈도 ★★★☆

17 온도 25[℃], 1기압 하인 어떤 작업장에서 분당 200[mL]씩 100분 동안 채취한 공기 중 벤젠(분자량 78)이 2[mg] 검출되었다. 이 작업장 공기 중 벤젠은 부피 단위로 몇 ppm인가?

해답 채취한 공기량

$$0.2[\text{L/min}] \times 100[\text{min}] = 20[\text{L}], \quad \frac{2[\text{mg}]}{20[\text{L}] \times \frac{\text{m}^3}{10^3[\text{L}]}} = 100[\text{mg/m}^3]$$

$$\therefore \text{ppm} = 100 \times \frac{24.45}{78} = 31.35[\text{ppm}]$$

18 표준공기(25[℃], 1기압)가 존재하는 작업장에서 Toluene(MW : 92)을 활성탄관을 이용하여 유량 0.25[L/분]으로 200분간 채취하여 GC로 분석을 하였다. 분석결과 활성탄관 앞 층인 100[mg]층에서 3.5[mg]이 검출되었고, 뒤 층인 50[mg]층에는 0.2[mg]이 검출되었다. 탈착효율이 95[%]일 때 공기 중 Toluene의 농도(mg/m³)는? (단, 공시료는 고려하지 않음)

해답

$$\text{톨루엔 농도(mg/m}^3) = \frac{\text{질량}}{\text{공기채취량} \times \text{탈착효율}}$$

$$= \frac{(3.5 + 0.2)[\text{mg}]}{0.25[\text{L/min}] \times 200[\text{min}] \times \left(\frac{\text{m}^3}{1,000[\text{L}]}\right) \times 0.95}$$

$$= 74[\text{mg/m}^3]$$

19 탈지 세정과정에서 사용하는 메틸에틸케톤(MEK)의 근로자 노출 정도를 측정하고자 한다. 다음과 같은 조건일 때 채취해야 할 최소측정 시간(분)을 구하시오. (단, MEK의 분자량은 72.1, 활성탄관을 이용한 채취 유량은 50[mL/min], GC의 정량한계(LOQ)는 시료당 5[μg], MEK의 과거 노출농도는 50[mg/m³]이었다.)

메틸에틸케톤(MEK, Methylethylketone)

MEK($C_2H_5COCH_3$)는 증기가 강렬하고 달콤한 냄새가 나는 무색의 액체로 각종 합성고분자 화합물의 용제, 점착제, 도료, 박리제, 세정제, 인쇄잉크용 용제, 염료용제, 휘발유의 셀룰로이드, 인조가죽, 사진필름 등의 제조 및 유기합성 중간체로 널리 사용되고 있다.

해답

$$\text{최소채취부피} = \frac{\text{LOQ}}{\text{과거농도}} = \frac{5[\mu g] \times \frac{\text{mg}}{10^3[\mu g]}}{50[\text{mg/m}^3]} = 0.0001[\text{m}^3] = 0.1[\text{L}]$$

$$\therefore \text{최소측정시간} = \frac{0.1[\text{L}]}{0.05[\text{L/분}]} = 2분$$

산업 출제빈도 ★★★

20 표준상태(25[℃], 1기압)의 작업장에서 Toluene(MW: 92)을 활성탄관을 이용하여 유량 0.30[L/분]으로 200분간 채취하여 GC로 분석을 하였다. 분석결과 활성탄관 100[mg]층에서 3.5[mg]이 검출되었고, 50[mg]층에는 0.2[mg]이 검출되었다. 탈착효율이 95[%]일 때 공기 중 Toluene의 농도(ppm)는? (단, 공시료는 고려하지 않음)

해답

$$\text{톨루엔 농도(mg/m}^3\text{)} = \frac{\text{질량}}{\text{공기채취량} \times \text{탈착효율}}$$

$$= \frac{(3.5+0.2)[\text{mg}]}{0.30[\text{L/min}] \times 200[\text{min}] \times \left(\frac{\text{m}^3}{1{,}000[\text{L}]}\right) \times 0.95}$$

$$= 64.91[\text{mg/m}^3]$$

$$\therefore \text{톨루엔 농도(ppm)} = 64.91 \times \frac{24.45}{92} = 17.25[\text{ppm}]$$

기사 출제빈도 ★★★★

21 트라이클로로에틸렌(TCE)을 사용하는 작업장의 과거 노출농도가 50[ppm]이었다. 채취하여야 할 최소한의 시간(분)은? (단, 정량한계(LOQ)의 하한치가 0.5[mg]이고, 시료채취펌프의 유량은 0.15[L/min]이며 작업장의 온도는 25[℃], 1기압이고, 트라이클로로에틸렌(TCE)의 분자량은 131.39이다.)

해답

먼저 트라이클로로에틸렌(TCE) 50[ppm]을 단위 환산한다.

$$\text{mg/m}^3 = 50 \times \frac{131.39}{24.45} = 268.7[\text{mg/m}^3]$$

정량한계를 기준으로 최소한으로 채취하여야 하는 공기량이 결정되므로

$$\frac{\text{LOQ}}{\text{예상농도}} = \frac{0.5[\text{mg}]}{268.7[\text{mg/m}^3]} = 1.86 \times 10^{-3}[\text{m}^3] = 1.86[\text{L}]$$

$$\therefore \text{채취최소시간} = \frac{1.86[\text{L}]}{0.15[\text{L/min}]} = 12.4[\text{min}]$$

22 벤젠(분자량 78, TLV 10[ppm])을 개인시료채취기(유량 0.05[LPM])로 채취하여 가스크로마토그래피(GC, LOD 0.01[mg])로 분석하고자 할 때, 채취해야 할 최소유량(L)과 채취시간(min)은 얼마인가?

해답 먼저 노출기준 ppm을 mg/m³으로 환산한다.

$$10 \times \frac{78}{24.45} = 32[\text{mg/m}^3]$$

채취해야 할 최소유량(L) = $\dfrac{\text{분석기기의 감도(LOD)}}{\dfrac{1}{10} \times \text{노출기준(TLV)}}$

$$= \frac{0.01[\text{mg}]}{\dfrac{1}{10} \times 32[\text{mg/m}^3]} = 0.003125[\text{m}^3] = 3.125[\text{L}]$$

시료채취시간 = $\dfrac{\text{공기채취량}}{\text{유량}} = \dfrac{3.125[\text{L}]}{0.05[\text{L/min}]} = 62.5[\text{min}]$

※ LPM = L/min

23 공기 중에 톨루엔(TLV = 50[ppm])이 30[ppm], 자일렌(TLV = 100[ppm])이 80[ppm], 아세톤(TLV = 500[ppm])이 350[ppm]으로 측정되었을 경우 다음 물음에 답하시오. (단, 각 물질은 상가작용을 한다고 가정한다.)

1) 이 작업 환경의 노출지수(EI)는?
2) 노출기준 초과 여부는?
3) 세 물질의 상가작용에 의한 허용농도(ppm)는?

벤젠, 톨루엔, 자일렌

석유화학산업에서 매우 중요한 세 가지 방향족 화합물의 앞글자를 따서 BTX라고 부르는데 여기서, B는 벤젠(Benzene), T는 톨루엔(Toluene), X는 자일렌(Xylene)이다. 톨루엔은 벤젠고리에 메틸기(CH_3)가 1개, 자일렌은 2개의 메틸기가 결합한 구조의 방향족 탄화수소이다.

노출지수(EI, Exposure Index)

두 가지 이상의 유해 화학물질이 공기 중에 공존할 때는 대부분의 물질은 유해성의 상가작용(additive effect)을 나타내기 때문에 유해성 평가는 다음의 식에 의하여 계산된 노출지수에 의하여 결정한다. 만약 노출지수가 1을 초과하면 노출기준을 초과한다고 판단한다.

$$\text{EI} = \frac{C_1}{\text{TLV}_1} + \frac{C_2}{\text{TLV}_2} + \cdots$$

해답
1) 오염물질이 혼합물로 존재할 경우 노출지수(EI, Exposure Index)의 계산

$$\text{EI} = \frac{C_1}{\text{TLV}_1} + \frac{C_2}{\text{TLV}_2} + \cdots + \frac{C_n}{\text{TLV}_n}$$

$$= \frac{30}{50} + \frac{80}{100} + \frac{350}{500} = 2.1$$

2) 노출지수가 1을 초과하면 노출기준을 초과한다고 평가하므로 노출기준 초과이다.

3) 허용농도(ppm) = $\dfrac{(30 + 80 + 350)}{2.1} = 219[\text{ppm}]$

산업 출제빈도 ★★☆

24 벤젠의 측정농도가 200[ppm](TLV: 100[ppm]), 트리클로에틸렌 측정농도가 10[ppm](TLV: 10[ppm])일 때, 허용농도(ppm)를 구하시오.

해답

노출지수 $EI = \dfrac{C_1}{TLV_1} + \dfrac{C_2}{TLV_2} = \dfrac{200}{100} + \dfrac{10}{10} = 3$

노출지수가 1을 넘으므로 허용농도를 초과함

∴ 허용농도, $TLV = \dfrac{C_1 + C_2}{EI} = \dfrac{200 + 10}{3} = 70[ppm]$

산업 출제빈도 ★★☆

25 어떤 작업장의 유해물질을 측정하였더니 헵탄(TLV: 1,640[mg/m³]), 메틸클로로포름(TLV: 1,910[mg/m³]), 퍼크로로에틸렌(TLV: 170[mg/m³])이 1 : 2 : 3의 비율로 포함되어 있었다. 혼합물의 TLV(mg/m³)를 구하시오. (단, 상가작용 기준)

해답

혼합물의 $TLV = \dfrac{1}{\dfrac{\left(\dfrac{1}{6}\right)}{1,640} + \dfrac{\left(\dfrac{1}{3}\right)}{1,910} + \dfrac{\left(\dfrac{1}{2}\right)}{170}} = 310.82[mg/m^3]$

기사 출제빈도 ★★☆

26 어떤 작업장에 Benzene(TLV = 0.5[ppm]) 0.25[ppm], Tetrachloroethylene(TLV = 50[ppm]) 25[ppm] 및 Xylene(TLV = 100[ppm]) 60[ppm]의 혼합공기가 측정되었을 경우, 이 3가지 유기화합물은 상가작용이 있으며 혼합공기에 대한 허용기준을 미국의 ACGIH에서 제시하는 혼합물의 허용기준 판정방법에 따라 판정하고 혼합물의 허용농도를 계산하시오.

해답

1) 허용기준 초과 판정

> $N > 1$: 허용농도 초과
> $N < 1$: 허용농도 미만

$N = \dfrac{C_1}{TLV_1} + \dfrac{C_2}{TLV_2} + \cdots + \dfrac{C_n}{TLV_n}$ 에서 $N = \dfrac{0.25}{0.5} + \dfrac{25}{50} + \dfrac{60}{100} = 1.6$

∴ $N = 1.6 > 1$ 이므로 허용농도 초과로 판정

2) 혼합물질의 허용농도 계산

$T = \dfrac{C_1 + C_2 + \cdots + C_n}{N}$ 에서 $T = \dfrac{0.25 + 25 + 60}{1.6} = 53.3[\text{ppm}]$

기사 출제빈도 ★★★

27 다음 표는 어떤 유기용제를 취급하는 작업자에서 작업환경측정에 대한 분석 자료이다. 이 표를 보고 물음에 답하시오. (단, 톨루엔과 자일렌이 상가작용을 하며, 각각의 TLV는 25[℃], 1[atm]에서 50[ppm]과 100[ppm]이고, 각각의 분자량은 92와 106이다.)

시료번호	톨루엔 분석량	자일렌 분석량	채취시간	채취유량
1	3.2[mg]	12.3[mg]	08:00 ~ 12:00	0.18[L/h]
2	5.4[mg]	10.7[mg]	13:00 ~ 17:00	0.18[L/h]

1) 톨루엔의 TWA(mg/m^3)을 구하시오.
2) 자일렌의 TWA(mg/m^3)을 구하시오.
3) 두 유기용제에 대한 노출초과 여부를 판정하시오.

해답

1) 톨루엔의 TWA(mg/m^3)

$= \dfrac{C_1 \times T_1 + C_2 \times T_2}{8} = \dfrac{(3.2 \times 4) + (5.4 \times 4)}{8} = 4.3[mg/m^3]$

2) 자일렌의 TWA(mg/m^3)

$= \dfrac{C_1 \times T_1 + C_2 \times T_2}{8} = \dfrac{(12.3 \times 4) + (10.7 \times 4)}{8} = 11.5[mg/m^3]$

3) 노출지수, $EI = \dfrac{C_1}{TLV_1} + \dfrac{C_2}{TLV_2}$ 에서

톨루엔의 농도(ppm), $C_1 = 4.3 \times \dfrac{24.45}{92} = 1.14[\text{ppm}]$

자일렌의 농도(ppm), $C_2 = 11.5 \times \dfrac{24.45}{106} = 2.65[\text{ppm}]$

∴ $EI = \dfrac{C_1}{TLV_1} + \dfrac{C_2}{TLV_2} = \dfrac{1.14}{50} + \dfrac{2.65}{100} = 0.05$

노출지수가 1 미만이므로 노출기준 미만이다.

아세톤(Acetone)

가장 간단한 형태의 케톤으로 화학식은 CH_3COCH_3이며, 물, 알코올, 에테르 등 대부분의 용매와 잘 섞인다. 상온에서 휘발성이 강하므로 인화성이 크다.

산업 출제빈도 ★★★

28 A 작업장에서는 아세톤(분자량 58.08 비중 0.79)이 시간당 1,200[mL], 메틸알콜(분자량 32.04 비중 0.792)은 시간당 950[mL]가 증발되어 모두 공기와 혼합되고 있다. 작업 환경측정 결과 아세톤(TLV 500[ppm])이 300[ppm], 메틸알콜(TLV 200[ppm])이 150[ppm]이었을 때 노출기준의 초과 여부를 평가하고 필요환기량(m^3/min)을 구하시오. (단, 아세톤과 메틸알콜에 대한 안정계수는 4, 6이고, 두 물질은 서로 상가작용을 하며 주위는 25[℃], 1기압으로 온도 보정에 대하여는 고려하지 않는다.)

해답

1) 노출지수(EI, Exposure Index)를 계산한다.

$$EI = \frac{C_1}{TLV_1} + \frac{C_2}{TLV_2} = \frac{300}{500} + \frac{150}{200} = 1.35$$

∴ 1을 넘어 노출기준을 초과하였다.

2) 아세톤 사용량 $= 1.2[L/h] \times 0.79[g/mL] \times 1,000[mL/L] = 948[g/h]$

아세톤 발생률 $= \dfrac{24.45[L] \times 948[g/h]}{58.08[g]} = 399.08[L/h]$

아세톤 필요환기량 $= \dfrac{399.08[L/h] \times 1,000[mL/L]}{500[mL/m^3] \times 60[min]} \times 4 = 53.21[m^3/min]$

3) 메틸알코올 사용량 $= 1.2[L/h] \times 0.792[g/mL] \times 1,000[mL/L] = 950.4[g/h]$

톨루엔 발생률 $= \dfrac{24.45[L] \times 950.4[g/h]}{32.04[g]} = 725.26[L/h]$

톨루엔 필요환기량 $= \dfrac{725.26[L/h] \times 1,000[mL/L]}{200[mL/m^3] \times 60[min]} \times 6 = 362.63[m^3/min]$

∴ 두 물질이 상가작용을 하므로 전체 환기량은
$53.21 + 362.63 = 415.84[m^3/min]$

산업 출제빈도 ★★★

29 어떤 작업장의 유해물질을 측정하였더니 40[%] 헵탄(TLV: 1,640[mg/m³])과 60[%] 퍼클로로에틸렌(TLV: 170[mg/m³])의 비율로 포함되어 있었다. 혼합물의 TLV(mg/m³)를 구하시오. (단, 상가작용 기준)

해답

혼합물의 $TLV = \dfrac{1}{\dfrac{0.4}{1,640} + \dfrac{0.6}{170}} = 265.02[mg/m^3]$

30 어떤 작업장에서 발생하는 오염원이 서로 유사한 독성을 가진 물질로 구성된 혼합 액체이고 이 혼합물이 공기 중으로 증발할 때 액체상태에서의 혼합물 구성비율과 동일한 비율로 다음과 같이 공기 중에 존재한다고 가정하였을 때 작업장에서 혼합물의 노출기준(mg/m^3)을 구하시오.

물질(중량비율)	A(20[%])	B(40[%])	C(20[%])	D(20[%])
TLV	500[ppm]	400[ppm]	200[ppm]	50[ppm]
분자량	58	100	72	92

해답 먼저 각각의 물질 TLV 농도단위를 ppm에서 mg/m^3로 바꾼다.

A 물질: $500 \times \dfrac{58}{24.45} = 1,186.1[mg/m^3]$, B 물질: $400 \times \dfrac{100}{24.45} = 1,636[mg/m^3]$

C 물질: $200 \times \dfrac{72}{24.45} = 589[mg/m^3]$, D 물질: $50 \times \dfrac{92}{24.45} = 188.14[mg/m^3]$

혼합물의 노출기준(TLV, mg/m^3) = $\dfrac{1}{\dfrac{f_a}{TLV_a} + \dfrac{f_b}{TLV_b} + \cdots + \dfrac{f_n}{TLV_n}}$ 에서

f_a, f_b 등은 물질 a, b 등의 중량구성비이고, TLV_a, TLV_b는 해당 물질의 $TLV[mg/m^3]$이다.

∴ 혼합물의 $TLV(mg/m^3) = \dfrac{1}{\dfrac{0.2}{1,186.1} + \dfrac{0.4}{1,636} + \dfrac{0.2}{589} + \dfrac{0.2}{188.14}}$

$= 550.75[mg/m^3]$

31 유기인계 살충제인 파라치온(TLV = 0.1[mg/m^3])과 EPN(O-ethyl O-p-nitrophenyl phenylphosphonothionate) (TLV = 0.5[mg/m^3])이 1 : 4의 비율로 혼합된 혼합분진의 허용 농도(mg/m^3)를 계산하시오. (단, 파라치온과 EPN은 상가작용이 있다.)

해답 허용농도(TLV) = $\dfrac{1}{\dfrac{f_1}{TLV_1} + \dfrac{f_2}{TLV_2}} = \dfrac{1}{\dfrac{0.20}{0.1} + \dfrac{0.80}{0.5}} = 0.28[mg/m^3]$

파라치온(Parathion)과 EPN

- 파라치온은 1946년 독일의 Schrader에 의해 최초로 합성된 유기인계 살충제이며, 주로 접촉독 및 식독작용을 가지고 있고, 흡입독 작용도 있다. 콜린에스테라아제 억제제로서 필수 효소인 아세틸콜린에스테라아제를 억제함으로써 신경계 기능의 장애를 일으킨다. 피부, 점막이나 경구로 흡수된다.

- EPN은 접촉독, 식독 및 흡입독 작용에 의해 살충효과를 발휘하며, 약효 지속기간이 2~3주로 다른 유기인계 살충제에 비해 잔류기간이 비교적 긴 편이다. 포유동물에 대한 독성이 비교적 높아 45[%] 유제의 경우 고독성 농약으로 분류되어 취급제한 농약으로 지정되어 있다.

기사 출제빈도 ★★★

32 표준상태(25[℃], 1기압)의 작업장에서 과거 농도가 50[ppm]인 1,1,1-TCE를 측정하였다. 측정에는 활성탄관을 이용하여 유량 0.15 LPM으로 18분간 채취하여 GC로 분석을 하였다. 분석결과 활성탄관 100[mg]층에서 0.5[mg]이 검출되었고, 50[mg]층에서는 0.03[mg]이 검출되었다. 탈착효율이 97.5[%]일 때 공기 중 1,1,1-TCE의 농도(mg/m³)는? (단, 공시료는 고려하지 않았음)

해답

$$1,1,1\text{-TCE의 농도}(mg/m^3) = \frac{\text{질량}}{\text{공기채취량} \times \text{탈착효율}}$$

$$= \frac{(0.5+0.03)[mg]}{0.15[L/min] \times 18[min] \times \left(\frac{m^3}{1,000[L]}\right) \times 0.975}$$

$$= 178.54[mg/m^3]$$

기사 출제빈도 ★★★

33 활성탄을 이용하여 6시간 동안 벤젠을 채취하였다. 활성탄을 이황화탄소(CS_2)로 탈착하여 기체크로마토그래피(GC)로 분석한 결과 벤젠량이 80[μg]이었다면 공기 중의 벤젠증기의 농도(ppm)를 계산하시오. (단, 공기의 온도는 25[℃], 벤젠의 분자량은 78.11, 시료채취량은 20[mL/min]이고, 탈착 효율은 0.98이다.)

해답

벤젠증기의 농도(mg/m³)

$$C = \frac{\text{질량}}{\text{공기채취량} \times \text{탈착효율}}$$

$$= \frac{80[\mu g] \times 10^{-3}[mg/\mu g]}{20[mL/min] \times 6[h] \times 60[min/h] \times 0.98 \times \left(\frac{m^3}{10^6[mL]}\right)}$$

$$= 11.34[mg/m^3]$$

∴ 벤젠농도(ppm) $= 11.34 \times \frac{24.45}{78.11} = 3.55[ppm]$

34 작업장 공기 중 벤젠(분자량: 78, TLV: 10[ppm])을 개인시료채취기를 이용하여 0.05[L/min] 유량으로 채취하여 검출한계(LOSD)가 0.01[mg]인 기체크로마토그래피(GC)로 분석할 경우 채취해야 할 최소 유량(L)은?

검출한계
(Limit of Detection)
바탕시료와 통계적으로 다르게 분석될 수 있는 가장 낮은 양을 말한다. 즉, 분석법을 통해 검출할 수 있는 가장 적은 양이다.

해답
노출기준의 단위를 ppm에서 mg/m³으로 바꾼다.

$\mathrm{mg/m^3} = 10 \times \dfrac{78}{24.45} = 32[\mathrm{mg/m^3}]$

채취해야 할 최소 공기량(L) = $\dfrac{\text{분석기기의 감도(LOD)}}{\left(\dfrac{1}{10}\right) \times \text{측정대상물질의 노출기준}}$

$= \dfrac{0.01[\mathrm{mg}]}{0.1 \times 32[\mathrm{mg/m^3}]} \times 1,000[\mathrm{L/m^3}] = 3.125[\mathrm{L}]$

35 활성탄관을 연결한 저유량 공기 시료채취펌프를 이용하여 벤젠 증기(MW = 78[g/mol])를 분당 200[mL]로 8시간 채취하였다. GC를 이용하여 분석한 결과 2[mg]의 벤젠이 검출되었다면 공기 중 벤젠증기의 농도(ppm)는? (단, 온도 25[℃], 압력 760[mmHg]이다.)

공기채취량 $= 200[\mathrm{mL/min}] \times 8[\mathrm{h}] \times 60[\mathrm{min/h}] \times 10^{-6}[\mathrm{m^3/mL}] = 0.096[\mathrm{m^3}]$

벤젠증기의 농도(mg/m³)

$= \dfrac{\text{질량}}{\text{공기 채취량} \times \text{탈착효율}} = \dfrac{2[\mathrm{mg}]}{0.096[\mathrm{m^3}]} = 20.83[\mathrm{mg/m^3}]$

∴ 벤젠농도(ppm) $= 20.83 \times \dfrac{24.45}{78} = 6.53[\mathrm{ppm}]$

3 소음·진동을 측정, 평가하기

학습 개요 기사·산업기사 공통

1. 소음·진동의 인체 영향에 대하여 기술할 수 있다.
2. 소음·진동의 측정 및 평가에 대하여 기술할 수 있다.

기사 출제빈도 ★★★

01 음력이 100[watt]로 측정된 소음원의 음력수준(PWL, dB)은?

해답
음력수준(음의 파워레벨)은
$$\text{PWL[dB]} = 10\log\frac{W}{W_o} = 10\log\frac{W}{10^{-12}}$$
여기서, W: 측정음력 W_o: 기준음력(10^{-12}[watt])
$$\therefore \text{PWL[dB]} = 10\log\frac{100}{10^{-12}} = 140[\text{dB}]$$

산업 출제빈도 ★★

02 음의 세기(강도)가 2배가 되면 세기레벨은 얼마나 증가하는가?

해답
음의 세기레벨, $\text{SIL} = 10\log\frac{I}{I_o} = 10\log\frac{I}{10^{-12}}[\text{dB}]$ 이므로 음의 세기(강도)가 2배가 되면 세기레벨은 $10\log 2 = 3[\text{dB}]$ 만큼 증가한다.

기사 출제빈도 ★★★★

03 자유공간에 있는 음력 1[watt]인 소음원으로부터 10[m] 떨어진 지점에서의 음압수준(SPL)을 계산하시오.

해답
무지향성 점음원이 자유공간에서 거리에 따른 소음수준(SPL) 공식은
$$\text{SPL} = \text{PWL} - 20\log r - 11 = 10\log\left(\frac{1}{10^{-12}}\right) - 20\log 10 - 11 = 89[\text{dB}]$$

04 어떤 작업장에서 측정한 음압실효치가 2[dyne/cm²]이었다. 이 경우 음압수준(dB)은?

[해답]

음압수준 $\mathrm{SPL[dB]} = 20\log\left(\dfrac{P}{P_o}\right) = 20\log\dfrac{P}{2\times10^{-5}}$

여기서, P: 음압(N/m²)

P_o: 기준음압(2×10^{-5}[N/m²] = 0.0002[dyne/cm²] = 20[μPa])

$\therefore \mathrm{SPL[dB]} = 20\log\left(\dfrac{P}{P_o}\right) = 20\log\dfrac{2}{2\times10^{-4}} = 80[\mathrm{dB}]$

> **실효값**
> 제곱평균제곱근으로 표현한 물리량을 말하며, 전기공학·음향학 등에서 쓰인다. 영어권의 용어를 따라 흔히 RMS(Root-Mean-Square)라고도 한다.

05 출력이 1[W]인 점음원, 자유공간으로부터 10[m] 떨어진 지점의 음압수준(dB)은?

[해답]

$\mathrm{SPL} = \mathrm{PWL} - 20\log r - 11[\mathrm{dB}]$ 에서 $\mathrm{PWL} = 10\log\dfrac{1}{10^{-12}} = 120[\mathrm{dB}]$ 이므로

$\therefore \mathrm{SPL} = 120 - 20\log 10 - 11 = 89[\mathrm{dB}]$

06 음향출력이 1[watt]인 소음원으로부터 50[m] 떨어진 지점에서의 음압수준(dB)을 자유공간과 반자유공간 상황일 때를 나누어 계산하시오. (단, $\rho = 1.18$[kg/m³], $C = 344.4$[m/s]이다.)

[해답]

1) 자유공간일 경우

$\mathrm{SPL} = \mathrm{PWL} - 20\log r - 11$ 에서

$\mathrm{PWL} = 10\log\left(\dfrac{W}{W_o}\right) = 10\log\left(\dfrac{1}{10^{-12}}\right) = 120[\mathrm{dB}]$

$\therefore \mathrm{SPL} = 120 - 20\log 50 - 11 = 75[\mathrm{dB}]$

2) 반자유공간일 경우

지면이나 작업대 위에 고정되어 있는 점음원을 생각한다.

$\mathrm{SPL} = \mathrm{PWL} - 20\log r - 8 = 120 - 20\log 50 - 8 = 78[\mathrm{dB}]$

> **음향출력 (acoustic power)**
> 음원으로부터 단위 시간당 방출되는 총 음에너지(W, watt)이다.

> **점음원(point source)**
> • 자유공간(free field): 공중 혹은 구면파,
> $W = I \times S = I \times 4\pi r^2$
> • 반자유공간: 반사율 1인 바닥, 반구면파,
> $W = I \times S = I \times 2\pi r^2$

배경소음도 또는 배경소음 레벨(background noise)
배경소음이란 한 장소에 있어서의 특정의 음에 대한 소음이 없을 때 그 장소의 소음을 일컫는다.

기사 출제빈도 ★★★

07 어느 공장의 배경소음이 65[dB]이고 소음수준이 71[dB]인 에어컨을 가동 중이다. 이때의 합성소음도(dB)는?

해답
$$L = 10\log\left(10^{\frac{L_1}{10}} + 10^{\frac{L_2}{10}}\right) = 10\log\left(10^{6.5} + 10^{7.1}\right) = 72[dB]$$

기사 출제빈도 ★★★

08 어떤 소음작업장에서 소음을 측정한 결과가 다음과 같다. 소음의 평균 음압수준(dB)을 구하시오.

85[dB], 95[dB], 100[dB], 98[dB], 91[dB], 87[dB]

해답 소음의 평균 음압수준(dB)

$$\overline{L} = L - 10\log n \text{에서 } L = 10\log\left(10^{\frac{L_1}{10}} + 10^{\frac{L_2}{10}} + \cdots + 10^{\frac{L_n}{10}}\right)$$

$$\therefore L = 10\log\left(10^{\frac{L_1}{10}} + 10^{\frac{L_2}{10}} + \cdots + 10^{\frac{L_n}{10}}\right)$$

$$= 10\log\left(10^{8.5} + 10^{9.5} + 10^{10} + 10^{9.8} + 10^{9.1} + 10^{8.7}\right) = 103[dB]$$

$$\overline{L} = L - 10\log n = 103 - 10\log 6 = 95[dB]$$

산업 출제빈도 ★★★

09 소음수준이 각각 80[dB], 90[dB]인 2대의 설비가 있는 작업장에 95[dB]의 소음을 발생시키는 설비가 1대가 추가 설치되어 가동될 경우, 이 작업장의 소음수준(dB)은? (단, 소음수준은 소수점 이하 두 번째 자리에서 반올림하시오.)

해답 소음수준의 합, $L = 10\log\left(10^8 + 10^9 + 10^{9.5}\right) = 96.3[dB]$

10 음향출력 1.2[watt]인 소음원으로부터 35[m]되는 지점에서의 음압수준(dB)은? (단, 무지향성 점음원, 자유공간 기준)

해답
$$\text{SPL} = \text{PWL} - 20 \log r - 11 = 10 \log\left(\frac{1.2}{10^{-12}}\right) - 20 \log 35 - 11 = 79[\text{dB}]$$

11 에어컨 소음이 없을 때 78[dB]이고, 에어컨 자체의 소음은 71[dB]이다. 에어컨을 가동할 경우 측정소음(dB)은 얼마인가?

해답
소음의 합, $L = 10 \log\left(10^{\frac{SPL_1}{10}} + 10^{\frac{SPL_2}{10}}\right) = 10 \log\left(10^{7.8} + 10^{7.1}\right) = 78.8[\text{dB}]$

12 다음은 소음이 발생하는 어떤 공장 부지경계선상에서 5초 간격으로 10개의 소음레벨을 측정한 결과이다. 등가소음레벨(L_{eq}, dB(A))은?

70[dB], 72[dB], 68[dB], 73[dB], 81[dB], 72[dB], 69[dB], 75[dB], 77[dB]

해답 등가소음레벨을 구하는 공식

$$L_{eq} = 10 \log\left\{\frac{1}{n}\left(10^{0.1 \times L_1} + 10^{0.1 \times L_2} + \cdots + 10^{0.1 \times L_n}\right)\right\}[\text{dB(A)}]$$

$$\therefore L_{eq} = 10 \log\left\{\frac{1}{10}\left(10^7 + 10^{7.2} + 10^{6.8} + 10^{7.3} + 10^{8.1} + 10^{7.2} + 10^{6.9} + 10^{7.5} + 10^{7.7}\right)\right\}$$
$$= 74.5[\text{dB(A)}]$$

> **등가소음레벨(L_{eq}, Equivalent Sound Level)**
> 교통소음과 같이 큰 폭으로 변동하는 소음을 평가하는 평가량 중의 하나이다. 변동하는 소음을 A-보정회로의 값을 기본으로 사용하여 주어진 시간 동안 변동하지 않은 평균레벨의 크기로 환산한 소음레벨이다.

📝 **A, B, C 청감보정회로**
- A 특성: 음압수준(40[phon]), 신호보정(저음역대) 특성(청감과의 대응성이 좋아 소음레벨 측정 시 주로 사용)
- B 특성: 음압수준(70[phon]), 신호보정(중음역대) 특성(거의 사용하지 않음)
- C 특성: 음압수준(85[phon]), 신호보정(고음역대) 특성(소음등급평가에 적절, 거의 평탄한 주파수 특성이므로 주파수 분석 시 사용)
- A 특성치와 C 특성치 간의 차가 크면 저주파음이고, 차가 작으면 고주파음이라 추정할 수 있다.

산업 출제빈도 ★★☆

13 소음계(Sound Level Meter)로 소음측정 시 A 및 C 특성으로 측정하였을 때, 다음 소음의 주파수 영역의 주성분을 나타내시오.
1) C 특성으로 측정한 값이 A 특성으로 측정한 값보다 훨씬 컸을 경우
2) C 특성으로 측정한 값이 A 특성으로 측정한 값과 거의 같을 경우

해답
1) 저주파음이 주성분이다.
2) 고주파음이 주성분이다.

산업 출제빈도 ★★☆

14 보통소음계로 작업장의 소음을 측정하였다. 90[dB]에서 3시간, 95[dB]에서 2시간, 100[dB]에서 1.5시간의 등가소음레벨(L_{eq}, dB(A))은?

해답

$$L_{eq}[\text{dB(A)}] = 16.61 \log \frac{n_1 \times 10^{\frac{L_{A1}}{16.61}} + n_2 \times 10^{\frac{L_{A2}}{16.61}} + \cdots + n_N \times 10^{\frac{L_{AN}}{16.61}}}{\text{각 소음레벨 측정치의 발생시간 합}}$$

여기서, L_A: 각 소음레벨의 측정치(dB(A))
n: 각 소음레벨 측정치의 발생시간(분)

$$\therefore L_{eq} = 16.61 \times \log \left(\frac{3 \times 10^{\frac{90}{16.61}} + 2 \times 10^{\frac{95}{16.61}} + 1.5 \times 10^{\frac{100}{16.61}}}{3+2+1.5} \right) = 95[\text{dB(A)}]$$

기사 출제빈도 ★★☆

15 음향출력이 0.1[W]인 작은 점음원으로부터 100[m] 떨어진 곳의 음압레벨(Sound Pressure Level, dB)은 얼마인가? (단, 무지향성 음원이 자유공간에 있다.)

해답
점음원, 자유공간이므로 SPL = PWL − 20 log r − 11[dB]에서

$$\text{PWL} = 10 \log \frac{W}{10^{-12}} = 10 \log \frac{0.1}{10^{-12}} = 110[\text{dB}]$$

$\therefore$ SPL = 110 − 20 log 100 − 11 = 59[dB]

16 어떤 건설공사장에서 콘크리트 절단기의 음압레벨이 94[dB]로 1대, 브레이커 2대의 음압레벨이 각각 95[dB], 98[dB]이 발생하고 있다. 음원이 동시에 가동될 때 총 음압레벨(SPL, dB)은?

해답 음압레벨(dB)의 합산

$$\text{SPL} = 10\log\left(10^{0.1 \times L_1} + 10^{0.1 \times L_2} + 10^{0.1 \times L_3}\right) = 10\log\left(10^{9.4} + 10^{9.5} + 10^{9.8}\right)$$
$$= 101[\text{dB}]$$

17 B 작업장의 실내 음압레벨 65[dB], 추가적으로 새로 설치한 기계를 가동하였을 때 실내 음압레벨은 72[dB]이었다. 새로 설치한 기계만의 소음레벨(dB)을 구하시오.

해답
$$L = 10\log\left(10^{\frac{L_1}{10}} - 10^{\frac{L_2}{10}}\right) = 10\log\left(10^{7.2} - 10^{6.5}\right) = 71[\text{dB}]$$

18 중심주파수가 700[Hz]일 때, 밴드의 주파수 범위(하한주파수 ~ 상한주파수)를 계산하시오. (단, 1/1 옥타브밴드 기준이다.)

해답 정비형 필터 기준 주파수 분석(1/1 옥타브밴드 분석기)에서 중심주파수
$f_c = \sqrt{f_L \times f_U} = \sqrt{f_L \times 2f_L} = \sqrt{2}\,f_L$ 이므로

- 하한주파수 $f_L = \dfrac{f_c}{\sqrt{2}} = \dfrac{700}{\sqrt{2}} = 495[\text{Hz}]$
- 상한주파수 $f_U = 2 \times f_L = 2 \times 495 = 990[\text{Hz}]$

∴ 주파수의 범위는 495 ~ 990[Hz]이다.

주파수 분석

우리가 평소 듣는 음은 순음이 아니라 각 주파수의 합성음인 복합음이기 때문에 소음원의 특성을 정확히 평가하려면 주파수 분석이 필요하며 이때 사용하는 것이 옥타브밴드 분석기이다. 옥타브밴드는 다양한 스펙트럼의 주파수 음들을 중심주파수로 나타내 주는 것으로 31.5[Hz], 63[Hz], 125[Hz], 250[Hz], …, 2,000[Hz], 4,000[Hz], 8,000[Hz]의 중심주파수로 나타낸다.

진동레벨

진동레벨의 감각보정회로(수직)를 통하여 측정한 진동가속도레벨의 지시치를 말하며, 단위는 dB[V]로 표시한다. 진동가속도레벨의 정의는 $20\log\left(\dfrac{a}{a_o}\right)$의 수식에 따르고, 여기서, a는 측정하고자 하는 진동의 가속도실효치(단위, m/s²)이며, a_o는 기준진동의 가속도실효치로 10^{-5}[m/s²]으로 한다.

기사 출제빈도

19 진동레벨의 배출허용기준의 적합성 여부를 측정할 때 측정 진동레벨이 배경 진동레벨보다 5.0[dB]의 차이가 있을 경우 보정치(dB[V])는?

해답
$$보정치 = -10\log(1-10^{-0.1\times d}) = -10\log(1-10^{-0.1\times 5}) = 1.7[\text{dB}(\text{V})]$$

4 극한온도 등 유해인자를 측정, 평가하기

학습 개요 | 기사 · 산업기사 공통

1. 이상기압, 고열환경, 한랭환경의 측정 및 평가에 대하여 기술할 수 있다.
2. 직업성 피부질환의 발생요인에 대하여 기술할 수 있다.
3. 유해광선에 대한 측정 및 평가에 대하여 기술할 수 있다.

산업 출제빈도 ☆☆☆☆☆

01 옥내 고온작업장의 온도를 측정한 결과 자연습구온도 30[℃], 흑구온도 50[℃]이었다. 습구흑구온도지수(WBGT, ℃)는?

해답
태양광선이 내리쬐지 않는 옥내 또는 옥외 장소
WBGT = 0.7×자연습구온도 + 0.3×흑구온도
= 0.7×30 + 0.3×50 = 36(WBGT, ℃)

산업 출제빈도

02 흑구온도는 55[℃], 건구온도는 25[℃], 자연습구온도는 20[℃]인 옥내 작업장의 습구흑구온도지수(WBGT, ℃)는?

해답
태양광선이 내리쬐지 않는 옥내 또는 옥외 장소에서의 습구흑구온도지수
WBGT(℃) = 0.7×자연습구온도 + 0.3×흑구온도
= 0.7×20 + 0.3×55 = 30.5[℃]

기사 출제빈도 ★★★★★

03 옥외 작업장의 자연습구온도는 30[℃], 건구온도는 21[℃], 흑구온도는 25[℃]일 때, 온열지수(WBGT)는?

해답 옥외 작업장
WBGT(℃) = 0.7×자연습구온도(℃) + 0.2×흑구온도(℃) + 0.1×건구온도(℃)
∴ WBGT = 0.7×30 + 0.2×25 + 0.1×21 = 28.1[℃]

5 산업위생통계에 대하여 기술하기

학습 개요 기사·산업기사 공통

1. 통계의 필요성, 용어에 대하여 기술할 수 있다.
2. 평균, 표준편차, 표준오차 및 신뢰구간에 대하여 기술할 수 있다.

산업 출제빈도 ★★★★

01 300명의 근로자가 1주일에 40시간, 연간 50주를 근무하는 사업장에서 1년 동안 30건의 재해로 50명의 재해자가 발생하였다. 이 사업장의 도수율은 약 얼마인가? (단, 근로자들은 질병, 기타 사유로 인하여 총 근로시간의 5[%]를 결근하였다.)

해답 도수율(빈도율, FR, Frequency Rate): $FR = \dfrac{재해발생\ 건수}{연근로시간\ 수} \times 10^6$ 에서

총 연근로시간 수의 계산은 300명×40시간/1주×50주 = 600,000시간에서 질병, 기타 사유로 인하여 총 근로시간의 5[%]를 결근하였으므로
600,000 − (600,000×0.05) = 570,000시간

∴ $FR = \dfrac{30}{570,000} \times 10^6 = 52.63$, 즉 이 사업장은 백만 시간당 53건의 재해가 발생한 것이다.

기사 출제빈도 ★★★★☆

02 상시 근로자 수가 7,500명인 대형 사업장에 1년 동안 520건의 재해가 발생하였고, 이로 인한 근로손실일 수는 58,000일이었다. 근로자가 1일 8시간씩 매월 25일씩 근무하였다면, 이 사업장의 도수율과 강도율을 구하시오.

해답

1) 도수율은 연간 총 근로시간 1,000,000시간당 재해발생 건수이다.

$$도수율 = \frac{재해발생\ 건수}{연근로시간\ 수} \times 10^6$$

총 연근로시간 수의 계산: 7,500명×8시간×25일×12개월 = 18,000,000시간
에서 근로손실일 수는 58,000일이므로
18,000,000 − (58,000×8) = 17,536,000시간

$$\therefore 도수율(빈도율,\ FR,\ Frequency\ Rate) = \frac{520}{17,536,000} \times 10^6 = 29.7$$

즉 이 사업장은 백만 시간당 29.7건의 재해가 발생한 것이다.

2) 강도율은 연간 총 근로시간 1,000시간당 재해발생으로 인한 근로손실일 수이다.

$$강도율(SR) = \frac{일정\ 기간\ 중\ 근로손실일\ 수}{일정\ 기간\ 중\ 연근로시간\ 수} \times 1,000$$

$$= \frac{58,000}{17,536,000} \times 1,000 = 3.3$$

즉 이 사업장은 연간 총 근로시간 1,000시간당 재해 발생으로 인한 근로손실일 수가 3.3일이다.

산업 출제빈도 ★★★★☆

03 유기용제 작업장에서 측정한 톨루엔 농도가 (65, 150, 175, 63, 83)[ppm]일 때, 산술평균과 기하평균값은 약 몇 ppm인가?

해답

1) 산술평균: $\overline{X} = \dfrac{x_1 + x_2 + \cdots + x_n}{N}$

$$= \frac{65 + 150 + 175 + 63 + 83}{5} = 107.2[ppm]$$

2) 기하평균: $G = \sqrt[n]{x_1 \times x_2 \times \cdots \times x_n}$

$$= (65 \times 150 \times 175 \times 63 \times 83)^{\frac{1}{5}} = 97.74[ppm]$$

04 300명의 근로자가 근무하는 어떤 공장에서 1년간 50건의 산업재해가 발생하였다. 이 가운데 근로자들이 질병, 기타의 사유로 인하여 총 근로시간 중 5[%]의 결근을 하였을 경우 도수율(FR)은? (단, 1주일에 44시간, 연간 50주를 근무하는 것으로 한다.)

해답

총 근로시간의 계산: 300명×44시간/주·명×50주 = 660,000시간

5[%]의 결근으로 인한 실제 총 근로시간
660,000 − (660,000×0.005) = 627,000시간

∴ 도수율(Frequency Rate of Injury) = $\dfrac{\text{재해발생 건수}}{\text{실제 연근로시간 수}} \times 1,000,000$

$= \dfrac{50}{627,000} \times 1,000,000 = 79.7$

즉, 백만 시간당 79.7건의 산업재해가 발생한 것이다.

05 어떤 사업장에 도수율이 15이고, 강도율이 1.1일 경우 환산도수율과 환산강도율을 구하여 그 의미를 설명하고, 이 경우 재해 1건당 근로손실일 수(일)는 얼마인가?

해답

환산도수율(F) = 도수율(FR) × $\dfrac{100,000\text{시간}}{1,000,000\text{시간}} = \dfrac{FR}{10} = \dfrac{15}{10} = 1.5$

환산강도율(S) = 강도율(SR) × $\dfrac{100,000\text{시간}}{1,000\text{시간}} = SR \times 100 = 1.1 \times 100 = 110$

의미 설명: 한평생 이 사업장에 근무하는 사람은 평균 1.5회의 산업재해를 당할 수 있고, 한 사람이 평균 110일간의 근로손실을 초래할 수 있다는 것을 의미한다.

여기서, 재해 1건당 근로손실일 수는 $\dfrac{S}{F} = \dfrac{110}{1.5} = 73$일 정도가 된다.

참고 근로자가 고등학교를 졸업하고 한 직장에 입사하여 정년퇴직까지 약 40년을 일한다고 가정하면 근로시간은 대략 100,000시간이 되는 것을 적용한 것이 환산도수율, 환산강도율이라고 말한다.

기사 출제빈도 ★★★★

06 다음 주어진 측정값의 기하평균(GM)과 기하표준편차(GSD)를 계산하시오.

> 67, 51, 33, 72, 122, 75, 110, 93, 61, 190

해답

1) 기하평균(GM)

$$\log(GM) = \frac{\log67 + \log51 + \log33 + \log72 + \log122 + \log75 + \log110 + \log93 + \log61 + \log190}{10}$$

$$= 1.895$$

$$\therefore GM = 10^{1.895} = 78.52$$

2) 기하표준편차(GSD)

$$\log(GSD) = \frac{(\log67 - 1.895)^2 + (\log51 - 1.895)^2 + \cdots (\log61 - 1.895)^2 + (\log190 - 1.895)^2}{10}$$

$$= 0.041$$

트라이클로로에틸렌 (TCE, trichloroethylene)
무색의 휘발성 액체 상태의 유기 할로겐화합물이다. 비가연성으로 드라이크리닝, 금속물질의 탈지, 커피에서 카페인을 제거하거나 면과 모에서 지방을 제거하는 추출공정의 용매로 사용된다.

기사 출제빈도 ★★★

07 금속탈지 공정에서 측정한 trichloroethylene의 농도(ppm)가 아래와 같을 때, 기하평균 농도(ppm)는?

> 101, 45, 51, 87, 36, 54, 40

해답

$$GM = \sqrt[n]{x_1 \times x_2 \times \cdots \times x_n}$$
$$= \sqrt[7]{(101 \times 45 \times 51 \times 87 \times 36 \times 54 \times 40)} = 55.2 [ppm]$$

참고 기하평균(幾何平均, geometric mean)
숫자들을 모두 곱해서 거듭제곱근을 취한 후 얻은 평균으로 산업위생분야에서 많이 사용하는 대푯값이다.

$$GM = \sqrt[n]{x_1 \times x_2 \times \cdots \times x_n}$$

08 유기용제를 취급하는 작업장의 에탄올 농도 측정 결과가 (100, 98, 95, 102, 110)[ppm]일 때, 이 작업장의 에탄올 농도의 기하평균(ppm)은?

해답

기하평균(GM, Geometric Mean): 숫자들을 모두 곱해서 거듭제곱근을 취한 후 얻는 평균으로 산업위생분야에서 많이 사용하는 대푯값이다.

기하평균(GM)을 구하는 식

1) $\log(\text{GM}) = \dfrac{\log X_1 + \log X_2 + \cdots + \log X_n}{N}$

$= \dfrac{\log 100 + \log 98 + \log 95 + \log 102 + \log 110}{5} = 2$

∴ $\text{GM} = 10^2 = 100[\text{ppm}]$

2) $\text{GM} = \sqrt[n]{x_1 \times x_2 \times \cdots \times x_n}$

$= \sqrt[5]{(100 \times 98 \times 95 \times 102 \times 110)} = 100.88[\text{ppm}]$

09 어떤 가스상 물질의 농도가 4.58[ppm], 3.26[ppm], 6.53[ppm], 5.82[ppm], 2.85[ppm], 3.58[ppm], 0.59[ppm], 0.15[ppm], 13.56[ppm], 0.54[ppm], 0.15[ppm], 6.86[ppm]일 경우 산술평균(ppm)과 기하평균(ppm)을 구하시오.

해답

1) 산술평균

$\overline{X} = \dfrac{x_1 + x_2 + \cdots + x_n}{N}$

$= \dfrac{4.58 + 3.26 + 6.53 + 5.82 + 2.85 + 3.58 + 0.59 + 0.15 + 13.56 + 0.54 + 0.15 + 6.86}{12}$

$= 4.04[\text{ppm}]$

2) 기하평균

$G = \sqrt[n]{x_1 \times x_2 \times \cdots \times x_n}$

$= (4.58 \times 3.26 \times 6.53 \times 5.82 \times 2.85 \times 3.58 \times 0.59 \times 0.15 \times 13.56 \times 0.54 \times 0.15 \times 6.86)^{\frac{1}{12}}$

$= 1.99[\text{ppm}]$

기사 출제빈도 ☆☆☆

10 작업환경측정 및 분석결과에 대한 정확성과 정밀성을 확보하기 위한 정도관리를 목적으로 어떤 작업환경측정기관에서 작업장 공기 중의 유기용제를 분석자 A가 분석하였고, 금속물질을 분석자 B가 분석을 하여 다음과 같은 결괏값이 나왔다. 이 표에서 분석가 각각의 변이계수(%)를 구하고 그 값을 근거로 분석자 A와 B의 분석능력을 평가하시오.

구분	분석자 A	분석자 B
1	1.0335[ppm]	0.18[mg/m³]
2	1.0514[ppm]	0.17[mg/m³]
3	1.0333[ppm]	0.17[mg/m³]
4	1.0329[ppm]	0.16[mg/m³]
평균		
표준편차		
변이계수		

해답

1) 분석자 A

평균, $\mu = \dfrac{(1.0335 + 1.0514 + 1.0333 + 1.0329)}{4} = 1.0378 \text{[ppm]}$

표준편차, $\sigma = \sqrt{\dfrac{\sum(x_i - \overline{x})^2}{n-1}}$

$= \left[\left(\dfrac{(1.0335-1.0378)^2+(1.0514-1.0378)^2+(1.0333-1.0378)^2+(1.0329-1.0378)^2}{(4-1)}\right)\right]^{\frac{1}{2}}$

$= 0.00909$

변이계수(CV, Coefficient Variation)

$CV = \left(\dfrac{\sigma}{\mu}\right) \times 100 = \left(\dfrac{0.00909}{1.0378}\right) \times 100 = 0.88\text{[\%]}$

2) 분석자 B

평균, $\mu = \dfrac{(0.18 + 0.17 + 0.17 + 0.16)}{4} = 0.17 \text{[mg/m}^3\text{]}$

표준편차, $\sigma = \sqrt{\dfrac{\sum(x_i - \overline{x})^2}{n-1}}$

$= \left[\left(\dfrac{(0.18-0.17)^2+(0.17-0.17)^2+(0.17-0.17)^2+(0.16-0.17)^2}{(4-1)}\right)\right]^{\frac{1}{2}}$

$= 0.00817$

변이계수(CV, Coefficient Variation)

$CV = \left(\dfrac{\sigma}{\mu}\right) \times 100 = \left(\dfrac{0.00817}{0.17}\right) \times 100 = 4.81\text{[\%]}$

3) 분석능력 평가

변이계수는 표준편차를 평균으로 나눈 수치를 의미하는 것으로서 상대적인 일탈도(逸脫度)를 알아보기 위해 사용되며, 이 계수가 적을수록 더 정밀한 측정값이 되어 평균치 가까이에 분포하고 있음을 알 수 있으므로 분석자 A가 분석자 B보다 분석능력이 좋다.

기사·산업 출제빈도 ★★

11 작업환경 중 어떤 가스상 물질의 농도(ppm)를 측정하였더니 다음과 같았다. 측정한 결괏값을 사용하여 1), 2)인 경우 중앙값을 계산하시오.

> 1) 4, 2, 8, 1, 15, 5, 7
> 2) 1, 2, 5, 3, 7, 10

해답
1) 자료에 있는 숫자를 작은 것부터 순서대로 배열한다.
   1, 2, 4, 5, 7, 8, 15 → 이 중 맨 가운데 위치하는 5가 중앙값이다.
2) 1, 2, 3, 5, 7, 10 → 자료가 짝수인 경우 가운데 남는 숫자는 두 개이다. 이 두 개의 숫자를 더해서 2로 나눈값 $\dfrac{3+5}{2} = 4$가 중앙값이다.

기사 출제빈도 ★★★

12 어떤 작업장에서 노출기준이 0.1[개/cm³]인 석면을 측정하였더니 0.09[개/cm³]이었다. 이때의 시료 채취 및 분석오차(SAE, Sampling and Analytical Errors)가 0.3일 경우 UCL, LCL을 구하고 채취된 석면 농도가 허용농도를 초과하는지의 여부를 판정하시오. (단, 미국의 OSHA의 평가방법을 이용한다.)

해답
1) 석면의 표준화값(Y)를 계산한다.
   $$Y = \dfrac{측정값}{PEL} = \dfrac{0.09}{0.1} = 0.9$$
2) SAE를 이용하여 95[%] 신뢰도를 가진 신뢰하한값(LCL, Lower Confidence Limit)과 신뢰상한값(UCL, Upper Confidence Limit)을 계산한다.
   UCL = Y + SAE = 0.9 + 0.3 = 1.2
   LCL = Y − SAE = 0.9 − 0.3 = 0.6
3) 다음 표를 참고로 판정을 행한다.

> ① UCL ≤ 1이면 측정치는 허용농도 이하이다.
> ② LCL > 1이면 측정치는 허용농도를 초과한다.
> ③ LCL ≤ 1이고, UCL > 1이면 측정치는 허용농도를 초과할 가능성이 있다.

따라서, 신뢰하한값과 신뢰상한값의 결과에 의해 측정치가 LCL < 1이고, UCL > 1이므로 허용농도를 초과할 가능성이 있다.

기사 출제빈도 ★

13 작업환경 중 어떤 가스상 물질의 농도(ppm)를 측정하였더니 2, 4, 5, 5, 4, 5로 나타났다. 최빈치를 구하시오.

해답 최빈
가장 자주 나온다는 뜻이므로 측정치 중 가장 많은 수치는 5이다. 이 값이 최빈치이다.

기사 출제빈도 ★

14 다음 그림은 작업자별 공기 중 석면 농도 측정자료를 대수정규확률지에 나타낸 것이다. 여기에 대입한 모든 측정치의 분포가 직선을 나타내면 그 측정치는 대수정규분포를 한다고 할 수 있다.

1) 덕트 수리공에 대한 공기 중 석면 농도의 기하평균값(GM) 개/cm³을 구하시오.
2) 덕트 수리공에 대한 누적도수 84.1[%]에 해당하는 값이 0.7[개/cm³], 15.9[%]에 해당하는 값이 0.06[개/cm³]일 때, 기하표준편차(GSD) 개/cm³를 구하시오.

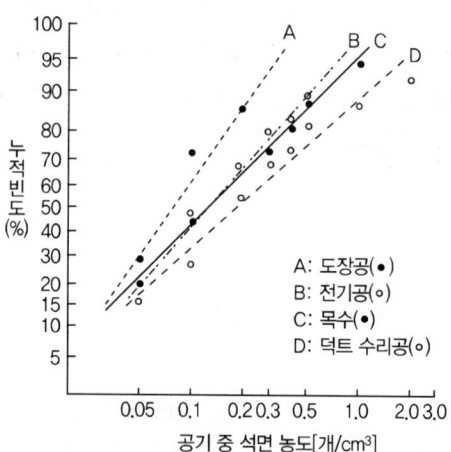

해답
1) 기하평균
   GM = 50[%]의 분포를 가진 값이므로 GM = 0.2[개/cm³]
2) 기하표준편차
   $$GSD = \frac{84.1[\%]\text{에 해당하는 값}}{50[\%]\text{에 해당하는 값}} = \frac{0.7}{0.2} = 3.5[\text{개/cm}^3]$$

15 전 작업시간 동안 1개의 시료를 채취하였을 때 SAE를 사용하여 평가하고 판정하는 방법을 적으시오.

> **해답** 전 작업시간, 단일 시료포집법에 의한 측정치의 평가방법
> 1) 전 작업시간 동안 측정된 측정치를 X라 한다.
> 2) 측정치를 허용농도(노출기준, PEL)로 나누어 표준화값(Y)을 산출한다.
> $$Y = \frac{X}{\text{PEL}}$$
> 3) SAE를 이용하여 95[%] 신뢰도를 가진 신뢰하한값(LCL, Low Confidence Limit)과 신뢰상한값(UCL, Upper Confidence Limit)을 산출한다.
>   UCL = Y + SAE, LCL = Y – SAE
> 4) 판정
>   ① UCL ≤ 1: 측정치는 허용농도 이하이다.
>   ② LCL ≤ 1이고, UCL > 1: 측정치는 허용농도를 초과할 가능성이 있다.
>   ③ UCL > 1: 측정치는 허용농도를 초과한다.

16 다음 작업공정에서의 나타난 표준화 사망비(SMR)와 유의도를 나타낸 표를 참고하여 SMR의 공식과 이 작업공정에서의 의미를 적으시오.

작업공정	표준화 사망자 수	유의도
단량체 종합반응 공정	3.1	$p < 0.001$
PVC 수지 건조공정	2.2	$p < 0.01$
PVC 수지 포장공정	1.1	$p < 0.05$

> **해답**
> 1) 표준화 사망비(SMR, Standardized Mortality Ratio): 실제 관찰된 사망자 수를 참고집단(reference population)에서의 기대되는 사망자 수로 나눈 값을 말한다.
> $$\text{SMR} = \frac{\text{작업장에서의 사망률}}{\text{일반 인구의 사망률}}$$
> $$= \frac{\text{어떤 집단에서 관찰된 총 사망자 수}}{\text{표준집단에서 예상되는 총 기대사망자 수}}$$
> 2) 표의 의미: SMR 값이 1보다 크면 표준 인구집단에 비해 더 많은 사망자가 작업공정에서 발생한다는 의미이므로 단량체 종합반응 공정, PVC 수지 건조공정, PVC 포장공정 순서대로 사망자 발생이 많음을 나타낸다.

산업 출제빈도 ☆

17 다음 표는 어떤 집단의 인구에 따른 사망률을 나타내었다. 표준화 사망비(SMR, Standardized Mortality Ratio, %)를 구하시오.

구분	대상인구	실제 사망 건수	기대 사망 건수	사망률(crude rate)
A 집단	661,883	19,368	21,730	2.9

해답

$$\text{SMR} = \frac{\text{어떤 집단에서 관찰된 총 사망 수}}{\text{이 집단에서 예상되는 총 기대사망 수}} \times 100 = \frac{19,368}{21,730} \times 100$$
$$= 89.1[\%]$$

참고 표준화 사망률: 서로 다른 지역의 사회·경제적 수준, 환경 조건, 인구이동 상황에 따라 인구의 연령 구조는 크게 달라지므로 지역의 연령 구조는 해당 지역의 중요한 속성들을 반영하므로 서로 다른 지역의 사망력 수준을 고려하여 비교하는 지표를 말한다.

산업 출제빈도 ☆☆☆

18 8시간 측정 카르바릴 농도는 6.05[mg/m³]이었다. 공기 중 카르바릴 PEL은 5.0[mg/m³]이고 SAE는 0.23이다. 근로자의 노출농도가 노출기준을 초과하는지 구하시오. (단, 95[%] 신뢰도 기준, 작업시간 전체에 1개 시료를 측정하였다.)

카르바릴 또는 카바릴 (carbaryl)

카바릴은 주로 살충제로 사용되는 카바메이트 계열의 화학 물질로 가정 정원, 상업 농업, 임업 및 방목지 보호를 위해 미국에서 세 번째로 많이 사용되는 살충제이며, 백색 결정질 고체이다.

해답

1) 평가과정
   (1) 전 작업시간 동안 측정된 측정치 $X = 6.05[\text{mg/m}^3]$
   (2) 측정치를 허용농도(PEL)로 나누어 표준화값(Y)을 계산한다.
   $$Y = \frac{6.05}{5.0} = 1.21$$
   (3) SAE를 이용하여 95[%] 신뢰도를 가진 신뢰상한값(UCL)과 신뢰하한값(LCL)을 구한다.
   UCL $= Y + \text{SAE} = 1.21 + 0.23 = 1.44$
   LCL $= Y - \text{SAE} = 1.21 - 0.23 = 0.98$

2) 판정

> ㉠ 만약 UCL ≤ 1이면 측정치는 허용농도 이하이다.
> ㉡ 만약 LCL ≤ 1이고, UCL > 1이면, 측정치는 허용농도를 초과할 가능성이 있다.
> ㉢ 만약 UCL > 1이면 측정치는 허용농도를 초과한다.

계산된 UCL > 1이고, LCL < 1이므로 ㉡에 해당하여 허용농도를 초과할 가능성이 있다.

기사 출제빈도 ★★

19

작업장 공기 중 카르바릴(Carbaryl, $C_{12}H_{11}NO_2$) 농도를 측정하기 위해 2개의 시료를 연속적으로 채취하였고 그 결과는 다음 표와 같았다.

시료	채취속도(LPM)	채취시간(min)	채취부피(L)	채취무게(mg)	농도(mg/m³)
A	2.0	240	480	3,005	6.26
B	2.0	240	480	2,457	5.85

카르바릴의 허용농도(PEL)는 5.0[mg/m³]이고, 시료 채취 및 분석오차(SAE, Sampling and Analytical Errors)는 0.23이다. 채취된 카르바릴 농도가 허용농도를 초과하는지의 여부를 판정하시오. (단, 미국의 OSHA의 평가방법을 이용한다.)

📝 PEL(Permissible Exposure Limit)
미국산업안전보건청(OSHA)의 PEL은 미국 연방정부가 공식적인 공기 중 유해물질의 허용농도로 정한 기준이다.

📝 ACGIH의 TLV와 OSHA의 PEL의 차이
1) TLV는 거의 모든 근로자에 대한 기준인 것에 반해, PEL은 모든 근로자가 건강장해를 가져오지 않는 농도라고 정의함
2) TLV는 일일 8시간, 주당 40시간 노출 시의 기준인 반면 PEL은 일생동안 아무런 건강장해를 가져오지 않는 기준으로 설정됨

해답

1) 카르바릴의 시간가중평균값(TWA)과 표준화값(Y)를 계산한다.

$$TWA = \frac{6.26[mg/m^3] \times 240[min] + 5.85[mg/m^3] \times 210[min]}{450[min]}$$

$$= 6.07[mg/m^3]$$

$$Y = \frac{TWA}{PEL} = \frac{6.07}{5.0} = 1.21$$

2) SAE를 이용하여 95[%] 신뢰도를 가진 신뢰하한값(LCL, Lower Confidence Limit)과 신뢰상한값(UCL, Upper Confidence Limit)을 계산한다.

$$UCL = Y + SAE = 1.21 + 0.23 = 1.44$$
$$LCL = Y - SAE = 1.21 - 0.23 = 0.98$$

3) 다음 표를 참고로 판정을 행한다.

> ㉠ UCL ≤ 1이면 측정치는 허용농도 이하이다.
> ㉡ LCL > 1이면 측정치는 허용농도를 초과한다.
> ㉢ LCL ≤ 1이고, UCL > 1이면 측정치는 허용농도를 초과할 가능성이 있다.
> 이 경우 다음 식을 이용하여 더욱 정확한 계산을 행하여 초과 여부를 판정한다.
> $$LCL = Y - \frac{SAE \times \sqrt{T_1^2 \cdot X_1^2 + T_2^2 \cdot X_2^2 + \cdots + T_n^2 \cdot X_n^2}}{PEL \times (T_1 + T_2 + \cdots + T_n)}$$
> 이 값이 1보다 크면 허용농도를 초과한다고 판정할 수 있다.

신뢰하한값과 신뢰상한값을 볼 때, 측정치가 LCL < 1이고, UCL > 1이므로 허용농도를 초과할 가능성이 있다. 더욱 정확한 계산을 하여 보면

$$LCL = 1.21 - \frac{0.23 \times \sqrt{240^2 \times 6.26^2 + 210^2 \times 5.85^2}}{5.0 \times (240 + 210)} = 1.01$$

∴ 측정값은 허용기준을 초과하였다고 판정할 수 있다.

기사 출제빈도 ☆

20
다음 표는 근로자의 질병 유무를 판별하는 검사에 대한 것이다. 판별에 사용된 생체 시료의 QA(Quality Assurance)에서 민감도와 특이도에 대하여 설명하시오.

▼ 간단한 검사: Test, 확진검사: Gold

Test \ Gold	양성 (+)	음성 (−)	합계
양성 (+)	A	B	A+B
음성 (−)	C	D	C+D
합계	A+C	B+D	A+B+C+D

해답

1) **민감도**: 질병이 실제로 있는데 Test 결과에서도 질병이 있다고 판단하는 비율을 의미한다.

$$민감도(sensitivity) = \frac{A}{A+C}$$

2) **특이도**: 질병이 실제로 없는데 Test 결과도 질병이 없다고 판단하는 비율을 나타낸다.

$$특이도(specificity) = \frac{D}{B+D}$$

CHAPTER 2 작업환경 관리

1 입자상 물질의 관리 및 대책을 수립하기

📝 **학습 개요** 기사·산업기사 공통

1. 일반적인 분진 및 유해입자의 관리에 대하여 기술할 수 있다.
2. 분진, 석면, 금속먼지 및 흄, 기타 작업에서의 관리에 대하여 기술할 수 있다.

산업 출제빈도 ★★★

01 작업장 내 분진 측정 시 여과지의 시료 채취 전 무게가 80.78[mg], 채취 후 무게가 87.54[mg]이었다. 이때 시료채취펌프의 유속은 2[L/min]이고, 7시간 동안 채취하였다. 분진농도(mg/m³)는?

해답

$$\text{분진농도(mg/m}^3) = \frac{(\text{시료채취 후 여과지 무게} - \text{시료채취 전 여과지 무게})}{\text{공기시료 채취량}}$$

$$= \frac{(87.54 - 80.78)[\text{mg}]}{2[\text{L/min}] \times 7[\text{h}] \times 60[\text{min}] \times 10^{-3}[\text{m}^3/\text{L}]}$$

$$= 8.05[\text{mg/m}^3]$$

기사 출제빈도 ★★★

02 어떤 조선소에서 용접흄(분진)을 측정한 결과 여과지의 채취 전 무게는(3회 평균) 0.03570[g]이었고, 채취 후 무게(3회 평균)는 0.03897[g]이었다. 이때 용접흄(분진)의 농도(mg/m³)는? (단, 채취 유량은 1.7[LPM]으로 200분간 채취하였다.)

📖 **LPM(Liter Per Minute) 단위**
1분에 몇 리터(L)의 공기 유량이 흐르는가 하는 유량단위이다.

해답

$$\text{분진농도(mg/m}^3) = \frac{\text{시료채취 후 여과지 무게} - \text{시료채취 전 여과지 무게}}{\text{공기채취량}}$$

$$= \frac{(0.03897 - 0.03570)[\text{g}] \times \left(\frac{1{,}000[\text{mg}]}{\text{g}}\right)}{1.7[\text{L/min}] \times 200[\text{min}] \times \left(\frac{\text{m}^3}{1{,}000[\text{L}]}\right)} = 9.62[\text{mg/m}^3]$$

03 어떤 조선소에서 하이 볼륨 에어 샘플러를 이용하여 1.958[m³]의 공기를 채취하고, 금속 분진을 측정한 결과 여과지의 채취 전 무게는 10.80[mg]이었고, 채취 후 무게는 11.90[mg]이었다. 이때 금속 분진의 농도(mg/m³)는?

하이 볼륨 에어 샘플러 (high volume air sampler)
고용량 공기시료채취기라고도 하며 대기 중에 함유되어 있는 액체 또는 고체인 입자상 물질인 먼지의 질량농도를 측정하는 데 사용된다. 장치는 공기흡입부, 여과지홀더, 유량측정부 및 보호상자로 구성된다.

[해답]

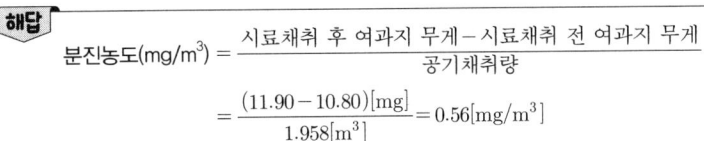

$$\text{분진농도(mg/m}^3) = \frac{\text{시료채취 후 여과지 무게} - \text{시료채취 전 여과지 무게}}{\text{공기채취량}}$$

$$= \frac{(11.90 - 10.80)[\text{mg}]}{1.958[\text{m}^3]} = 0.56[\text{mg/m}^3]$$

04 필터 전 무게 10.04[mg], 분당 40[L]의 유량이 흐르는 덕트에서 30분간 공기시료채취기를 이용하여 분진을 포집한 후 측정하였더니, 여과지 무게가 16.04[mg]이었다. 덕트 내의 분진농도(mg/m³)는?

[해답] 덕트 내의 분진농도(mg/m³)

$$= \frac{(16.04 - 10.04)[\text{mg}]}{40[\text{L/min}] \times 30[\text{min}] \times 10^{-3}[\text{m}^3/\text{L}]} = 5[\text{mg/m}^3]$$

05 개인시료채취로 채취한 총 유량이 850[L]이고, 채취한 분진의 여과지 무게가 22.5[mg], 채취 전 여과지의 무게가 20.0[mg]이었다면 분진의 농도(mg/m³)는?

[해답]

$$\text{분진농도(mg/m}^3) = \frac{(22.5 - 20)[\text{mg}]}{850[\text{L}] \times \left(\frac{\text{m}^3}{1{,}000[\text{L}]}\right)} = 2.94[\text{mg/m}^3]$$

06 작업장 공기 내 먼지농도를 측정하기 위해 높은 유량을 이용하는 시료채취기를 이용하여 800[L/분]의 유량에서 30분 동안 공기시료를 채취하였다. 시료채취를 위해서 사용된 필터의 채취 전 무게 2.620[g], 채취 후 무게 5.012[g]이었고, 시료 채취 당시의 작업장 내 온도와 압력은 각각 18[℃], 1기압, 25[℃]와 1기압의 조건에서 작업장의 평균 먼지농도(mg/m³)를 계산하시오.

해답 공기시료채취량

$$V = 800[\text{L/min}] \times \frac{\text{m}^3}{1,000[\text{L}]} \times 30[\text{min}] \times \left(\frac{273+25}{273+18}\right) = 24.58[\text{m}^3]$$

∴ 평균 먼지농도 $C = \frac{(5.012-2.620) \times 10^3}{24.58} = 97.31[\text{mg/m}^3]$

07 주물공장 내에서 비산되는 분진을 측정하기 위해서 high volume air sampler을 사용하여 분당 3[L]로 60분간 포집한 결과, 여과지의 무게가 1.87[mg]이었다. 주물공장 내 분진농도(mg/m³)를 구하고, 노출기준 초과 여부를 판정하시오. (단, 포집 전의 여과지의 무게는 1.66[mg]이고 주물사는 유리규산이 30[%] 이상을 함유하고 있다.)

해답 주물공장 내 먼지농도

$$C = \frac{\text{포집 후 여과지 무게} - \text{포집 전 여과지 무게}}{\text{공기시료채취 부피}}$$

$$= \frac{(1.87-1.66)[\text{mg}]}{3[\text{L/min}] \times 60[\text{min}] \times \frac{\text{m}^3}{1,000[\text{L}]}} = 1.17[\text{mg/m}^3]$$

∴ 유리규산(SiO₂) 30[%] 이상의 분진(1종 분진)의 노출기준 2[mg/m³]이므로 노출기준을 초과하지 않았다.

08 지하철의 신문 가판대에서 근무하는 사람이 노출되는 먼지를 측정하고자 한다. 측정시간은 08:10부터 11:55분까지였고, 채취유량은 1.98[L/min]이었다. PVC 여과지로 채취하였으며 채취 전과 후의 무게의 차이는 공시료를 보정한 값으로 0.0010[g]이었다. 신문 가판대에서 근무하는 사람의 먼지에 대한 노출농도(mg/m³)를 구하시오.

해답

먼지의 농도, $C = \dfrac{0.0010[\text{g}] \times 10^3[\text{mg/g}]}{225[\text{min}] \times 1.98[\text{L/min}] \times 10^{-3}[\text{m}^3/\text{L}]}$

$= 2.25[\text{mg/m}^3]$

09 고유량 펌프를 이용하여 0.510[m³]의 공기를 채취하고, 실험실에서 여과지를 10[%] 질산 20[mL]로 용해하였다. 원자흡수분광광도계로 농도를 분석하고 검량선으로 비교 분석한 결과 농도는 70[μg Pb/mL]였다. 채취 기간 중 납 먼지의 농도(mg/m³)는?

해답

납 농도(mg/m³)

$= \dfrac{\text{질량}}{\text{공기채취량}} = \dfrac{70[\mu\text{g/mL}] \times 20[\text{mL}] \times \left(\dfrac{\text{mg}}{1,000[\mu\text{g}]}\right)}{0.510[\text{m}^3]} = 2.75[\text{mg/m}^3]$

원자흡수분광광도법

원자흡수분광광도법은 전처리한 시료를 원자화 장치를 통하여 중성원자로 증기화시킨 후 바닥상태(ground state)의 원자가 이 원자 증기층을 통과하는 특정 파장의 빛을 흡수하는 현상을 이용한다. 각 원자의 특정 파장에 대한 흡광도를 측정함으로써 검체 중의 원소 농도를 확인 또는 정량에 사용한다. 주로 금속 등의 무기원소 분석에 사용된다.

2 유해화학물질의 관리 및 평가하기

학습 개요 | 기사·산업기사 공통

1. 유해화학물질의 정의, 표시에 대하여 기술할 수 있다.
2. 유기화합물, 산, 알칼리, 가스상 물질의 관리 및 대책을 수립할 수 있다.

기사 출제빈도 ★★

01 작업장에서 Tetrachloroethylene(폐 흡수율 75[%], TLV-TWA 25[ppm], MW 165.83)을 사용하고 있다. 근로자가(체중 70[kg]) 중노동(호흡률 1.47[m³/h])을 2시간, 경노동(호흡률 0.98[m³/h])을 6시간 하였다. 작업장에 노출된 Tetrachloroethylene의 농도가 22.5[ppm]이었다면 이 근로자의 하루 노출량은(mg/day)? (단, 온도는 25[℃]를 기준으로 한다.)

해답 테트라클로로에틸렌(tetrachloroethylene, TCE($Cl_2C=CCl_2$))의 작업장 농도(ppm)을 mg/m³으로 환산한다.

$mg/m^3 = 22.5 \times \dfrac{165.83}{24.45} = 152.6[mg/m^3]$

작업시간(8시간) 동안의 호흡률, $BR = 1.47 \times 2 + 0.98 \times 6 = 8.82[m^3/day]$

∴ 근로자의 하루 노출량(mg/day)

$C = 152.5 \times 8.82 \times 0.75 = 1,009.45[mg/day]$

기사 출제빈도 ★★

02 구리(Cu)의 인체에 대한 시험결과, 안전한 체내 흡수량은 0.12[mg/kg]이었다. 1일 8시간 작업 시 구리의 작업장 공기 중 농도(노출기준) mg/m³은? (단, 작업자의 호흡률은 0.98[m³/h], 체중은 70[kg]으로 계산한다.)

해답 구리의 체내 흡수량(mg/kg) $= \dfrac{\alpha \times BR \times C \times t}{BW}$ 에서

농도, $C = \dfrac{\text{체내 흡수량(mg/kg)} \times BW}{\alpha \times BR \times t} = \dfrac{0.12 \times 70}{1.0 \times 0.98 \times 8} = 1.1[mg/m^3]$

여기서, α: 폐에 의한 흡수율 또는 체내 잔류율(자료가 없으면 보통 1.0)
　　　　BR: 호흡률(중(重)작업: 1.47[m³/h], 중(中等)작업: 0.98[m³/h])
　　　　BW: 체중(kg), C: 공기 중 유해물질 농도(mg/m), t: 노출시간(h)

03 어떤 물질의 독성에 관한 인체실험 결과 안전흡수량이 체중 1[kg]당 0.35[mg]이었다. 체중이 70[kg]인 근로자가 1일 8시간 작업할 경우, 이 물질의 체내 흡수를 안전흡수량 이하로 유지하려면, 공기 중 농도(mg/m³)를 약 얼마 이하로 하여야 하는가? (단, 작업 시 폐환기율(또는 호흡률)은 1.20[m³/h], 체내 잔류율은 1.2로 한다.)

해답

공기 중 안전농도와 안전용량 사이의 변환공식, $C = \dfrac{\text{SHD}}{\alpha \times \text{BR} \times t}$ 에서

여기서, SHD(Safe Human Dose): 사람에 대한 안전노출량(mg/day)으로
  SHD = 체중 1[kg]당 용량 ×BW(체중, Body Weight)
  α: 폐에서 흡수되는 비율(체내 잔류율)
  BR(Breathing Rate): 개인의 호흡률(폐환기율)

$\therefore C = \dfrac{0.35[\text{mg/kg}] \times 70[\text{kg}]}{1.2 \times 1.2[\text{m}^3/\text{h}] \times 8[\text{h}]} = 2.13[\text{mg/m}^3]$

04 어떤 물질의 독성에 관한 인체실험 결과 안전흡수량이 체중 1[kg]당 0.15[mg]이었다. 이때 독성물질의 공기 중 농도가 1[mg/m³]일 경우, 체중이 70[kg]인 근로자가 이 물질의 체내 흡수를 안전흡수량 이하로 유지하려면 1일 몇 시간 이내로 작업을 하여야 하는가? (단, 작업 시 폐환기율은 1.3[m³/h], 체내 잔류율은 1.0으로 한다.)

해답

공기 중 안전농도와 안전용량 사이의 변환공식

$C = \dfrac{\text{SHD}}{\alpha \times \text{BR} \times t}$

여기서, SHD(Safe Human Dose): 사람에 대한 안전노출량(mg/day)으로
  SHD = 체중 1[kg]당 용량×BW(체중, Body Weight)
  α: 폐에서 흡수되는 비율(%)로 보통 100[%]를 사용함(체내 잔류율)
  BR(Breathing Rate): 개인의 호흡률(폐환기율)
  t: 노출시간(보통 8시간)

$\therefore 1[\text{mg/m}^3] = \dfrac{0.15[\text{mg/kg}] \times 70[\text{kg}]}{1.0 \times 1.3[\text{m}^3/\text{h}] \times t[\text{h}]}$ 에서 $t = 8[\text{h}]$

기사 출제빈도 ☆☆

05 작업장에 존재하는 어떤 물질의 독성에 관한 안전흡수량이 체중 1[kg]당 0.06[mg]이었다. 체중 70[kg]인 근로자가 1일 8시간 작업할 경우 이 물질의 체내 흡수율을 안전흡수량 이하로 유지하려면 이 물질의 공기 중 농도(mg/m^3)는 얼마인가? (단, 작업 시 폐환기율은 0.98[m^3/h], 체내 잔류률은 1.0으로 한다.)

해답

어떤 물질의 체내 흡수량(mg/kg) = $\dfrac{\alpha \times BR \times C \times t}{BW}$ 에서

$C = \dfrac{\text{체내 흡수량(mg/kg)} \times BW}{\alpha \times BR \times t} = \dfrac{0.06 \times 70}{1.0 \times 0.98 \times 8} = 0.54[mg/m^3]$

여기서, α: 폐에 의한 흡수율 또는 체내 잔류율
BR: 호흡률(중(重)작업: 1.47[m^3/h], 중(中等)작업: 0.98[m^3/h])
BW: 체중(kg)
C: 공기 중 유해물질 농도(mg/m)
t: 노출시간(h)

기사 출제빈도 ☆☆☆

06 20[%] 헵탄, 30[%] 메틸 클로로포름 그리고 50[%] 퍼클로로에틸렌의 중량비로 조성된 유기용제가 증발되어 작업환경을 오염시키고 있다. 이때 각각의 TLV는 각각 1,636[mg/m^3], 1,910[mg/m^3] 및 170[mg/m^3]이라면 이 작업장의 혼합물의 허용농도(mg/m^3)는? (단, 상가작용 기준이다.)

해답

오염원이 서로 유사한 독성을 가진 물질로 구성된 혼합 액체이고 이 혼합물이 공기 중으로 증발할 경우 액체 상태에서의 혼합물 구성비율과 동일한 비율로 공기 중에 존재한다고 가정하였을 때

혼합물의 허용농도(TLV, mg/m^3) = $\dfrac{1}{\dfrac{f_a}{TLV_a} + \dfrac{f_b}{TLV_b} + \cdots + \dfrac{f_n}{TLV_n}}$ 에서

f_a, f_b 등은 물질 a, b 등의 중량구성비이고, TLV_a, TLV_b는 해당 물질의 TLV이다.

∴ 혼합물의 $TLV[mg/m^3] = \dfrac{1}{\dfrac{0.2}{1,636} + \dfrac{0.3}{1,910} + \dfrac{0.5}{170}} = 310.5[mg/m^3]$

07 어떤 작업장에 유기용제인 유해물질이 헵탄 1,640[mg/m³], 메틸클로로포름 1,910[mg/m³], 퍼크로로에틸렌 170[mg/m³]이 1 : 2 : 3의 비율로 포함되어 있다. 이 혼합물에 대한 TLV를 구하시오. (단, 상가작용 기준이다.)

해답
오염원이 서로 유사한 독성을 가진 물질로 구성된 혼합 액체이고 이 혼합물이 공기 중으로 증발할 경우 액체 상태에서의 혼합물 구성비율과 동일한 비율로 공기 중에 존재한다고 가정하였을 때

혼합물의 허용농도(TLV, mg/m³) = $\dfrac{1}{\dfrac{f_a}{TLV_a} + \dfrac{f_b}{TLV_b} + \cdots + \dfrac{f_n}{TLV_n}}$ 에서

f_a, f_b 등은 물질 a, b 등의 중량구성비이고, TLV_a, TLV_b는 해당 물질의 TLV이다. 여기서, 각 유해물질의 단위는 반드시 mg/m³으로 대입하여야 한다. 혼합물의 구성비율이 1 : 2 : 3이므로 헵탄은 17[%], 메틸클로로포름 33[%], 퍼크로로에틸렌 50[%]이다.

∴ 혼합물의 $TLV[mg/m^3] = \dfrac{1}{\dfrac{0.17}{1,640} + \dfrac{0.33}{1,910} + \dfrac{0.5}{170}} = 310.8[mg/m^3]$

3 소음·진동을 관리하고 대책 수립하기

학습 개요 | 기사·산업기사 공통

1. 일반적인 소음의 대책을 수립할 수 있다.
2. 흡음, 차음, 기타 공학적 소음대책을 수립할 수 있다.
3. 진동의 관리 및 대책을 수립할 수 있다.
4. 개인보호구에 대하여 수립할 수 있다.

청력도 검사

청력장애의 장애 정도 평가는 순음청력검사의 기도순음역치를 기준으로 한다. 평균순음역치는 청력측정기(오디오미터)로 측정하여 데시벨(dB)로 표시하고 장애등급을 판정하되, 주파수별로 500[Hz], 1,000[Hz], 2,000[Hz], 4,000[Hz]에서 각각 청력도 검사를 실시한다.

청력의 측정

난청의 장해 정도 평가는 규정된 측정방법에 따른 순음청력검사의 기도청력역치를 기준으로 6분법 $\left(\dfrac{a+2b+2c+d}{6}\right)$ 으로 판정하되, 가장 잘 들리는 상태의 역치를 사용한다. 이 경우 소수점 이하는 버리고 각 주파수에서 청력역치가 100[dB] 이상이거나 0[dB] 이하이면 이를 100[dB] 또는 0[dB]로 간주한다.

[기사] 출제빈도 ★★★

01 어떤 근로자가 청력도 검사를 실시한 결과 청력손실이 500[Hz]에서 10[dB], 1,000[Hz]에서 12[dB], 2,000[Hz]에서 14[dB], 4,000[Hz]에서 20[dB]로 나타났다. 이 근로자의 6분법에 의한 평균청력손실(dB)은?

해답

6분법에 의한 평균청력손실(dB)

$$= \frac{a+2b+2c+d}{6} = \frac{10+(2\times12)+(2\times14)+20}{6} = 14[dB]$$

여기서, a : 500[Hz]에서의 청력손실(dB)
b : 1,000[Hz]에서의 청력손실(dB)
c : 2,000[Hz]에서의 청력손실(dB)
d : 4,000[Hz]에서의 청력손실(dB)

[산업] 출제빈도 ★★★

02 작업장 소음을 측정하였더니 소음수준이 90[dB]이 5시간, 95[dB]이 3시간이었다. 이때 누적소음노출량(%)과 시간가중평균(dB(A))을 구하시오.

해답

1) 소음강도 dB(A)에 따른 1일 노출시간(hr)은 90[dB]이 8시간, 95[dB]이 4시간이다.

∴ 누적소음노출량, $D = \dfrac{5}{8} + \dfrac{3}{4} = 1.375 = 137.5[\%]$

[근거] 화학물질 및 물리적 인자의 노출기준 [별표 2-1] 소음의 노출기준(충격소음 제외)

2) 시간가중평균(dB(A))

$$\text{TWA} = 16.61 \log\left(\frac{D}{100}\right) + 90$$

여기서, TWA : 시간가중평균 소음수준(dB(A))
D : 누적소음노출량(%)
100 : 노출시간을 8시간으로 하였을 때의 값

∴ $\text{TWA} = 16.61 \log\left(\dfrac{137.5}{100}\right) + 90 = 92.3[dB(A)]$

기사 출제빈도 ★★☆

03 어떤 소음발생 작업장에서 누적소음노출량계로 3시간 측정한 값이 60[%]이었다. 이 작업장의 측정시간 동안의 소음평균치(dB(A))는?

해답

시간가중평균 소음수준, $TWA = 16.61 \log\left(\dfrac{D(\%)}{100}\right) + 90[dB(A)]$에서 100은 $12.5 \times T(\text{노출시간}) = 12.5 \times 8$을 의미한다.

노출시간이 3시간이므로 $TWA = 16.61 \log\left(\dfrac{60}{12.5 \times 3}\right) + 90 = 93.4[(dB(A)]$

> **누적소음 노출량 측정기 (누적소음노출량계)**
> 작업자가 여러 작업 장소를 이동하면서 작업하는 경우, 근로자에게 직접 부착하여 작업 시간(8시간) 동안 작업자에게 노출되는 소음 노출량을 측정하는 기계를 말한다.

기사 출제빈도 ★★★

04 음력 5[watt]인 소음원으로부터 45[m] 떨어진 지점에서의 음압수준(SPL)을 계산하시오. (단, 공기의 밀도 $\rho = 1.18[kg/m^3]$, 음속 $c = 344.4[m/s]$, 무지향성 점음원이 자유공간에 있는 경우이다.)

해답

무지향성 점음원이 자유공간에서 거리에 따른 소음수준(SPL) 공식은

$$SPL = PWL - 20\log r - 11 = 10\log\left(\dfrac{5.0}{10^{-12}}\right) - 20\log 45 - 11 = 83[dB]$$

기사 출제빈도 ★★★

05 현재 총 흡음량이 1,000[sabins]인 작업장의 각 벽면과 천장에 각각 500[sabins]를 더 할 경우 음에 의한 소음감소를 구하시오. (단, 바닥은 흡음이 없다.)

> **새빈(sabine)**
> 실내 흡음 수준을 나타내는 척도로, 실내 흡음 정도를 음이 완전히 흡수되는 등가 면적으로 나타낼 수 있는데 이러한 등가면적을 새빈(sabine)이라 하며 단위는 m^2(metric sabine)이 된다.

해답

작업장에 흡음을 보강한 흡음 대책에 따른 실내소음 저감량(NR, Noise Reduction) 계산식

$$NR = 10\log\left(\dfrac{\text{대책 전 총 흡음력} + \text{부가된 흡음력}}{\text{대책 전 총 흡음력}}\right) = 10\log\left(\dfrac{A_1 + A_\alpha}{A_1}\right)[dB]$$

이므로 벽면 4개와 천장의 소음감소량은

$$NR = 10\log\left(\dfrac{1,000 + 500 \times 4 + 500}{1,000}\right) = 5.44[dB]$$

06 어떤 소음 작업장에서 작업자에 대한 소음도를 측정한 결과 3시간 동안 지시소음계로 89[dB]이 나타났고, 5시간 동안 누적소음누출량 85[%]일 때, 이 작업자에 대한 평균 노출소음수준(dB(A))과 허용기준 초과 여부를 구하시오.

해답

5시간 동안 누적소음누출량 85[%]일 때 작업자에 대한 시간가중 평균 소음수준 (dB(A))은

$$\text{TWA} = 16.61 \log\left(\frac{D}{100}\right) + 90$$

여기서, D: 누적소음노출량(%)

100: 노출시간을 8시간으로 하였을 때의 값, 즉 $12.5 \times 8 = 100$이므로 5시간 측정한 값으로 하면 $12.5 \times 5 = 62.5$로 바꾸어 대입하여 구한다.

$$\therefore \text{TWA} = 16.61 \log\left(\frac{D}{12.5 \times 5}\right) + 90 = 16.61 \log\left(\frac{85}{62.5}\right) + 90 = 92[\text{dB}]$$

1) 작업자에 대한 평균 노출소음 수준

$$L_{eq} = 10 \log\left[\frac{1}{8}(3 \times 10^{8.9} + 5 \times 10^{9.2})\right] = 91[\text{dB(A)}]$$

2) 허용기준 초과 여부

작업장에 대한 8시간 소음수준 허용기준은 90[dB(A)]이므로 허용기준을 초과하였다.

07 어떤 작업장 바닥의 가운데에 음력이 1[watt]인 점음원으로부터 10[m] 떨어진 곳의 음압레벨(SPL)을 측정하였더니 85[dB]이었다. 이 작업장의 총 흡음력(sabins)은?

해답

확산음장이 주된 작업장에서 소음원의 파워레벨(PWL)과 음압레벨(SPL), 흡음력(A)의 사이에는 $\text{PWL} = \text{SPL} + 10 \log A - 6$의 관계가 성립된다. 따라서

$$A = 10^{\frac{\text{PWL} - \text{SPL} + 6}{10}}$$

$$\text{PWL} = 10 \log\left(\frac{1}{10^{-12}}\right) = 120[\text{dB}] \text{ 이므로}$$

$$A = 10^{\frac{120 - 85 + 6}{10}} = 12{,}589.25[\text{sabins}]$$

08 현재 총 흡음량이 500[sabins]인 작업장의 천장에 흡음물질을 첨가하여 2,000[sabins]를 더할 경우 소음감소(dB)는?

해답

소음감소량(NR) $= 10 \log \left(\dfrac{500 + 2,000}{500} \right) = 7[\text{dB}]$

* Sabins: 100[%] 흡음하는 표면 1[m²]를 1[sabin]으로 한다.

09 현재 총 흡음량이 1,300[sabins]인 작업장의 천장에 흡음물질을 첨가하여 3,900[sabins]을 더 할 경우 예측되는 소음감소량(NR)은 약 몇 dB인가?

해답

소음감소량(NR) $= 10 \log \dfrac{\text{대책 전 총 흡음력} + \text{부가된 흡음력}}{\text{대책 전 총 흡음력}}$

$= 10 \log \left(\dfrac{1,300 + 3,900}{1,300} \right) = 6[\text{dB}]$

10 소음작업장에서 어떤 작업자가 100[dB]에서 3시간, 95[dB]에서 3시간 소음에 노출되었을 시 노출지수를 구하고 노출초과 여부를 평가하시오.

해답

연속소음에 대한 1일 노출시간(h)별 소음강도는 8시간: 90[dB(A)], 4시간: 95[dB(A)], 2시간: 100[dB(A)], 1시간: 105[dB(A)], 1/2시간: 110[dB(A)], 1/4시간: 115[dB(A)]이므로 여러 종류의 소음이 여러 시간 동안 복합적으로 노출된 경우의 소음지수인 소음노출지수(EI, Exposure Index) 계산식은

$\text{EI} = \dfrac{C_1}{T_1} + \dfrac{C_2}{T_2} + \cdots + \dfrac{C_n}{T_n}$

여기서, C_n: 특정 소음에 노출된 총 노출시간
 T_n: 그 소음에 노출될 수 있는 허용노출시간

∴ EI $= \dfrac{3}{2} + \dfrac{3}{4} = 2.25$, 노출지수가 1을 초과하였으므로 노출 초과판정

흡음재

소리를 흡수할 목적으로 사용하는 건축재료로 구조에 따라 다공질 흡음재와 판상 흡음재로 나누어진다.

- 다공질 흡음재: 표면과 내부에 작은 기포 또는 관 모양의 구멍이 있고 이 구멍 속의 공기가 음파에 의해 진동하여 생긴 마찰 때문에 소리에너지가 열에너지로 바뀌어 흡수된다.
- 판상 흡음재: 음파가 판을 진동시키면서 자료 표면에 부딪히는 소리에너지의 일부를 흡수하여 반사음을 줄여 방음 및 흡음효과를 나타낸다.

기사 출제빈도 ☆☆☆

11 작업장의 소음대책으로 천장이나 벽면에 적당한 흡음재를 설치하는 방법의 타당성을 조사하기 위해 먼저 현재 작업장의 총 흡음량 조사를 실시하였다. 총 흡음량은 음의 잔향시간을 이용하는 방법으로 측정하였으며, 철로 된 큰 막대기를 이용하여 125[dB]의 소음을 발생시켰을 때 작업장의 소음이 65[dB] 감소하는 데 걸리는 시간은 2초였다.

1) 이 작업장의 총 흡음량(m^2)은? (단, 작업장은 가로 20[m], 세로 50[m], 높이 10[m]의 크기이다.)
2) 적정한 흡음물질을 처리하여 총 흡음량을 3배로 증가시킨다면 그 증가에 따른 작업장의 소음 감음량(dB)은?

해답

1) Sabine의 법칙에서 잔향시간(s), $T = 0.161 \dfrac{V}{A}$ 에서

$$2 = 0.161 \times \dfrac{(20 \times 50 \times 10)}{A}$$

∴ 총 흡음량, $A = 805(m^2$ 또는 sabines$)$

2) 소음 감음량, $NR = 10 \log 3 = 5[dB]$

기사 출제빈도 ☆☆

12 작업장에 소음이 80[dB]은 4시간, 85[dB]은 2시간, 91[dB]은 30분, 94[dB]은 10분이 측정되었다. 이 측정소음에 대한 노출지수를 구하고 작업장에서 발생한 소음 초과여부를 판단하시오. (단, 소음의 TLV는 80[dB]에서 24시간, 85[dB]에서 8시간, 91[dB]에서 2시간, 94[dB]에서 1시간이고, 발생소음은 단속음이다.)

해답

노출지수(EI, Exposure Index)

$$EI = \dfrac{C_1}{T_1} + \dfrac{C_2}{T_2} + \cdots + \dfrac{C_n}{T_n}$$

여기서, C_n: 특정 소음에 노출된 총 노출시간
T_n: 그 소음에 노출될 수 있는 허용 노출시간

∴ $EI = \dfrac{4}{24} + \dfrac{2}{8} + \dfrac{0.5}{2} + \dfrac{\left(\dfrac{10}{60}\right)}{1} = 0.83$, 노출지수가 1 미만이므로 허용기준을 초과하지 않았다.

기사 출제빈도 ★★★

13 어떤 소음발생 작업장에서 누적소음노출량계로 3시간 측정한 값이 60[%]이었다. 이 작업장의 측정시간 동안의 시간가중 평균 소음수준(dB(A))은?

해답 시간가중 평균소음수준

$\text{TWA} = 16.61 \log\left(\dfrac{D(\%)}{100}\right) + 90[\text{dB}(A)]$에서 100은 $12.5 \times T(\text{노출시간}) = 12.5 \times 8$을 의미한다.

따라서, 노출시간이 3시간이므로

$\text{TWA} = 16.61 \log\left(\dfrac{60}{12.5 \times 3}\right) + 90 = 93.4[\text{dB}(A)]$

기사 출제빈도 ★

14 어떤 작업장의 바닥에 전동기(motor)가 놓여 있다. 이 전동기로부터 10[m]와 20[m] 떨어진 지점에서 총 주파수에 대한 음압수준을 측정한 결과 각각 90[dB]와 85[dB]이었다. 이 작업장의 총 주파수에 대한 총 흡음량(sabins)은?

해답 거리가 2배되는 음의 흡음량 계산식

$A = \dfrac{64\pi r^2 \left(1 - 10^{\frac{\Delta \text{SPL}}{10}}\right)}{Q\left(10^{\frac{\Delta \text{SPL}}{10}} - 4\right)}$ [sabins]

$\therefore\ A = \dfrac{64 \times 3.14 \times 10^2 \left(1 - 10^{\frac{5}{10}}\right)}{2 \times \left(10^{\frac{5}{10}} - 4\right)} = 25,935$ [sabins]

4 노동 생리에 대하여 기술하기

학습 개요 기사

1. 근육의 대사과정, 산소 소비량, 작업강도, 에너지 소비량에 대하여 기술할 수 있다.
2. 작업자세, 작업시간과 휴식에 대하여 기술할 수 있다.

기사 출제빈도 ★★★★

01 젊은 근로자의 약한 쪽 손의 힘은 평균 60[kp]이고, 이 근로자가 무게 16[kg]인 상자를 두 손으로 들어 올릴 경우에 한 손의 작업강도 (%MS)는 얼마인가? (단, 1[kp(kilopond)]는 질량 1[kg]을 중력의 크기로 당기는 힘을 말한다.)

작업강도(%MS)

국소피로를 초래하기까지의 작업시간(견딜 수 있는 작업시간) 은 작업강도에 의하여 결정되고, 이는 근로자가 가지고 있는 최대의 힘(MS, Maximum Strength)에 대한 작업이 요구하는 힘(RF, Required Force)을 백분율(%)로 표시한다. 따라서 작업강도는 근로자의 근력에 따라 달라진다.

해답

무게가 16[kg]인 상자를 두 손으로 들어 올리므로 한 손에 미치는 힘은 8[kp]가 된다. 따라서 작업강도를 구하면

$$\%MS = \frac{\text{작업 시 요구되는 힘(RF)}}{\text{근로자가 가지고 있는 최대의 힘(MS)}} \times 100$$
$$= \frac{8}{60} \times 100 = 13.33[\%MS]$$

CHAPTER 3 환기 일반

1 유체역학에 대하여 기술하기

학습 개요   기사·산업기사 공통

1. 단위, 밀도, 점성, 비중량, 비체적, 비중에 대하여 기술할 수 있다.
2. 유량과 유속, 속도압, 정압, 전압, 증기압에 대하여 기술할 수 있다.
3. 밀도보정계수, 압력손실, 마찰손실에 대하여 기술할 수 있다.
4. 베르누이의 정리, 레이놀즈 수에 대하여 기술할 수 있다.

> **레이놀즈 수**
> (R_e, Reynolds number)
> 유체역학에서 레이놀즈 수는 '관성에 의한 힘'과 '점성에 의한 힘(viscous force)'의 비로서, 주어진 유동 조건에서 이 두 종류의 힘의 상대적인 역학관계를 정량적으로 나타낸다. 일반적으로 원형 덕트인 경우 레이놀즈 수가 2,100 이하이면 층류, 2,100에서 4,000 사이이면 천이 영역, 4,000 이상이면 난류라고 한다.

기사 출제빈도 ★★

01 레이놀즈 수가 1,000인 덕트에 대한 마찰계수, f의 값은?

해답 레이놀즈 수 $R_e = 1,000$은 층류 상태의 흐름이므로 마찰계수

$$f = \frac{64}{R_e} = \frac{64}{1,000} = 0.064$$

기사 출제빈도 ★★

02 유동하는 공기의 속도가 12[m/s], 압력이 1.05기압일 때, 속도수두(m)와 압력수두(m)는? (단, 공기의 비중량은 1.225[kg/m³]이다.)

해답

1) 속도수두: $\dfrac{\gamma \times v^2}{2g} = \dfrac{1.225 \times 12^2}{2 \times 9.8} = 9[\text{m}]$

2) 압력수두: $\dfrac{P}{\gamma} = \dfrac{1.05 \times 10.33}{1.225} = 8.85[\text{m}]$

※ 1[atm] = 10.33[mAq]

[기사] 출제빈도 ★★

03 기준면에서 5[m]인 곳에 유속 5[m/s]의 속도로 물이 흐르고 있다. 이때 물의 압력이 0.5[kg/cm²]일 경우 베르누이 방정식을 이용하여 전수두(全水頭, m)를 구하시오.

[해답] 베르누이 방정식, 전수두 = 압력수두 + 속도수두 + 위치수두에서

$$H = \frac{p}{\gamma} + \frac{v^2}{2g} + z = \frac{0.5[\text{kg/cm}^2] \times 10^4[\text{cm}^2/\text{m}^2]}{1,000[\text{kg/m}^3]} + \frac{5[\text{m}^2/\text{s}^2]}{2 \times 9.8[\text{m/s}^2]} + 5[\text{m}]$$
$$= 11.28[\text{m}]$$

[참고] 물의 비중량(γ): 물의 단위체적의 중량으로 4[℃]에서 1,000[kg/m³]이다.

[기사] 출제빈도 ★★

04 30[ppm]은 몇 %인가?

[해답] $1[\%] = 10,000[\text{ppm}]$ 이므로 $\frac{30}{10,000} = 0.003[\%]$

> **📝 %와 ppm**
> - 중량백분율로 표시할 때는 %(10^{-2})의 기호를 사용한다.
> - 백만분율(parts per million)을 표시할 때는 ppm(10^{-6})의 기호를 사용한다.
> - $1[\%] = 10,000[\text{ppm}]$
> $1[\text{ppm}] = 10^{-4}[\%]$

[산업] 출제빈도 ★★★

05 덕트 내 속도압이 1[mmH₂O]일 때 공기속도(m/s)는? (단, 공기의 밀도 1.2[kg/m³]이다.)

[해답] 공기의 속도압(mmH₂O), $VP = \frac{\gamma V^2}{2g}[\text{mmH}_2\text{O}]$ 에서

$$V = \sqrt{\frac{2g VP}{\gamma}} = \sqrt{\frac{2 \times 9.8 \times 1}{1.2}} = 4.04[\text{m/s}]$$

> **📝** 1[mmH₂O]=1[kg/m²]
> (덕트 내의 압력은 대기압(1[kg/cm²])의 $\frac{1}{10,000}$ 정도로 낮은 압력으로 존재한다.)

06 덕트 내부에 속도압이 3[mmH₂O]였다면 이 덕트 내부를 흐르는 건조 공기의 유속(m/s)은?

해답

속도압, $VP = \left(\dfrac{V_T}{4.043}\right)^2$ 에서 반송속도 $V_T = 4.043 \times \sqrt{3} = 7[\text{m/s}]$

07 덕트의 직경이 350[mm]이고, 필요환기량이 120[m³/min]이라고 할 때 후드의 속도압은 약 몇 mmH₂O인가?

해답

속도압, $VP = \left(\dfrac{V}{4.043}\right)^2$ 에서

$V = \dfrac{120}{\left(\dfrac{3.14 \times 0.35^2}{4}\right) \times 60} = 20.8[\text{m/s}]$

$\therefore VP = \left(\dfrac{20.8}{4.043}\right)^2 = 26.47[\text{mmH}_2\text{O}]$

08 산업환기의 표준상태(21[℃], 1기압)에서 수은의 증기압은 0.0028[mmHg]이다. 이 상태에서 공기 중 수은 증기가 평형을 이루었다면 최고농도(mg/m³)는? (단, 수은의 원자량은 200.59이다.)

해답

수은의 최고농도(포화농도), $C_{\max} = \dfrac{0.0028}{760} \times 10^6 = 3.68[\text{ppm}]$

$\therefore$ 최고농도 $= 3.68 \times \dfrac{24.1}{200.59} = 0.44[\text{mg/m}^3]$

09 21[℃]에서 수은의 증기압은 0.0013[mmHg]이다. 밀폐된 작업장에서 수은을 방치하였을 때, 공기 중 수은의 최고농도(mg/m³)는? (단, 수은의 분자량은 200.6이다.)

> **증기압**
> 증기압이 높은 물질은 증발이 잘 되어 공기 중에 쉽게 높은 농도를 형성하기 때문에 국소배기장치 설치 등 관리를 잘해야 한다. 증기압으로 유기용제의 증발력을 알 수 있으므로 유해물질의 관리, 공정시설의 설치형태, 작업자의 작업방법을 결정하는 데 유용한 요소이다.

해답

포화증기농도(SVC)로 계산하면 $SVC = \dfrac{0.0013}{760} \times 10^6 = 1.71[\text{ppm}]$

ppm을 mg/m³로 환산하면 $1.71 \times \dfrac{200.6}{22.4 \times \dfrac{273+21}{273}} = 14.22[\text{mg/m}^3]$

10 공기는 질소 78[%], 산소 21[%], 아르곤 0.9[%], 이산화탄소 0.03[%]가 존재한다. 이 공기의 비중량(kg/m³)은? (단, 질소, 산소, 아르곤, 탄소의 원자량은 각각 14, 16, 40, 12이다.)

해답

공기의 비중량

$$\gamma = \dfrac{\{(78 \times 28)+(21 \times 32)+(0.9 \times 40)+(0.03 \times 44)\}}{100} = 28.9[\text{kg/m}^3]$$

11 25[℃], 1[atm]에서 프로페인 가스의 밀도(kg/m³)와 비체적(m³/kg)은?

해답

프로페인 가스 C_3H_8의 분자량은 44

따라서 밀도 $\rho = \dfrac{44[\text{kg}]}{22.4[\text{sm}^3]} \times \left(\dfrac{273}{273+25}\right) = 1.80[\text{kg/m}^3]$

비체적 $v = \dfrac{1}{\rho} = \dfrac{1}{1.80} = 0.56[\text{m}^3/\text{kg}]$

기사 출제빈도 ★★★

12 어떤 유체의 점성계수가 $1.8 \times 10^{-4}[P]$, 밀도가 $1.23[kg/m^3]$이다. 이 유체의 동점성계수(St)는?

해답

점성계수의 단위: $1[P(poise)] = 1[g/cm \cdot s]$

동점성계수의 단위: $1[St(stokes)] = 1[cm^2/s]$

문제에서 점성계수의 단위는 cgs이고 밀도의 단위는 MKS 단위이므로 단위를 환산하여 동점성계수를 구하면

$\mu = 1.8 \times 10^{-4}[P] = 1.8 \times 10^{-5}[Pa \cdot s]$

$(\because 1[Pa] = 1[N/m^2] = 1\dfrac{kg \cdot m}{m^2 \cdot s^2} = 1[kg/m \cdot s^2])$

$\therefore \nu = \dfrac{\mu}{\rho} = \dfrac{1.8 \times 10^{-5}[Pa \cdot s]}{1.23[kg/m^3]}$

$= 1.46 \times 10^{-5}[m^2/s] = 0.146[cm^2/s] = 0.146[St]$

다른 풀이

단위를 cgs로 통일하면

$1.23[kg/m^3] = \dfrac{1.23[kg] \times 10^3[g/kg]}{m^3 \times (10^2)^3[cm^3/m^3]} = 1.23 \times 10^{-3}[g/cm^3]$ 이므로

$\nu = \dfrac{\mu}{\rho} = \dfrac{1.8 \times 10^{-4}[g/cm \cdot s]}{1.23 \times 10^{-3}[g/cm^3]} = 0.146[cm^2/s] = 0.146[St]$

기사·산업 출제빈도 ★★★★★

13 덕트 직경이 20[cm]이고, 공기 유속이 23[m/s]일 때, 20[℃]에서 Reynolds 수(R_e)를 계산하고 흐름의 종류를 밝히시오. (단, 20[℃]에서 공기의 점성계수 1.8×10^{-5}[kg/m·s], 공기의 밀도 1.2[kg/m³]이다.)

해답

$R_e = \dfrac{관성력}{점성력} = \dfrac{v \times D \times \rho}{\mu} = \dfrac{23 \times 0.2 \times 1.2}{1.8 \times 10^{-5}} = 306,667$

흐름의 종류는 난류이다.

참고
1) **층류**(laminar flow): 유체가 덕트 내를 아주 느린 속도로 흐를 때는 소용돌이나 선회운동을 일으키지 않고 관 벽에 평행으로 유동하는 흐름으로 레이놀즈 수가 1,160 이하(보통 2,100)인 유체의 흐름이다.
2) **천이류**: 층류와 난류가 혼합된 흐름으로 레이놀즈 수가 1,160과 3,000 사이의 흐름이다.
3) **난류**(turbulent flow): 덕트 내에 흐르는 유체가 속도가 빨라지면 덕트 내 흐름은 크고 작은 소용돌이가 혼합된 형태로 변하여 혼합상태인 모양의 흐름으로 레이놀즈 수가 3,000 이상인 유체의 흐름이다.

14 아세톤(acetone) 1[g]의 부피(mL)는? (단, 아세톤의 비중은 0.79이다.)

해답
아세톤의 비중이 0.79이므로 밀도는 0.79[kg/L]이다. 이것은 아세톤 1[L]의 무게가 790[g]이라는 의미이다.

따라서 $1[L] : 790[g] = x[L] : 1[g]$, $x = \dfrac{1}{790} = 0.00127[L] = 1.27[mL]$

15 레이놀즈 수, $R_e = 3.8 \times 10^5$, 공기의 동점성계수, $\nu = 0.1501 [cm^2/s]$, 직경 300[mm]인 덕트 내 유속(m/s)은?

해답
레이놀즈 수 $R_e = \dfrac{v \times D}{\nu}$ 에서

$v = \dfrac{R_e \times \nu}{D} = \dfrac{3.8 \times 10^5 \times 1.501 \times 10^{-5}[m^2/s]}{0.3[m]} = 19.01[m/s]$

16 샤를의 법칙(Charles' law)에 대해서 설명하시오.

해답
일정한 압력에서 일정량의 기체 부피는 절대온도에 정비례한다.

$V_t = V_o \left(1 + \dfrac{t}{273}\right)$

17 사염화에틸렌 7,500[ppm]이 공기 중에 존재한다면 공기와 사염화에틸렌 혼합물의 유효비중은? (단, 사염화에틸렌의 증기 비중은 5.7로 한다.)

해답
유효비중: $S_{eff} = \dfrac{(0.75 \times 5.7) + (99.25 \times 1.0)}{100} = 1.035$

📝 유효비중

증기나 가스의 비중을 나타내는 것으로 물질 간의 상대적인 무게를 비교할 수 있다. 예를 들어 프로페인(C_3H_8)의 비중은 1.53 (=44/28.8)인데 이것은 공기보다 1.53배 무겁다는 의미이다.

산업 출제빈도 ★★★★

18 아세톤(CH_3COCH_3)의 농도가 300[ppm]일 때 공기의 유효비중을 구하시오. (단, 아세톤 비중은 2.0이고 유효비중 값은 소수점 세 번째 자리까지 구할 것)

해답

유효비중: $S_{eff} = \dfrac{(2.0 \times 0.03) + (99.97 \times 1.0)}{100} = 0.998$

기사 출제빈도 ★★★★

19 Tetrachloroethylene(TCE, C_2Cl_4)의 공기 중 농도가 10,000[ppm]이라고 한다면, 이 혼합공기의 유효비중은? (Cl의 분자량 35.5, 공기의 분자량 29이다.)

해답

테트라클로로에틸렌의 분자량: 166, 비중 $= \dfrac{166}{29} = 5.72$이므로

유효비중: $S_{eff} = \dfrac{(1 \times 5.72) + (99 \times 1.0)}{100} = 1.047$

기사 출제빈도 ★

20 다음은 공기의 조성비를 나타낸 표이다. 이 표에서 공기의 분자량을 계산하시오.

성분 물질	질소	산소	수증기	이산화탄소
조성비(%)	78.2	21	0.5	0.3

해답

각 성분의 분자량을 구한다.

질소(N_2): 28, 산소(O_2): 32, 수증기(H_2O): 18, 이산화탄소(CO_2): 44

공기의 분자량 $= 28 \times 0.782 + 32 \times 0.21 + 18 \times 0.005 + 44 \times 0.003 = 28.84$

21 건조공기가 원형 직관 내를 흐르고 있다. 피토관을 이용하여 측정한 속도압이 6[mmH$_2$O]일 경우 덕트 내 풍속(m/s)은? (단, 피토관 계수는 0.85, 건조 공기의 비중량 1.2[kg$_f$/m^3]이다.)

해답

$$V = C \times \sqrt{\frac{2g \times VP}{\gamma}}$$

$$= 0.85 \times \sqrt{\frac{2 \times 9.8 \times 6}{1.2}} = 8.42[\text{m/s}]$$

여기서, V : 유속(m/s)
C : 피토관 계수(속도계수)
g : 속도압의 가속도(9.8[m/s^2])
h : 속도압(mmH$_2$O)
γ : 공기밀도(20[℃], 1[atm]에서 1.2[kg/m^3])

22 760[mmHg], 20[℃]의 표준공기를 대상으로 Reynolds 수는 $0.666 \times v \times D \times 10^5$로 공기의 속도와 덕트 직경을 알면 레이놀즈 수를 구할 수 있는데 이 사실을 증명하시오.

해답

레이놀즈 수는 덕트의 유체 흐름에서 관성력과 점성력의 비를 무차원 수로 나타낸 것이다. 공기의 난류 흐름에서는 관성력이 점성력보다 훨씬 크므로

$$R_e = \frac{관성력}{점성력} = \frac{\rho \times v \times D}{\mu} = \frac{v \times D}{\nu}$$

$$= \frac{v[\text{m/s}] \times D[\text{m}]}{1.5 \times 10^{-5}[\text{m}^2/\text{s}]} = 0.666 \times v \times D \times 10^5$$

여기서, ρ : 공기의 밀도(1.2[kg/m^3])
D : 공기가 흐르는 덕트의 직경
v : 공기의 평균유속(m/s)
μ : 공기의 점성계수(1.86×10^{-6}[kg/m·s] = poise)
ν : 공기의 동점성계수(1.5×10^{-5}[m^2/s])

CHAPTER 3

기사 출제빈도 ★★★

23 레이놀즈 수, $R_e = 3.8 \times 10^4$, 공기의 동점성계수 $\nu = 0.1501$ [cm²/s], 직경 60[mm]인 덕트 내 유속(m/s)은?

해답

레이놀즈 수 $R_e = \dfrac{v \times D}{\nu}$ 에서

$$v = \frac{R_e \times \nu}{D} = \frac{3.8 \times 10^4 \times 1.501 \times 10^{-5} [\text{m}^2/\text{s}]}{0.06[\text{m}]} = 9.51[\text{m/s}]$$

기사 출제빈도 ★

24 내경 400[mm]의 얇은 강철판으로 제조된 직관을 통하여 송풍량 120[m³/min]의 표준공기를 송풍할 경우 길이 10[m]당 관마찰손실 (mmH₂O)을 다음 Moody의 그림을 통하여 구하시오.

Moody 선도

Moody 선도는 관마찰계수(Friction Factor)를 나타낸다. 관마찰계수란 유체가 덕트 내부를 흐를 때 덕트 벽의 마찰에 의해서 발생하는 에너지 손실을 계산할 때 필요한 계수를 말한다. Moody 선도에서 세로축이 관마찰계수, 가로축이 레이놀즈 수이며, 가로축이 증가하는 방향에 대해서 난류 유동의 레이놀즈 수가 더 높아지는 것을 알 수 있다.

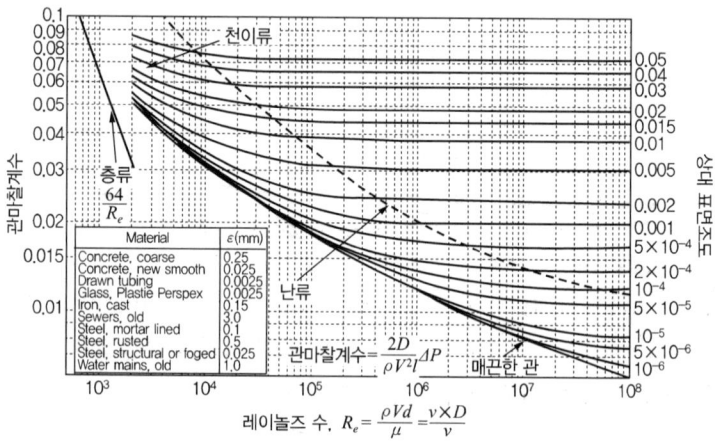

Moody의 관마찰계수(λ, Friction Factor)와 Reynolds 수의 관계 선도

해답

덕트 내 평균풍속 $v = \dfrac{Q}{\dfrac{\pi}{4} \times D^2} = \dfrac{120}{0.785 \times 0.4^2 \times 60} = 15.9[\text{m/s}]$

Reynolds 수 $R_e = 0.666 \times v \times D \times 10^5 = 0.666 \times 15.9 \times 0.4 \times 10^5 = 423,576$

Moody의 관마찰계수와 레이놀즈 수의 관계 선도로부터 관마찰계수 $\lambda \fallingdotseq 0.02$ 이다.

$\therefore$ 압력손실 $\Delta P = \lambda \times \dfrac{L}{D} \times \text{VP} = \lambda \times \dfrac{L}{D} \times \dfrac{\gamma v^2}{2g}$

$= 0.02 \times \dfrac{10}{0.4} \times \dfrac{1.2 \times 15.9^2}{2 \times 9.8} = 7.74[\text{kg/m}^2 = \text{mmH}_2\text{O}]$

참고 그림에서 상대 표면조도(表面粗度, 표면거칠기)

$$R_a = \frac{\text{배관 거칠기(절대표면조도)}}{\text{관 내경}} = \frac{\varepsilon}{D} \text{이다.}$$

기사 출제빈도 ★★★

25 표준공기가 흐르고 있는 덕트의 Reynolds number가 2×10^5일 때 덕트 속을 흐르는 유체속도(m/s)는? (단, 덕트 직경은 30[cm], 표준공기의 동점성계수는 $1.5 \times 10^{-5} [m^2/s]$이다.)

해답 레이놀즈 수는 덕트의 유체 흐름에서 관성력과 점성력의 비를 무차원 수로 나타낸 것이다.
공기의 난류 흐름에서는 관성력이 점성력보다 훨씬 크므로

$$R_e = \frac{\text{관성력}}{\text{점성력}} = \frac{\rho \times v \times D}{\mu} = \frac{v \times D}{\nu}$$

$$= \frac{v[\text{m/s}] \times D[\text{m}]}{1.5 \times 10^{-5} [\text{m}^2/\text{s}]} = 0.666 \times v \times D \times 10^5$$

여기서, ρ: 공기의 밀도($1.2[\text{kg/m}^3]$)
　　　　D: 공기가 흐르는 덕트의 직경
　　　　v: 공기의 평균유속(m/s)
　　　　μ: 공기의 점성계수($1.86 \times 10^{-6}[\text{kg/m}\cdot\text{s}]$ = Poise)
　　　　ν: 공기의 동점성계수($1.5 \times 10^{-5}[\text{m}^2/\text{s}]$)

∴ $2 \times 10^5 = 0.666 \times v \times D \times 10^5$에서 $v = \dfrac{2 \times 10^5}{0.666 \times 0.3 \times 10^5} = 10[\text{m/s}]$

기사 출제빈도 ★★★

26 체적이 $2,000[\text{m}^3]$인 작업장 안의 온도는 21[℃], 1기압에서 벤젠 4[L]가 증발할 때 경우, 작업장 내의 벤젠농도(ppm)는? (단, 벤젠의 분자량은 78.11, 비중은 0.879이다.)

해답 벤젠 사용량 $G = 4[\text{L}] \times 0.879[\text{g/mL}] \times 1,000[\text{mL/L}] = 3,516[\text{g}]$

∴ 벤젠 발생 부피 $= \dfrac{24.1 \times 3,516}{78.11}$

　　　　　　　　　$= 1,084.82[\text{L}] = 1084.82 \times 1,000 = 1,084,820[\text{mL}]$

　　벤젠농도 $= \dfrac{1,084,820}{2,000} = 542.41[\text{mL/m}^3] = 542.41[\text{ppm}]$

산업 출제빈도 ★★★★

27 온도 25[℃], 1기압에서 벤젠(Benzene) 1[L]가 모두 증발하였다면, 이때 공기 중 차지하는 벤젠의 부피(L)를 구하시오. (단, 벤젠의 분자량은 78.11, 비중(액상)은 0.879이다.)

해답
25[℃], 1기압에서 1그램 분자량이 차지하는 증기의 용량은 24.45[L]이다.
증발된 용량 1[L]에 해당하는 무게 $0.879[kg/L] \times 1[L] = 879[g]$

$78.11[g] : 24.45[L] = 879[g] : x[L]$에서 $x = \dfrac{24.45 \times 879}{78.11} = 275.14[L]$

참고 이상기체 상태방정식을 이용한 풀이
$PV = nRT$를 이용

$$V = \dfrac{nRT}{P} = \dfrac{\dfrac{879[g]}{78.11[g/mole]} \times 0.082[atm \cdot L/mole \cdot K] \times (273+25)[K]}{1[atm]}$$
$$= 275[L]$$

기사 출제빈도 ★★★

28 온도 17[℃], 기압 700[mmHg]인 상태에서 유량 150[m³/min]의 기체가 관내로 흐르고 있다. 온도 20[℃], 기압 760[mmHg]인 상태일 때의 유량(m³/min)을 구하시오.

해답
변화된 상태의 공기 유량
$$V_2 = V_1 \times \dfrac{P_1}{P_2} \times \dfrac{T_2}{T_1} = 150 \times \dfrac{700}{760} \times \dfrac{(273+20)}{(273+17)} = 139.59[m^3/min]$$

기사 출제빈도 ★

29 아침(23[℃])에 차 안에서 풍선을 1[L] 부피로 불어 아이와 놀다가 깜박 잊고 차 안에 두고 내렸다. 낮이 되면서 차 안의 온도가 41[℃]가 되었다면, 이때 차 안에 있던 풍선 부피는 어떻게 변하였는가?

해답
$$V_2 = V_1 \times \dfrac{T_2}{T_1} = 1 \times \dfrac{273+41}{273+23} = 1.06[L]$$
차 안 온도가 올라가면서 부피가 60[mL] 늘어났다.

30 김밥을 비닐 지퍼백에 담아 배낭에 넣고 한라산(정상 1,950[m]) 등반길에 올랐다. 정상에 올라와서 김밥을 꺼내 먹으려 배낭을 여니 지퍼백이 약간 부풀어 있었다. 산 밑의 기압은 1기압이고, 한라산 정상의 기압이 0.8기압이라면 지퍼백은 처음보다 얼마나(%) 더 부풀어 올라 있을까? (단, 산 밑과 정상의 기온은 같다고 가정한다.)

해답

보일-샤를의 법칙 $\dfrac{P_1 V_1}{T_1} = \dfrac{P_2 V_2}{T_2}$ 에서 온도는 동일하므로

$V_2 = V_1 \times \dfrac{P_1}{P_2} = V_1 \times \dfrac{1}{0.8} = 1.25 V_1$

따라서, 산 정상에서의 지퍼백 부피는 산 밑에서의 지퍼백 부피보다 25[%] 더 부풀어 있다.

31 50[℃]에서 100[m³/min]으로 흐르는 이상기체의 온도를 5[℃]로 낮추었을 때 유량(m³/min)은?

해답

$V_2 = V_1 \times \dfrac{T_2}{T_1} \times \dfrac{P_2}{P_1} = 100 \times \dfrac{273+5}{273+50} \times 1 = 86.1 [\mathrm{m^3/min}]$

32 100[℃], 1기압에서 2[m³]의 부피의 기체가 있다. 온도가 150[℃], 2기압으로 변하면 기체의 부피(m³)는?

해답

보일-샤를의 법칙: 기체의 압력과 온도가 동시에 변할 때, 일정량의 기체의 부피는 절대온도에 비례하고, 압력에 반비례한다.
변화된 상태의 기체용량

$V_2 = V_1 \times \dfrac{T_2}{T_1} \times \dfrac{P_1}{P_2} = 2 \times \dfrac{273+150}{273+100} \times \dfrac{760}{760 \times 2} = 1.134 [\mathrm{m^3}]$

기사·산업 출제빈도 ★★

33 20[℃]에서 부피가 35[L]인 기체가 40[℃]로 승온할 경우 증가한 부피(L)는?

해답 0[℃]일 때의 부피를 먼저 구한다.

$35 = V_o\left(1 + \dfrac{20}{273}\right)$에서 $V_o = \dfrac{35 \times 273}{(273+20)} = 32.6[\text{L}]$

40[℃]일 때의 부피는 $V_{40} = 32.6 \times \left(1 + \dfrac{40}{273}\right) = 37.4[\text{L}]$

∴ 증가한 부피 $\Delta V = 37.4 - 35 = 2.4[\text{L}]$

산업 출제빈도 ★★★

34 21[℃], 1[atm]일 때, 공기밀도가 1.203[kg/m³]일 경우, 온도 38[℃], 710[mmHg]인 공기의 밀도보정계수는?

해답 밀도보정계수 $= \dfrac{(273+21) \times P}{(℃ + 273) \times 760} = \dfrac{294 \times 710}{(38+273) \times 760} = 0.883$

기사 출제빈도 ★★★

35 어떤 덕트의 속도압(velocity pressure)이 35[mmH₂O]이고, 덕트 직경이 40[cm]일 때, 덕트 내 공기의 유량(m³/min)은? (단, 21[℃], 1기압 기준)

해답 유량: $Q = A \times V$ 에서

단면적 $A = \dfrac{3.14 \times 0.4^2}{4} = 0.1256[\text{m}^2]$

유속 $V = 4.043\sqrt{\text{VP}} = 4.043 \times \sqrt{35} = 23.92[\text{m/s}]$ 이므로

∴ $Q = 0.1256 \times 23.92 \times 60 = 180.26[\text{m}^3/\text{min}]$

36 어느 유체관의 개구부에서 압력을 측정한 결과 정압이 −5[mmH₂O]이고, 전압(총압)이 5[mmH₂O]이었다. 속도압(mmH₂O)은?

해답 속도압: $VP = TP - SP = 5 - (-5) = 10[mmH_2O]$

2. 환기량 및 환기방법에 대하여 기술하기

학습 개요 | 기사·산업기사 공통
1. 유해물질에 대한 전체 환기량, 환기량 산정방법에 대하여 기술할 수 있다.
2. 환기량을 평가할 수 있다.
3. 공기 교환 횟수, 환기 방법의 종류를 기술할 수 있다.

01 어떤 작업장에서 수지(樹脂) 가루를 연속공정으로 혼합하기 위해 직경 2[m]인 분쇄기를 온도 130[℃]에서 1회당 모래 180[kg], 수지 8.6[kg], 에틸알코올 170[L/h]을 넣고 혼합하였다. 이때 폭발방지를 위한 유효 환기량(m³/min)을 구하시오. (단, 에틸알코올의 폭발하한치는 3.28[%], 분자량은 46, 비중은 0.789, 안전계수는 4, 온도에 따른 상수는 0.7이다.)

> **폭발하한치(LEL, Lower Explosive Limit)**
> 폭발하한(LEL)은 폭발이 일어날 수 있는 인화성 가스, 인화성 액체 증기 또는 분진과 공기의 최소 농도이다. 농도가 폭발하한보다 낮으면 폭발이 일어날 수 없다. 농도가 폭발상한(UEL) 보다 높으면 혼합물이 너무 농후해서 폭발을 일으키기에 산소가 부족하게 된다.

해답 폭발방지를 위한 필요환기량
$$Q = \frac{24.1 \times S \times G \times S_f \times 100}{M \times LEL \times B}$$

여기서, 각 인자의 조건은 다음과 같다.
- Q: 필요환기량(m³/h)
- S: 유해물질의 비중
- G: 유해물질의 시간당 사용량(L/h)
- S_f: 안전계수(연속공정: 4, 회분식공정: 10∼12)
- M: 유해물질의 분자량(g)
- LEL: 폭발하한치(%)
- B: 온도에 따른 상수(121[℃] 이하: 1, 121[℃], 초과: 0.7)

$$\therefore Q = \frac{24.1 \times 0.789 \times 170 \times 4 \times 100}{46 \times 3.28 \times 0.7} = 12{,}243[m^3/h] = 204[m^3/min]$$

산업 출제빈도 ★★★

02 온도가 150[℃]가 되는 건조오븐 내에서 자일렌이 2[L/h]로 증발하고 있다. 폭발방지를 위한 환기량(m³/h)을 계산하시오. (단, 자일렌 LEL은 1[%], 비중(SG)은 0.88, 분자량(M.W.)은 106, 안전계수(C)는 10으로 한다.)

해답 화재 및 폭발물질 사용 시 필요환기량

$$Q[\text{m}^3/\text{h}] = \frac{F \times S \times W \times C}{\text{MW} \times \text{LEL} \times B} \times 100$$

여기서, F: 24.1
 S: 용액의 비중량
 W: 인화물질의 양(L/h)
 C: 안전계수
 MW: 폭발물질 분자량
 LEL: 폭발하한농도(%)
 B: 상수(120[℃]까지 = 1, 120[℃] 이상 = 0.7)

$$\therefore Q[\text{m}^3/\text{h}] = \frac{F \times S \times W \times C}{\text{MW} \times \text{LEL} \times B} \times 100$$

$$= \frac{24.1 \times 0.88 \times 2 \times 10}{106 \times 1 \times 0.7} \times 100 = 571.64[\text{m}^3/\text{h}]$$

기사 출제빈도 ★★★

03 어떤 작업장에 자일렌(크실렌)이 시간당 1.5[L]를 사용하고 있다. 사용온도는 175[℃], 분자량은 106, 비중이 0.88, 폭발하한치(LEL) 1[%], 안전계수 10, 온도에 따른 상수가 0.7, 외기 온도 25[℃]일 경우, 온도보정에 따른 전체환기량(m³/min)을 구하시오.

해답 폭발방지를 위한 전체환기량

$$Q = \frac{24.1 \times SG \times G \times C}{\text{MW} \times \text{LEL} \times B} \times 100[\text{m}^3/\text{min}] \text{에서}$$

자일렌의 사용량(L/min)

$G = 1.5[\text{L/h}] \times 1[\text{h}]/60[\text{min}] = 0.025[\text{L/min}]$

$$\therefore Q = \frac{24.1 \times 0.88 \times 0.025 \times 10}{106 \times 1 \times 0.7} \times 100 = 7.15[\text{m}^3/\text{min}]$$

온도보정에 따른 전체환기량

$$Q = 7.15 \times \frac{273 + 175}{273 + 25} = 10.70[\text{m}^3/\text{min}]$$

기사 출제빈도 ★★☆

04
어떤 작업장 내에서 톨루엔(분자량 92, TLV 100[ppm])을 시간당 3[kg]씩 사용하고 있다. 톨루엔의 폭발방지 유효환기량(m³/min)은? (단, 톨루엔의 폭발농도하한치(LEL, Lower Explosive Limit) 1[%], B는 0.7, 안전계수는 10, 사용온도는 130[℃]이다.)

해답 톨루엔의 화재·폭발 방지를 위한 필요환기량 계산식은

$$Q = \frac{24.1 \times S \times G \times S_f \times 100}{M \times \text{LEL} \times B}$$

여기서, Q: 필요환기량(m³/h)
  S: 유해물질의 비중
  G: 유해물질의 시간당 사용량(L/h)
  LEL: 폭발하한치(%)
  B: 온도에 따른 상수(121[℃] 이하: 1, 121[℃] 초과: 0.7)
  S_f: 안전계수(연속공정: 4, 회분식공정: 10 ~ 12)

$$\therefore Q = \frac{24.1 \times S \times G \times S_f \times 100}{M \times \text{LEL} \times B}$$
$$= \frac{24.1 \times 3 \times 10 \times 100}{92 \times 1 \times 0.7} = 1,122.67 [\text{m}^3/\text{h}] = 18.71 [\text{m}^3/\text{min}]$$

(유해물질의 비중, S와 유해물질의 시간당 사용량, G[L/h]를 곱하면 유해물질의 시간당 사용량 단위가 kg/h가 된다.)

참고 화재 및 폭발물질 사용 시 필요환기량

$$Q[\text{m}^3/\text{h}] = \frac{F \times S \times W \times C}{\text{MW} \times \text{LEL} \times B} \times 100$$

여기서, F: 24.1
  S: 용액의 비중량
  W: 인화물질의 양
  C: 안전계수
  MW: 폭발물질 분자량
  LEL: 폭발하한농도(%)
  B: 상수(120[℃]까지 = 1, 120[℃] 이상 = 0.7)

이황화탄소

이황화탄소(Carbon disulfide)의 분자식 CS_2이며, 탄소와 황으로 구성된 화합물로, 상온에서는 굴절률이 큰 무색의 액체 상태로 존재한다. 액체 상태에서는 밀도가 높고, 휘발성과 가연성이 강하다. 대표적 용도는 비스코스 레이온 수지, 셀로판, 사염화탄소 등 각종 화합물 합성의 재료로 사용된다. 이황화탄소는 매우 강한 독성을 가진 화합물 중 하나이며 영구적인 간과 신장의 손상, 생식 불능, 신경 장애, 시각 장애, 정신병, 심장혈관 이상 등이 일어날 수 있다. 1980년대 레이온 제조 공장이었던 원진레이온에서 근로자들이 이황화탄소에 중독된 사건은 이후 노동 환경 운동에 큰 영향을 끼쳤다.

기사 출제빈도 ★★

05 어떤 공장에서 추출용매로 이황화탄소(분자량 76, TLV-TWA 10[ppm])를 시간당 200[g] 사용하고 있다. 실내의 이황화탄소를 노출기준 이하로 유지하기 위해서 공급해야 할 필요환기량(m^3/min)을 계산하시오. (단, 작업장의 조건은 21[℃], 1기압, 혼합여유계수는 8로 가정한다.)

해답

1) 먼저 발생률 G를 구한다. G의 단위는 L/h이고 사용량(W)은 200[g/h]로 단위가 서로 다르기 때문에 사용한 200[g]이 증발해서 차지하는 기체의 용적을 구한다.

$76 : 24.1[L] = 200 : x$, $x = 63.4[L/h]$

2) 노출기준 이하로 희석하기 위한 필요환기량 Q를 구한다.

$$Q = \frac{G}{TLV} \times K = \frac{63.4[L/h] \times 1,000[mL/L]}{10[mL/m^3]} \times 8$$
$$= 50,720[m^3/h] = 845.3[m^3/min]$$

【다른 풀이】
$$Q = \frac{24.1 \times S \times W}{MW \times TLV} \times 10^6 = \frac{24.1 \times 0.2 \times 8}{76 \times 10 \times 60} \times 10^6 = 845.6[m^3/min]$$

산업 출제빈도 ★★★

06 접착제를 사용하는 작업장의 A 공정에서는 메틸에틸케톤(MEK), 톨루엔 및 자일렌이 발생되어 공기 중으로 완전 혼합되고 있다. 이 세 물질은 모두 마취작용을 나타내므로 상가효과가 있다고 판단된다. 또한, 이들 유기용제와는 독립작용을 하는 황산미스트가 B 공정의 가열 기구에서 발생되고 있다. 이들 4가지 물질 각각의 전체 환기에 필요한 환기량은 MEK가 120[m^3/min], 톨루엔이 150[m^3/min], 자일렌이 200[m^3/min], 황산미스트가 180[m^3/min]일 경우 4가지 유해물질 전체를 환기할 수 있는 환기량(m^3/min)은 얼마인가? (단, 작업장의 온도는 25[℃], 1기압 상태이다.)

해답

MEK, 톨루엔, 자일렌은 상가작용을 하므로 이 세 유해물질의 환기량은
$120 + 150 + 200 = 470[m^3/min]$
황산미스트의 환기량은 $180[m^3/min]$이므로 전체환기량
$$Q = \frac{470}{3} + 180 = 336.67[m^3/min]$$

07 작업장의 체적(기적, 氣積)이 0.82[m³]인 작업장에서 공장가동을 중지하였다. 이때 유해물질의 발생도 중지된 상태에서 유효 환기량 56.6[m³/min]로 작업장 공기가 희석되었을 때, 공기 중의 유해물질의 농도가 500[ppm]에서 50[ppm]으로 감소되는 데 걸리는 시간(초)은?

해답 유해물질 감소에 걸리는 시간은

$$\Delta t = \left(\frac{V}{Q}\right) \times \left(\ln \frac{C_1}{C_2}\right)$$

$$= \left(\frac{0.82[\text{m}^3]}{56.6[\text{m}^3/\text{min}]}\right) \times \left(\ln \frac{500[\text{ppm}]}{50[\text{ppm}]}\right) = 0.033[\text{min}] = 1.98[\text{s}]$$

여기서, Δt: $t_2 - t_1$, 즉 농도가 감소하는 데 걸리는 시간(s)
V: 기적 또는 작업장 체적(m³)
Q: 유효 환기량(m³/min)
C_2: 유해물질이 t시간 지난 후의 농도(ppm)
C_1: 유해물질의 처음 농도(ppm)

08 체적이 820[m³]인 유기용제 취급 작업장에서 모든 장치의 가동을 중지하였다. 이때 유해물질의 발생도 중지되면서 유효환기량이 60[m³/min]로 작업장 공기가 희석되었을 때, 작업장 공기 중의 유해물질의 농도가 가동 중지 직후 500[ppm]에서 30분이 지난 후에는 몇 ppm으로 감소되는가?

해답 유해물질 감소에 걸리는 시간

$$\Delta t = \left(\frac{V}{Q}\right) \times \left(\ln \frac{C_1}{C_2}\right)$$

여기서, Δt: $t_2 - t_1$, 즉 농도가 감소하는 데 걸리는 시간
V: 기적 또는 작업장 체적(m³)
Q: 유효환기량(m³/min)
C_2: 유해물질이 t시간 지난 후의 농도(ppm)
C_1: 유해물질의 처음 농도(ppm)

$$\therefore 30[\text{min}] = \left(\frac{820}{60}\right) \times \left(\ln \frac{500}{C_2}\right) \text{에서 } C_2 = 55.7[\text{ppm}]$$

유해물질의 농도가 가동 중지 직후 500[ppm]에서 30분이 지난 후에는 55.7[ppm]으로 감소되었다.

기사 출제빈도 ★★☆

09 작업장의 체적이 1,000[m³]이고 0.5[m³/s]의 실외 대기가 작업장 안으로 유입되고 있다. 작업장의 톨루엔의 발생이 정지된 순간의 작업장 내 톨루엔의 농도가 50[ppm]이라고 할 때 10[ppm]으로 감소하는 데 걸리는 시간(분)은? (단, 실외 대기에서 유입되는 공기량 톨루엔의 농도는 0[ppm]이고, 1차 반응식이 적용된다.)

해답 유해물질 감소에 걸리는 시간

$$\Delta t = \left(\frac{V}{Q}\right) \times \left(\ln \frac{C_1}{C_2}\right) = \left(\frac{1,000}{0.5 \times 60}\right) \times \left(\ln \frac{50}{10}\right) = 53.65 [\min]$$

기사 출제빈도 ★★☆

10 메틸메타크릴레이트(methyl methacrylate)가 7[m]×14[m]×4[m]의 체적을 가진 작업실에 저장되어 있다. 공기를 공급하기 전 작업실에서 측정한 농도는 400[ppm]이었다. 이 작업실로 환기량 20[m/min]를 공급한 후 노출기준인 100[ppm]으로 달성되는 데 걸린 시간(min)을 구하시오.

> **메타크릴산메틸(MMA, methyl methacrylate)**
> 화학식이 $CH_2=C(CH_3)COOCH_3$인 유기 화합물이다. 메틸 메타크릴레이트는 인간에게 경미한 피부 자극제이며 민감한 사람에게 피부 감작을 유발할 가능성이 있다.

해답 공식 $t = \frac{V}{Q} \times \ln\left(\frac{C_i}{C}\right)$에서

작업실의 체적 $V = 7 \times 14 \times 4 = 392[m^3]$, $Q = 20[m^3/\min]$, $C_i = 400[ppm]$, $C = 100[ppm]$을 대입하면 $t = \frac{392}{20} \times \ln\left(\frac{400}{100}\right) = 27[\min]$

산업 출제빈도 ★★☆

11 사무실에서 일하는 근로자의 건강장해를 예방하기 위해 시간당 공기교환횟수는 8회 이상 되어야 한다. 사무실의 체적이 200[m³]일 때 최소 필요한 환기량(m³/min)은?

해답 시간당 공기교환횟수 $ACH = \frac{필요환기량}{작업장 용적}$에서

필요환기량 $Q = \frac{8[회/h] \times 200[m^3]}{60[\min/h]} = 26.67[m^3/\min]$

산업 출제빈도 ★★★

12 어떤 작업장의 공간 체적은 5[m]×6.1[m]×2.5[m]였다. 취급하는 물질의 사용빈도가 적어 전체환기시설이 설치되었다. 공조시설에 의해 이 작업장으로 공급되는 공기량이 분당 70[m³]이었다면 시간당 공기교환횟수는?

해답 공기교환(순환)횟수: 공조시설의 효율을 판단할 경우 시간당 공기교환횟수(ACH, Air Change per Hour)을 사용한다.

$$ACH = \frac{Q}{V}$$

여기서, Q: 시간당 공급되는 공기의 유량(m³/h)
V: 공간체적(m³)

$$\therefore ACH = \frac{70[m^3/min] \times 60[min/h]}{5[m] \times 6.1[m] \times 2.5[m]} = 55[회/h]$$

즉, 시간당 55회의 공기가 교환된다.

기사 출제빈도 ★★★

13 체적이 2,500[m³]인 일반 사무실에 30명이 근무하고 있다. 실내 CO_2 농도를 700[ppm]으로 유지하고자 할 때 시간당 공기교환횟수(환기횟수)는? (단, 1인당 CO_2 배출량은 45[L/h]로 하고 외기 CO_2 농도는 400[ppm]이다.)

해답 필요환기량(Q)을 먼저 계산한다.

$$Q = \frac{K}{(P_a - P_o)}[m^3/h]$$

여기서, K: 오염물질 발생량(m³/h)
P_a: 오염물질 노출기준
P_o: 외기 오염물질농도

위 식에서 K값이 클수록, $(P_a - P_o)$ 값이 적을수록 Q는 많아진다.

외기 오염물질농도가 적을수록 즉, 외기가 깨끗할 경우 $Q = \frac{K}{P_a}$ 가 된다.

$$Q = \frac{45[L/h \cdot 인] \times \frac{m^3}{1,000[L]} \times 30인}{(0.0007 - 0.0004)} = 4,500[m^3/h]$$

$$\therefore \text{시간당 환기횟수 } n = \frac{Q}{V} = \frac{4,500[m^3]}{2,500[m^3]} = 1.8[회/h]$$

즉, 시간당 환기횟수는 2회

14 어떤 작업장의 모든 문과 창문은 닫혀있고, 1개의 국소배기장치만 가동되고 있다. 덕트 유속 2[m/s], 덕트 직경 15[cm], 작업장 크기가 가로 5[m], 세로 7[m], 높이 2[m]일 때 시간당 공기교환횟수를 구하시오.

해답 작업장의 전체 환기를 위한 필요환기량

$$Q[\mathrm{m^3/h}] = A \times V = \frac{\pi \times D^2}{4} \times V$$

$$= \frac{3.14 \times 0.15^2}{4}[\mathrm{m^2}] \times 2[\mathrm{m/s}] \times 3{,}600[\mathrm{s/h}] = 127.17[\mathrm{m^3/h}]$$

1시간당 공기교환횟수

$$\mathrm{ACH} = \frac{\text{필요환기량}}{\text{작업장 용적}} = \frac{127.17}{5 \times 7 \times 2} = 1.82\text{회}$$

15 사무실 근무자 퇴근 전인 오후 6시 20분에 측정한 사무실 내 이산화탄소의 농도는 1,200[ppm]이었다. 사무실에 근무자가 전원 퇴근한 상태로 2시간이 경과한 오후 8시 20분에 측정한 이산화탄소의 농도는 400[ppm]이었다. 이 사무실의 시간당 공기교환횟수는? (단, 외부 공기 중의 이산화탄소의 농도는 330[ppm]이다.)

해답 시간당 공기교환횟수(ACH)

$$= \frac{[\ln(\text{측정 초기농도} - \text{외부 } CO_2 \text{ 농도}) - \ln(\text{시간이 지난 후 농도} - \text{외부 } CO_2 \text{ 농도})]}{\text{경과된 시간}}$$

$$= \frac{\ln(1{,}200 - 330) - \ln(400 - 330)}{2} = 1.26[\text{회/h}]$$

16 최근 에너지 절약 일환으로 난방이나 냉방을 실시할 때, 외부 공기를 100[%] 공급하지 않고 오염된 실내공기를 재순환시켜 외부 공기와 융합하여 공급하는 경우가 많다. 재순환공기 중 CO_2 농도는 750[ppm], 급기 중 CO_2 농도는 650[ppm]일 때, 급기 중 외부 공기의 함량(%)을 산출하시오. (단, 외부 공기의 CO_2 농도 330[ppm]이다.)

해답 급기 중 재순환량(%)

$$= \frac{(\text{급기 중 } CO_2 \text{ 농도} - \text{외기 중 } CO_2 \text{ 농도})}{(\text{재순환 공기 중 } CO_2 \text{ 농도} - \text{외기 중 } CO_2 \text{ 농도})} \times 100 \text{에서}$$

급기 중 재순환량(%) $= \frac{(650-330)}{(750-330)} \times 100 = 76.19[\%]$

∴ 급기 중 외기 포함량 $= 100 - 76.19 = 23.81[\%]$

산업 출제빈도 ★★★

17 재순환 공기 중 CO_2 농도가 650[ppm], 급기 중 CO_2 농도는 550[ppm]이었다. 또한, 외부 공기 중 CO_2 농도가 330[ppm]일 때 외부 공기의 함량(%)은?

해답 외부 공기의 함량

$$OA[\%] = \frac{(C_R - C_S)}{(C_R - C_O)} = \frac{(650-550)}{(650-330)} \times 100 = 31.25[\%] = 23.81[\%]$$

여기서, C_R: 재순환 공기(return air) 중 CO_2 농도
C_S: 급기(supply air) 중 CO_2 농도(재순환 공기와 외부 공기가 혼합된 후의 공기이다.)
C_O: 외부 공기 중 CO_2 농도

기사 출제빈도 ★★★★

18 21[℃], 1기압 상태에서 메틸에틸케톤(MEK)을 시간당 0.5[L]씩 증발할 때, 전체환기량(m³/min)을 구하시오. (단, $K=6$ 이고 분자량은 72.1, 비중은 0.805이며, MEK의 TLV는 200[ppm]이다.)

해답 MEK 사용량 $= 0.5[\text{L/h}] \times 0.805[\text{g/mL}] \times 1,000[\text{mL/L}] = 402.5[\text{g/h}]$

MEK 발생률 $G = \frac{24.1[\text{L}] \times 402.5[\text{g/h}]}{72.1[\text{g}]} = 134.54[\text{L/h}]$

∴ 전체환기량 $Q = \frac{G}{\text{TLV}} \times K$

$= \frac{134.54[\text{L/h}] \times 1,000[\text{mL/L}]}{200[\text{mL/m}^3] \times 60[\text{min/h}]} \times 6 = 67.27[\text{m}^3/\text{min}]$

산업 출제빈도 ☆☆☆☆

19 메틸에틸케톤(MEK)이 5[L/h]로 발산되는 작업장에 대해 전체 환기를 시키고자 할 경우 필요환기량(m^3/min)은? (단, 메틸에틸케톤 분자량은 72.06, 비중은 0.805, 21[℃], 1기압 기준, 안전계수는 3, TLV는 200[ppm]이다.)

해답

MEK(메틸에틸케톤, Methyl Ethyl Ketone: $CH_3C(O)CH_2CH_3$의 구조로 이루어진 유기화합물)에 대하여

1) MEK의 사용량 = 5[L/h] × 0.805[g/mL] × 1,000[mL/L] = 4,025[g/h]

2) MEK의 발생률 = $\dfrac{24.1[L] \times 4,025[g/h]}{72.06[g]}$ = 1,346.14[L/h]

3) 필요환기량 $Q = \dfrac{1,346.14[L/h] \times 1,000[mL/L]}{200[mL/m^3] \times 60[min]} \times 3 = 336.54[m^3/min]$

기사 출제빈도 ☆☆☆

20 접착제를 사용하는 A 공정에서 메틸에틸케톤(MEK)과 톨루엔이 발생, 공기 중으로 완전 혼합된다. 두 물질은 모두 마취작용을 나타내므로 상가효과가 있다고 판단되며, 각 물질의 사용 정보가 다음과 같을 때 필요한 환기량(m^3/min)은? (단, 주위 온도는 25[℃], 1기압 상태이다.)

[MEK]
- 안전계수: 4
- 분자량: 72.1
- TLV: 200[ppm]
- 사용량: 시간당 1[kg]

[톨루엔]
- 안전계수: 6
- 분자량: 92.13
- TLV: 50[ppm]
- 사용량: 시간당 1[kg]

해답

1) MEK(메틸에틸케톤, Methyl Ethyl Ketone: $CH_3C(O)CH_2CH_3$)에 대하여

(1) 발생률 = $\dfrac{24.45[L] \times 1,000[g/h]}{72.1[g]}$ = 339.11[L/h]

(2) 필요환기량 = $\dfrac{339.11[L/h] \times 1,000[mL/L]}{200[mL/m^3] \times 60[min]} \times 4 = 113.04[m^3/min]$

2) 톨루엔($C_6H_5CH_3$)에 대하여
   (1) 발생률 = $\dfrac{24.45[L] \times 1,000[g/h]}{92.13[g]}$ = 265.39[L/h]
   (2) 필요환기량 = $\dfrac{265.39[L/h] \times 1,000[mL/L]}{50[mL/m^3] \times 60[min]} \times 6$ = 530.78[m³/min]

∴ 두 물질이 상가작용을 하므로 113.04 + 530.78 = 643.82[m³/min]

기사 출제빈도 ★★★

21 작업장 내의 열부하량이 150,000[kcal/h]이며, 외부의 기온은 20[℃]이고, 작업장 내의 기온은 35[℃]이다. 이러한 작업장의 전체 환기 필요환기량(m³/min)은?

해답 방열목적의 필요환기량

$$Q = \dfrac{H_s}{0.3\,\Delta t} = \dfrac{150,000}{0.3 \times (35-20) \times 60} = 555.56[m^3/min]$$

산업 출제빈도 ★★★

22 10[HP]인 기계가 10대, 시간당 250[kcal]의 열량을 발산하는 작업자가 10명, 0.3[kW]의 용량의 전등이 4대 켜져 있는 작업장이 있다. 실내온도가 32[℃]이고, 외부 공기온도가 27[℃]일 때, 실내온도를 외부 공기 온도로 낮추기 위한 필요환기량(m³/min)을 구하시오. (단, 1[HP] = 641[kcal/h], 1[kW] = 860[kcal/h]이다.)

해답
1) 작업장 내 열부하량
   10[HP/대] × 641[kcal/h] × 10대 = 64,100[kcal/h]
   50[kcal/h] × 10 = 2,500[kcal/h]
   0.3[kW] × 860[kcal/h] × 4 = 1,032[kcal/h]
   합계 67,632[kcal/h]
2) 발열 작업장에서 방열목적의 필요환기량

$$Q = \dfrac{H_s}{0.3\Delta t} = \dfrac{67,632}{0.3 \times (32-27)} = 45,088[m^3/h] = 751.5[m^3/min]$$

전체 환기

1 전체 환기 일반

학습 개요 — 기사·산업기사 공통

1. 환기의 방식에 대하여 기술할 수 있다.
2. 전체 환기의 원칙에 대하여 기술할 수 있다.
3. 강제 환기, 자연 환기에 대하여 기술할 수 있다.
4. 제한 조건에 대하여 기술할 수 있다.

기사 출제빈도 ★★★★

01 접착제를 사용하는 작업장에 메틸에틸케톤(MEK)과 톨루엔이 발생하여 공기 중에서 완전 혼합되었다. 작업장에 발생된 메틸에틸케톤 농도가 100[ppm](TLV = 200[ppm])이고, 톨루엔 농도가 10[ppm](TLV = 50[ppm])이었다. 이들 물질은 서로 상가작용이 있고, 시간당 각각 2[pint]가 증발되어 작업장 공기를 오염시키고 있다. 이 경우 혼합물질의 노출지수를 구하여 노출기준 초과 여부를 판단하고, 전체환기량(m^3/min)을 구하시오. (단, 1[pint] = 0.473[L], 메틸에틸케톤: 분자량 = 72.1, 비중 = 0.805, 안전계수 $K = 4$, 톨루엔: 분자량 = 92.13, 비중 = 0.866, 안전계수 $K = 5$이다.)

해답

1) 노출지수: $EI = \dfrac{C_1}{TLV_1} + \dfrac{C_2}{TLV_2} = \dfrac{100}{200} + \dfrac{30}{50} = 1.1$

  이 값이 1을 초과하므로 노출기준 초과 평가함

2) 전체환기량 계산

  (1) MEK: $Q_1 = \dfrac{24.1 \times s \times G \times K \times 10^6}{M \times TLV}$

  $= \dfrac{24.1 \times 0.805 \times 0.946 \times 4 \times 10^6}{72.1 \times 200 \times 60} = 84.85 [m^3/min]$

  (2) 톨루엔: $Q_2 = \dfrac{24.1 \times 0.866 \times 0.946 \times 5 \times 10^6}{92.13 \times 50 \times 60} = 357.17 [m^3/min]$

  ∴ 전체환기량, $Q = Q_1 + Q_2 = 84.85 + 357.17 = 442.02 [m^3/min]$

기사 출제빈도 ★★★★

02 작업장 공기 중에 아세톤, 톨루엔, 메틸에틸케톤(MEK) 세 종류의 유해물질이 다음과 같이 존재할 경우 노출기준 초과 여부를 평가하시오. (단, 유해물질은 상가작용을 한다고 가정한다.)

유해물질 명	노출농도(ppm)	TLV(ppm)	SAE
아세톤	400	750	0.276
톨루엔	50	100	0.132
MEK	100	200	0.204

해답 유해물질이 혼합물로 존재할 경우 노출지수(EI, Exposure Index)의 계산

$$EI = \frac{C_1}{TLV_1} + \frac{C_2}{TLV_2} + \cdots + \frac{C_n}{TLV_n}$$

$$= \frac{400}{750} + \frac{50}{100} + \frac{100}{200} = 1.53$$

∴ 노출지수가 1을 초과하면 노출기준을 초과한다고 평가하므로 노출기준 초과이다.

기사 출제빈도 ★★★☆

03 어떤 공정에서 1시간에 2[L]의 톨루엔이 증발되어 공기를 오염시키고 있다. 이때 환기에 필요한 전체환기량(m³/min)은? (단, $K = 5$, 톨루엔 분자량 = 92.13, SG(비중) = 0.87, TLV = 100[ppm], 작업공정의 조건은 온도 21[℃], 1기압이라고 가정한다.)

해답 톨루엔에 대한 전체환기량

$$Q = \frac{24.1 \times s \times G \times K \times 10^6}{M \times TLV}$$

$$= \frac{24.1 \times 0.87 \times 2 \times 5 \times 10^6}{92.13 \times 100 \times 60} = 379.3 \, [\text{m}^3/\text{min}]$$

기사 출제빈도 ★★★

04 어떤 공장에서 1시간에 2[L]의 메틸에틸케톤(MEK)이 증발되어 공기를 오염시키고 있다. 이 공장의 전체 환기를 시키기 위해 필요한 환기량(m³/min)은? (단, 안전계수 $K = 6$, MEK 분자량 $M = 72.06$, MEK 비중 $s = 0.805$, MEK노출기준(TLV) = 200[ppm]이다.)

해답 희석 시 필요환기량 계산식

$$Q = \frac{24.1 \times s \times G \times K \times 10^6}{M \times \text{TLV}} \, [\text{m}^3/\text{h}]$$

여기서, s: 유해물질의 비중
G: 유해물질의 증발량(L/h)
K: 안전계수
M: 유해물질의 분자량(g)
TLV : 유해물질의 노출기준(ppm)

∴ 전체 환기의 필요환기량 $Q = \dfrac{24.1 \times 0.805 \times 2 \times 6 \times 10^6}{72.06 \times 200}$

$= 16,153.62[\text{m}^3/\text{h}] = 269.23[\text{m}^3/\text{min}]$

기사 출제빈도 ★★★

05 메틸에틸케톤(MEK)을 사용하는 접착 작업장에서 1시간에 2[kg]의 MEK를 소비하고 있다. 이 공장의 전체 환기를 시키기 위해 필요한 환기량(m³/min)은? (단, 안전계수 $K = 5$, MEK 분자량 $M = 72.06$, MEK 비중 $s = 0.805$, MEK노출기준(TLV) = 200[ppm]이다.)

해답 사용된 MEK가 중량단위로 주어졌기 때문에 비중을 계산에 포함시킬 필요가 없으므로 먼저 발생률을 구하면

$$G = \frac{24.1[\text{L/mol}] \times 2,000[\text{g/h}]}{72.06[\text{g/mol}]} = 668.5[\text{L/h}] = 0.6685 \, [\text{m}^3/\text{h}]$$

∴ 전체 환기의 필요환기량

$$Q = \left(\frac{G}{\text{TLV}}\right) \times K = \left(\frac{0.6685}{200 \times 10^{-6}}\right) \times 5 = 16,712.5[\text{m}^3/\text{h}] = 278.5[\text{m}^3/\text{min}]$$

06 동일 작업장에서 노르말헥산($M=86.17$, TLV: 100[ppm])과 다이클로로에테인($M=98.96$ TLV = 50[ppm])을 각각 100[g/h]을 사용하고 있을 때 작업장의 필요한 환기량(m³/h)은 얼마인가? (단, 안전계수 K는 각각 6이다.)

해답

1) 노르말헥산에 대한 필요환기량

$$Q_1 = \frac{24.1 \times 0.1 \times 6 \times 10^6}{86.17 \times 100} = 1,678.08 [\text{m}^3/\text{h}]$$

2) 다이클로로에테인에 대한 필요환기량

$$Q_2 = \frac{24.1 \times 0.1 \times 6 \times 10^6}{98.96 \times 50} = 2,922.39 [\text{m}^3/\text{h}]$$

∴ 전체 환기에 필요한 환기량

$$Q = Q_1 + Q_2 = 1,678.08 + 2,922.39 = 4,600.47 [\text{m}^3/\text{h}]$$

07 한 냉동창고 신축 현장의 밀폐된 작업공간에서 마무리 작업인 냉동배관 보온작업을 하고 있다. 보온재를 배관에 붙이는 데는 톨루엔이 주성분인 본드를 사용한다. 배관에 바른 본드에서 시간당 600[mL]의 톨루엔이 증발되고 있다. 톨루엔 농도를 노출기준 이하로 유지하기 위한 필요환기량(m³/min)은? (단, 톨루엔의 분자량은 92, 비중 0.87, 노출기준 50[ppm], 안전계수 $K=5$이다.)

해답

톨루엔 발생률(g/min) = 600[mL]/60[min]
= 10[mL/min], 10[mL/min] × 0.87[g/mL]
= 8.7[g/min]

톨루엔 증기 발생률 $G = \dfrac{\dfrac{8.7[\text{g/min}]}{92[\text{g/mole}]} \times 0.082[\text{atm} \cdot \text{L/mole} \cdot \text{K}] \times 298[\text{K}]}{1[\text{atm}]}$

= 2.31[L/min]

$2.31[\text{L/min}] \times \dfrac{\text{m}^3}{1,000[\text{L}]} = 0.00231[\text{m}^3/\text{min}]$

최소 필요환기량 $Q' = \dfrac{G}{C} = \dfrac{0.00231\,[\text{m}^3/\text{min}]}{50 \times 10^{-6}} = 46.2[\text{m}^3/\text{min}]$

안전계수 $K=5$를 적용한 필요환기량 $Q = K \times Q' = 5 \times 46.2 = 231[\text{m}^3/\text{min}]$

기사 출제빈도 ★★

08 작업장에서 톨루엔(MW = 92, TLV: 50[ppm])을 분당 8[g]을 사용하고 있을 때 전체환기시설을 설치하려고 한다. 톨루엔의 발생률(kg/h)과 필요환기량(m³/min)은 얼마인가? (단, 작업장 내 온도는 25[℃], 1기압이고 여유계수 K는 6이다.)

해답

1) 톨루엔 발생률 $G = 8[\text{g/min}] \times \dfrac{\text{kg}}{1,000[\text{g}]} \times \dfrac{60[\text{min}]}{h} = 0.48[\text{kg/h}]$

2) 톨루엔에 대한 전체환기량

$$Q = \dfrac{24.45 \times 0.48 \times 6 \times 10^6}{92 \times 50} = 15,307.83 [\text{m}^3/\text{h}] = 255.13 [\text{m}^3/\text{min}]$$

기사 출제빈도 ★★

09 어떤 공장에서 이산화탄소 발생률이 0.9[m³/min]이었다. 이러한 발생률로부터 이산화탄소를 노출기준 5,000[ppm]으로 유지하기 위하여 공급해야 할 환기량(m³/h)은? (단, 안전계수 K는 10이다.)

해답

$$Q = \left(\dfrac{G}{C}\right) \times K \times 10^6 = \left(\dfrac{0.9}{5,000}\right) \times 10 \times 10^6 = 1,800[\text{m}^3/\text{min}]$$

∴ $Q = 1,800 \times 60 = 108,000[\text{m}^3/\text{h}]$

기사 출제빈도 ★★

10 온도 21[℃], 1기압에서 자일렌(크실렌, Xylene) 2[L]가 모두 증발하였다면, 이때 공기 중 차지하는 자일렌의 기체 부피(L)를 구하시오. (단, 자일렌의 분자량은 106, 비중(액상)은 0.86이다.)

해답

자일렌의 질량(g) = $2,000[\text{mL}] \times 0.86[\text{g/mL}] = 1,720[\text{g}]$

$PV = nRT$를 이용

$$V = \dfrac{nRT}{P} = \dfrac{\dfrac{1,720[\text{g}]}{106[\text{g/mole}]} \times 0.082[\text{atm} \cdot \text{L/mole} \cdot \text{K}] \times (273+21) K}{1[\text{atm}]}$$

$= 391.2[\text{L}]$

11 현재 작업장의 온도는 30[℃]이다. 기름을 제거하는 탈지조에서 TCE(trichloroethylene) (분자량 131.4, 비중 1.466)가 평형상태에서 시간당 2[L]씩 소모되고 있을 경우 다음 물음에 답하시오.

1) TCE는 현재 시간당 몇 mole이 소모되고 있는가?
2) TCE가 증발하여 발생하는 부피(G)는 시간당 몇 m³인가?
3) TCE의 노출기준이 50[ppm]이고, 안전계수 $K=2$라면 시간당 필요 환기량은 몇 m³인가?

해답

1) 소모되는 TCE를 질량으로 고치면 $2,000[\text{mL}] \times 1.466[\text{g/mL}] = 2,932[\text{g}]$

∴ 몰 수는 $\dfrac{질량(m)}{분자량(MW)}$ 이므로 $\dfrac{2,932}{273} = 22.3[\text{mole}]$

2) TCE 1[mole]이 차지하는 부피는 $22.4 \times \dfrac{273+30}{273} = 24.86[\text{L}]$

∴ $24.86[\text{L/mole}] \times 22.3[\text{mole}] = 554.4[\text{L}] = 0.554[\text{m}^3]$

3) TCE를 환기시키는 데 필요한 환기량

$$Q = \left(\dfrac{G}{\text{TLV}}\right) K = \left(\dfrac{0.554}{50 \times 10^{-6}}\right) \times 2$$
$$= 22,160[\text{m}^3]$$

참고 TCE(트리클로로에틸렌, trichloroethylene)

석유화학 부산물로 통상 금속이나 기기, 섬유·직물, 필름, 화학용기탱크 등의 세척제로 쓰이고, 말초신경이나 중추신경에 영향을 주며, 발암물질로 알려져 있다. TCE는 휘발성이 있으나 상온에서의 화재 및 폭발 위험은 없고, 무엇보다 기름, 지방 및 수지에 대한 용해성, 휘발성, 불연성이 뛰어나고 우수한 경제성으로 인해 사업장에서 널리 쓰이고 있다. TCE는 지용성이 매우 높아 모든 경로(흡입, 경구, 경피)의 노출에서 신속한 흡수가 이루어지며, 간, 신장, 뇌 등의 지방조직에 축척되고, 대부분의 인체조직에 분포한다.

2 전체 환기시스템의 점검 및 유지관리하기

학습 개요 | 기사·산업기사 공통

1. 환기시스템, 공기공급 시스템, 공기공급 방법, 공기혼합 및 분배에 대하여 기술할 수 있다.
2. 배출물의 재유입에 대하여 기술할 수 있다.
3. 설치, 검사 및 관리에 대하여 기술할 수 있다.

[기사] 출제빈도 ★★★

01 어느 사무실 공기 중 이산화탄소의 발생량이 0.14[m³/h]이다. 이 때 외기 공기 중의 이산화탄소의 농도가 0.03[%]이고, 이산화탄소의 허용기준이 0.1[%]일 때 이 사무실의 필요환기량(m³/h)을 구하시오. (단, 기타 주어지지 않은 조건을 고려하지 않는다.)

해답 이산화탄소 제거가 목적일 경우 필요환기량 공식

$$Q = \left(\frac{M}{C_s - C_o}\right) \times 100 [\text{m}^3/\text{h}] \text{이다.}$$

여기서, C_s: 작업환경 실내 이산화탄소 기준농도(≒ 0.1[%])
C_o: 작업환경 실외 이산화탄소 기준농도(≒ 0.03[%])
M: 이산화탄소 발생량(m³/h)

$$\therefore Q = \left(\frac{0.14}{0.1 - 0.03}\right) \times 100 = 200 [\text{m}^3/\text{h}]$$

[기사] 출제빈도 ★★★

02 재순환된 공기 중 CO_2 농도는 750[ppm], 급기 중 농도는 650[ppm]이었다. 또한, 외부 공기 중 CO_2 농도는 330[ppm]이다. 급기 중 외부 공기의 함량(%)을 산출하시오.

해답 급기 중 외부 공기의 함량

$$OA[\%] = \frac{(C_R - C_S)}{(C_R - C_O)} = \frac{(750 - 650)}{(750 - 330)} \times 100 = 23.81[\%]$$

여기서, C_R: 재순환 공기(return air) 중 CO_2 농도(ppm)
C_S: 급기(supply air) 중 CO_2 농도(재순환 공기와 외부 공기가 혼합된 후의 공기이다.) (ppm)
C_O: 외부 공기 중 CO_2 농도(ppm)

03 200여 명이 근무하는 사무실에서 건물빌딩증후군(SBS, Sick Building Syndrome) 증상이 관찰되었다. 이에 대한 원인과 해결을 위하여 조사가 이루어진 결과, 사무실 면적은 1,250[m^2], 사무실로 공급되는 총 공기공급률(급기율, SA, Supply Air)은 28,588[m^3/h], 배기율(RA, Return Air)은 27,382[m^3/h]이었다. 급기율의 효율은 측정결과 69.3[%]이었고, 에너지 절감을 위해 겨울철에 외부의 신선한 공기를 공급하는 비율은 20[%]이었다. 이러한 조건을 참조하여 다음 물음에 답하시오.

1) 미국공조협회(ASHRAE, American Standard for Heating and Refrigerating, Air conditioning Engineering)에서는 100[m^2]당 적정 근무인원을 5명으로 권고하였다. 이에 따를 경우 이 사무실에 적당한 근무인원은?
2) ASHRAE 기준에 의하면 외부의 신선한 공기공급에 대한 기준은 10[L/인·s]이다. 이 기준을 적용할 때, 공급되어야 할 외부의 신선한 공기량(m^3/h)을 구하시오.
3) ASHRAE의 기준에 따라 이 사무실에 공급되는 겨울철 외부의 신선한 공기공급이 적정한지를 비교하고 해결방법을 모색하시오. 단, 급기효율은 69.3[%]이고, 외부 공기공급률은 20[%]이다.

새집증후군 및 새빌딩증후군(Sick House Syndrome/Sick Building Syndrome)
새로 건축된 주택이나 건물은 석면, 폼알데하이드 및 기타 입자상의 물질 등의 실내오염물질을 배출하면서 인체의 눈과 코, 목 등을 자극하고, 두통과 어지럼증을 유발하거나 실내 거주자에게 쉽게 피로감을 느끼게 한다. 또한 천식, 급성폐렴, 고열 등을 유발시키기도 하는데 이와 같이 건물 내 거주자들이 느끼는 건강상의 문제점 및 불쾌감 등의 현상을 말한다.

미국 냉난방공조기술자학회 또는 미국공조협회(ASHRAE)
1984년 냉난방공조설비 분야의 산학연 기술인들이 모여 구성한 단체로 난방, 환기, 공조, 냉장기술의 개발을 주도하는 대표적인 단체이다.

해답

1) 1,250[m^2] : x = 100[m^2] : 5명에서 x = 62.5 명
   따라서 사무실 면적 1,250[m^2]에 적정한 근무인원은 63명 정도이다.
2) 이 사무실에 200명이 근무하므로 공급되어야 할 외부의 신선한 공기량은
   10[L/인·s]×200인×3,600[s/h] = 7,200,000[L/h] = 7,200[m^3/h]
3) 공기공급률(급기율, SA) = 28,588[m^3/h]
   (1) 급기효율을 반영하면 28,588×0.693 = 19,811[m^3/h]
   (2) 외부의 신선한 공기(OA) 혼합률을 적용하면 19,811×0.2 = 3,962[m^3/h]
   (3) 이 공기량은 ASHRAE 기준량인 7,200[m^3/h]에 미달된다. 따라서 외부 공기의 공기공급은 적정하지 않다.
   (4) 이를 해결하기 위해서는 사무실 면적 1,250[m^2]에서 근무인원을 63명 정도로 줄이거나 배기율을 공기공급률과 비슷하게 이루어지도록 공기공급률을 7,200[m^3/h]로 증가시켜야 한다.

기사 출제빈도 ★★★

04 작업장의 체적이 4,000[m³]인 살충제 제조공정에서 에틸벤젠 농도가 100[ppm]이다. 이 작업장으로 56.6[m³/min]의 공기가 유입되고 있다면 톨루엔 농도를 20[ppm]까지 낮추는 데 필요한 환기시간(min)은 약 얼마인가? (단, 공기와 에틸벤젠은 완전 혼합된다고 가정한다.)

해답 에틸벤젠 100[ppm]을 20[ppm]으로 낮추는 데 걸리는 시간

$$t = -\frac{V}{Q}\ln\left(\frac{C_2}{C_1}\right) = -\frac{4,000}{56.6}\ln\left(\frac{20}{100}\right) = 113.74[\text{min}]$$

기사 출제빈도 ★★★

05 작업장에서 톨루엔(MW = 92, TLV : 50[ppm])을 분당 10[g]을 사용하고 있을 때 전체환기시설을 설치하려고 한다. 톨루엔의 발생률(kg/h)과 필요환기량(m³/min)은 얼마인가? (단, 작업장 내 온도는 25[℃], 1기압이고 여유계수 K는 5이다.)

해답 톨루엔 발생률 $G = 10[\text{g/min}] \times \frac{\text{kg}}{1,000[\text{g}]} \times \frac{60[\text{min}]}{\text{h}} = 0.6[\text{kg/h}]$

톨루엔에 대한 전체환기량 $Q = \frac{24.45 \times 0.6 \times 5 \times 10^6}{92 \times 50 \times 60} = 265.76[\text{m}^3/\text{min}]$

기사 출제빈도 ★★★

06 작업장 내에서 톨루엔(분자량 92, 노출기준 100[ppm])을 시간당 3[kg]을 사용하는 작업장에 전체환기시설을 설치 시 필요환기량(m³/min)은? (단, 톨루엔의 MW 92, TLV 100[ppm], 여유계수 K = 6, 21[℃], 1기압을 기준으로 한다.)

해답 톨루엔 사용량: $3[\text{kg/h}] = 3,000[\text{g/h}]$

발생률 $G = \frac{24.1[\text{L}] \times 3,000[\text{g/h}]}{92[\text{g}]} = 785.87[\text{L/h}]$

∴ 필요환기량 $Q = \frac{785.87[\text{L/h}] \times 1,000[\text{mL/L}]}{100[\text{mL/m}^3] \times 60[\text{min/h}]} \times 6 = 785.87[\text{m}^3/\text{min}]$

기사 출제빈도 ★★★

07 유기용제를 취급하는 어떤 작업장에서 톨루엔(분자량 92, 노출기준 50[ppm])과 자일렌(분자량 106, 노출기준 50[ppm])을 각각 200[g/시간]을 사용(증발)하며, 여유계수(K)는 각각 7이다. 이 작업장의 필요환기량(m³/시간)은? (단, 25[℃], 1기압 기준, 두 물질은 상가작용을 한다.)

해답

1) 톨루엔에 대하여 사용량: 200[g/h]

발생률 $G = \dfrac{24.45[\text{L}] \times 200[\text{g/h}]}{92[\text{g}]} = 53.15[\text{L/h}]$

∴ 필요환기량 $Q_1 = \dfrac{53.15[\text{L/h}] \times 1,000[\text{mL/L}]}{50[\text{mL/m}^3]} \times 7 = 7,441[\text{m}^3/\text{h}]$

2) 자일렌에 대하여 사용량: 200[g/h]

발생률 $G = \dfrac{24.45[\text{L}] \times 200[\text{g/h}]}{106[\text{g}]} = 46.13[\text{L/h}]$

∴ 필요환기량 $Q_2 = \dfrac{46.13[\text{L/h}] \times 1,000[\text{mL/L}]}{100[\text{mL/m}^3]} \times 7 = 3,229.1[\text{m}^3/\text{h}]$

∴ 총 필요환기량 $Q_1 + Q_2 = 7,441 + 3,229.1 = 10,670.1[\text{m}^3/\text{h}]$

기사 출제빈도 ★★★

08 작업장 내에서는 톨루엔(분자량 92, TLV 100[ppm])이 시간당 1[kg]씩 증발되고 있다. 이 작업장에 전체환기장치를 설치할 경우 필요환기량(m³/min)은? (단, 주위는 21[℃], 1기압이고, 여유계수는 10으로 하며, 톨루엔은 모두 공기와 완전혼합된 것으로 한다.)

해답

이 문제를 풀이하기 위해 먼저 ppm = mL/m³이라는 것을 알아야 한다.

톨루엔($C_6H_5CH_3$)의 사용량: 1,000[g/h]

톨루엔의 발생률(G, L/h)은 92[g] : 24.1[L] = 1,000[g/h] : G로부터

$G = \dfrac{24.1[\text{L}] \times 1,000[\text{g/h}]}{92[\text{g}]} = 261.96[\text{L/h}]$

∴ 필요환기량: $Q = \dfrac{G}{\text{TLV}} \times K$

$= \dfrac{261.96[\text{L/h}] \times 1,000[\text{mL/L}]}{100[\text{mL/m}^3]} \times 10 \times \dfrac{1[\text{h}]}{60[\text{min}]}$

$= 436.6[\text{m}^3/\text{min}]$

CHAPTER 5 국소 환기

1 후드에 대하여 기술하기

학습 개요 기사·산업기사 공통

1. 후드의 종류, 선정방법에 대하여 기술할 수 있다.
2. 후드 제어속도, 필요환기량, 정압, 압력손실, 유입손실에 대하여 기술할 수 있다.

▣ 후드의 유입손실
정지되어 있던 공기가 후드로 유입되면서 후드 개구면에서 난류에 의해 발생되는 압력손실을 말한다. 유입손실은 유입손실계수와 덕트 속도압의 곱으로 나타낸다. 여기서, 유입손실계수는 후드의 모양에 따라 결정되는데 유입저항이 적은 후드일수록 손실계수가 적다.

▣ 후드(hood)
유해물질을 포집·제거하기 위해 해당 발생원의 가장 근접한 위치에 다양한 형태로 설치하는 구조물로서 국소배기장치의 개구부를 말한다.

[기사] 출제빈도 ★★★★

01 유입손실계수가 1.4일 때 유입계수는 얼마인가?

[해답]

유입계수(C_e) = $\dfrac{실제\ 유량}{이론적인\ 유량}$ = $\dfrac{실제\ 흡입유량}{이상적인\ 흡입유량}$ 으로 후드의 유입효율을 나타내며, 이 값이 1에 가까울수록 압력손실이 적은 후드를 의미한다.

$C_e = \sqrt{\dfrac{1}{1+F}} = \sqrt{\dfrac{1}{1+1.4}} = 0.65$

[산업] 출제빈도 ★★★★

02 용접 작업장의 공간에 외부식 국소배기장치가 설치되어있다. 필요소요풍량(Q)이 10[m³/min], 덕트의 직경(D)이 200[mm], 후드 유입손실계수(F)가 0.4일 때, 후드의 압력손실(ΔP, mmH₂O)은? (단, 가스밀도는 1.2[kg/m³]이다.)

[해답]

후드의 압력손실 $\Delta P = F \times VP$ 에서

$V = \dfrac{Q}{A} = \dfrac{10}{\left(\dfrac{3.14 \times 0.2^2}{4}\right) \times 60} = 5.31[\text{m/s}]$

$VP = \left(\dfrac{V}{4.043}\right)^2 = \left(\dfrac{5.31}{4.043}\right)^2 = 1.72[\text{mmH}_2\text{O}]$

$\therefore \Delta P = 0.4 \times 1.72 = 0.69[\text{mmH}_2\text{O}]$

03 후드의 유입계수가 0.76, 속도압이 18[mmH₂O]일 때 후드의 압력손실(mmH₂O)은?

> **해답**
> 압력손실 $\Delta P = F \times \text{VP}$ 에서 후드의 유입손실계수
> $F = \dfrac{1}{C_e^2} - 1 = \dfrac{1}{0.76^2} - 1 = 0.73$
> $\therefore \Delta P = 0.73 \times 18 = 13.14 [\text{mmH}_2\text{O}]$

> **후드의 정압**(SP_h)
> 정지된 공기를 덕트 내로 흡입하여 덕트 내의 속도압(VP)이 되도록 하기 위하여 후드와 덕트의 접속 부분에 걸어 주어야 하는 부압(negative pressure)을 의미한다.

04 덕트의 속도압이 30[mmH₂O], 후드의 압력손실이 3.24[mmH₂O]일 때 후드의 유입계수(C_e)는?

> **해답**
> 후드 정압: $SP_h = \text{VP}(1+F)$ 에서 $3.24 = 30 \times \left(\dfrac{1}{C_e^2} - 1\right)$
> $\therefore$ 유입계수 $C_e = 0.95$

05 후드의 유입계수가 0.81이고, 덕트 내 속도압이 18[mmH₂O] 일 때, 후드의 압력손실(mmH₂O)은? (단, 표준상태에서의 공기의 밀도는 1.20[kg/m³]으로 한다.)

> **해답**
> 후드의 압력손실 $\Delta P = F \times \text{VP} = F \times \dfrac{\gamma \times V^2}{2g}$ 에서
> $F = \dfrac{1}{C_e^2} - 1 = \dfrac{1}{0.81^2} - 1 = 0.52$
> $\therefore \Delta P = 0.52 \times 18 = 9.36 [\text{mmH}_2\text{O}]$

06 유입계수(C_e)가 0.65인 후드가 있다. 후드에 연결된 덕트는 원통형이고 지름이 11[cm]이다. 필요환기량이 22.7[m³/min]일 때 후드의 정압(mmH₂O)을 구하시오. (단, 공기의 밀도는 1.2[kg/m³]이다.)

해답

후드 정압: $SP_h = VP(1+F)$에서 $F = \dfrac{1}{C_e^2} - 1 = \dfrac{1}{0.65^2} - 1 = 1.367$

속도압: $VP = \dfrac{\gamma V^2}{2g}$ 에서

$$V = \dfrac{Q}{A} = \dfrac{22.7[\text{m}^3/\text{min}]}{\left(\dfrac{3.14 \times 0.11^2}{4}\right)[\text{m}^2] \times 60[\text{s/min}]} = 39.83[\text{m/s}]$$

$\therefore VP = \dfrac{1.2 \times 39.83^2}{2 \times 9.8} = 97.13[\text{mmH}_2\text{O}]$,

$\therefore SP_h = 97.13 \times (1 + 1.367) = 229.9[\text{mmH}_2\text{O}]$

07 유입계수 $C_e = 0.82$인 원형 후드가 있다. 덕트의 직경이 40[cm]이고, 후드 정압이 23[mmH₂O]일 경우, 필요환기량(m³/min)은? (단, 공기밀도 1.2[kg/m³] 기준)

해답

후드 계수: $F = \dfrac{1}{C_e^2} - 1 = \dfrac{1}{0.82^2} - 1 = 0.487$

후드 정압: $SP_h = VP(1+F)$에서 $23 = VP(1+0.487)$

$\therefore VP = 15.47[\text{mmH}_2\text{O}]$

속도압: $VP = \dfrac{\gamma V^2}{2g}$ 에서

$$V = \sqrt{\dfrac{VP \times 2 \times g}{\gamma}} = \sqrt{\dfrac{15.47 \times 2 \times 9.8}{1.2}} = 15.9[\text{m/s}]$$

$\therefore Q = A \times V = 60 \times \dfrac{3.14 \times 0.4^2}{4} \times 15.9 = 119.82[\text{m}^3/\text{min}]$

08 유입손실계수가 0.5인 원형 후드가 있다. 원형 덕트의 직경이 10[cm]이고 필요환기량이 12[m³/min]이라고 할 때, 후드의 정압 (mmH₂O)은? (단, 공기밀도는 1.2[kg/m³]이다.)

해답

후드 정압: $SP_h = VP(1+F)$에서 $Q = AV$

$$V = \frac{Q}{A} = \frac{12[\text{m}^3/\text{min}] \times \frac{\text{min}}{60[\text{s}]}}{\left(\frac{3.14 \times 0.1^2}{4}\right)[\text{m}^2]} = 25.48[\text{m/s}]$$

$$\therefore VP = \frac{\gamma V^2}{2g} = \frac{1.2 \times 25.48^2}{2 \times 9.81} = 39.71[\text{mmH}_2\text{O}]$$

$$\therefore \Delta P = 39.71 \times (1+0.5) = 59.57[\text{mmH}_2\text{O}]$$

09 공기 유량이 0.1224[m³/s], 덕트 직경이 8.5[cm], 후드의 유입 압력손실계수(F_h)가 0.35일 때, 후드 정압(SP_h)은 몇 mmH₂O인가?

해답

덕트의 단면적 $A = \frac{\pi}{4}D^2 = \frac{3.14}{4} \times 0.085^2 = 0.0057[\text{m}^2]$에서

반송속도 $V_T = \frac{Q}{A} = \frac{0.1224}{0.0057} = 21.47[\text{m/s}]$

$$\therefore \text{속도압 } VP = \frac{\gamma V_T^2}{2g} = \left(\frac{V_T}{4.043}\right)^2 = \left(\frac{21.47}{4.043}\right)^2 = 28.2[\text{mmH}_2\text{O}]$$

그러므로 후드 정압

$SP_h = VP(1+F_h) = 28.2 \times (1+0.35) = 38.07[\text{mmH}_2\text{O}]$

10 송풍량이 60[m³/min]인 공간에 설치된 외부식 후드를 개구 면적과 설치 위치의 변경 없이 플랜지 부착 외부식 후드로 개조하였다. 이때 외부식 후드와 동일한 제어속도를 얻는 데 필요한 송풍량(m³/min)은?

해답

후드 개구면 주위에 플랜지를 붙이면 송풍량의 25[%]를 절약할 수 있을 뿐만 아니라 후드에 기류가 흡입될 때의 저항, 즉 유입 압력손실도 적어지는 장점이 있다.

$\therefore 60 \times 0.75 = 45[\text{m}^3/\text{min}]$

> **기사** 출제빈도 ★★★★★

11 유입계수 $C_e = 0.82$인 원형 후드가 있다. 원형 덕트의 직경이 50[cm]이고, 필요환기량 Q는 150[m³/min]이라고 할 때 속도압(mmH₂O)과 후드 정압(mmH₂O)은? (단, 공기밀도 1.2[kg/m³]이다.)

> **해답**
>
> 후드 정압: $SP_h = VP(1+F)$에서 $F = \dfrac{1}{C_e^2} - 1 = \dfrac{1}{0.82^2} - 1 = 0.487$
>
> 속도압: $VP = \dfrac{\gamma V^2}{2g}$에서 $V = \dfrac{Q}{A} = \dfrac{150[\text{m}^3/\text{min}]}{0.785 \times 0.5^2[\text{m}^2] \times 60[\text{s/min}]}$
> $\qquad\qquad\qquad\qquad\qquad\qquad\quad = 12.74[\text{m/s}]$
>
> ∴ $VP = \dfrac{1.2 \times 12.74^2}{2 \times 9.8} = 9.94[\text{mmH}_2\text{O}]$
>
> ∴ $SP_h = 9.94 \times (1 + 0.487) = 14.78[\text{mmH}_2\text{O}]$

> **기사** 출제빈도 ★★★★★

12 공기 유량이 20[m³/min], 덕트 직경이 15[cm], 후드의 압력손실계수가 0.40일 때, 후드의 정압(mmH₂O)은?

> **해답**
>
> 후드 정압: $SP_h = VP + F \times VP$에서 $VP = \dfrac{\gamma}{2g} \times V^2$
>
> $Q = A \times V$에서 $A = \dfrac{\pi}{4}d^2 = 0.785 \times 0.15^2 = 1.77 \times 10^{-2}[\text{m}^2]$
>
> $V = \dfrac{Q}{A} = \dfrac{20}{1.77 \times 10^{-2} \times 60} = 18.83[\text{m/s}]$
>
> 21[℃]에서 공기의 비중량 $\gamma = 1.21[\text{kg/m}^3]$이므로
>
> $VP = \dfrac{1.21}{2 \times 9.81} \times 18.83^2 = 21.87[\text{mmH}_2\text{O}]$
>
> ∴ $SP_h = 21.87 + 0.40 \times 21.87 = 30.62[\text{mmH}_2\text{O}]$

> **기사** 출제빈도 ★★★★★

13 자유공간에 떠 있는 직경 30[cm]인 원형 개구 후드의 개구면으로부터 30[cm] 떨어진 곳의 입자를 흡입하려고 한다. 제어풍속을 0.6[m/s]으로 할 때 후드 정압(SP_h)는 약 몇 mmH₂O인가? (단, 원형 개구 후드의 유입손실계수(F_h)는 0.93이다.)

해답

필요환기량, $Q = 0.6 \times \left(10 \times 0.3^2 + \dfrac{3.14 \times 0.3^2}{4}\right) = 0.58 [\text{m}^3/\text{s}]$ 에서

$V = \dfrac{Q}{A} = \dfrac{0.58}{\left(\dfrac{3.14 \times 0.3^2}{4}\right)} = 8.29 [\text{m/s}]$

$\therefore \text{VP} = \dfrac{\gamma V^2}{2g} = \dfrac{1.2 \times 8.29^2}{2 \times 9.8} = 4.2 [\text{mmH}_2\text{O}]$

$\therefore \text{SP}_h = 4.2 \times (1 + 0.93) = 8.1 [\text{mmH}_2\text{O}]$, 송풍기 앞쪽의 정압은 음압이므로 후드 정압은 $-8.1 [\text{mmH}_2\text{O}]$이다.

기사 출제빈도 ★★★

14 유입계수가 0.6인 플랜지 부착 원형 후드가 있다. 덕트의 직경은 10[cm]이고, 필요환기량이 20[m³/min]라고 할 때, 후드 정압(SP$_h$)은 약 몇 mmH₂O인가?

해답

후드의 유입손실계수 $F_h = \dfrac{1}{C_e^2} - 1 = \dfrac{1}{0.6^2} - 1 = 1.78$

$V = \dfrac{Q}{A} = \dfrac{20}{\left(\dfrac{3.14 \times 0.1^2}{4}\right) \times 60} = 42.5 [\text{m/s}]$

$\therefore \text{VP} = \dfrac{\gamma V^2}{2[g]} = \dfrac{1.2 \times 42.5^2}{2 \times 9.8} = 110.6 [\text{mmH}_2\text{O}]$

$\therefore SP_h = 110.6 \times (1 + 1.78) = 307.4 [\text{mmH}_2\text{O}]$

송풍기 앞쪽의 정압은 음압이므로 후드 정압은 $-307.4 [\text{mmH}_2\text{O}]$이다.

기사 출제빈도 ★★★

15 외부식 장방형 후드의 플랜지(flange)에 대한 물음에 답하시오.

1) 가로 40[cm], 세로 20[cm]인 장방형 후드가 직경 20[cm]인 원형 덕트에 연결되어 있을 때 플랜지의 최소폭(cm)을 구하시오.
2) 플랜지가 있는 경우에 없는 경우보다 송풍량은 어떻게 변하는가?

1) 플랜지의 최소폭, $W = \sqrt{A} = \sqrt{(40 \times 20)} = 28.3 [\text{cm}]$
2) 송풍량이 25[%] 정도 감소된다.

16 다음 그림과 같이 후드 개구면의 가로, 세로가 0.5[m], 1.0[m]인 포위식 부스형 후드를 설치하여 유해가스를 처리하고자 한다. (단, 후드 압력손실계수 0.9, 제어속도 0.3[m/s], 반송속도 10[m/s]일 경우 다음 물음에 답하시오.)

1) 이 국소배기시설의 소요송풍량(m^3/min)은?
2) 이 후드와 연결된 송풍관의 속도압(mmH$_2$O)은?
3) 이 국소배기장치에서 후드의 압력손실(mmH$_2$O)은?
4) 덕트의 직경(cm)은?

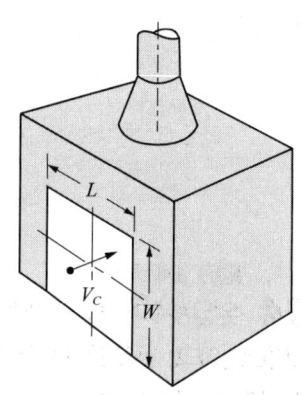

해답

1) 포위식 부스형 후드의 경우 소요송풍량
$$Q = 60 \times v_c \times A_h = 60 \times 0.3 \times 0.5 \times 1.0 = 9[m^3/min]$$

2) 덕트의 속도압: $VP = \dfrac{\gamma \times v_T^2}{2g} = \dfrac{1.2 \times 10^2}{2 \times 9.8} = 6.12[mmH_2O]$

3) 후드의 압력손실: $\Delta P = F \times VP = 0.9 \times 6.12 = 5.51[mmH_2O]$

4) 덕트의 직경: $Q = A \times v$에서 $A = \dfrac{Q[m^3/min]}{60 \times v_T[m/s]} = \dfrac{9}{60 \times 10} = 0.015[m^2]$

$A = \dfrac{\pi}{4} \times d^2$에서 $\therefore d = \sqrt{\dfrac{0.015}{0.785}} = 0.14[m] = 14[cm]$

17 덕트의 직경이 11[cm]이고, 필요환기량이 10[m^3/min]일 때, 후드의 속도압(mmH$_2$O)은?

해답

$$V = \dfrac{Q}{A} = \dfrac{10}{\left(\dfrac{3.14 \times 0.11^2}{4}\right) \times 60} = 17.55[m/s]$$

속도압 $VP = \left(\dfrac{V}{4.043}\right)^2$에서

$\therefore VP = \left(\dfrac{17.55}{4.043}\right)^2 = 18.84[mmH_2O]$

18 자유공간에 떠 있는 직경 30[cm]인 원형 개구 후드의 개구면으로부터 40[cm] 떨어진 곳의 입자를 흡입하려고 한다. 제어속도를 1.0[m/s]로 할 때 다음 물음에 답하시오.

1) 필요환기량(m^3/min)은?
2) 덕트 내의 유속(m/s)은?
3) 속도압(mmH_2O)은?

제어풍속(제어속도, 포착속도)

후드 전면 또는 후드 개구면에서 유해물질이 함유된 공기를 당해 후드로 흡입시킴으로써 그 지점의 유해물질을 제어할 수 있는 공기속도를 말한다. 다만, 포위식 및 부스식 후드에서는 후드의 개구면에서 흡입되는 기류의 풍속을 말하며, 외부식 및 레시버식 후드에서는 후드의 개구면으로부터 가장 먼 거리의 유해물질 발생원 또는 작업 위치에서 후드 쪽으로 흡입되는 기류의 속도를 말한다.

해답

1) 외부식 후드의 필요환기량(m^3/min)

$$Q = 60 \times V_c(10X^2 + A) = 60 \times 1.0 \times \left[10 \times 0.4^2 + \left(\frac{3.14 \times 0.3^2}{4}\right)\right]$$
$$= 100.24[m^3/min]$$

2) 덕트 내의 유속(m/s)

$$VP = \left(\frac{V_T}{4.043}\right)^2 \text{에서 } V_T = \frac{100.24}{\left(\frac{3.14 \times 0.3^2}{4}\right) \times 60} = 23.65[m/s]$$

3) 속도압(mmH_2O)

$$VP = \left(\frac{23.65}{4.043}\right)^2 = 34.22[mmH_2O]$$

---

19 직경이 0.2[m]인 원형 덕트에서 후드의 공기량을 산정하기 위하여 후드 정압(SP_h)을 측정한 결과 70[mmH_2O]이었다. 이 경우 후드의 필요환기량(m^3/min)은? (단, 유입계수는 0.85이다.)

해답

후드 정압: $SP_h = VP(1+F)$에서 $F = \frac{1}{C_e^2} - 1 = \frac{1}{0.85^2} - 1 = 0.384$

∴ $70 = VP(1+0.384)$에서 $VP = 50.58[mmH_2O]$

속도압: $VP = \left(\frac{V_T}{4.043}\right)^2$에서 $50.58 = \left(\frac{V_T}{4.043}\right)^2$

∴ $V_T = 28.75[m/s]$

∴ 필요환기량(유량) $Q = A \times V_T$
$$= \left(\frac{\pi \times 0.2^2}{4}\right) \times 28.75 \times 60 = 54.17[m^3/min]$$

산업 출제빈도 ★★★

20 작업대 위에서 용접작업 시 흄을 제거하기 위해서 작업면 위에 공간이 없는 후드에 플랜지가 붙은 외부식 후드를 설치하였다. 개구면에서 포착점까지의 거리를 1.2[m], 제어속도는 1.8[m/s], 개구면적이 4.2[m²]일 때, 필요송풍량은 몇 m³/min인가?

 반자유공간, 플랜지 부착 후드의 필요송풍량

$$Q = 60 \times 0.5 \times V_c \times (10 \times X^2 + A)$$
$$= 60 \times 0.5 \times 1.8 \times (10 \times 1.2^2 + 4.2) = 1,004.4 [\mathrm{m^3/min}]$$

산업 출제빈도 ★★★★

21 자유공간에 있는 플랜지가 부착되지 않은 외부식 장방형 후드에서 거리가 0.5[m], 제어속도가 0.8[m/s], 후드 개구 면적이 0.6[m²]일 때 필요송풍량(m³/min)은?

 자유공간에 있는 플랜지가 부착되지 않은 장방형 측방 외부식 후드의 필요송풍량

$$Q = 60 \times V_c (10 X^2 + A) = 60 \times 0.8 \times (10 \times 0.5^2 + 0.6) = 148.8 [\mathrm{m^3/min}]$$

기사 출제빈도 ★★

22 개구면적이 0.9[m²]인 정사각형 후드의 제어속도가 0.5[m/s]일 때, 오염원에서 후드 개구면까지의 제어거리를 0.5[m]에서 1[m]로 변경하였다면 송풍량은 몇 배로 증가하는가?

 필요송풍량: $Q = 60 \times V_c \times (10 X^2 + A)[\mathrm{m^3/min}]$ 에서

제어거리 0.5[m]일 때, $Q_1 = 60 \times 0.5 \times (10 \times 0.5^2 + 0.9) = 102 [\mathrm{m^3/min}]$

제어거리 1[m]일 때, $Q_2 = 60 \times 0.5 \times (10 \times 1^2 + 0.9) = 327 [\mathrm{m^3/min}]$

$$\therefore \frac{Q_2}{Q_1} = \frac{327}{102} = 3.2배$$

23 전자부품 납땜하는 공정에서 외부식 국소배기장치로 설치하고자 한다. 후드의 규격은 가로, 세로로 각각 400[mm]×400[mm], 제어거리(X)는 30[cm], 제어속도(V_c)는 0.5[m/s], 그리고 반송속도(V_T) 1,200[m/min]으로 하고자 할 때 원형 덕트의 직경(m)은? (단, 21[℃], 1기압 기준, 후드는 공간에 있으며 플랜지는 없음)

해답

외부식 후드의 필요송풍량
$$Q = 60 \times V_c \times (10X^2 + A) = 60 \times 0.5 \times [10 \times 0.3^2 + (0.4 \times 0.4)]$$
$$= 31.8[m^3/min]$$

원형 덕트의 직경 $Q = A \times V_T = \dfrac{\pi \times D^2}{4} \times V_T$ 에서

$$D = \sqrt{\dfrac{4Q}{\pi V_T}} = \sqrt{\dfrac{4 \times 31.8}{3.14 \times 20}} = 1.42[m]$$

24 그림과 같이 작업대 위의 용접흄을 제거하기 위해 작업면 위에 플랜지가 붙은 외부식 후드를 설치했다. 개구면에서 포착점까지의 거리는 0.3[m], 제어속도는 1.0[m/s], 후드 개구의 면적이 0.4[m²]일 때 Della Valle식을 이용한 필요송풍량(m³/min)은? (단, 후드 개구의 폭/높이는 0.2보다 크다.)

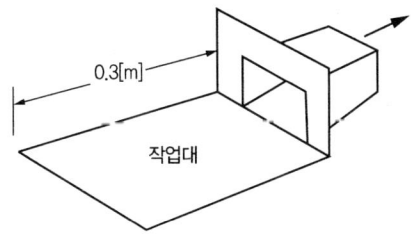

작업대

해답

후드가 바닥면에 위치해 있고, 플랜지가 부착되어 있으므로 필요송풍량
$$Q = 60 \times 0.5 \times V_c(10X^2 + A)$$
$$= 60 \times 0.5 \times 1 \times (10 \times 0.3^2 + 0.4) = 39[m^3/min]$$

기사 출제빈도 ★★

25 작업대 위에 플랜지가 붙은 외부식 후드를 설치하려고 한다. 설치 조건이 다음과 같을 때 필요송풍량(m³/min)과 플랜지의 폭(cm)을 구하시오.

> [설치 조건]
> 후드의 발생원과의 거리: 0.3[m], 후드의 크기: 30×10[cm], 제어속도: 1[m/s]

발생원
유해물질이 발생하여 작업환경 오염의 원인이 되는 생산설비나 작업장소 등을 말한다.

해답
1) 필요송풍량(Q)
$$Q = 60 \times 0.5 \times V_c \times (10\,X^2 + A)$$
$$= 60 \times 0.5 \times 1 \times (10 \times 0.3^2 + (0.3 \times 0.1)) = 27.9[\mathrm{m^3/min}]$$
2) 플랜지의 폭(W)
$$W = \sqrt{A} = \sqrt{(30 \times 10)} = 17.3[\mathrm{cm}]$$

산업 출제빈도 ★★

26 플랜지가 붙은 일반적인 형태의 외부식 원형 후드가 공간에 위치하고 있다. 후드의 직경이 200[mm]이고, 개구면으로부터 30[cm]되는 거리에서의 제어속도를 0.8[m/s]가 되도록 설계하려고 한다. 이 후드의 필요환기량(m³/min)은?

해답 플랜지가 붙은 일반적인 형태의 외부식 후드의 필요송풍량
$$Q = 60 \times 0.75 \times V_c \times (10\,X^2 + A)[\mathrm{m^3/min}] \text{에서}$$
$$A = \frac{3.14 \times 0.2^2}{4} = 0.0314[\mathrm{m^2}]$$
$$\therefore Q = 60 \times 0.75 \times V_c \times (10\,X^2 + A)$$
$$= 60 \times 0.75 \times 0.8 \times (10 \times 0.3^2 + 0.0314) = 33.53[\mathrm{m^3/min}]$$

27
반경 0.6[m]인 후드에 플랜지가 부착된 외부식 원형 후드를 사용하는 국소배기장치가 있다. 후드 중심선상으로부터 0.4[m] 떨어진 지점에서 0.8[m/s]로 흡입하고 있는 오염물을 최소 유입량(m^3/s)은?

해답 플랜지가 붙은 일반적인 형태의 외부식 후드의 필요송풍량

$$Q = 0.75 \times V_c \times (10X^2 + A)$$
$$= 0.75 \times 0.8 \times \left(10 \times 0.4^2 + \frac{3.14 \times 0.6^2}{4}\right) = 1.13[m^3/s]$$

28
전자부품을 납땜하는 공정에 외부식 국소배기장치를 설치하려고 한다. 후드의 규격은 400[mm]×400[mm], 제어거리(X)를 30[cm], 제어속도(V_c)를 0.5[m/s]로 하고자 할 때의 소요송풍량(m^3/min)보다 후드에 플랜지를 부착하여 공간에 설치하면 소요송풍량(m^3/min)은 얼마나 감소하는가?

해답
1) 플랜지 미부착 시 필요송풍량
$$Q = 60 \times V_c \times (10X^2 + A)$$
$$= 60 \times 0.5 \times [10 \times 0.3^2 + (0.4 \times 0.4)] = 31.8[m^3/min]$$

2) 플랜지 부착 시 필요송풍량
$$Q = 60 \times 0.75 \times V_c \times (10X^2 + A)$$
$$= 60 \times 0.75 \times 0.5 \times (10 \times 0.3^2 + 0.4 \times 0.4) = 23.85[m^3/min]$$

∴ $31.8 - 23.85 = 7.95[m^3/min]$

참고 외부식 후드에서 필요송풍량을 구하는 Della Valle식
① 플랜지가 붙고 공간에 있는 후드
$$Q = 60 \times 0.75 \times V_c \times (10X^2 + A)[m^3/min]$$
② 플랜지가 없이 공간에 있는 후드
$$Q = 60 \times V_c \times (10X^2 + A)[m^3/min]$$
③ 플랜지가 붙고 테이블 면에 고정된 후드
$$Q = 60 \times 0.5 \times V_c \times (10X^2 + A)[m^3/min]$$
④ 플랜지가 없이 테이블 면에 고정된 후드
$$Q = 60 \times V_c \times (5X^2 + A)[m^3/min]$$

연마(polishing) 공정
주로 돌이나 쇠붙이, 보석, 유리 따위의 고체를 갈고 닦아서 표면을 반질반질하게 하는 공정을 말한다. 연마는 표면처리의 마지막 단계로 재료의 평활, 평탄도를 유지하고 광택을 높여 거울면을 만들기 위해서 사용되었다.

주물사(moulding sand)
주형을 만드는데 사용되는 주형 재료(모래)로 원료사에 점결제 및 보조제 등을 배합하여 주형을 만들 때 사용되는 재료이다. 적당량의 수분이 들어 있는 산사나 합성사를 사용하며 생형사에 비해 점토분이 많다.

기사 출제빈도 ★★

29 후드로부터 30[cm] 떨어진 곳에 있는 금속제품의 연마 공정에서 발생되는 금속 먼지를 후드 직경이 30[cm]인 원형 후드를 이용하여 제어하고자 한다. 제어속도는 5[m/s]로 설정하였다면 이때의 필요환기량(m^3/분)은? (단, 원형 후드는 공간에 위치하며 플랜지가 부착되었음)

해답 플랜지 부착, 자유공간에 위치한 외부식 후드의 필요송풍량

$Q = 0.75 \times V_c \times (10X^2 + A)$ 에서 $A = \dfrac{\pi D^2}{4} = \dfrac{3.14 \times 0.3^2}{4} = 0.07[m^2]$

$\therefore Q = 60 \times 0.75 \times 5 \times [(10 \times 0.3^2) + 0.07] = 218.25[m^3/min]$

기사 출제빈도 ★★★★

30 주물사의 제거를 위한 그라인더를 사용하여 마무리 작업을 하고 있다. 미세먼지의 제거를 위해 50[cm]×40[cm] 크기의 개구면을 지닌 외부식 사각형 후드를 사용할 경우 후드의 필요환기량(m^3/min)을 구하시오. (단, 후드는 공간에 위치하며 플랜지가 없고, 입구로부터 30[cm] 떨어진 지점에 오염물질이 있으며 제어속도는 1[m/s]이었다.)

해답 후드의 필요송풍량 $Q = V_c \times (10X^2 + A)$ 에서

사각형 후드의 개구면적 $A = 0.5 \times 0.4 = 0.2[m^2]$

$\therefore Q = 60 \times 1 \times [(10 \times 0.3^2) + 0.2] = 66[m^3/min]$

기사 출제빈도 ★★

31 슬롯 후드의 압력손실계수 F, 속도압 P_{v1}이 각각 0.55, 20[mmH₂O]이고, 외부식 측방 후드의 유입계수 C_e, 속도압 P_{v2}가 각각 0.88, 20[mmH₂O]인 후드 2개의 전체 압력손실(mmH₂O)은?

해답
1) 슬롯 후드의 압력손실 $\Delta P = F \times VP = 0.55 \times 10 = 5.5[mmH_2O]$

2) 외부식 측방 후드의 압력손실계수 $F = \dfrac{1}{C_e^2} - 1 = \dfrac{1}{0.88^2} - 1 = 0.29$

외부식 측방 후드의 압력손실 $\Delta P = 0.29 \times 20 = 5.8[mmH_2O]$

$\therefore$ 후드 2개의 전체압력손실은 $5.5 + 5.8 = 11.3[mmH_2O]$

32 전자부품을 납땜하는 공정에 외부식 국소배기장치를 설치하려고 한다. 후드의 규격은 400[mm]×400[mm], 제어거리(X)를 20[cm], 제어속도(V_c)를 0.5[m/s]로 하고자 할 때의 소요송풍량(m³/min)보다 후드에 플랜지를 부착하여 공간에 설치하면 소요송풍량(m³/min)은 얼마나 감소하는가?

해답

1) 플랜지 미부착 시 필요송풍량

$$Q = 60 \times V_c \times (10X^2 + A)$$
$$= 60 \times 0.5 \times [10 \times 0.2^2 + (0.4 \times 0.4)] = 16.8 [\text{m}^3/\text{min}]$$

2) 플랜지 부착 시 필요송풍량

$$Q = 60 \times 0.75 \times V_c \times (10X^2 + A)$$
$$= 60 \times 0.75 \times 0.5 \times (10 \times 0.2^2 + 0.4 \times 0.4) = 12.6 [\text{m}^3/\text{min}]$$

$$\therefore 16.8 - 12.6 = 4.2 [\text{m}^3/\text{min}]$$

33 고열작업장의 후드를 통하여 유입되는 열상승 기류량 30[m³/min]이고 유도 기류량이 45[m³/min]일 때 누입한계유량비는?

해답

누입한계유량비 $K_L = \dfrac{\text{유도 기류량}}{\text{열상승 기류량}} = \dfrac{45}{30} = 1.5$

34 오염원으로부터 약 0.5[m] 떨어진 위치에 가로, 세로 각각 1[m]인 플랜지가 부착된 정사각형 후드를 설치하려고 한다. 제어속도가 2.5[m/s]일 때 필요환기량(m³/s)을 구하시오.

해답

후드에 플랜지 부착 시 필요송풍량

$$Q = 0.75 \times V_c \times (10X^2 + A) = 0.75 \times 2.5 \times (10 \times 0.5^2 + 1) = 6.56 [\text{m}^3/\text{s}]$$

기사 출제빈도 ★★

35 플랜지가 부착된 상방 외부식 장방형 후드가 자유공간에 설치되어 있다. 성능을 높이기 위해 플랜지 있는 외부식 측방형 후드로 작업대에 부착했다. 필요환기량은 몇 %가 감소되었는가? (단, 제어거리, 개구면적, 제어속도는 같다.)

해답
플랜지 부착, 자유공간에서 필요송풍량
$Q_1 = 60 \times V_c \times 0.75 \times (10X^2 + A)$
플랜지 부착, 작업면(반자유 공간)에서 필요송풍량
$Q_2 = 60 \times 0.5 \times V_c (10X^2 + A)$
∴ 필요송풍량 절감 효율(%) $= \dfrac{0.75 - 0.5}{0.75} \times 100 = 33.3[\%]$

📝 **리시버식 캐노피형 후드 (receiving type canopy hood)**
고열을 내는 발생원(가열로, 용융로, 열처리로 등 가열로)에서 열부력에 의한 상승기류와 같이 일정한 방향으로 오염기류가 발생할 때 그 기류의 방향에 따라 오염된 공기를 위에서 덮는 덮개로 받아들이는 후드를 말한다.

기사 출제빈도 ★★★★

36 용해로에 리시버식 캐노피형 국소배기장치를 설치하였다. 열상승기류량 Q_1은 100[m³/min], 누입한계유량비 K_L은 2라고 할 때 소요송풍량(m³/min)은? (단, 난기류가 0.4[m/s]가 존재하여 누출안전계수(m)를 10으로 한다.)

해답
용해로에 설치한 리시버식 캐노피형 국소배기장치의 필요송풍량을 구하는 식은
$Q =$ 열상승 기류량 $\times (1 +$ 설계유량비$)$이다.
여기서, 설계유량비(K_D) = 누출안전계수(m)×누입한계유량비(K_L)이므로
$Q = 100 \times (1 + 10 \times 2) = 2,100[m^3/min]$

산업 출제빈도 ★★★

37 주물 공장에서 용융과정 시 열상승 기류량은 30.6[m³/min]이며 주변의 난기류 속도는 0.4[m/s]일 때 다음 물음에 답하시오. (단, 누입한계유량비는 $K_L = 2.32$, 난기류속도가 0.4[m/s]일 때 누출안전계수 m은 10이다.)

1) 설계유량비(K_D)는 얼마인가?
2) 용융과정 시 발생되는 유해가스를 완전 포집하기 위해 필요한 소요송풍량(m³/min)은?

해답
1) 설계유량비(K_D) = 누출안전계수(m) × 누입한계유량비(K_L)
   = 10 × 2.32 = 23.2
2) $Q_3 = Q_1(1+m \times K_L) = 30.6 \times (1+23.2) = 740.52 [m^3/min]$

기사 출제빈도 ☆☆

38 다음에 제공되는 공식은 외부식 후드의 필요송풍량을 구하는 식이다. 주어진 문제에 해당하는 공식을 선택하여 국소배기장치 덕트의 직경(mm)을 구하시오. 아래 그림과 같이 측방 외부식 플랜지 부착 장방형 후드를 이용하여 용접흄을 포집, 제거하고자 한다. 제어속도는 0.5[m/s], 오염원과 후드까지의 거리는 30[cm]이며 덕트 내 오염물질의 반송속도는 15[m/s], 그림에서 L은 500[mm], W는 400[mm]이다.

1) $Q = 60 \times A \times V_c [m^3/min]$
2) $Q = 60 \times 0.75 \times V_c(10X^2 + A)[m^3/min]$
3) $Q = 60 \times 0.5 \times V_c(10X^2 + A)[m^3/min]$
4) $Q = 60 \times V_c(10X^2 + A)[m^3/min]$
5) $Q = 60 \times 3.7 \times L \times X \times V_c [m^3/min]$
6) $Q = 60 \times 1.4 \times P \times H \times V_c [m^3/min]$

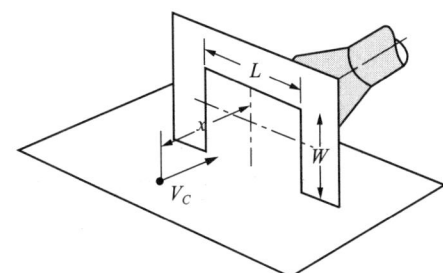

해답
1) 후드의 단면적(m²): $A_h = L \times W = 0.5 \times 0.4 = 0.2 [m^2]$
2) 용접흄의 제어를 위해 필요한 송풍량(m³/min): 플랜지가 부착되어 있고, 작업면에 고정되어 있으므로 3)식을 선택한다.
   $Q = 60 \times 0.5 \times v_c \times (10X^2 + A_h)$
   $= 60 \times 0.5 \times 0.5 \times (10 \times 0.3^2 + 0.2) = 16.5 [m^3/min]$
3) 덕트의 단면적 $a = \dfrac{500 \times Q}{3 \times v_T} = \dfrac{500 \times 16.5}{3 \times 15} = 183.33 [cm^2]$

∴ 덕트 내경은 $a = \dfrac{\pi}{4} d^2$에서 $d^2 = \dfrac{4 \times a}{\pi} = \dfrac{4 \times 183.33}{\pi} = 233.54$

∴ $d = \sqrt{233.54} = 15.28 [cm] = 152.8 [mm]$

기사 출제빈도 ☆☆

39 고열배출원이 아닌 탱크 위에 장변(L)이 2.0[m], 단변(W)이 0.7[m]인 캐노피형 후드를 설치했다. 높이 H가 0.6[m]일 때 소요송풍량(m^3/min)을 계산하라. (단, 제어속도 $V_c = 0.3[m/s]$이다.)

해답

Dalla Valle식을 적용한다. 캐노피의 긴 변(L)과 후드 개구면에서 배출원 사이의 높이(H)의 비가 $\dfrac{H}{L} \leq 0.3$인 경우 $Q = 60 \times 1.4 \times 2(L+W) \times H \times V_c$

문제에서 $\dfrac{H}{L} = \dfrac{0.6}{2.0} = 0.3$이므로 Dalla Valle 공식을 사용한다.

∴ $Q = 60 \times 1.4 \times 2(2.0+0.7) \times 0.6 \times 0.3 = 81.65[m^3/min]$

참고 Thomas식 적용

캐노피의 짧은 변(W)과 후드 개구면에서 배출원 사이의 높이(H)의 비가 $0.3 < \dfrac{H}{W} \leq 0.75$인 경우

$Q = 60 \times 14.5 \times H^{1.8} \times W^{0.2} \times V_c$

기사 출제빈도 ☆☆☆

40 자유공간에 떠 있는 플랜지가 미부착된 외부식 후드의 제어속도가 0.5[m/s], 후드의 개구면적이 0.9[m^2]인 외부식 후드가 있다. 오염원과 후드의 거리가 0.5[m]에서 0.9[m]로 멀어질 경우 필요환기량은 약 몇 배가 되는가?

해답

자유공간에 위치한 외부식 후드이므로

1) 오염원과 후드의 거리가 0.5[m]일 때의 필요환기량은

$Q(m^3/min) = 60 \times V_c \times (10X^2 + A_h)$
$= 60 \times 0.5 \times \{(10 \times 0.5^2) + 0.9\} = 102[m^3/min]$

2) 오염원과 후드의 거리가 0.9[m]일 때의 필요환기량은

$Q(m^3/min) = 60 \times V_c \times (10X^2 + A_h)$
$= 60 \times 0.5 \times \{(10 \times 0.9^2) + 0.9\} = 270[m^3/min]$

∴ 필요환기량은 $\dfrac{270}{102} = 2.65$배가 된다.

41 고열오염원에 리시버식 캐노피형 후드를 설치할 때 주변 환경의 난류 형성에 따른 누출안전계수는 소요송풍량 결정에 크게 작용한다. 열상승 기류량이 20[m³/min], 누입한계유량비가 2.0, 누출안전계수가 6일 경우 이 후드의 소요송풍량(m³/min)은?

해답
$Q_3 = Q_1(1 + m \times K_L) = 20 \times (1 + 6 \times 2.0) = 260[\text{m}^3/\text{min}]$

42 고열배출원이 아닌 탱크 위에 장변(L)이 2.5[m], 단변(W)이 1.7[m]인 외부식 캐노피형 후드를 설치했다. 높이(H)가 0.7[m]일 때 소요송풍량(m³/min)을 계산하시오. (단, 제어속도 $v_c = 0.3[\text{m/s}]$이다.)

해답
외부식 캐노피형 후드의 $\dfrac{H}{L} = \dfrac{0.7}{2.5} = 0.28$, 즉 $\dfrac{H}{L} \le 0.3$인 경우는 Dalla Valle 식 적용한다.

$\therefore Q = 60 \times 1.4 \times 2(L + W) \times H \times V_c$
$= 60 \times 1.4 \times 2 \times (2.5 + 1.7) \times 0.7 \times 0.3 = 148.18[\text{m}^3/\text{min}]$

43 국소배기 시스템이 정상적으로 작동하는지 확인하기 위하여 덕트의 한 지점에서 정압(SP)을 측정한 결과 10[mmH₂O]였고, 전압(TP)은 35[mmH₂O]였다. 원형 덕트이고 내부 직경이 40[cm]일 때 송풍량(m³/min)은?

해답
속도압, $\text{VP} = \text{TP} - \text{SP} = 35 - 10 = 25[\text{mmH}_2\text{O}]$

덕트 내 유속은 $\text{VP} = \left(\dfrac{V}{4.043}\right)^2$에서

$V = 4.043\sqrt{\text{VP}} = 4.034 \times \sqrt{25} = 20.22[\text{m/s}]$

$\therefore$ 송풍량, $Q = A \times V = 60 \times \left(\dfrac{3.14 \times 0.4^2}{4}\right) \times 20.22 = 152.38[\text{m}^3/\text{min}]$

기사 출제빈도 ★★★

44 다음 그림은 리시버식 캐노피형 후드를 나타낸 것이다. 열원의 크기 $E = 2\,[\mathrm{m}]$, 열원에서 후드 개구면까지의 높이 $H = 3.0\,[\mathrm{m}]$일 때 후드의 개구면의 크기 F_3의 크기(m)는 얼마로 하는 게 적정한가?

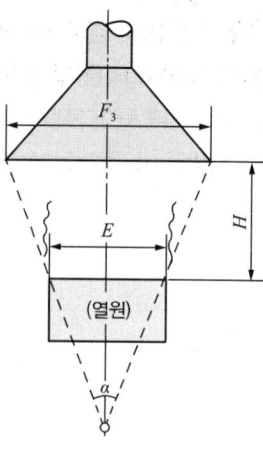

해답
$F_3 = E + 0.8H = 2 + 0.8 \times 3 = 4.4\,[\mathrm{m}]$

2 덕트에 대하여 기술하기

학습 개요 기사 · 산업기사 공통

1. 덕트의 직경과 원주에 대하여 기술할 수 있다.
2. 덕트의 길이 및 곡률반경에 대하여 기술할 수 있다.
3. 덕트의 반송속도, 압력손실, 설치 및 관리에 대하여 기술할 수 있다.

기사 출제빈도 ★★★

01 직경이 50[cm]인 관에 표준공기가 흐르고 있다. 이때 관 내부의 전압이 102[mmH₂O], 정압이 85[mmH₂O]일 때 관속의 유량(m³/s)는? (단, 공기 밀도는 1.2[kg/m³]이다.)

해답
속도압(VP) = 전압(TP) − 정압(SP) = 102 − 85 = 17[mmH₂O]

$\mathrm{VP} = \dfrac{\gamma \times V^2}{2 \times g}$ 에서 $V = \sqrt{\dfrac{\mathrm{VP} \times 2 \times \mathrm{g}}{\gamma}} = \sqrt{\dfrac{17 \times 2 \times 9.8}{1.2}} = 16.67\,[\mathrm{m/s}]$

유량(m³/s), $Q = A \times V = \dfrac{\pi \times D^2}{4} \times V = \dfrac{3.14 \times 0.5^2}{4} \times 16.67 = 3.27\,[\mathrm{m^3/s}]$

📝 표준공기

표준공기는 표준상태의 공기를 의미한다.
- 일반화학 분야에서 표준상태는 0[℃], 1기압 상태, 표준공기 1[mol] 부피는 22.4[L]이다.
- 산업환기 분야에서 표준상태는 21[℃], 1기압 상태, 표준공기 1[mol] 부피는 24.1[L]이다.
- 작업환경측정 분야에서는 25[℃], 1기압 상태, 표준공기 1[mol] 부피는 24.45[L]이다.

02 [기사] 출제빈도 ★★★

21[°C]의 건조 표준공기가 원형 직관 내를 흐르고 있다. 평균 속도압이 10[mmH₂O]일 경우 평균풍속(m/s)은?

[해답]

21[°C]의 건조 표준공기의 비중량

$$\gamma = 1.3 \times \frac{273}{273+21} = 1.2 [\text{kg/m}^3]$$

속도압 $VP = \frac{\gamma V^2}{2g}$ 에서

$$V = \sqrt{\frac{2g \times VP}{\gamma}} = \sqrt{\frac{2 \times 9.8 \times 10}{1.2}} = 12.8 [\text{m/s}]$$

[참고] 표준공기에서 속도압 $VP = \left(\frac{V}{4.043}\right)^2$ 에서

$$V = \sqrt{VP} \times 4.043 = \sqrt{10} \times 4.043 = 12.8 [\text{m/s}]$$

03 [산업] 출제빈도 ★★★★

덕트의 직경이 152[mm]인 덕트 내의 정압(SP)은 −63.5[mmH₂O]이고, 전압(TP)은 −30.5[mmH₂O]이다. 이때 덕트 내의 공기속도(m/s)와 공기 유량(m³/min)을 각각 계산하시오. (단, 공기밀도는 1.2[kg/m³]이다.)

[해답]

1) 반송속도

덕트의 속도압, $VP = TP - SP = -30.5 - (-63.5) = 33[\text{mmH}_2\text{O}]$

$VP = \left(\frac{V_T}{4.043}\right)^2$ 에서 반송속도

$$V_T = 4.043 \times \sqrt{VP} = 4.043 \times \sqrt{33} = 23.23 [\text{m/s}]$$

2) 공기 유량

$$Q = \left(\frac{\pi D^2}{4}\right) \times V_T$$

$$= \left(\frac{3.14 \times 0.152^2}{4}\right) \times 23.23 \times 60 = 25.28 [\text{m}^3/\text{min}]$$

📖 반송속도

덕트를 통하여 이동하는 유해물질이 덕트 내에서 퇴적이 일어나지 않는 상태로 이동시키기 위하여 필요한 최소 속도를 말한다.

산업 출제빈도 ☆☆☆

04 내경 450[mm]의 얇은 강철판의 직관을 통하여 송풍량 150[m³/min]의 표준공기를 송풍할 때 길이 10[m]당 관의 마찰손실(kg/m²)은? (단, 관 마찰계수는 0.02, 유체의 비중량 1.3[kg/m³]이다.)

해답 주어진 조건에서 속도압 계산을 위한 반송속도를 구한다.

$$V_T = \frac{Q}{\frac{\pi}{4} \times D^2} = \frac{150}{\frac{3.14}{4} \times 0.45^2 \times 60} = 15.73[\text{m/s}]$$

∴ 관마찰손실, $\Delta P = 0.02 \times \frac{10}{0.45} \times \frac{1.3 \times 15.73^2}{2 \times 9.8} = 7.29[\text{kg/m}^2 = \text{mmH}_2\text{O}]$

산업 출제빈도 ☆☆☆

05 방형 직관 단변이 0.125[m], 장변이 0.26[m]이고, 덕트의 길이가 15[m], 관마찰계수가 0.016이며, 속도압이 15[mmH₂O]일 경우 이 덕트의 압력손실(mmH₂O)은?

📝 **방형(方形) 직관**
정사각형 덕트로 네모반듯한 직선으로 뻗은 관을 의미한다. 장방형은 직사각형이다.

해답 장방형(직사각형) 덕트의 압력손실

$$\Delta P = \lambda \times \frac{L}{\left(\frac{2ab}{a+b}\right)} \times P_v = \lambda \times \left(\frac{a+b}{2ab}\right) \times L \times P_v \text{ 에서}$$

$$\Delta P = 0.016 \times \left(\frac{0.125 + 0.26}{2 \times 0.125 \times 0.26}\right) \times 15 \times 15 = 26.63[\text{mmH}_2\text{O}]$$

기사 출제빈도 ☆☆☆

06 직경이 25[cm], 길이가 30[m]인 원형 직관 덕트에 100[℃]의 함진 공기가 평균속도 15[m/s]로 흘러갈 때 마찰손실(mmH₂O)은? (단, 덕트의 마찰계수는 0.02이다.)

해답 직관 덕트의 압력손실 $\Delta P = \lambda \times \frac{L}{D} \times \text{VP} = \lambda \times \frac{L}{D} \times \frac{\gamma v^2}{2g}$ 에서

100[℃]의 함진 공기의 비중량 $\gamma = 1.3 \times \frac{273}{273 + 100} = 0.95[\text{kg/m}^3]$

∴ $\Delta P = 0.02 \times \frac{30}{0.25} \times \frac{0.95 \times 15^2}{2 \times 9.8} = 26.2[\text{mmH}_2\text{O}]$

07 덕트의 단면적이 0.16[m²]이고 덕트 내 정압은 -58.5[mmH₂O], 전압은 -25.5[mmH₂O]이다. 이 상태에서 덕트 내 반송속도(m/s) 및 공기 유량(m³/min)은? (단, 공기밀도는 1.2[kg/m³]이다.

해답
1) 속도압 $VP = TP - SP = -25.5 - (-58.5) = 33[mmH_2O]$

   ∴ 반송속도, $v_T = \sqrt{\dfrac{2g}{\gamma} VP} = \sqrt{\dfrac{2 \times 9.8}{1.2} \times 33} = 23.22[m/s]$

2) 공기 유량 $Q = A \times v_T = 0.16 \times 23.22 \times 60 = 222.9[m^3/min]$

08 긴 변 0.45[m], 짧은 변 0.25[m], 길이 15[m]인 장방형 직관 내 반송속도가 12[m/s]인 덕트의 압력손실(mmH₂O)은 얼마인가? (단, 철판의 관마찰계수가 0.04이다.)

해답
장방형 직관 내 압력손실, $P_L = f \times 4 \times \dfrac{L}{\left(\dfrac{2ab}{a+b}\right)} \times VP$ 에서

속도압, $VP = \dfrac{\gamma V_T^2}{2g} = \dfrac{1.2 \times 12^2}{2 \times 9.8} = 8.82[mmH_2O]$

∴ $P_L = f \times 4 \times \dfrac{L}{\left(\dfrac{2ab}{a+b}\right)} \times VP = 0.04 \times 4 \times \dfrac{15}{\left(\dfrac{2 \times 0.45 \times 0.25}{0.45+0.25}\right)} \times 8.82$

   $= 65.86[mmH_2O]$

09 90° 곡관의 반경비가 2.0일 때 압력손실계수는 0.22이다. 속도압이 15[mmH₂O]라면 곡관의 압력손실(mmH₂O)은?

해답
곡관의 압력손실 $\Delta P = \xi \times VP = 0.22 \times 15 = 3.3[mmH_2O]$

기사 출제빈도 ☆☆☆

10 내경이 42.5[cm]인 원형 덕트 내로 분당 120[m³]의 공기가 흐를 때, 덕트 길이 5[m] 당 압력손실(mmH₂O)을 구하시오. (단, 관마찰계수는 0.02, 공기의 비중은 1.20이다.)

해답 주어진 조건에서 속도압 계산을 위한 반송속도를 구한다.

$$v_T = \frac{Q}{\frac{\pi}{4} \times D^2} = \frac{120}{\frac{3.14}{4} \times 0.425^2 \times 60} = 14.11[\text{m/s}]$$

∴ 관마찰손실 $\Delta P = 0.02 \times \frac{5}{0.425} \times \frac{1.2 \times 14.11^2}{2 \times 9.8} = 2.87[\text{kg/m}^2] = \text{mmH}_2\text{O}$

기사 출제빈도 ☆☆☆

11 직경 40[cm]인 원형 직관 내를 200[m³/min] 유량으로 공기가 흐를 때, 덕트 길이 10[m]당 압력손실(mmH₂O)은? (단, 마찰계수 0.02, 공기 비중량은 1.2[kg/m³]이다.)

해답 원형 직관 덕트의 압력손실 $\Delta P = \lambda \times \frac{L}{D} \times \text{VP}[\text{mmH}_2\text{O}]$에서

덕트 내를 흐르는 공기의 속도 $V = \frac{Q}{A} = \frac{4 \times 200}{3.14 \times 0.4^2 \times 60} = 26.54[\text{m/s}]$

속도압 $\text{VP} = \frac{\gamma V_T^2}{2g} = \frac{1.2 \times 26.54^2}{2 \times 9.8} = 43.12[\text{mmH}_2\text{O}]$

∴ $\Delta P = \lambda \times \frac{L}{D} \times \text{VP} = 0.02 \times \frac{10}{0.4} \times 43.12 = 21.56[\text{mmH}_2\text{O}]$

기사 출제빈도 ☆☆

12 내경이 0.5[m]인 평활관(smooth duct) 내를 15[m/s]의 속도로 공기가 흐르고 있다. 공기의 속도와 내경을 변화시키지 않고서 길이만 3배로 늘인 동일한 조관(manufacturing duct)으로 제조하였을 때, 덕트 내의 압력손실은 몇 배로 증가하는가? (단, 공기의 동점성계수(ν)는 $1.5 \times 10^{-5}[\text{m}^2/\text{s}]$, 평활관인 경우 관마찰계수 f는 0.003, 조관인 경우 관마찰계수는 0.004이다.)

📝 **평활관(平滑管)과 조관(粗管)**
- 평활관: 덕트의 내부가 매끄럽고 부드러운 덕트
- 조관: 덕트의 내부가 거칠고 요철이 있는 덕트

해답 원형 덕트 내의 기류에 의한 압력손실을 계산하는 식은

$$P_L = f \times \frac{S_d}{A_d} \times \text{VP} \times L = f \times 4 \times \frac{\pi D}{\pi D^2} \times L \times \text{VP}$$에서 공기의 속도가 변하지 않을 경우, $P_L \propto f \times 4 \times L$

1) 평활관인 경우 압력손실 $P_L \propto f \times 4 \times L = 0.003 \times 4 \times 1 = 0.012 [\text{mmH}_2\text{O}]$
2) 조관일 경우 압력손실 $P_L \propto f \times 4 \times L = 0.004 \times 4 \times 3 = 0.048 [\text{mmH}_2\text{O}]$

∴ 압력손실은 조관일 때가 $\dfrac{P_{L2}}{P_{L1}} = \dfrac{0.048}{0.012} = 4$배 증가한다.

산업 출제빈도 ☆

13 직경 100[mm], 길이 5[m]인 아연도금강판 재질의 원형 덕트를 통과하는 유량이 0.2[m³/s]일 때, 마찰손실(mmH₂O)을 다음에 주어지는 등거리 방법과 속도압 방법을 이용한 식을 사용하여 각각 구하고 그 값을 비교하시오.

1) 마찰손실을 등거리 방법으로 구하는 식(덕트 1[m]당 발생되는 마찰손실임)

$$h_L = 5.3845 \times \frac{V_T^{1.9}}{d^{1.22}} [\text{mmH}_2\text{O}]$$

2) 속도압 방법: 뢰플러(Loeffler) 식을 이용

$h_L = H_f \times L \times \text{VP}$에서 아연도금강판 덕트의

$$H_f = \frac{a \times V_T^b}{Q^c} = \frac{0.0155 \times V_T^{0.533}}{Q^{0.612}}$$

해답

$$V = \frac{Q}{\frac{\pi}{4} \times d^2} = \frac{0.2}{0.785 \times 0.1^2} = 25.48 [\text{m/s}],$$

$$\text{VP} = \left(\frac{V}{4.043}\right)^2 = \left(\frac{25.48}{4.043}\right)^2 = 39.72 [\text{mmH}_2\text{O}]$$

1) 등거리 방법을 이용한 마찰손실

$$h_L = 5.3845 \times \frac{V_t^{1.9}}{d^{1.22}} = 5.3845 \times \frac{25.48^{1.9}}{100^{1.22}} = 9.18 [\text{mmH}_2\text{O}/\text{덕트 1 m}]$$

∴ 덕트의 길이가 5[m]이므로 $h_L = 9.18 \times 5 = 45.9 [\text{mmH}_2\text{O}]$

2) 속도압 방법을 이용한 마찰손실

$$H_f = \frac{0.0155 \times V_t^{0.533}}{Q^{0.612}} = \frac{0.0155 \times 25.48^{0.533}}{0.2^{0.612}} = 0.235/\text{덕트}1[\text{m}]$$

∴ $h_L = 0.235 \times 5 \times 39.72 = 46.67 [\text{mmH}_2\text{O}]$

여기서, 등거리 방법과 속도압 방법의 차는 거의 없음을 알 수 있다.

곡률반경
(Radius of Curvature)

곡률은 원이 휘어진 정도를 의미한다. 곡면과 원의 중점의 길이가 원의 반지름이며, 이를 곡률반경이라 부른다. 따라서 곡률의 역수가 곡률반경이기 때문에 곡률이 클수록 곡률반경이 작고 곡률이 작을수록 곡률반경이 크다.

산업 출제빈도 ☆☆

14 폭(W) 15[cm], 높이(H)가 30[cm]인 장방형 덕트가 곡률반경(R) 30[cm]인 90°의 곡관으로 설치되어 있다. 흡입 공기의 속도압이 20[mmH₂O]일 때 다음 조건표를 이용하여 이 덕트의 압력손실(mmH₂O)을 구하시오.

▼ 장방형 곡관의 압력손실계수(ξ)

R/l_2 \ l_2/l_1	4	2	1	1/2	1/3	1/4
0.0	1.50	1.32	1.15	1.04	0.92	0.86
0.5	1.30	1.21	1.05	0.95	0.84	0.79
1.0	0.45	0.28	0.21	0.21	0.20	0.19
1.5	0.28	0.18	0.13	0.13	0.12	0.12
2.0	0.24	0.15	0.15	0.11	0.10	0.10
3.0	0.24	0.15	0.15	0.11	0.10	0.10

해답

$\dfrac{R}{l_2} = \dfrac{30}{15} = 2$, $\dfrac{l_2}{l_1} = \dfrac{15}{30} = \dfrac{1}{2}$

∴ 위의 표에서 이 값들에 대한 압력손실계수, $\xi = 0.11$이므로
$\Delta P = \xi \times \text{VP} = 0.11 \times 20 = 2.2 [\text{mmH}_2\text{O}]$

기사 출제빈도 ☆☆☆

15 주관에 분지관이 있는데 두 관의 사이의 각도가 90도에서 30도로 변경되었을 경우 압력손실은 얼마나 감소하겠는가? (단, 속도압이 10[mmAq], 90도일 때 압력손실계수: 1.00, 30도일 때 압력손실계수: 0.18이다.)

해답

1) 90도일 때 곡관의 압력손실
$\Delta P = \xi \times \text{VP} \times \dfrac{\theta}{90} = 0.1 \times 10 \times \dfrac{90}{90} = 1 [\text{mmH}_2\text{O}]$

2) 30도일 때 곡관의 압력손실
$\Delta P = \xi \times \text{VP} \times \dfrac{\theta}{90} = 0.18 \times 10 \times \dfrac{30}{90} = 0.6 [\text{mmH}_2\text{O}]$

∴ 주관과 분지관 사이의 각도가 30도일 때가 90도일 때보다 $0.4[\text{mmH}_2\text{O}]$ 감소되었다.

산업 출제빈도 ★★

16 어떤 새우 연결 곡관의 내경 $d=20[\text{cm}]$, 곡률반경 $r=50[\text{cm}]$, 속도압 VP=25[mmH₂O]이다. 이 새우 연결 곡관의 압력손실 ΔP (mmH₂O)를 구하시오. (단, 곡관의 곡관의 반경비(r/d)가 2.4일 때 압력손실계수(F)는 0.22이다.)

해답

곡관의 반경비, $\dfrac{r}{d}=2.4$일 때, 압력손실계수 $\xi=0.22$이므로

$\Delta P = \xi \times \text{VP} = 0.22 \times 25 = 5.5[\text{mmH}_2\text{O}]$

기사 출제빈도 ★★★

17 덕트 단면적 0.038[m²], 덕트 내 정압을 −64.5[mmH₂O], 전압은 −20.5[mmH₂O]이다. 덕트 내의 반송속도(m/s)와 공기 유량(m³/min)을 구하시오. (단, 공기의 밀도는 1.2[kg/m³]이다.)

해답

1) 반송속도: TP = VP + SP에서 VP = −20.5 − (−64.5) = 44[mmH₂O]

$\text{VP} = \left(\dfrac{V_T}{4.043}\right)^2$에서 $V_T = 4.043 \times \sqrt{\text{VP}} = 4.043 \times \sqrt{44} = 26.82[\text{m/s}]$

2) 공기 유량: $Q = A \times V_T = 0.038 \times 26.82 = 1.02[\text{m}^3/\text{s}] = 61.2[\text{m}^3/\text{min}]$

기사·산업 출제빈도 ★★★

18 덕트 시스템(duct system)에 한 개의 fan이 작동하고 있다. 이 fan의 회전수가 1,200[rpm]일 때, 유량이 8[m³/s]이고 압력강하(pressure drop)는 830[N/m²]이다. 만약 이 덕트에서 유량이 12[m³/s]로 증가 되었을 때 압력강하(N/m²)를 구하시오. (단, 유체의 밀도는 일정하다.)

해답

유량은 압력의 제곱근에 비례($Q \propto \sqrt{P}$)하므로,

$\dfrac{Q_2}{Q_1} = \sqrt{\dfrac{P_2}{P_1}}$에서 $\dfrac{12}{8} = \sqrt{\dfrac{P_2}{830}}$

$\therefore P_2 = 1,867.5[\text{N/m}^2]$

수력직경
(hidraulic diameter)

수력직경(D_h)이란 사각형 모양의 덕트의 장단변 길이를 이용해 원형 배관의 직경에 해당하는 값으로 변환하는 것을 의미한다.

기사 출제빈도 ★★★

19 사각형 덕트의 가로가 0.7[m], 세로가 0.3[m]이고, 직선 길이는 5[m]인 국소배기장치의 덕트에서 유량 240[m³/min]로 공기가 흐르고 있을 경우, 수력직경(m)과 덕트의 압력손실(mmH₂O)을 구하시오. (단, 관마찰계수는 0.019이다.)

해답

1) 사각형 덕트의 수력직경

$$D_h = 4 \times R_h = \frac{4A}{P} = \frac{4ab}{2(a+b)} = \frac{2ab}{a+b} = \frac{2 \times 0.3 \times 0.7}{0.3 + 0.7} = 0.42[\text{m}]$$

여기서, R_h: 수력반경(m)
A: 덕트의 단면적(m²)
P: 덕트의 둘레길이(m)

2) 덕트의 압력손실

덕트 내로 흐르는 유속 $V = \dfrac{Q}{A} = \dfrac{240}{0.3 \times 0.7 \times 60} = 19.05[\text{m/s}]$

$$\therefore h_L = f \times \frac{L}{D_h} \times \frac{\gamma V^2}{2 \times g} = 0.019 \times \frac{5}{0.42} \times \frac{1.2 \times 19.05^2}{2 \times 9.8} = 5.03[\text{mmH}_2\text{O}]$$

기사 출제빈도 ★★★

20 다음 그림과 같은 덕트의 Ⅰ과 Ⅱ 단면에서 SP₁ = −20[mmH₂O], VP₁ = 20[mmH₂O], VP₂ = 20[mmH₂O], SP₂ = −30[mmH₂O]일 때, 압력손실(mmH₂O)은?

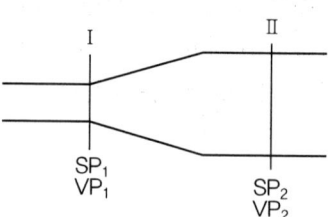

해답 압력손실: $\Delta P = (\text{VP}_1 - \text{VP}_2) - (\text{SP}_2 - \text{SP}_1)$
$= (20 - 20) - (-30 - (-20)) = 10[\text{mmH}_2\text{O}]$

21 두 개의 원형 송풍관이 합류되며 한 개의 원형 송풍관으로 공기가 흐른다. 합류 전 ①번 송풍관의 유량은 50[m³/min]이며, 합류 전 ②번 송풍관의 유량은 30[m³/min]이다. 이때 합류 후 송풍관의 반송속도를 20[m/s]로 하고자 할 때, 합류 후의 송풍관의 내경(m)을 구하시오.

덕트의 접속(합류) 시 적합 사항
1) 접속부의 내면은 돌기물이 없 도록 할 것
2) 곡관(elbow)은 5개 이상의 새 우등 곡관으로 연결하거나, 곡관의 중심선 곡률반경이 덕 트 지름의 2.5배 내외가 되도 록 할 것
3) 주덕트와 가지덕트의 접속은 30° 이내가 되도록 할 것
4) 확대 또는 축소되는 덕트의 관은 경사각을 15° 이하로 하 거나, 확대 또는 축소 전·후 의 덕트 지름 차이가 5배 이 상 되도록 할 것
5) 접속부는 덕트 소용돌이(vor-tex) 기류가 발생하지 않는 구 조로 할 것
6) 가지덕트가 2개 이상인 경우 주덕트와의 접속은 각각 적절 한 방향과 간격을 두고 접속 하여 저항이 최소화되는 구조 로 하고, 2개 이상의 가지덕 트를 확대관 또는 축소관의 동일한 부위에 접속하지 않도 록 할 것

해답

$Q = Q_1 + Q_2 = 50 + 30 = 80\,[\text{m}^3/\text{min}]$, $Q = A \times V_T = \dfrac{\pi D^2}{4} \times V_T$에서

$Q = \sqrt{\dfrac{4 \times Q}{\pi \times V_T}} = \sqrt{\dfrac{4 \times 80}{3.14 \times 20 \times 60}} = 0.29\,[\text{m}]$

22 입구 직경 300[mm], 출구 직경 400[mm]인 원형 확대관 내에 유량 0.5[m³/s]의 공기가 흐르고 있을 경우 다음 물음에 답하시오. (단, 덕트의 압력손실계수는 0.81이다.)

1) 확대관의 압력손실(mmH₂O)를 구하시오.
2) 입구 정압이 −21.5[mmH₂O]인 경우 출구 정압(mmH₂O)을 구하시오.

해답

1) 확대관의 압력손실(mmH₂O)

  (1) 입구에서의 반송속도와 속도압: $V_{T,1} = \dfrac{Q}{A} = \dfrac{0.5 \times 4}{3.14 \times 0.3^2} = 7.08\,[\text{m/s}]$,

  $\text{VP}_1 = \dfrac{1.2 \times 7.08^2}{2 \times 9.8} = 3.07\,[\text{mmH}_2\text{O}]$

  (2) 출구에서의 반송속도와 속도압: $V_{T,2} = \dfrac{Q}{A} = \dfrac{0.5 \times 4}{3.14 \times 0.4^2} = 3.98\,[\text{m/s}]$,

  $\text{VP}_2 = \dfrac{1.2 \times 3.07^2}{2 \times 9.8} = 0.97\,[\text{mmH}_2\text{O}]$

  ∴ 확대관의 압력손실, $\Delta P = \xi \times (\text{VP}_1 - \text{VP}_2)$
  $= 0.81 \times (3.07 - 0.97) = 1.7\,[\text{mmH}_2\text{O}]$

2) 출구(확대 측) 정압(mmH₂O)

  $\text{SP}_2 = \text{SP}_1 + R(\text{VP}_1 - \text{VP}_2)[\text{mmH}_2\text{O}]$에서 $R = 1 - \xi$로 정압회복계수이다.

  ∴ $\text{SP}_2 = \text{SP}_1 + R(\text{VP}_1 - \text{VP}_2)$
  $= -21.5 + [(1 - 0.81) \times (3.07 - 0.97)] = -21.1\,[\text{mmH}_2\text{O}]$

기사 출제빈도 ★★

23 장변이 750[mm], 단변이 300[mm]인 장방형 덕트 직관 내를 송풍량 260[m³/min]의 표준공기가 흐를 때 길이 10[m]당 압력손실(mmH₂O)을 구하시오. (단, 마찰계수(λ)는 0.021, 표준공기(21[℃])에서 비중량(γ)은 1.2[kg/m³], 중력가속도는 9.8[m/s²]이다.)

해답

덕트 내의 반송속도: $V_T = \dfrac{Q}{A} = \dfrac{260}{0.75 \times 0.3 \times 60} = 19.26[\text{m/s}]$

덕트의 압력손실: $\Delta P = \lambda \times \dfrac{L}{D_e} \times \dfrac{\gamma V_T^2}{2 \times g}$

$= 0.021 \times \dfrac{10}{\left(\dfrac{2 \times 0.75 \times 0.3}{0.75 + 0.3}\right)} \times \dfrac{1.2 \times 19.26^2}{2 \times 9.8}$

$= 11.13[\text{mmH}_2\text{O}]$

산업 출제빈도 ★★★

24 원형 축소관이 있다. 입구 직관의 속도압은 20[mmH₂O], 정압이 15[mmH₂O]이고, 축소된 출구 직관의 속도압은 30[mmH₂O]일 때, 축소된 출구 직관의 정압(mmH₂O)은? (단, 두 관을 연결한 축소관의 각도는 30°이고, 압력손실계수는 0.08이다.)

해답

축소관 측 정압
$\text{SP}_2 = \text{SP}_1 - (\text{VP}_2 - \text{VP}_1) - F(\text{VP}_2 - \text{VP}_1)$
$= 15 - (30 - 20) - 0.08 \times (30 - 20) = 4.2[\text{mmH}_2\text{O}]$

산업 출제빈도 ★★★

25 60° 곡관의 반경비가 1.5일 때 압력손실계수는 0.32이다. 속도압이 20[mmH₂O]일 경우 곡관의 압력손실(mmH₂O)은?

해답

곡관의 압력손실(mmH₂O), $\Delta P = \left(\xi \times \dfrac{\theta}{90}\right) \times \text{VP}$

여기서, ξ: 압력손실계수, θ: 곡관의 각도, VP: 속도압(mmH₂O)

$\therefore \Delta P = 0.32 \times \dfrac{60°}{90°} \times 20 = 4.27[\text{mmH}_2\text{O}]$

3 송풍기에 대하여 기술하기

학습 개요   기사·산업기사 공통

1. 송풍기의 기초이론에 대하여 기술할 수 있다.
2. 송풍기의 종류, 선정방법, 동력에 대하여 기술할 수 있다.
3. 송풍량의 조절방법, 작동점과 성능곡선에 대하여 기술할 수 있다.
4. 송풍기 상사법칙, 시스템의 압력손실에 대하여 기술할 수 있다.
5. 연합운전과 소음대책, 설치 및 관리에 대하여 기술할 수 있다.

산업 출제빈도 ★★★

01 흡입관의 정압과 속도압이 각각 −38[mmH₂O], 6[mmH₂O]이고, 배출관의 정압과 속도압이 각각 20[mmH₂O], 12[mmH₂O]일 때, 이 송풍기의 유효전압과 유효정압은?

📝 **송풍기 또는 배풍기(fan)**
공기를 이송하기 위하여 에너지를 주는 장치를 말한다.

해답

1) 송풍기 전압은 배출구 전압과 흡입구 전압의 차로 나타낸다.
$$FTP = (SP_{out} + VP_{out}) - (SP_{in} + VP_{in})$$
$$= (20+12) - (-38+6) = 64[mmH_2O]$$

2) 송풍기 정압은 송풍기 전압과 배출구의 속도압 차로 나타낸다.
$$FSP = FTP - VP_{out} = (SP_{out} - SP_{in}) + (VP_{out} - VP_{in}) - VP_{out}$$
$$= (SP_{out} - SP_{in}) - VP_{in} = [20-(-38)] - 6 = 52[mmH_2O]$$

기사 출제빈도 ★★★

02 송풍기에서 배출되는 덕트의 정압이 20[mmH₂O], 송풍기로 들어오는 덕트의 정압이 60[mmH₂O]이다. 또한, 송풍기로 들어오는 덕트 내 공기의 유속은 20[m/s]일 때, 송풍기 정압(FSP, mmH₂O)은?

해답

송풍기 정압(FSP)은 송풍기 전압(FTP)과 배출구 속도압(VP_{out})의 차로 나타낸다.

$$FSP = FTP - VP_{out} = (SP_{out} - SP_{in}) + (VP_{out} - VP_{in}) - VP_{out} = (SP_{out} - SP_{in}) - VP_{in}$$ 에서 $VP_{in} = VP_{out} = \frac{\gamma V_T^2}{2g} = \frac{1.2 \times 20^2}{2 \times 9.8} = 24.49[mmH_2O]$

∴ $FSP = [20-(-60)] - 24.49 = 55.51[mmH_2O]$

산업 출제빈도 ☆☆☆

03 송풍기 흡입 덕트의 정압과 속도압이 각각 −90[mmH₂O], 15[mmH₂O]이고, 배출 덕트의 정압과 속도압이 각각 15[mmH₂O], 13[mmH₂O]일 경우, 송풍기의 유효전압(mmH₂O)은?

해답 송풍기 전압은 배출구 전압과 흡입구 전압의 차로 나타낸다.

$$\therefore \text{FTP} = (\text{SP}_{out} + \text{VP}_{out}) - (\text{SP}_{in} + \text{VP}_{in})$$
$$= (15+13) - (-90+15) = 103 [\text{mmH}_2\text{O}]$$

산업 출제빈도 ☆☆☆

04 어떤 송풍기 정압이 1,800[N/m²]에서 유량이 25[m³/s]를 갖는 덕트가 있다. 이때 유량이 38[m³/s]로 증가하였을 때 정압(N/m²)은 얼마인가?

해답 정압조절평형법에서 보정유량(Q_2)과 설계유량(Q_1)의 관계식은 다음과 같다.

$$Q_2 = Q_1 \sqrt{\frac{\text{SP}_2}{\text{SP}_1}} \text{ 에서 } \frac{\text{SP}_2}{\text{SP}_1} = \left(\frac{Q_2}{Q_1}\right)^2$$

$$\therefore \text{SP}_2 = \text{SP}_1 \times \left(\frac{Q_2}{Q_1}\right)^2 = 1,800 \times \left(\frac{38}{25}\right)^2 = 4,158.7 [\text{N/m}^2]$$

기사 출제빈도 ☆☆☆

05 어떤 송풍기 입구의 정압과 출구의 정압이 각각 −30[mmH₂O]와 2.5[mmH₂O]이었다. 이 송풍기 입구의 유속이 800[m/min]일 경우, 송풍기 정압(mmH₂O)은 얼마인가?

해답 흡입구 측과 배출구 측에 덕트가 있는 경우, 송풍기 정압

$$\text{FSP} = (\text{SP}_o - \text{SP}_i) - \text{VP}_i$$

송풍기 덕트 내 속도압 $\text{VP}_i = \dfrac{\gamma V_T^2}{2g} = \dfrac{1.2 \times \left(\dfrac{800}{60}\right)^2}{2 \times 9.8} = 10.88 [\text{mmH}_2\text{O}]$

$$\therefore \text{FSP} = (\text{SP}_o - \text{SP}_i) - \text{VP}_i = [2.5 - (-30)] - 10.88 = 21.62 [\text{mmH}_2\text{O}]$$

참고

구분	흡입구 측	배출구 측	FTP	FSP
1	대기 개구	송풍관 유	$SP_o + VP_o$	SP_o
2	송풍관 유	송풍관 유	$(SP_o - SP_i) + (VP_o - VP_i)$	$(SP_o - SP_i) - VP_i$
3	송풍관 유	대기 개구	$-SP_i + (VP_o - VP_i)$	$-SP_i - VP_i$

기사 출제빈도 ★★★

06 어떤 송풍기 입구의 정압과 출구의 정압이 각각 -30[mmH₂O]와 5[mmH₂O]이었다. 이 송풍기 입구의 유속이 15[m/s]일 경우, 송풍기 정압(mmH₂O)은 얼마인가?

해답

흡입구 측과 배출구 측에 덕트가 있는 경우, 송풍기 정압

$$FSP = (SP_o - SP_i) - VP_i$$

송풍기 덕트 내 속도압 $VP_i = \dfrac{\gamma V_T^2}{2g} = \dfrac{1.2 \times 15^2}{2 \times 9.8} = 13.78 [\text{mmH}_2\text{O}]$

∴ $FSP = (SP_o - SP_i) - VP_i = [5 - (-30)] - 13.78 = 21.22 [\text{mmH}_2\text{O}]$

산업 출제빈도 ★★★

07 어떤 송풍기의 정압이 60[mmH₂O], 유속이 570[m/min], 송풍량이 250[m/min]가 되도록 이동시킬 때 필요한 동력이 8.0[HP]이고, 이때 송풍기 모터 회전수는 400[rpm]이었다. 이 모터 회전수를 500[rpm]으로 증가시킬 경우 다음 물음에 답하시오.

1) 필요한 송풍량(m^3/min)은?
2) 필요한 동력(HP)은?
3) 정압(mmH₂O)의 변화는?
4) 유속(m/s)의 변화는?

해답

1) 송풍기의 상사법칙에 따라 $Q \propto N$이므로

$$Q = 250[\text{m}^3/\text{min}] \times \left(\dfrac{500}{400}\right) = 312.5[\text{m}^3/\text{min}]$$

2) $L \propto N^3$이므로 $HP = 8.0[\text{HP}] \times \left(\dfrac{500}{400}\right)^3 = 15.63[\text{HP}]$

3) $SP \propto N^2$이므로 $SP = 60[\text{mmH}_2\text{O}] \times \left(\dfrac{500}{400}\right)^2 = 93.75[\text{mmH}_2\text{O}]$

4) $v \propto Q$이므로 $v = 570[\text{m/min}] \times \left(\dfrac{500}{400}\right) = 712.5[\text{m/min}] = 11.88[\text{m/s}]$

기사 출제빈도 ☆

08 고열작업장 근로자의 체온조절을 위해 외부의 신선한 공기를 공급하고자 한다. 송풍기의 흡입구 측을 직접 대기에 개구하고 덕트를 통해 근로자 위치까지 송풍했다. 이때 송풍기 배출구 측의 총합 정압은 120[mmH₂O]이었고, 속도압은 35[mmH₂O]이었다. 이 송풍기의 정압 (mmH₂O)은?

해답

송풍기의 흡입구 측이 대기 개구인 경우 FSP = SP₀ 이므로
FSP = 120[mmH₂O]

기사 출제빈도 ☆☆

09 송풍량이 200[m³/min], 송풍기의 전압이 100[mmH₂O]인 송풍기의 소요동력을 5[kW] 미만으로 유지하기 위해 필요한 송풍기의 효율(%)은?

해답

송풍기의 동력: $kW = \dfrac{Q \times \Delta P}{102 \times 60 \times \eta}$ 에서 $5 = \dfrac{200 \times 100}{6,120 \times \eta}$,

∴ $\eta = \dfrac{200 \times 100}{6,120 \times 5} = 0.654 = 65.4[\%]$

기사 출제빈도 ☆☆☆

10 400[rpm]으로 운전되는 후향 날개형 송풍기의 송풍량이 20[m³/min], 송풍기 정압이 50[mmH₂O], 축동력이 0.5[kW]였다. 다른 조건은 동일하고 송풍기의 rpm을 조절하여 500[rpm]으로 운전할 경우 송풍량(m³/min), 송풍기 정압(mmH₂O), 축동력(kW)은?

해답

1) 송풍량: $Q = 20[\mathrm{m^3/min}] \times \left(\dfrac{500[\mathrm{rpm}]}{400[\mathrm{rpm}]}\right) = 25[\mathrm{m^3/min}]$

2) 송풍기 정압: $FSP = 50[\mathrm{mmH_2O}] \times \left(\dfrac{500[\mathrm{rpm}]}{400[\mathrm{rpm}]}\right)^2 = 78[\mathrm{mmH_2O}]$

3) 축동력: $kW = 0.5[\mathrm{kW}] \times \left(\dfrac{500[\mathrm{rpm}]}{400[\mathrm{rpm}]}\right)^3 = 0.98[\mathrm{kW}]$

산업 출제빈도 ★★☆

11 송풍량이 200[m³/min]일 때, 송풍기의 전압은 120[mmH₂O], 송풍기 효율은 0.7이면 송풍기의 소요동력은 몇 kW인가?

해답
송풍기의 소요동력(kW): $kW = \dfrac{Q \times \Delta P}{6{,}120 \times \eta} \times \alpha = \dfrac{200 \times 120}{6{,}120 \times 0.7} \times 1 = 5.6[kW]$

산업 출제빈도 ★★☆

12 작업장에 설치된 국소배기장치의 제어속도를 감소시키기 위해 송풍기 날개의 회전수를 10[%] 감소시켰을 경우 송풍량, 전압, 동력은 처음의 몇 %가 감소되는가?

해답

1) 송풍량: $\dfrac{Q_2}{Q_1} = \dfrac{N_2}{N_1} = 0.9 = 90[\%]$, 즉 90[%] 감소됨

2) 송풍기 전압: $\dfrac{Q_2}{Q_1} = \left(\dfrac{N_2}{N_1}\right)^2 = 0.9^2 = 0.81 = 81[\%]$, 즉 81[%] 감소됨

3) 동력: $\dfrac{kW_2}{kW_1} = \left(\dfrac{N_2}{N_1}\right)^3 = (0.9)^3 = 0.73 = 73[\%]$, 즉 73[%] 감소됨

기사 출제빈도 ★★☆

13 후향 날개형 송풍기가 1,800[rpm]으로 운전될 때 송풍량이 25[m³/min], 송풍기 정압이 60[mmH₂O], 축동력이 1[kW]였다. 다른 조건은 동일하고 송풍기의 rpm을 조절하여 2,500[rpm]으로 운전한다면 송풍량(m³/min)과 축동력(kW)은?

해답

1) 송풍량: $Q = 25[m^3/min] \times \left(\dfrac{2{,}500}{1{,}800}\right) = 34.72[m^3/min]$

2) 축동력: $kW = 1[kW] \times \left(\dfrac{2{,}500}{1{,}800}\right)^3 = 2.68[kW]$

📝 **후향 날개형 송풍기**

터보팬으로 불리기도 한다. 임펠러가 바람의 저항을 적게 받도록 날개 깃이 회전 방향 반대편으로 경사지게 설계되어 고속회전이 가능하기 때문에 높은 정압을 발생시킬 수 있다. 주로 십신기가 설치되는 높은 압력손실이 요구되는 산업환기용에 널리 사용된다.

산업 출제빈도 ★★★

14 어떤 송풍기의 송풍량은 200[m³/분], 정압은 40[mmH₂O], 동력은 6.5[HP]일 때 회전수를 340[rpm]에서 450[rpm]으로 올렸을 때 다음 물음에 답하시오.

1) 송풍기 송풍량(m³/분)의 변화는?
2) 송풍기 정압(mmH₂O)의 변화는?
3) 송풍기 동력(HP)의 변화는?

해답

1) 송풍량: $Q = 200[\text{m}^3/\text{min}] \times \left(\frac{450}{340}\right) = 264.7[\text{m}^3/\text{min}]$, 64.7[m³/분] 증가

2) 정압: $\text{FSP} = 40[\text{mmH}_2\text{O}] \times \left(\frac{450}{340}\right)^2 = 70[\text{mmH}_2\text{O}]$, 30[mmH₂O] 증가

3) 동력: $\text{HP} = 6.5[\text{HP}] \times \left(\frac{450}{340}\right)^3 = 15[\text{HP}]$, 8.5[HP] 증가

기사 출제빈도 ★★★

15 어떤 송풍기에 걸리는 정압이 300[mmH₂O], 배풍량 200[m³/min], 송풍기 효율 80[%]일 때, 이 송풍기의 소요동력(kW)은?

해답

송풍기의 소요동력(kW) $= \frac{Q \times \Delta P}{6,120 \times \eta} \times \alpha = \frac{200[\text{m}^3/\text{min}] \times 300[\text{mmH}_2\text{O}]}{6,120 \times 0.8} \times 1$
$= 12.26[\text{kW}]$

($1[\text{kW}] = 102[\text{kg} \cdot \text{m/s}]$, $1[\text{mmH}_2\text{O}] = 1[\text{kg/m}^2]$)

산업 출제빈도 ★★★

16 처리가스량이 18,000[Nm³/h], 압력손실 250[mmH₂O]인 집진장치의 송풍기 소요동력은 몇 kW인가? (단, 송풍기의 효율은 75[%], 여유율 1.3)

해답

송풍기의 소요동력

$\text{kW} = \frac{Q \times \Delta P}{6\,120 \times \eta} \times \alpha = \frac{\left(\frac{18,000}{60}\right) \times 250}{6\,120 \times 0.75} \times 1.2 = 21.24[\text{kW}]$

기사 출제빈도 ★★★

17 어떤 주물공장 내에 설치된 제진장치의 용량은 100[m³/min]이고, 분진 발생원에서 집진기를 거쳐 송풍기까지 전체 압력손실이 95[mmH₂O]라면 송풍기의 동력은 약 몇 kW인가? (단, 송풍기의 효율은 0.7로 한다.)

해답

송풍기의 소요동력(kW) $= \dfrac{Q \times \Delta P}{6,120 \times \eta} \times \alpha = \dfrac{100 \times 95}{6,120 \times 0.7} \times 1 = 2.22 \text{[kW]}$

- 위 식에서 6,120 = 102×60이다. 이것은 1[kW] = 102[kg·m/s]이고, Q의 단위인 m³/min에서 분을 초 단위로 바꿀 경우 60을 곱해 준다.
- 압력손실의 단위인 1[mmH₂O] = 1[kg/m²]이므로 분수와 분모의 단위를 정리하면 kW만 남게 된다.
- 안전계수 α는 문제에서 언급이 없으면 1로 한다.

산업 출제빈도 ★★★

18 어떤 송풍기의 정압이 50[mmH₂O], 유속이 300[m/min], 송풍량이 200[m³/min]이 되도록 이동시킬 때 필요한 동력이 8.0[HP]이고, 이때 송풍기 모터 회전수는 500[rpm]이었다. 이 모터 회전수를 700[rpm]으로 증가시킬 경우 다음 물음에 답하시오.

1) 필요한 송풍량(m³/min)은?
2) 필요한 동력(HP)은?
3) 정압(mmH₂O)의 변화는?
4) 유속(m/s)의 변화는?

해답

1) 송풍기의 상사법칙에 따라 $Q \propto N$이므로

$Q = 200 \text{[m}^3/\text{min]} \times \left(\dfrac{700}{500}\right) = 280 \text{[m}^3/\text{min]}$

2) 동력은 $L \propto N^3$이므로 $\text{HP} = 8.0 \text{[HP]} \times \left(\dfrac{700}{500}\right)^3 = 21.95 \text{[HP]}$

3) $SP \propto N^2$이므로 $SP = 50 \text{[mmH}_2\text{O]} \times \left(\dfrac{700}{500}\right)^2 = 98 \text{[mmH}_2\text{O]}$

4) $v \propto Q$이므로 $v = 300 \text{[m/min]} \times \left(\dfrac{700}{500}\right) = 420 \text{[m/min]} = 7 \text{[m/s]}$

19 송풍기 흡입구 측 정압이 −90[mmH₂O], 속도압이 15[mmH₂O]이고, 배출구 측 정압이 15[mmH₂O], 속도압이 13[mmH₂O]일 때 송풍기의 전압(mmH₂O)을 구하시오.

해답 송풍기 전압은 배출구 전압과 흡입구 전압의 차로 나타낸다.
∴ $\text{FTP} = (\text{SP}_{out} + \text{VP}_{out}) - (\text{SP}_{in} + \text{VP}_{in})$
$= (15+13) - (-90+15) = 103[\text{mmH}_2\text{O}]$

다른 풀이
송풍기의 전압을 구하는 식은
$\text{FTP} = (\text{SP}_2 - \text{SP}_1) + (\text{VP}_2 - \text{VP}_1)$
여기서, VP_1, SP_1: 흡입구 측, VP_2, SP_2: 토출구 측
∴ $\text{FTP} = (15-(-90)) + (13-15) = 103[\text{mmH}_2\text{O}]$

방사 날개형 송풍기
평판형 송풍기(래디얼팬)라고도 하며, 날개 깃이 평판으로 분진이 쉽게 퇴적되지 않는 구조로 인해 산업환기용으로 사용하기보다는 곡물이나 시멘트, 톱밥 등의 물질 이송용으로 많이 사용하고 있다.

20 방사 날개형 송풍기가 25[℃]의 공기를 분당 18[m³]로 송풍하고, 이때의 송풍기 정압이 48[mmH₂O], 축동력이 0.52[kW]였다. 동일한 송풍기로 50[℃]의 공기를 송풍시키고자 할 때 송풍기의 정압과 축동력을 구하시오.

해답 송풍기의 정압과 축동력은 절대온도에 반비례한다.
1) 송풍기의 정압: $\text{FSP}_2 = \text{FSP}_1 \times \left(\dfrac{T_1}{T_2}\right) = 48 \times \left(\dfrac{273+25}{273+50}\right) = 44.28[\text{mmH}_2\text{O}]$
2) 축동력: $\text{kW}_2 = \text{kW}_1 \times \left(\dfrac{T_1}{T_2}\right) = 0.52 \times \left(\dfrac{273+25}{273+50}\right) = 0.48[\text{kW}]$

21 어떤 송풍기 입구의 정압과 출구의 정압이 각각 −25[mmH₂O]와 5[mmH₂O]이었다. 이 송풍기 입구의 유속이 900[m/min]일 경우, 송풍기 정압(mmH₂O)은 얼마인가?

해답 흡입구 측과 배출구 측에 덕트가 있는 경우, 송풍기 정압

$FSP = (SP_o - SP_i) - VP_i$

송풍기 덕트 내 속도압 $VP_i = \dfrac{\gamma V_T^2}{2g} = \dfrac{1.2 \times \left(\dfrac{900}{60}\right)^2}{2 \times 9.8} = 13.78[mmH_2O]$

∴ $FSP = (SP_o - SP_i) - VP_i = [5 - (-25)] - 13.78 = 16.22[mmH_2O]$

4 국소 환기시스템 설계, 점검 및 유지관리하기

학습 개요 | 기사·산업기사 공통

1. 준비단계에 대하여 기술할 수 있다.
2. 공기흐름의 분배에 대하여 기술할 수 있다.
3. 압력손실 계산, 속도변화에 대한 보정에 대하여 기술할 수 있다.
4. 푸시-풀 시스템에 대하여 기술할 수 있다.
5. 설치 및 관리에 대하여 기술할 수 있다.

기사 출제빈도 ★★

01 그림과 같이 두 덕트가 한 합류점에서 만난다고 한다. A 관내로는 0.235[m³/s]의 유량이 흐르고, 정압은 26.7[mmH₂O]이며, B 관내로는 0.188[m³/s]의 유량이 흐르고, 정압은 22.9[mmH₂O]이다. 이 합류점의 유량 균형을 유지하려면 어떤 유량(m³/s)을 가지고 설계하여야 하는가?

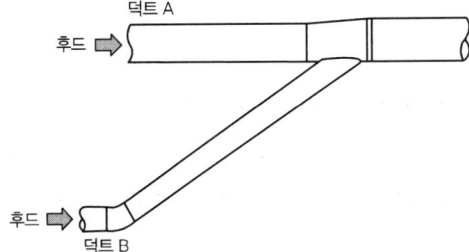

해답

1) 먼저 두 덕트의 정압비를 구한다. $\dfrac{26.7}{22.9} = 1.17$

2) 이 두 덕트의 정압비가 1.05 ~ 1.20에 있으므로 유량 조정공식을 사용하여 정압이 낮은 쪽인 B 관의 유량을 증가시킨다.

$Q_{corr} = Q_{design} \times \sqrt{\dfrac{SP_{higher}}{SP_{lower}}} = 0.188 \times \sqrt{\dfrac{26.7}{22.9}} = 0.203[m^3/s]$

3) 합류점 이후에서는 증가된 유량인 $0.235 + 0.203 = 0.438[m^3/s]$를 가지고 설계를 해야 한다.

5 공기정화에 대하여 기술하기

학습 개요 — 기사·산업기사 공통

1. 선정 시 고려사항에 대하여 기술할 수 있다.
2. 공기정화기의 종류에 대하여 기술할 수 있다.
3. 입자상 물질, 가스상 물질의 처리에 대하여 기술할 수 있다.
4. 압력손실에 대하여 기술할 수 있다.
5. 집진장치의 종류, 흡수법, 흡착법, 연소법에 대하여 기술할 수 있다.

공기정화장치

후드 및 덕트를 통해 반송된 유해물질을 정화시키는 고정식 또는 이동식의 제진, 집진, 흡수, 흡착, 연소, 산화, 환원 방식 등의 처리장치를 말한다.

기사 출제빈도 ★★★

01 국소 환기시스템에서 어떤 집진장치로 유입하는 함진 가스량이 1,000[m³/h]이고 분진농도가 10[g/m³]일 때 출구로 배출되는 분진량을 1일 50[kg]으로 하기 위해서 요구되는 집진율(%)은? (단, 주어진 집진장치는 연속으로 가동된다.)

해답

집진효율, $\eta = \dfrac{S_i - S_o}{S_i}$ 에서

$S_i = Q_i \times C_i = 1,000[\mathrm{m^3/h}] \times 10[\mathrm{g/m^3}] \times 10^{-3}[\mathrm{kg/g}] \times 24[\mathrm{h/day}]$
$= 240[\mathrm{kg/day}]$

$\therefore \eta = \dfrac{S_i - S_o}{S_i} = \left(\dfrac{240 - 50}{240}\right) \times 100 = 79[\%]$

기사 출제빈도 ★★

02 어떤 국소배기장치의 처리가스량이 $10^6[\mathrm{Sm^3/h}]$, 공기청정장치의 입구 분진농도 $2[\mathrm{g/Sm^3}]$, 출구 분진농도 $0.3[\mathrm{g/Sm^3}]$이고, 집진장치의 압력손실이 $110[\mathrm{mmH_2O}]$이었다. 이 경우 다음 물음에 답하시오.

1) 공기청정장치의 분진제거 효율(%)은?
2) 공기청정장치를 가동시키는 송풍기의 소요동력(kW)은? (단, 송풍기의 효율은 80[%]이다.)

해답

1) 분진 제거효율 $\eta = \dfrac{C_i - C_o}{C_i} \times 100 = \dfrac{2[\mathrm{g/Sm^3}] - 0.3[\mathrm{g/Sm^3}]}{2[\mathrm{g/Sm^3}]} \times 100 = 85[\%]$

2) 송풍기의 소요동력

$\mathrm{kW} = \dfrac{Q[\mathrm{m^3/min}] \times \Delta P[\mathrm{mmH_2O}]}{6,120 \times \eta} = \dfrac{10^6 \times 110}{6,120 \times 0.8 \times 60} = 374.46[\mathrm{kW}]$

기사 출제빈도 ★★★

03 2대의 집진장치를 직렬로 연결했을 때 2차 집진장치의 집진효율은 97[%]이고, 총 집진효율은 99.0[%]이었다면, 1차 집진장치의 집진효율(%)은?

해답 집진장치의 직렬연결 시 전 집진율, $\eta_t = \eta_1 + (1-\eta_1) \times \eta_2$ 에서
$0.99 = \eta_1 + (1-\eta_1) \times 0.97$
$\therefore \eta_1 = 0.667 = 66.7[\%]$

산업

04 2개의 집진장치를 조합하여 집진한 결과 전체의 집진율이 98[%]였다. 2차 집진장치의 집진율은 88[%]라 하면 1차 집진장치의 집진율(%)은? (단, 집진장치는 직렬로 조합한 경우이다.)

해답 집진장치의 직렬연결 시 전 집진율, $\eta_t = \eta_1 + (1-\eta_1) \times \eta_2$ 에서
$0.98 = \eta_1 + (1-\eta_1) \times 0.88$
$\therefore \eta_1 = 0.83 = 83[\%]$

기사 출제빈도 ★★

05 집진판의 면적이 200[m³]이고, 먼지의 이동속도가 15[cm/s]이며, 처리하여야 할 함진가스의 유량이 300[m³/min]일 경우 전기집진기의 효율(%)은?

해답 Deutsch-Anderson 식을 이용한다.
$\eta = 1 - \exp\left[-\dfrac{w \times A}{Q}\right]$
여기서, w: 이동속도(drift velocity) (m/s)
A: 집진판의 면적(m²)
Q: 함진가스의 유량(m³/s)
$\therefore \eta = 1 - e^{\left[-\dfrac{0.15 \times 200}{5}\right]} = 0.9975 = 99.8[\%]$

06 Lapple이 언급한 전형적인 사이클론 내로 900[m/min]의 유속으로 함진가스가 유입된다. 이 사이클론 실린더 본체의 직경은 2.8[m]이고, 함진가스의 온도는 77[℃]이다. 이때 다음의 조건을 이용하여 밀도가 1.5[g/cm³]이고, 직경이 35[μm]인 구형입자의 이론적 제거효율(%)을 구하시오. (단, 다음 주어진 조건을 활용한다.)

[조건]

Lapple의 식, $d_{p,50} = \sqrt{\dfrac{9\mu_g W}{2\pi N_e (\rho_p - \rho_g) v_i}}$

여기서, μ_g: 77[℃]에서 함진가스의 점도

$\mu_g = 2.2 \times 10^{-5} [\text{kg/m·s}]$

W: 사이클론 유입구의 폭(m)

$W = \dfrac{1}{4} \times$ 실린더 본체의 직경(m)

N_e: 유효회전수(선회류의 회전수), $N_e = 5$

ρ_p: 입자의 밀도(kg/m³)

ρ_g: 함진가스의 밀도(kg/m³)

v_i: 사이클론 유입구의 함진가스 유속(m/s)

절단입경(cut size diameter, $d_{p,50}$)은 집진율이 50[%]인 입경으로 50[%] 분리한계입경이라고도 한다.

$\dfrac{d}{d_{p,50}}$	0.5	1.0	1.5	2.0	2.5	3.0	3.5	4.5
이론적 제거효율(%)	22	51	70	81	88	91	95	97

해답 주어진 조건에서

$d_{p,50} = \sqrt{\dfrac{9\mu_g W}{2\pi N_e (\rho_p - \rho_g) v_i}}$

$= \sqrt{\dfrac{9 \times 2.2 \times 10^{-5} \times 0.7}{2 \times 3.14 \times 5 \times (1{,}500 - 1.014) \times 15}} = 14[\mu m]$

∴ 직경이 35[μm]인 구형입자의 이론적 제거효율(%)은 $\dfrac{d}{d_{p,50}} = \dfrac{35}{14} = 2.5$이므로 주어진 표에서 이론적 제거효율(%)은 88[%]에 해당한다.

07 국소배기장치에서 공기청정장치로 전기집진장치가 병렬로 2개가 연결되어 있다. 유입공기 1[m³] 중에 분진 함량은 4.6[g]이다. 총 유입 유량은 분당 100[m³]이고, 집진판의 면적은 개당 2.4[m]×3.6[m]이다. 유동 속도는 0.12[m/s]이며 집진판의 간격은 25[cm], 집진판 2개에 동일한 유량이 흐르고 유속은 일정하다. 이때 배출구로 배출되는 시간당 분진 중량(g/h)을 구하시오. (단, $\eta = 1 - \exp\left(-\dfrac{A \times w_e}{Q}\right)$이다.)

해답

$$\eta = 1 - \exp\left(-\dfrac{A \times w_e}{Q}\right)$$

$$= 1 - \exp\left(-\dfrac{2 \times 2 \times 2.4 \times 3.6 [\text{m}^2] \times 0.12 [\text{m/s}]}{100 [\text{m}^3/\text{min}] \times 60 [\text{min/s}]}\right) = 0.917 = 91.7[\%]$$

통과율, $P = 1 - 0.917 = 0.083$

∴ 배출구로 배출되는 시간당 분진 중량(g/h)은

$S_o = P \times C_i \times Q$

$\quad = 0.083 \times 4.6 [\text{g/m}^3] \times 100 [\text{m}^3/\text{min}] \times 60 [\text{min/h}] = 2{,}290.8 [\text{g/h}]$

CHAPTER 6 산업안전보건법률 관련 및 작업관리

1 작업부하 관리

학습 개요 기사·산업기사 공통

1. 효율적인 근로시간과 휴식시간을 계획하기 위하여 작업시간 및 작업자세, 휴식시간과 근로자 건강장해의 관계를 파악할 수 있다.
2. 건강장애 예방을 위하여 정한 휴식시간을 제안하여 개선할 수 있다.
3. 작업강도와 작업시간을 조절할 수 있도록 개선안을 제시할 수 있다.
4. 유해·위험작업에서 근로시간과 관련된 근로자의 건강 보호를 위한 근로조건의 개선방법을 제시할 수 있다.

작업능력
근로자의 개인적 자원(personal resources)과 작업요구도(work demands) 사이의 균형에 따라 결정되는 작업수행의 정도를 말한다.

기사 출제빈도 ★★★★

01 최대육체적 작업능력(MPWC, Maximal Physical Work Capacity)이 17.5[kcal/min]인 근로자가 1일 8시간 물건 운반작업을 하고 있다. 이때 이 근로자의 작업대사량(에너지소비량)이 8.75[kcal/min], 휴식 시 평균대사량이 1.7[kcal/min]일 경우 다음 물음에 답하시오.
1) 지속 작업의 허용시간(분)을 구하시오.
2) 1시간당 작업시간과 휴식시간을 배분하시오.

해답

1) 지속 작업의 허용시간(T_{end})을 구하는 식
$$\log T_{end} = 3.720 - 0.1949 \times M(작업대사량)$$
$$= 3.720 - 0.1949 \times 8.75 = 2.015$$
∴ $T_{end} = 10^{2.015} = 104[\min] = 1시간\ 44분$

2) 작업시간과 휴식시간을 배분
먼저 휴식에 필요한 시간 분율(%)을 구한다.
$$T_{rest} = \frac{\text{PWC} - M_{task}}{M_{rest} - M_{task}} \times 100$$

여기서, $\text{PWC} = \dfrac{\text{MPWC}}{3} = \dfrac{17.5}{3} = 5.83[\text{kcal/min}]$ 이므로

$$T_{rest} = \frac{5.83 - 8.75}{1.7 - 8.75} \times 100 = 41[\%]$$

∴ 1시간당 작업시간은 35분, 휴식시간은 25분

기사 출제빈도 ★★★

02 RMR이 5인 중(重) 작업을 하는 근로자의 실동률(%)과 계속 작업의 한계시간(분)을 계산하시오. (단, 실동률은 사이또 오시마식을 적용한다.)

> **실동률**
> 연간 날짜 수에 대하여 기계나 설비를 쓴 날짜 수의 비율을 말한다.

해답

1) 작업의 실동률(실노동률, %)의 관계식에서
   실동률(%) = 85 − 5 × RMR = 85 − 5 × 5 = 60[%]
2) 계속 작업의 한계시간(분)
   log(계속 작업의 한계시간, 분) = 3.724 − 3.25 log R
   $\qquad\qquad\qquad\qquad\qquad\qquad$ = 3.724 − 3.25 × log 5 = 1.452
   ∴ 계속 작업의 한계시간 = $10^{1.452}$ = 28.3분

2 개인보호구 관리

학습 개요 기사 · 산업기사 공통

1. 보호구 착용 대상자를 파악하여 보호구 구입, 지급, 착용, 보관에 대한 관리계획을 수립할 수 있다.
2. 해당 보호구 선정기준에 따라 적격품을 선정할 수 있다.
3. 사업장 순회점검 시 보호구 지급 및 관리현황을 작성하여 관리할 수 있다.
4. 보건위생보호구의 착용지도를 위하여 호흡보호프로그램과 청력보호프로그램을 운영할 수 있다.
5. 해당 근로자 및 관리감독자를 대상으로 위생보호구 지급 착용에 따른 교육 및 훈련을 실시할 수 있다.

산업 출제빈도 ★★★★★

01 소음의 음압수준이 105[dB]이고 작업자는 귀덮개(NRR = 20) 착용했다. 귀덮개 착용에 따른 차음효과와 작업자에게 노출되는 음압수준(dB)은?

해답

미국 OSHA의 보호구 차음효과 예측방법은 소음 측정치의 정확성을 고려하여 NRR 값에서 7[dB]을 빼고 다시 안전계수 50[%]를 적용하여 차음효과를 예측한다.
∴ 차음효과 = (NRR − 7) × 50[%] = (20 − 7) × 0.5 = 6.5[dB]
6.5[dB]만큼 차음효과가 있으므로 근로자에게 노출되는 음압수준은
105 − 6.5 = 98.5[dB]

기사 출제빈도 ★★★★☆

02 절단기를 사용하는 작업장의 소음수준이 100[dB(A)], 작업자는 귀덮개(NRR = 19) 착용하였다. 귀덮개 사용에 따른 차음효과(dB(A))와 노출되는 소음의 음압수준을 미국 OSHA의 계산법으로 계측해보시오.

해답

NRR(Noise Reduction Rating)은 청력보호구의 차음효과를 말하는 지수인 차음평가수이다. 미국의 NIOSH(미국 국립산업안전보건연구원)와 EPA(미국환경보호청)에서는 개인 소음보호구 제작자에게 각 소음 보호구에 NRR을 제시하도록 하고 있다.

실제 차음효과 $= (\text{NRR} - 7) \times 0.5 = (19 - 7) \times 0.5 = 6[\text{dB(A)}]$

노출되는 소음의 음압수준 $= 100 - 6 = 94[\text{dB(A)}]$

📝 방독마스크
흡입공기 중 가스·증기상 유해물질을 막아주기 위해 착용하는 호흡보호구를 말한다.

기사 출제빈도 ★★☆☆☆

03 이산화황 시험가스의 농도가 100[ppm(V/V)]일 때 표준 유효시간이 15분인 방독마스크가 있다. 이 방독마스크를 착용하고 작업하는 연소실 내에 이산화황의 농도가 50[ppm]이었을 때, 방독마스크 정화통의 유효시간(분)은?

해답

정화통의 유효시간 $= \dfrac{\text{표준유효시간} \times \text{시험용 가스의 농도}}{\text{마스크 착용장소의 유해물질 농도}}$

$= \dfrac{15\text{분} \times 100[\text{ppm}]}{50[\text{ppm}]} = 30\text{분}$

따라서, 30분에 넘었을 경우에는 정화통을 교체해 주어야 한다.

기사 출제빈도 ★★☆☆☆

04 어떤 물질의 농도가 1,000[ppm]인 맨홀에서 방독마스크가 파과되는 시간은 50분일 경우 농도가 100[ppm]인 곳에서의 파과시간은 50분보다 몇 배 정도의 시간이 더 긴지를 밝히시오. (단, 해당 시험가스 농도는 0.5[%]이다.)

해답

파과시간 = $\dfrac{\text{표준유효시간} \times \text{시험용 가스의 농도}}{\text{마스크 착용장소의 유해물질 농도}}$ 이므로

$50[\min] = \dfrac{\text{표준유효시간} \times 0.5[\%]}{0.1[\%]}$

∴ 표준유효시간 = 10[min]

농도가 100[ppm]인 경우 파과시간 = $\dfrac{10[\min] \times 0.5[\%]}{0.01[\%]} = 500[\min]$

따라서, 100[ppm]인 맨홀에서의 파과시간은 1,000[ppm]인 곳에서의 파과시간보다 10배 정도 길다.

기사 출제빈도 ★★☆

05 어떤 작업장에 발생되는 니트로톨루엔 증기의 농도가 30[ppm]이었다. 이 증기가 작업장 전체에 노출되었을 경우 비전동식 호흡보호구는 할당보호계수(APF)가 얼마 이상인 것을 선택하여야 하는가? (단, 니트로톨루엔 증기의 노출기준은 2[ppm]이다.)

> **할당보호계수(APF, Assigned Protection Factor)**
> 잘 훈련된 착용자가 보호구를 착용했을 때 각 호흡보호구가 제공할 수 있는 보호계수의 기대치를 말한다.

해답

$\text{APF} \geq \dfrac{C_{air}}{\text{노출기준}}$ (= HR, Hazardous Ratio)이므로 호흡보호구를 선정할 경우에는 유해비(HR)보다 APF가 큰 것을 선택하여야 한다. 이 경우 $\text{APF} = \dfrac{30}{2} = 15$ 이므로 할당보호계수(APF)가 15 이상인 것을 선택한다.

참고 미국의 OSHA에서 준용하는 것으로, APF가 100인 보호구를 착용하고 작업장에 들어가면 착용자는 외부 유해물질로부터 100배만큼 보호를 받을 수 있다는 의미를 뜻한다.

기사 출제빈도 ★★☆

06 비전동식 반면형 마스크를 착용하기 위한 작업장의 구리 분진의 최대사용농도(maximum use concentration)는 얼마이며, 만약 작업장에 이 값보다 농도가 높게 나타났을 경우 조치법은? (단, 구리의 노출기준은 1[mg/m³]이고 할당보호계수(APF, Assigned Protection Factor)는 10이다.)

해답

최대사용농도(MUC) = 노출기준 × APF = 1[mg/m³] × 10 = 10[mg/m³]
만약 10[mg/m³]보다 높으면 전면형 마스크를 착용하여야 한다.

호흡보호구
산소결핍공기의 흡입으로 인한 건강 장해를 예방하거나 유해물질로 오염된 공기 등을 흡입함으로써 발생할 수 있는 건강장해를 예방하기 위한 보호구를 말한다.

기사 출제빈도 ★★

07 호흡보호구에서 정화통의 수명은 호흡하는 유해물질이 N-butanol(끓는점: 70[℃] 이상임)인 경우, 상대습도 50[%], 호흡 유량 30[L/min]에서 200[ppm]까지는 8시간 사용이 가능하다. 만약 이 농도에서 상대습도가 80[%]로 높아지고, 작업강도가 강하여 호흡 유량이 60[L/min]으로 변경되었을 경우 정화통의 수명은 어떻게 변하는가?

해답 정화통의 수명은 습도가 65[%] 이상에서 정화통의 수명은 50[%]가 감소되고 호흡 유량에 역비례하므로 $8 \times 0.5 \times \frac{1}{2} = 2$시간이 된다.

참고 정화통 수명예측의 가이드라인
1) 경작업에서는 호흡 유량(30[L/min])에 역비례한다.
2) 유기증기의 농도가 10배 감소하면 수명은 5배 증가한다.
3) 습도가 65[%] 이상에서는 50[%]의 수명 감소가 나타난다.
4) 끓는점이 70[℃] 이상이고 농도가 200[ppm] 이하의 유기증기인 경우 정상작업 하에서 8시간 사용이 가능하다.

3 근골격계질환 예방관리프로그램 운영

학습 개요 기사·산업기사 공통

1. 작업장의 인간공학적 유해요인을 파악하고 목록을 작성할 수 있다.
2. 근골격계부담작업의 유무를 파악하여 근골격계부담작업 개선계획을 수립할 수 있다.
3. 근골격계부담작업을 수행하는 근로자의 자각증상을 조사표를 사용하여 평가하고 결과를 사업주에게 제출하여 개선의 필요성을 인지시킬 수 있다.
4. 근골격계부담작업에 종사하는 근로자를 대상으로 근골격계부담작업 유해요인 조사를 실시하고 결과에 따라 의학적 관리를 수행할 수 있다.
5. 근골격계질환 예방프로그램을 운영할 수 있고, 노사가 함께 개선활동을 실행할 수 있도록 노사참여형 개선활동기법을 추진할 수 있다.

기사 출제빈도 ☆☆☆

01 근로자로부터 60[cm] 떨어진 물건이 바닥에 놓여져 있다. 이 물건을 100[cm] 높이까지 들어 올리는 작업을 1분에 3회씩 1일 8시간 동안 반복작업할 경우 감시기준(AL)과 최대 허용기준(MPL)은 몇 kg인가? (단, 물건의 손잡이는 양호하며 미국의 NIOSH기준을 따른다. 그리고 감시기준을 구하는 공식은 다음과 같다.)

$$AL(\text{Action Limit}) = 40 \times \frac{15}{H} \times (1 - 0.004|V - 75|) \times \left(0.7 + \frac{7.5}{D}\right) \times \left(1 - \frac{F}{F_{\max}}\right)$$

감시기준(Action Limit)
허리의 L_5/S_1 부위에서 압축력이 3,400[N](350[kg] 중) 정도 발생하는 상황을 표현하는데 이 단계까지의 작업조건은 거의 모든 근로자가 별 무리 없이 견디어 낼 수 있는 상황이다.

최대 허용기준(MPL)
허리의 L_5/S_1 부위에 6,400[N]의 압축력이 발생하는 조건으로서 모든 상황에서 넘어서는 안 될 기준을 의미한다.

해답

$$AL = 40 \times \left(\frac{15}{60}\right) \times (1 - 0.004 \times |0 - 75|) \times \left(0.7 + \frac{7.5}{100}\right) \times \left(1 - \frac{3}{12}\right) = 4.1[\text{kg}]$$

$$MPL = 3 \times AL = 3 \times 4.1 = 12.3[\text{kg}]$$

참고

1) 문제의 공식에서
   - H(horizontal distance): 발목 중간점으로부터 대상 물체의 질량중심까지 수평거리(15~80[cm])
   - V(vertical distance): 물체를 들어 올리기 전 바닥으로부터 대상 물체가 놓여 있는 수직거리(최고 175[cm]까지)
   - D(distance): 수직으로 들어 올린 거리(수직인양거리) (25 ~ 200[cm])
   - F(frequency factor): 분당 인양 빈도수(예를 들어 0.2회/분은 5분마다 1회로 취급)
   - $F_{\max}$(maximum frequency): 인양물 취급 최빈수로 V 값에 영향을 받는다.
     $V > 75[\text{cm}]$일 경우 18회/시간, 15회/8시간
     $V \leq 75[\text{cm}]$일 경우 15회/시간, 12회/8시간으로 계산한다.

2) AL의 선정기준
   - AL을 초과하면 약간의 근로자에게 장해의 위험이 있지만 대부분의 근로자가 작업 가능
   - 5번 요추와 1번 천추(L_5/S_1)에 미치는 압력 부하가 3,400[N]
   - 에너지소비량은 3.5[kcal/min]
   - 남성의 99[%], 여성의 75[%]가 작업이 가능하다.

3) MPL의 선정기준
   - MPL을 초과하면 대부분의 근로자에게 근골격계질환이 발생
   - 5번 요추와 1번 천추(L_5/S_1)에 미치는 압력 부하가 6,400[N]
   - 에너지소비량은 5.0[kcal/min]을 초과함
   - 남성의 25[%], 여성의 1[%]가 작업이 가능하다.

중량물 취급 작업
작업 현장 내의 한 위치에서 다른 위치로 중량물을 이동시키기 위해 필요한 작업을 말한다.

기사 출제빈도 ★★★

02
근로자로부터 60[cm] 떨어진 5[kg]의 무게를 지닌 물건이 바닥에 놓여져 있다. 이 물건을 100[cm] 높이까지 들어 올리는 작업을 1분에 3회씩 1일 8시간 동안 반복작업할 경우 이 물건에 대한 중량물 취급지수인 들기지수(LI, Lifting Index)을 구하고 이 값에 따른 중량물 취급평가는 어떠한지를 설명하시오. (단, 이러한 조건에서 주어지는 미국 NIOSH의 권고기준(RWL, Recommended Weight Limit)의 공식은 다음과 같다.)

$$\text{RWL} = L_C \times \text{HM} \times \text{VM} \times \text{DM} \times \text{AM} \times \text{FM} \times \text{CM}$$
$$= 23 \times \frac{25}{H} \times [1-(0.003 \times |V-75|)] \times \left(0.82 + \frac{4.5}{D}\right)$$
$$\times [1-(0.0032 \times A)] \times 0.55 \times 1.00 [\text{kg}]$$

해답

$$\text{RWL} = 23 \times \frac{25}{60} \times [1-(0.003 \times |0-75|)] \times \left(0.82 + \frac{4.5}{100}\right)$$
$$\times [1-(0.0032 \times 0°)] \times 0.55 \times 1.00 = 3.5[\text{kg}]$$

$$\text{LI} = \frac{\text{실제 취급중량}}{\text{추천 한계중량(RWL)}} = \frac{5}{3.5} = 1.4$$

LI(들기지수) > 1이므로 요통의 발생 위험이 높다. 따라서 LI(들기지수) < 1이 되도록 작업을 재설계하여야 한다. 재설계 시에는 각 계수의 값이 가장 낮은 값부터 개선하도록 한다.

참고 RWL 공식에서
- LC(Load Constance): 부하상수(23[kg])
- HM(Horizontal Multiplier): 수평계수(25/수평거리(H))
- VM(Vertical Multiplier): 수직계수($1-(0.003 \times |V-75|)$) ($0 < V < 175$)
- DM(Distance Multiplier): 거리계수$\left(0.82 + \frac{4.5}{D}\right)$
- AM(Asymmetric Multiplier): 물체의 위치가 사람의 정중앙 면에서 벗어난 각도($A°$)에 대한 승수(비대칭 계수) $1-0.0032 \times A$ ($0 < A < 135$도)
- FM(Frequency Multiplier): 작업 빈도계수(작업빈도(회/분), 작업시간, 수직위치(V)에 의해 결정됨)
- CM(Coupling Multiplier): 물체를 잡을 때 편리함 정도인 결합계수(결합타입과 수직위치(V)에 의해 결정됨)

산업위생관리
기사·산업기사 실기
기출 및 예상문제집

기출복원문제
(산업위생관리기사)

- 2022년 제1회 ~ 제3회 기출복원문제
- 2023년 제1회 ~ 제3회 기출복원문제
- 2024년 제1회 ~ 제3회 기출복원문제

알리는 말씀

[산업위생관리기사] 기출문제의 복원에 참여해 주신 수험생분들께 감사드립니다. '기출복원문제'의 복원 과정은 수험생분들이 제공해 주신 핵심단어(key word)를 기초로 재구성하였으므로 100% 정확하다고 할 수 없는 상황이며, 실제 문제와 다를 수 있음을 이해 바랍니다.

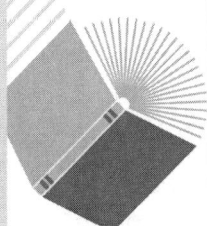

2022년 제1회 기출복원문제

01 고용노동부 고시인 '사무실 공기관리지침'에서 다음 관리대상 오염물질에 대한 관리기준(8시간 시간가중평균농도 기준)을 나타내시오.

1) 이산화탄소
2) 일산화탄소
3) 폼알데하이드

해답
1) 이산화탄소(CO_2): 1,000[ppm]
2) 일산화탄소(CO): 10[ppm]
3) 폼알데하이드(HCHO): 100[$\mu g/m^3$]

쿨롱력(Coulomb力)
쿨롱의 법칙에 따라 전하 입자가 다른 전하 입자에 미치는 정전적인 인력 또는 반발력을 말한다.
- 쿨롱의 법칙: 대전된 물체끼리 접근하면 같은 극성의 정전기는 서로 반발하고, 다른 극성의 정전기는 서로 끌어당기는 힘이 작용한다. 이때 발생하는 전기적 힘을 쿨롱의 힘(단위: N)이라 하며 그 전하량과 힘의 관계가 「쿨롱의 법칙」으로 나타난다.

02 입자상 물질을 제거하는 고효율 공기정화장치(집진장치) 3가지를 적고 원리를 간단히 설명하시오.

해답
1) 세정집진장치: 액적, 액막, 기포 등에 의해 함진배출가스를 세정함으로써 입자에 부착, 입자 상호의 응집을 촉진시켜 입자를 분리시키는 장치이다.
2) 여과집진장치: 함진배출가스를 여재(백필터)로 통과시켜 입자를 분리, 포집하는 장치이다.
3) 전기집진장치: 함진배출가스를 입자에 작용하는 전기력(쿨롱력, 전계 강도에 의한 힘, 입자 간의 흡인력, 전기풍에 의한 힘)에 의해 제집진하는 장치이다.

03 함진가스 중 입자상 물질의 여과메커니즘에서 확산에 영향을 미치는 요소를 4가지 적으시오.

해답
1) 처리 입자의 크기
2) 여과재 섬유의 직경
3) 처리 입자의 농도 차이
4) 여과재 섬유로의 접근속도

04 여과집진장치의 장점 3가지를 적으시오.

> **해답**
> 1) 설치 적용 범위가 광범위하다.
> 2) 다양한 용량의 처리가 가능하다.
> 3) 건식공정으로 포집먼지의 처리가 용이하다.
> 4) 탈진방법과 여과재 사용에 따른 설계상의 융통성이 있다.
> 5) 여과재에 표면처리를 하여 가스상 물질을 처리할 수도 있다.
> 6) 집진효율이 높으며 처리가스의 양과 밀도변화에 대한 영향이 적다.

05 적절한 체온을 유지하려고 노력하는 인체와 환경 사이의 열평형에 대한 기본적인 열평형 방정식을 쓰고, 각각의 요소에 대하여 설명하시오.

> **해답**
> 인체와 환경 간의 열평형 방정식(열수지 방정식)은 생체의 열교환에 미치는 기온, 기습, 기류, 복사열인 온열인자가 적용된다.
> $$\Delta S = M - E \pm R \pm C$$
> 여기서, ΔS: 생체 내 열용량의 변화($\Delta S = 0$인 상태가 가장 쾌적한 상태임)
> M: 대사(metabolism)에 의한 열생산
> E: 수분 증발(evporation)에 의한 열방산
> R: 복사(radiation)에 의한 열득실
> C: 대류(convection) 및 전도(conduction)에 의한 열득실

📝 대류(convection)
밀도 차에 의해 액체나 기체가 이동하며 열이 전달되는 현상을 말한다.

📝 전도(conduction)
열에너지가 높은 곳에서 낮은 곳으로 이동하는 것으로 주로 고체에서 열이 이동하는 방법이다.(열전도율은 액체>기체>은, 구리, 알루미늄>유리, 도자기 순이다.)

06 산소결핍장소(18[%] 미만) 작업 시 착용하여야 하는 안면 호흡보호구를 3가지 적으시오.

> **해답**
> 고농도 작업장(IDLH, 순간적으로 건강이나 생명에 위험을 줄 수 있는 유해물질의 고농도 상태)이나 산소결핍의 위험이 있는 작업장(산소농도 18[%] 미만)에서 사용하는 호흡용 보호구는 다음과 같다.
> 1) 공기호흡기
> 2) 송기마스크
> 3) 에어라인마스크

호흡보호구
산소결핍공기의 흡입으로 인한 건강장해예방 또는 유해물질로 오염된 공기 등을 흡입함으로써 발생할 수 있는 건강장해를 예방하기 위한 보호구를 말한다.
- 송기마스크: 작업장이 아닌 장소의 공기를 호스 등을 통하여 공급하여 흡입할 수 있도록 만들어진 호흡보호구를 말한다.

2022년 제1회 기출복원문제

전체 환기
(general ventilation)
유해물질을 오염원에서 완전히 제거하는 것이 아니라 공간 내 공기를 희석하거나 신선한 공기로 치환시켜 유해물질의 농도를 낮추는 환기방법으로 희석 환기(dilution ventilation)이라고도 한다.

07 전체 환기 적용 시 전체환기법을 적용하고자 할 때 갖추어야 할 조건을 5가지를 적으시오.

해답
1) 배출원이 이동성인 경우
2) 오염물질의 독성이 낮은 경우
3) 유해물질의 증기나 가스일 경우
4) 유해물질이 시간에 따라 균일하게 발생될 경우
5) 동일한 작업장에 오염원이 분산되어 있는 경우
6) 오염 발생원에서 발생하는 유해물질의 양이 적어 국소배기로 하면 비경제적인 경우
7) 근로자의 근무 장소가 오염 발생원으로부터 멀리 떨어져 있어 유해물질의 농도가 허용기준 이하일 경우
8) 기타 국소배기가 불가능한 경우

08 사무실 직원이 모두 퇴근한 직후인 오후 6시 30분에 측정한 공기 중 CO_2 농도는 1,500[ppm], 사무실이 빈 상태로 오후 9시에 측정한 CO_2 농도는 500[ppm]이었다. 이 사무실의 공기교환횟수를 구하시오. (단, 외기의 CO_2 농도는 330[ppm]이다.)

해답
$$\text{ACH} = \frac{\ln(C_1 - C_o) - \ln(C_2 - C_o)}{\text{time(h)}}$$
$$= \frac{\ln(1,500 - 330) - \ln(500 - 330)}{2.5} = 0.77 \text{회}$$

즉, 시간당 0.77회의 공기가 교환된다.

09 50[℃]에서 100[m³/min]의 유량으로 덕트를 흐르는 이상기체의 온도를 5[℃]로 낮추었을 때, 유량(m³/min)은 어떻게 변하는가?

해답
기체의 부피는 절대온도(K)에 비례한다는 샤를의 법칙에 따라
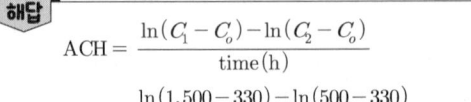
$$V_2 = V_1 \times \frac{273 + T_2}{273 + T_1} = 100 \times \frac{(273 + 5)}{(273 + 50)} = 86.07 [\text{m}^3/\text{min}]$$

10 국소배기장치의 구성요소인 플랜지, 배플, 슬롯, 플래넘 챔버, 개구면 속도에 대하여 간단히 설명하시오.

> **해답**
> 1) **플랜지(flange)**: 후드의 개구부에 붙여 후드 뒤쪽에서 들어오는 공기의 흐름을 차단하여 제어효율을 증가시키기 위하여 부착된 판으로 약 25[%]의 송풍량을 감소시키는 효과가 있다.
> 2) **배플(baffle)**: 후드 주위의 난기류에 의한 영향을 차단하기 위한 방해판(칸막이)이다.
> 3) **슬롯(slot)**: 슬롯은 개구면의 길이가 길고, 높이(폭)가 좁은 형태로 폭/길이의 비가 0.2 이하 $\left(\dfrac{W}{L} \le 0.2\right)$ 인 것을 말한다.
> 4) **플래넘 챔버(plenum chamber)**: 균질혼합실 또는 공기충만실이라고도 하며 후드의 바로 뒤쪽, 즉 덕트의 바로 앞쪽에 위치하며 공기의 흐름을 균일하게 유지시켜 공기속도와 압력을 균일화시키는 공간이다.
> 5) **개구면 속도(face velocity)**: 면속도라고도 하며 후드 개구면에서 측정한 기류의 속도이다.

11 작업장에서 분진을 채취하였는데 채취 전·후의 여과지의 무게가 각각 0.4230[mg], 0.6721[mg], 바탕 시료 여과지의 무게가 사용 전·후 각각 0.3988[mg], 0.3979[mg]이었다. 분진의 농도를 측정하기 위한 시료채취시간은 8 : 25 ~ 11 : 55까지였고, 1.98[L/min]의 유량으로 측정하였을 때 분진의 농도(mg/m³)는?

> 📝 **바탕 시료**
> 시료 매트릭스 내에 분석하고자 하는 물질이 포함되어 있지 않은 시료를 말한다.

> **해답**
> 입자상 물질의 중량분석방법에서 농도를 구하는 식
> $$C[\mathrm{mg/m^3}] = \frac{[(WS_p - WS_i) - (WB_p - WB_i)]}{V}$$
> 여기서, C: 분진농도(mg/m³)
> WS_p: 채취 후 여과지의 무게(mg)
> WS_i: 채취 전 여과지의 무게(mg)
> WB_p: 채취 후 바탕 시료의 무게(mg)
> WB_i: 채취 전 바탕 시료의 무게(mg)
> V: 공기채취량(m³)
> 먼저 공기채취량은 구하면
> $V = 1.98[\mathrm{L/min}] \times 210[\mathrm{min}] \times 10^{-3}[\mathrm{m^3/L}] = 0.42[\mathrm{m^3}]$
> $\therefore C = \dfrac{[(0.6721 - 0.4230) - (0.3988 - 0.3979)]}{0.42} = 0.59[\mathrm{mg/m^3}]$

2022년 제1회 기출복원문제

12 송풍기 흡입 정압이 −30[mmH₂O], 배출구 정압이 20[mmH₂O]이고, 송풍기 입구 평균유속이 20[m/s]일 때, 송풍기 정압(mmH₂O)은 얼마인가?

해답
송풍기의 흡입구 측과 배출구 측에 덕트가 있는 경우
송풍기 정압, $FSP = (SP_o - SP_i) - VP_i$
송풍기 입구 덕트 내 속도압 $VP_i = \dfrac{\gamma V_T^2}{2g} = \dfrac{1.2 \times 20^2}{2 \times 9.8}$
$= 24.49 [mmH_2O]$
$\therefore FSP = (SP_o - SP_i) - VP_i$
$= [20 - (-30)] - 24.49 = 25.51 [mmH_2O]$

13 고열배출원이 아닌 탱크 위에 장변(L)이 2.0[m], 단변(W)이 1.4[m]인 캐노피형 후드를 설치했다. 배출원에서 후드까지의 높이(H)가 0.5[m]일 때, 소요송풍량(m³/min)을 계산하시오. (단, 제어속도 $v_c = 0.4 [m/s]$이고 Dalla Velle식을 적용한다.)

해답
캐노피의 긴 변(L)과 후드 개구면에서 배출원 사이의 높이(H)의 비가 $\dfrac{H}{L} \leq 0.3$인 경우 Dalla Valle식을 적용한다.
$Q = 60 \times 1.4 \times 2(L + W) \times H \times V_c$
$= 60 \times 1.4 \times 2(2.0 + 1.4) \times 0.5 \times 0.4 = 114.24 [m^3/min]$

곡관

밴드(band) 또는 엘보(elbow)라고도 하며 합류(branch), 접속 등은 되도록 기류의 방향이나 속도가 급격하게 변화하지 않도록 완만하게 제작한다.

새우연결곡관

곡관을 만들 경우에는 직경 15[cm] 이하의 송풍관에는 새우등 곡관을 3개 이상, 직경 15[cm]보다 클 때에는 5개 이상으로 한다.

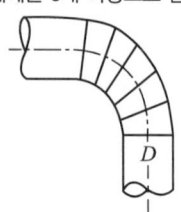

$D > 15[cm]$일 때 새우등 5개 이상

14 어떤 90°의 새우연결곡관의 내경 $d = 24[cm]$, 곡률반경 $r = 60[cm]$, 속도압 $VP = 15[mmH_2O]$이다. 이 새우연결곡관의 압력손실 $\Delta P[mmH_2O]$를 구하시오. (단, 곡관의 곡률반경비가 2.5일 때 압력손실계수는 0.22이다.)

해답
곡률반경비, $\dfrac{r}{d} = 2.5$일 때, 압력손실계수 $\xi = 0.22$이므로
$\Delta P = \xi \times VP = 0.22 \times 15 = 3.3 [mmH_2O]$

15 직경이 300[mm]인 직관을 통하여 송풍량 50[m³/min]의 표준공기를 송풍할 때 발생하는 속도압(mmH₂O)은?

> **해답** 먼저 주어진 수치를 이용하여 송풍관 내의 반송속도(V_T)를 구한다.
> $$V = \frac{Q}{A} = \frac{50}{\left(\frac{3.14}{4} \times 0.3^2\right) \times 60} = 11.8[\text{m/s}]$$
> $\therefore$ 속도압, $\text{VP} = \frac{\gamma V_T^2}{2g} = \frac{1.2 \times 11.8^2}{2 \times 9.8} = 8.5[\text{mmH}_2\text{O}]$

16 어느 작업장에서 MEK(Methyl Ethyl Ketone)를 8시간 동안 16[L]를 사용할 경우 작업장의 필요환기량(m³/min)은? (단, MEK의 비중은 0.805, TLV는 200[ppm], 분자량은 72.1이고, 안전계수 K는 6으로 하며 1기압, 21[℃] 기준이다.)

> **해답**
> MEK 사용량 $= 16[\text{L/8h}] \times 0.805[\text{g/mL}] \times 1,000[\text{mL/L}] = 1,610[\text{g/h}]$
> MEK 발생률, $G = \frac{24.1[\text{L}] \times 1,610[\text{g/h}]}{72.1[\text{g}]} = 538.16[\text{L/h}]$
> ppm $= \text{mL/m}^3$ 이므로
> $\therefore$ 필요환기량 $Q = \frac{538.16[\text{L/h}] \times 1,000[\text{mL/L}]}{200[\text{mL/m}^3] \times 60[\text{min/h}]} \times 6 = 269.08[\text{m}^3/\text{min}]$

17 개구면적이 2.5[m²]인 정사각형 후드의 제어속도가 0.6[m/s]일 때, 오염원에서 후드 개구면까지의 제어거리를 0.5[m]에서 1[m]로 변경하였다면 송풍량은 몇 배로 증가하는가?

> **해답** 외부식 후드의 필요송풍량: $Q = 60 \times V_c \times (10 X^2 + A)[\text{m}^3/\text{min}]$ 에서
> 제어거리 0.5[m]일 때
> $Q_1 = 60 \times 0.6 \times (10 \times 0.5^2 + 2.5) = 180[\text{m}^3/\text{min}]$
> 제어거리 1[m]일 때, $Q_2 = 60 \times 0.6 \times (10 \times 1^2 + 2.5) = 450[\text{m}^3/\text{min}]$
> $\therefore \frac{Q_2}{Q_1} = \frac{450}{180} = 2.5$배

18 용접 작업면 위 자유공간에서 플랜지가 부착된 외부식 후드를 작업면 위에 고정시킬 경우, 플랜지가 붙고 면에 고정 설치된 후드는 플랜지가 붙고 공간에 설치된 후드에 비하여 필요환기량을 약 몇 % 절감할 수 있는가? (단, 후드의 개구면적은 0.8[m²], 제어속도는 0.5[m/s], 오염물질 발산원에서 개구면까지 거리는 30[cm]이다.)

해답
플랜지가 부착되고 자유공간에서의 필요송풍량
$Q_1 = 60 \times 0.75 \times V_c(10X^2 + A)$
플랜지가 부착되고 작업면(반자유 공간)에서 필요송풍량
$Q_2 = 60 \times 0.5 \times V_c(10X^2 + A)$
∴ 송풍량 절감 효율(%) $= \dfrac{0.75 - 0.5}{0.75} \times 100 = 33.33[\%]$

습구흑구온도지수 (WBGT, Wet-Bulb Globe Temperature)

근로자가 고열환경에 종사함으로써 받는 열스트레스 또는 위해를 평가하기 위한 도구(단위: ℃)로서 기온, 기습 및 복사열을 종합적으로 고려한 지표를 말한다.

19 태양광선이 없는 옥외에서 자연습구온도 18[℃], 건구온도 21[℃], 흑구온도 25[℃]로 측정되었을 때 습구흑구온도지수(WBGT, ℃)는?

해답
태양광선이 내리쬐지 않는 옥내 또는 옥외 장소에서의 습구흑구온도지수
WBGT(℃) = 0.7×자연습구온도 + 0.3×흑구온도 = 0.7×18 + 0.3×25
= 20.1[℃]

20 덕트 직경이 20[cm]이고, 공기유속이 23[m/s]일 때 온도가 20[℃]인 덕트 내에서 레이놀즈수는? (단, 20[℃]에서 공기밀도는 1.2[kg/m³], 공기의 점성계수는 1.85×10⁻⁵[kg/s·m]이다.)

해답
레이놀즈수, $R_e = \dfrac{\rho v d}{\mu} = \dfrac{1.2 \times 23 \times 0.2}{1.85 \times 10^{-5}} = 298,378.38$

기출복원문제

01 미국정부산업위생전문가협의회(ACGIH)의 기준에 따라 인체 침투 입자별 크기를 평균입경이 큰 순서대로 3가지로 분류하고 각각의 평균입경(μm)을 적으시오.

해답
1) **흡입성 입자상 물질**(IPM, Inhalable Particulate Matters): 비강, 인·후두, 기관 등 호흡기에 침착 시 독성을 유발하는 분진으로 평균 입경은 100[μm]이다.
2) **흉곽성 입자상 물질**(TPM, Thoracic Particulates Matters): 기도, 하기도(기관지)에 침착하여 독성을 유발하는 물질로 평균입경은 10[μm]이다.
3) **호흡성 입자상 물질**(RPM, Respirable Particulates Matters): 가스교환 부위인 폐포에 침착 시 독성을 유발하는 분진으로 진폐증의 원인물질로 평균입경은 4[μm]이다.

02 단조공정에서 단조로(鍛造爐) 근처의 온도가 건구온도 35[℃], 자연습구온도 30[℃], 흑구온도 50[℃]였다. 작업은 연속 작업이고 중등도(200 ~ 350[kcal]) 작업이었을 때 이 작업장 실내 WBGT를 구하고, 노출기준 초과 여부를 평가하시오.

📝 **단조공정**
일반적으로 다이에 고정시켜 망치로 때리거나 압력을 가하는 등의 고압을 이용해 잉곳이나 판형의 금속을 성형하기 위해 재료를 가열하는 공정을 말한다.

해답
태양광선이 내리쬐지 않는 단조공정 실내의 습구흑구온도지수
WBGT(℃) = 0.7×자연습구온도 + 0.3×흑구온도 = 0.7×30 + 0.3×50 = 36[℃]
중등작업의 계속 작업(연속 작업) 노출기준은 26.7[℃]이므로 이 작업장 실내 WBGT는 노출기준을 초과하였다.

참고 고열작업의 노출기준(단위: ℃, WBGT)

작업휴식시간비	작업 강도		
	경(輕)작업	중등작업	중(重)작업
계속 작업	30.0[℃]	26.7[℃]	25.0[℃]
매시간 75[%] 작업, 25[%] 휴식	30.6[℃]	28.0[℃]	25.9[℃]
매시간 50[%] 작업, 50[%] 휴식	31.4[℃]	29.4[℃]	27.9[℃]
매시간 25[%] 작업, 75[%] 휴식	32.2[℃]	31.1[℃]	30.0[℃]

2022년 제2회 기출복원문제

1) **경작업**: 200[kcal/h]까지의 열량이 소요되는 작업을 말하며 앉아서 또는 서서 기계의 조정을 하기 위하여 손 또는 팔을 가볍게 쓰는 일 등을 뜻함
2) **중등작업**: 200 ~ 350[kcal/h]까지의 열량이 소요되는 작업을 말하며 물체를 들거나 밀면서 걸어 다니는 일 등을 뜻함
3) **중작업**: 350 ~ 500[kcal/h]까지의 열량이 소요되는 작업을 말하며 곡괭이질 또는 삽질하는 일 등을 뜻함

📝 사업장 근골격계질환 예방관리 프로그램

산업보건기준에 관한 규칙 제9장의 규정에 의거 근골격계질환 예방을 위한 유해요인 조사와 개선, 의학적 관리, 교육에 관한 근골격계질환 예방·관리 프로그램의 표준을 제시함을 목적으로 하며 적용대상은 유해요인 조사 결과 근골격계질환이 발생할 우려가 있는 사업장으로서 예방·관리프로그램을 작성하여 시행하는 경우이다.

03 다음은 '산업안전보건기준에 관한 규칙' 제662조 근골격계질환 예방관리프로그램 시행에 따른 내용이다. ( ) 안에 알맞은 숫자를 써넣으시오.

> 근골격계질환으로 「산업재해보상보험법 시행령」 별표 3 제2호 가목·마목 및 제12호 라목에 따라 업무상 질병으로 인정받은 근로자가 연간 (㉠)명 이상 발생한 사업장 또는 (㉡)명 이상 발생한 사업장으로서 발생 비율이 그 사업장 근로자 수의 (㉢)퍼센트 이상인 경우에 사업주는 근골격계질환 예방관리프로그램을 수립하여 시행하여야 한다.

㉠ 10
㉡ 5
㉢ 10

04 작업장 공기 중 입자상 물질을 여과지로 채취할 경우 여과포집에 관여하는 기전(mechanism)을 6가지 적으시오.

1) 직접차단(간섭)(interception)
2) 관성충돌(inertial impaction)
3) 확산(diffusion)
4) 중력침강(gravitational deposition)
5) 정전기침강(electrostatic deposition)
6) 체(sieving)

05 작업환경개선의 기본원칙 3가지와 그에 따른 예시를 각각 2가지씩 적으시오.

해답

1) 대치(substitution)
   (1) **물질의 변경**: 성냥 제조 시 독성이 강한 황린 대신 적린을 사용, 샌드브라스팅 작업 시 모래 대신 철가루 사용, 단열재 사용 시 석면대신 유리섬유나 암면을 사용
   (2) **작업공정의 변경**: 습식화 공정 적용, 장치의 자동화, 도장작업 시 분사 대신 담금도장 적용, 송풍기 팬을 고속의 작은 날개 회전을 저속의 큰 날개로 대치
   (3) **시설의 변경**: 가연성 물질의 저장을 유리병보다는 철제통을 사용, 흄 배출용 드래프트 창 대신에 안전유리로 교체
2) 격리 및 밀폐(isolation and enclosing)
   (1) 시설격리
   (2) 공정격리
   (3) 작업자격리
   (4) 저장물질 격리
3) 환기(ventilation)
   (1) **전체 환기**: 작업 중 발생한 유해 분진, 유해가스, 고열작업장의 뜨거운 열기를 신선한 공기로 희석시킴
   (2) **국소배기**: 오염원에 후드를 설치하여 강제적인 방법으로 외부로 제거시킴
4) 교육과 훈련(education and training)
   (1) 기술자 교육
   (2) 근로자 교육
   (3) 보건관리자 교육

06 우리나라 고용노동부 고시인 '사업장 위험성 평가에 관한 지침'에서 유해·위험요인을 파악하고 해당 유해·위험요인에 의한 부상 또는 질병의 발생 가능성(빈도)과 중대성(강도)을 추정·결정하고 감소대책을 수립하여 실행하는 일련의 과정을 위험성 평가라고 하는데 사업주는 위험성 평가를 실시한 경우에 실시내용 및 결과를 기록하여야 한다. 이 기록물의 보존 기간은 어떻게 되는가?

📝 **위험성 평가**
사업주가 스스로 유해·위험요인을 파악하고, 해당 유해·위험요인의 위험성 수준을 결정하여 위험성을 낮추기 위한 적절한 조치를 마련하고 실행하는 과정을 말한다.

해답 위험성 평가의 기록물 보존 기간은 3년 이상이다.

2022년 제2회 기출복원문제

07 후드설계 시 외부식 후드에만 해당하는 플랜지(flange) 부착의 효과를 3가지 적으시오.

1) 제어속도를 증가시킨다.
2) 후드에 기류가 흡입될 때의 저항, 즉 유입 압력손실이 감소된다.
3) 후드 개구면 주위에 플랜지를 붙이면 송풍량의 25[%]를 절약할 수 있다.

근골격계 부담작업 유해요인
작업방법, 작업자세 및 작업환경으로 인해 근골격계에 부담을 줄 수 있는 반복성, 부자연스러운 또는 취하기 어려운 자세, 과도한 힘, 접촉 스트레스, 진동 등을 말한다.

08 고용노동부령인 '산업안전보건기준에 관한 규칙'에서 근로자가 근골격계 부담작업을 하는 경우 사업주는 몇 년마다 유해요인 조사를 해야 하는가?

3년

09 산업안전보건법 시행령에서 제시한 보건관리자 업무를 3가지 적으시오.

1) 위험성 평가에 관한 보좌 및 지도·조언
2) 물질안전보건자료의 게시 또는 비치에 관한 보좌 및 지도·조언
3) 해당 사업장 보건교육계획의 수립 및 보건교육 실시에 관한 보좌 및 지도·조언
4) 작업장 내에서 사용되는 전체 환기장치 및 국소배기장치 등에 관한 설비의 점검과 작업방법의 공학적 개선에 관한 보좌 및 지도·조언
5) 사업장 순회점검, 지도 및 조치 건의
6) 산업재해 발생의 원인 조사·분석 및 재발 방지를 위한 기술적 보좌 및 지도·조언
7) 산업재해에 관한 통계의 유지·관리·분석을 위한 보좌 및 지도·조언
8) 보건교육계획 수립 및 보건교육 실시 보좌 및 지도

10 개인보호구에 대한 선정조건을 3가지 적으시오.

> **개인보호구**
> 건강과 안전에 가해지는 위험으로부터 근로자를 보호하는 모든 장비를 말한다.

해답
1) 사용목적에 적합해야 한다.
2) 착용이 간편해야 한다.
3) 작업에 방해가 되지 않아야 한다.
4) 재료의 품질이 우수해야 한다.
5) 해당작업에서 예측할 수 있는 유해·위험요소로부터 충분히 보호될 수 있는 성능을 갖추어야 한다.
6) 착용했을 경우 활동이 자유로워야 하며 이로 인해 생산을 저해해서는 안 된다.

11 고용노동부의 '보호구 안전인증 고시'에서 납, 비소, 베릴륨 등 독성이 강한 물질들을 함유한 분진 발생장소에서 착용해야 하는 방진마스크의 등급은?

> **방진마스크**
> 흡입공기 중 입자상(분진, 흄, 미스트 등) 유해물질을 막아주기 위해 착용하는 호흡보호구를 말한다.
>
> • 제거대상 오염물질별 방진마스크 등급 분류
>
> | 등급 | 제거대상 오염물질 |
> |---|---|
> | 특급 | 산업안전보건법의 분진, 흄, 미스트 등의 입자상 제조 등 금지물질, 허가 대상 유해물질, 특별관리물질 |
> | 1급 | • 금속흄 등과 같이 열적으로 생기는 분진
• 기계적으로 생기는 분진
• 결정형 유리규산 |
> | 2급 | 기타 분진 |

해답 특급

12 다음은 고용노동부의 '작업환경측정 및 정도관리 등에 관한 고시'에서 시료채취 근로자 수에 대한 내용이다. ( ) 안의 근로자 명수를 적으시오.

> 단위작업 장소에서 최고 노출근로자 (㉠)명 이상에 대하여 동시에 개인시료채취방법으로 측정하되, 단위작업장소에 근로자가 1명인 경우에는 그러하지 아니하며, 동일 작업근로자 수가 (㉡)명을 초과하는 경우에는 매 5명당 1명 이상 추가하여 측정하여야 한다. 다만, 동일 작업근로자 수가 (㉢)명을 초과하는 경우에는 최대 시료채취 근로자 수를 20명으로 조정할 수 있다.

> **단위작업장소**
> 작업환경측정대상이 되는 작업장 또는 공정에서 정상적인 작업을 수행하는 동일 노출 집단의 근로자가 작업을 행하는 장소를 말한다.

해답 ㉠ 2 ㉡ 10 ㉢ 100

2022년 제2회 기출복원문제

13 전체환기시설 설치 시 강제 환기를 실시할 때 환기효과를 제고하기 위해 따르는 기본원칙 4가지를 적으시오.

1) 오염물질 사용량을 조사하여 필요환기량을 계산한다.
2) 배출공기를 보충하기 위하여 청정공기를 공급한다.
3) 오염물질 배출구는 가능한 한 오염원으로부터 가까운 곳에 설치하여 '점환기' 효과를 얻는다.
4) 공기배출구와 근로자의 작업 위치 사이에 오염원이 위치해야 한다.
5) 작업장 내 압력을 경우에 따라서 양압이나 음압으로 조정해야 한다.
6) 오염된 공기는 작업자가 호흡하기 전에 충분히 희석되어야 한다.
7) 오염물질 발생은 가능하면 비교적 일정한 속도로 유출되도록 조정해야 한다.
8) 공기가 배출되면서 오염장소를 통과하도록 공기 배출구와 유입구의 위치를 선정한다.
9) 배출된 공기가 재유입되지 못하게 배출구의 높이를 적절하게 설계하고 배출구를 창문이나 문 근처에 위치하지 않도록 한다.

14 플라스틱 제조공장에 근무하는 상시 근로자 수가 500명일 경우 안전관리자의 수를 적으시오.

2명 이상

교대제(교대작업)
각각 다른 근무시간대에 서로 다른 사람들이 일을 할 수 있도록 작업조를 2개조 이상으로 나누어 근무하는 것으로, 일시적 혹은 임시적으로 시행되는 작업 형태를 제외한 제도화된 근무 형태이며, 기업의 전체 작업시간을 늘리는 근로자 작업 시간 조정 제도이다.

정교대 방식(전진근무방식)의 예
주간근무조 → 저녁근무조 → 야간근무조 → 주간근무조

15 교대제의 조건에서 야간근로자를 위한 건강관리 4가지를 적으시오.

1) 야근의 주기를 4~5일, 연속은 2~3일로 하고, 각 반의 근무시간은 8시간으로 한다.
2) 야근 후 다음 반으로 넘어가는 시간은 48시간 이상이 되도록 한다.
3) 야근 시 가면(假眠)시간은 적어도 1시간 30분 이상이 되어야 한다.
4) 역교대보다는 정교대가 건강관리에 좋다.

16 산업안전보건법 시행규칙에서 작업환경측정 대상 유해인자 중 분진의 종류 7가지를 적으시오.

해답
1) 광물성 분진(규산, 규산염)
2) 곡물 분진
3) 면 분진
4) 목재 분진
5) 석면 분진
6) 용접 흄
7) 유리섬유

17 작업장 중의 벤젠을 고체흡착관으로 측정하였다. 비누거품미터로 유량을 보정 시 50[cc]를 통과하는 데 시료채취 전 16.5초, 시료채취 후 16.9초가 걸렸다. 벤젠의 측정시간은 1시간 12분부터 4시 54분이었고, 채취된 벤젠량을 GC를 사용하여 분석한 결과 활성탄의 앞 층에서 2.0[mg], 뒤 층에서 0.1[mg] 검출되었고, 탈착효율이 95[%]일 때 공기 중 벤젠의 농도(ppm)는? (단, 벤젠의 분자량은 78, 작업장의 온도는 25[℃]이다.)

흡착관(sorbent tube)
휘발성 유기화합물질을 흡착할 수 있는 흡착제가 충진되어 있는 관을 말한다.

열탈착(thermal desorption)
흡착관에 포집되어 있는 휘발성 유기화합물질을 고온에서 탈착시켜 불활성 기체를 이용하여 기체 크로마토그래프로 전달하는 과정을 말한다.

해답

채취유량(L/min) = $\dfrac{\text{비누거품이 통과한 용량(L)}}{\text{비누거품이 통과한 시간(min)}}$

$= \dfrac{50[\text{mL}] \times 10^{-3}[\text{L/mL}]}{16.7[\text{s}] \times \left(\dfrac{\min}{60[\text{s}]}\right)} = 0.18[\text{L/min}]$

벤젠농도, $C = \dfrac{\text{질량}}{\text{공기채취량} \times \text{탈착효율}}$

$= \dfrac{(2.0 + 0.1)[\text{mg}]}{0.18[\text{L/min}] \times 222[\min] \times \left(\dfrac{\text{m}^3}{1{,}000[\text{L}]}\right) \times 0.95}$

$= 55.32[\text{mg/m}^3]$

∴ 벤젠농도(ppm) $= 55.32 \times \dfrac{24.45}{78} = 17.34[\text{ppm}]$

2022년 제2회 기출복원문제

18 어떤 작업장의 모든 문과 창문은 닫혀있고, 1개의 국소배기장치만 가동되고 있다. 덕트 유속 1[m/s], 덕트 직경 20[cm], 작업장 크기가 가로 5[m], 세로 7[m], 높이 2[m]일 때 시간당 공기교환횟수(회)를 구하시오.

해답 작업장의 전체 환기를 위한 필요환기량

$$Q[\text{m}^3/\text{h}] = A \times V = \frac{\pi \times D^2}{4} \times V$$

$$= \frac{3.14 \times 0.2^2}{4}[\text{m}^2] \times 1[\text{m/s}] \times 3{,}600[\text{s/h}] = 113.04[\text{m}^3/\text{h}]$$

1시간당 공기교환횟수: $\text{ACH} = \dfrac{\text{필요환기량}}{\text{작업장 용적}} = \dfrac{113.04}{5 \times 7 \times 2} = 1.61$회

19 현재 총 흡음량이 1,500[sabins]인 작업장의 천장에 흡음물질을 덧붙여 2,000[sabins]을 더할 경우 실내 소음 저감량(dB)은 약 얼마로 예측되는가?

해답

$$\text{소음감소량(NR)} = 10 \log\left(\frac{1{,}500 + 2{,}000}{1{,}500}\right) = 3.7[\text{dB}]$$

누적소음노출량측정기
작업자가 여러 작업 장소를 이동하면서 작업하는 경우, 자업자에게 직접 부착하여 작업 시간(8시간) 동안 노출되는 소음 노출량을 측정하는 기기를 말한다.

20 어떤 소음발생 작업장에서 누적소음노출량측정기로 210분 동안 측정한 값이 40[%]이었다. 이 작업장의 측정시간 동안의 소음평균치(dB(A))는?

해답 시간가중평균 소음 수준, $\text{TWA} = 16.61 \log\left(\dfrac{D(\%)}{100}\right) + 90[\text{dB(A)}]$에서 100은 $12.5 \times T(\text{노출시간}) = 12.5 \times 8$을 의미한다.
따라서 노출시간이 3.5시간이므로

$$\text{TWA} = 16.61 \log\left(\frac{40}{12.5 \times 3.5}\right) + 90 = 89.4[\text{dB(A)}]$$

기출복원문제

2022년 제3회

01 다음은 산업보건기준에 관한 규칙에서 밀폐공간 작업으로 인한 건강장해의 예방에 명시된 적정공기에 관한 내용이다. ( ) 안에 들어갈 농도를 적으시오.

> 적정공기란 산소농도의 범위가 (㉠), 탄산가스의 농도가 (㉡), 일산화탄소의 농도가 (㉢), 황화수소의 농도가 (㉣)인 수준의 공기를 말한다.

밀폐공간
환기가 불충분한 상태에서 산소결핍이나 유해가스로 인한 건강장해 또는 인화성물질에 의한 화재·폭발 등의 위험이 있는 장소를 말한다.
- 산소결핍: 산소농도가 18[%] 미만인 상태를 말한다.

[해답]
㉠ 18퍼센트 이상 23.5퍼센트 미만
㉡ 1.5퍼센트 미만
㉢ 30피피엠 미만
㉣ 10피피엠 미만

02 산업안전보건기준에 관한 규칙에서 나타낸 석면의 제조·사용 작업에 근로자를 종사하도록 하는 경우에 석면분진의 발산과 근로자의 오염을 방지하기 위하여 사업주가 정하는 작업수칙 5가지를 적으시오.

석면(asbestos)
자연적으로 환경 중에 존재하는 6가지 섬유상 광물(amosite, chrysotile, crocidolite, tremolite, actinolite, anthophyllite)의 총칭이다. 이 중 하나인 백석면(chrysotile)은 사문석계열에 해당되며 나머지 형태는 각섬석계열에 속한다. 모든 형태의 석면은 인체에 유해하며 암을 유발할 수 있다. 특히 청석면(crocidolite), 갈석면(amosite)과 같은 각섬석계열은 사문석계열인 백석면보다 건강에 더 유해한 것으로 알려져 있다.

[해답]
1) 석면을 담은 용기의 운반
2) 보호구의 사용·점검·보관 및 청소
3) 용기에 석면을 넣거나 꺼내는 작업
4) 해당 작업에 사용된 용기 등의 처리
5) 이상 사태가 발생한 경우의 응급조치
6) 여과집진방식 집진장치의 여과재 교환
7) 진공청소기 등을 이용한 작업장 바닥의 청소방법
8) 분진이 확산되거나 작업자가 분진에 노출될 위험이 있는 경우에는 선풍기 사용 금지
9) 분진이 쌓일 염려가 있는 깔개 등을 작업장 바닥에 방치하는 행위를 방지하기 위한 조치
10) 작업자의 왕래와 외부기류 또는 기계진동 등에 의하여 분진이 흩날리는 것을 방지하기 위한 조치

2022년 제3회 기출복원문제

03 산업안전보건법 시행령에 나타낸 보건관리자의 자격에 해당하는 사람을 3가지 적으시오.

해답
1) 의사
2) 간호사
3) 산업보건지도사 자격을 가진 사람
4) 인간공학기사 이상의 자격을 취득한 사람
5) 산업위생관리산업기사 또는 대기환경산업기사 이상의 자격을 취득한 사람
6) 전문대학 이상의 학교에서 산업보건 또는 산업위생 분야의 학위를 취득한 사람

야간작업의 정의
야간작업은 오후 10시부터 다음 날 오전 6시까지 사이의 시간이 포함된 교대작업을 말한다. 정확히 야간근로자를 구분하는 기준은 6개월간 오후 10시부터 다음 날 오전 6시까지의 계속되는 작업을 월 평균 4회 이상 수행하거나 월 평균 60시간 이상 수행하는 경우를 말하며, 6개월간 야간작업 누적 횟수가 24회 이상(1년간 48회 이상)이고 6개월간 누적시간 360시간 이상(1년간 720시간)인 경우에는 야간작업으로 구분된다.

04 장기간의 야간 교대근무자에게 발생할 수 있는 생리적 현상 3가지를 적으시오.

해답
1) 위장장해
2) 수면장해
3) 심혈관장해
4) 만성 신장질환

05 작업장의 공기시료채취 시 공기 유량과 용량을 보정하는 표준기구 중 주기적으로 1차 표준기구로 보정해야 하는 2차 표준기구 종류를 4가지 적으시오.

1) 로타미터(rotameter)
2) 습식테스터미터(wet test meter)
3) 건식가스미터(dry gas meter)
4) 오리피스미터(orifice meter)
5) 열선기류계(thermo anemometer)
6) 벤투리미터(venturi meter)
7) vane anemometer

06 작업장의 공기시료를 여과포집방법으로 채취할 경우 여과지 (filter) 선정 시 구비조건 5가지를 적으시오.

> **해답**
> 1) 흡습률이 낮을 것
> 2) 가볍고 1매당 무게의 불균형이 적을 것
> 3) 채취 시 흡입 저항이 낮아 압력손실이 적을 것
> 4) 분석상 방해가 되는 불순물을 함유하지 않을 것
> 5) 접거나 구부리더라도 파손되거나 찢어지지 않을 것
> 6) 채취대상 입자의 입도 분포에 대하여 채취효율이 높을 것

07 다음 작업조건에 따른 적합한 개인보호구를 적으시오.

> 1) 감전 위험이 있는 전기 작업
> 2) 고열에 의한 화상의 위험이 있는 작업
> 3) 불꽃이나 물체가 흩날릴 위험이 있는 용접작업
> 4) 선창에서 비산분진이 심하게 발생하는 하역작업
> 5) 섭씨 영하 18도 이하인 급냉동 어창에서의 하역작업

> **해답**
> 1) 절연 보호구   2) 방열복   3) 보안면
> 4) 방진마스크   5) 방한복

📝 **일반 작업별 보호구(산업안전보건기준에 관한 규칙 제1편 제4장)**
- 물체가 떨어지거나 날아올 위험 또는 근로자가 추락할 위험이 있는 작업: 안전모
- 높이 또는 깊이 2미터 이상의 추락할 위험이 있는 장소에서 하는 작업: 안전대
- 물체의 낙하·충격, 물체에의 끼임, 감전 또는 정전기의 대전(帶電)에 의한 위험이 있는 작업: 안전화
- 물체가 흩날릴 위험이 있는 작업: 보안경
- 용접 시 불꽃이나 물체가 흩날릴 위험이 있는 작업: 보안면
- 감전의 위험이 있는 작업: 절연용 보호구
- 고열에 의한 화상 등의 위험이 있는 작업: 방열복
- 선창 등에서 분진(粉塵)이 심하게 발생하는 하역작업: 방진마스크
- 섭씨 영하 18도 이하인 급냉동 어창(수산물보관소, 창고)에서 하는 하역작업: 방한모·방한복·방한화·방한장갑

08 인체에 침입한 독성물질 간 상호작용(협동작용)을 독성이 미치는 정도를 숫자로 표시하여 4가지로 설명하시오.

> **해답**
> 1) 상가작용(addition effect): 유해인자 2종 이상이 혼재하는 경우 흡입 시 같은 인체 부위에 작용함으로써 그 유해성이 가중되는 것(2+3→5)
> 2) 상승작용(synergism effect): 각각의 단일 유해물질에 노출되었을 때 원래 유해물질 각자가 갖는 독성보다 훨씬 커지는 것(2+3→10)
>   (예) 사염화탄소와 에탄올에 같이 노출될 경우, 흡연자가 석면에 노출될 경우)

📝 소음성 난청(NIHL, Noise-Induced Hearing Loss)

특수건강진단에서 기도 순음어음 청력검사상 3,000, 4,000 또는 6,000[Hz]의 고음역 영역에서 어느 하나라도 50[dB]의 청력손실이 인정되고, 삼분법 500(a), 1,000(b), 2,000(c)에 대한 청력손실 정도로서 $\frac{(a+b+c)}{3}$ 평균 30[dB] 이상의 청력손실이 있으며, 직업력 상 소음 노출에 의한 것으로 추정되는 경우로 한다.

📝 일시적 난청

- 강렬한 소음 노출 2시간 이후부터 4,000 ~ 6,000[Hz]에서 많이 발생한다.
- 20 ~ 30[dB]의 청력손실이 있고 12 ~ 24시간 회복시간이 요구된다.
- 청각세포의 피로현상에 대한 경고 신호로 일시적 코르티기관 손상이 있다.

📝 영구적 난청

- 충분한 회복 없이 지속적인 소음노출에 의한다.
- 4,000[Hz]에서 코르티기관 내 외유모 세포의 불가역적 파괴 현상(C_5-dip 현상)이 있다.

📝 청력보존 프로그램

소음노출 평가, 소음노출 기준 초과에 따른 공학적 대책, 청력보호구의 지급과 착용, 소음의 유해성과 예방에 관한 교육, 정기적 청력검사, 기록·관리 사항 등이 포함된 소음성 난청을 예방·관리하기 위한 종합적인 계획을 말한다.

- 소음작업이란 1일 8시간 작업을 기준으로 85[dB] 이상의 소음이 발생하는 작업을 말한다.

3) 가승작용 또는 잠재작용(potentiation effect) : 단독으로 투여할 경우에는 전혀 독성이 없거나 거의 없는 물질이 독성이 있는 다른 물질과 복합적으로 노출되었을 때 독성이 현저하게 커지는 것(0+2→7)
(예 무독성인 아이소프로페놀을 간장 독성물질인 사염화탄소와 함께 투여하면 사염화탄소의 간장 독성을 현저하게 증가시킴)

4) 길항작용 또는 상쇄작용(antagonism effect): 두 물질을 동시에 투여한 경우 서로 독성을 방해하여 독성의 합보다 독성이 작아지는 것(2+3→3)
(예 중금속의 독성이 BAL의 투여 시 감소되는 작용, 수면제 중독에 의해 발생하는 혈압강하 현상이 혈관수축제인 Metaraminol을 투여하여 혈압 강하를 방지하는 작용, 유기인 살충제 독성을 활성탄을 이용하여 체내 흡수를 방해하는 작용, 일산화탄소 중독 시 산소를 이용하여 일산화탄소의 독성을 감소시키는 적용)

09 '산업안전보건기준에 관한 규칙'에서 사업주가 수립하여 시행하는 작업장에서 발생하는 소음에 의한 소음성 난청을 예방하고 관리하기 위한 종합적 계획인 청력보존 프로그램이 포함하고 있는 내용을 5가지 적으시오.

> **해답**
> 1) 소음의 노출평가
> 2) 정기적 청력검사 및 평가, 사후관리
> 3) 청력 보호구의 선택, 지급 및 착용 관리
> 4) 소음 노출기준 초과에 대한 공학적 대책
> 5) 청력보존 프로그램 관련 문서 작성 및 기록 관리
> 6) 소음의 유해성, 건강 영향과 청력손실 예방에 관한 교육

10 산업안전보건법 시행규칙에 따른 위험성 평가 후 결과에 대한 보고사항 및 기록물 보존연수를 적으시오.

> **해답**
> 1) 결과에 따른 보고사항
>   (1) 위험성 평가 대상의 유해·위험요인
>   (2) 위험성 결정의 내용
>   (3) 위험성 결정에 따른 조치의 내용
> 2) 사업주는 위험성 평가 결과에 따른 자료를 3년간 보존해야 한다.

11 축류형 송풍기(axial fan)의 종류를 3가지 쓰고, 종류에 따른 각각의 특징 2가지를 나타내시오.

> **축류형 송풍기 (axial fan)**
> 공기를 임펠러의 축 방향과 같은 방향으로 이송시키는 송풍기로서 프로펠러형 임펠러로 구성되며 임펠러의 깃(blade)은 익형으로 되어 있다.

[해답]
1) 프로펠러형(propeller fan): 송풍관이 없는 가장 간단한 형태의 송풍기
   (1) 효율이 25 ~ 50[%]로 낮지만 설치비용이 저렴하다.
   (2) 압력손실이 25[mmH$_2$O] 이내로 약하여 전체 환기에 적합하다.
2) 튜브형(tube axial fan): 튜브 내부에 임펠러가 설치된 형태의 송풍기
   (1) 날개가 마모되거나 오염된 경우 교환 및 청소가 용이하다.
   (2) 효율이 30 ~ 60[%]이고, 덕트 모양의 하우징 내에 송풍기가 들어가 있다.
   (3) 전동기(motor)를 덕트 외부에 부착시킬 수 있으며 압력손실은 75[mmH$_2$O] 이내이다.
3) 고정 날개형 또는 베인형(guide vain fan): 튜브형에 안내깃이 붙은 형태의 송풍기
   (1) 효율이 25 ~ 50[%]로 낮지만 설치비용이 저렴하다.
   (2) 안내깃이 붙은 형태로 압력손실은 100[mmH$_2$O] 이내이다.
   (3) 저풍압, 다풍량의 용도에 적합하여 국소통풍이나 터널의 환기에 사용된다.

12 다음 표는 사업주가 쾌적한 사무실 공기를 유지하기 위해 사무실 오염물질의 관리기준이다. ( ) 안에 알맞은 내용을 채우시오. (단, 단위를 기입해야 정답 처리한다.)

> **사무실 오염물질**
> 산업안전보건법 제24조 제1항 제1호에 따른 가스·증기·분진 등과 곰팡이·세균·바이러스 등 사무실의 공기 중에 떠다니면서 근무자에게 건강장해를 유발할 수 있는 물질을 말한다.

오염물질	관리기준(8시간 시간가중평균농도)
미세먼지(PM$_{10}$)	100[μg/m^3]
초미세먼지(PM$_{2.5}$)	(㉠)
이산화탄소(CO$_2$)	1,000[ppm]
일산화탄소(CO)	10[ppm]
이산화질소(NO$_2$)	(㉡)
폼알데하이드(HCHO)	100[μg/m^3]
총휘발성유기화합물(TVOC)	(㉢)
라돈(radon)	(㉣)
총부유세균	800[CFU/m^3]
곰팡이	(㉤)

[해답]
㉠ 50[μg/m^3] ㉡ 0.1[ppm] ㉢ 500[μg/m^3]
㉣ 148[Bq/m^3] ㉤ 500[CFU/m^3]

13 고열작업의 평가를 위한 지표로 사용하는 실효온도를 설명하고, WBGT를 옥내와 옥외로 구분하여 각각 공식을 적으시오.

1) 실효온도: 작업자가 느끼는 체감온도 또는 감각온도로 온도, 습도, 기류 등이 영향을 주며 이 실효온도가 증가할수록 육체적 작업능력이 떨어진다.
2) 습구흑구온도지수(Wet-Bulb Globe Temperature: WBGT)
   근로자가 고열환경에 종사함으로써 받는 열스트레스 또는 위해를 평가하기 위한 도구(단위, ℃)로써 기온, 기습 및 복사열을 종합적으로 고려한 지표를 말한다. 습구흑구온도지수(WBGT)의 산출식은 다음과 같다.
   (1) 옥외(태양광선이 내리쬐는 장소)
   • WBGT(℃) = 0.7×자연습구온도(NWB) + 0.2×흑구온도(GT) + 0.1×건구온도(DB)
   (2) 옥내 또는 옥외(태양광선이 내리쬐지 않는 장소)
   • WBGT(℃) = 0.7×자연습구온도(NWB) + 0.3×흑구온도(GT)

14 다음은 국소배기장치의 설계 시 후드의 성능을 유지하기 위한 후드설계지침이다. 틀린 번호의 문장을 선택한 후 옳게 수정하시오.

1) 필요환기량을 최대화하여야 한다.
2) 가급적이면 공정을 많이 포위하도록 한다.
3) 가능한 오염물질 발생원에서 멀리 설치한다.
4) 후드의 재질을 덕트보다 가벼운 재질로 선택한다.
5) 후드 개구면에서 흡입기류가 균일하게 분포되도록 설계한다.
6) 후드의 개구면적은 완전한 흡입 조건하에서 가능한 한 넓게 한다.
7) 후드는 작업자의 호흡 영역을 유해물질로부터 보호해야 한다.

1) 필요환기량을 최소화하여야 한다.
3) 가능한 오염물질 발생원에서 가까이 설치한다.
4) 후드의 재질을 덕트보다 두꺼운 재질로 선택한다.
6) 후드의 개구면적은 완전한 흡입 조건하에서 가능한 한 좁게 한다.

15 다음 표는 산업안전보건법 시행규칙에 나타낸 특수건강진단의 시기 및 주기에 관한 내용이다. ( ) 안에 알맞은 내용을 적으시오.

대상 유해인자	시기(배치 후 첫 번째 특수 건강진단)	주기
N,N-다이메틸아세트아미드, 다이메틸포름아미드	1개월 이내	(ⓒ)
벤젠	(㉠) 이내	6개월
1,1,2,2-테트라클로로에탄, 사염화탄소, 아크릴로니트릴, 염화비닐	3개월 이내	(㉣)
석면, 면 분진	(㉡) 이내	12개월
광물성 분진, 목재 분진, 소음 및 충격소음	12개월 이내	(㉤)

> **특수건강진단**
> 1인 이상의 근로자를 사용하는 사업주가 근로자의 일반 질병 및 직업성 질환을 예방하고, 작업 및 환경을 건강보호·유지에 적합하도록 유지·관리하기 위하여 시행하는 건강진단을 말한다. 유해인자(179종) 노출업무 종사 근로자의 직업병 예방 및 해당 노출업무에 대한 주기적인 업무 적합성을 평가하는데 실시 목적이 있다.

해답
㉠ 2개월 ㉡ 12개월 ⓒ 6개월 ㉣ 6개월 ㉤ 24개월

16 설치조건이 다음과 같은 외부식 후드를 작업대 면에 설치하려고 한다. 플랜지 설치 전·후의 필요송풍량(m^3/min) 감소량과 플랜지 설치 시 플랜지의 폭(cm)을 구하시오.

[설치조건]
후드의 발생원과의 거리: 0.5[m], 후드의 직경: 20[cm], 제어속도: 1[m/s]

해답
1) 플랜지 설치 전의 외부식 후드의 필요송풍량(Q)

후드의 개구면적, $A_h = \dfrac{\pi \times d^2}{4} = \dfrac{3.14 \times 0.2^2}{4} = 0.0314[m^2]$

$\therefore Q = 60 \times V_c \times (5X^2 + A)$
$= 60 \times 1 \times (5 \times 0.5^2 + 0.0314) = 76.88[m^3/min]$

2) 플랜지 설치 후의 외부식 후드의 필요송풍량(Q)

$Q = 60 \times 0.5 \times V_c \times (10X^2 + A)$
$= 60 \times 0.5 \times 1 \times (10 \times 0.5^2 + 0.0314) = 75.94[m^3/min]$

플랜지 설치 전·후의 필요송풍량(m^3/min) 감소량은
$76.88 - 75.94 = 0.94[m^3/min]$

3) 플랜지의 폭(W)
$W = \sqrt{A} = \sqrt{0.0314} = 0.177[m] = 17.72[cm]$

2022년 제3회 기출복원문제

17 덕트 직경이 50[cm]이고, 공기유속이 10[m/s]일 때 온도가 20[℃], 1기압 덕트 내에서 레이놀즈수는? (단, 20[℃]에서 공기밀도는 1.2[kg/m³], 공기의 점성계수는 1.85×10⁻⁵[kg/s·m]이다.)

해답
레이놀즈수, $R_e = \dfrac{\rho v d}{\mu} = \dfrac{1.2 \times 10 \times 0.5}{1.85 \times 10^{-5}} = 324,324.32$

18 RMR이 8인 격심 작업을 하는 근로자의 실동률(%)과 계속 작업의 한계시간(분)을 계산하시오. (단, 실동률은 사이또 오시마식을 적용한다.)

해답
1) 작업의 실동률(실노동률, %)의 관계식
   실동률(%) = 85 − 5 × RMR = 85 − 5 × 8 = 45[%]
2) 계속 작업의 한계시간(분)
   log(계속 작업의 한계시간, 분) = 3.724 − 3.25 log R = 3.724 − 3.25 × log 8 = 0.79
   ∴ 계속 작업의 한계시간 = 10^{0.79} = 6.2분

경고표지
유해제품에 관한 적절한 문자, 인쇄 또는 그래픽 정보요소를 관련된 대상 분야에 맞게 선택한 것으로, 컨테이너, 유해제품 또는 유해제품의 포장용기에 고정, 인쇄 또는 부착된 것을 말한다.

19 산업안전보건법 시행규칙에서 안전보건표지의 종류와 형태에 나타낸 다음 '경고표지'는 무엇을 경고하는 표지인가?

1)   2)   3)

해답
1) 인화성 물질 경고
2) 산화성 물질 경고
3) 발암성·변이원성·생식독성·전신독성·호흡기 과민성 물질 경고

20 공기 중에 톨루엔(TLV = 50[ppm])이 25[ppm], 자일렌(TLV = 100[ppm])이 50[ppm], 아세톤(TLV = 500[ppm])이 250[ppm]으로 측정되었을 경우 다음 물음에 답하시오. (단, 각 물질은 상가작용을 한다고 가정한다.)

1) 이 작업 환경의 노출지수(EI)는?
2) 노출기준 초과 여부는?
3) 세 물질의 상가작용에 의한 허용농도(ppm)는?

해답 오염물질이 혼합물로 존재할 경우

1) 노출지수(EI, Exposure Index)의 계산

$$EI = \frac{C_1}{TLV_1} + \frac{C_2}{TLV_2} + \cdots + \frac{C_n}{TLV_n} = \frac{25}{50} + \frac{60}{100} + \frac{250}{500} = 1.6$$

2) 노출지수가 1을 초과하면 노출기준을 초과한다고 평가하므로 노출기준 초과이다.

3) 허용농도(ppm) = $\frac{(25 + 60 + 250)}{1.6}$ = 209.38[ppm]

2023년 제1회 기출복원문제

근로자의 건강진단

근로자는 일하는 동안 다양한 유해인자에 노출될 수 있기 때문에 건강진단을 통해 건강이상을 조기에 발견하고 관리하여 직업성질환을 예방하는 것이 필요하다. 이에 산업안전보건법에서는 사업주가 상시 근로자에 대해 '일반건강진단'을 하도록 하고, 보다 각별한 건강관리가 필요한 유해인자에 노출되는 근로자에 대해서는 일반건강진단에 더하여 '배치 전 건강진단·특수건강진단·수시건강진단을 하도록 하고 있다.

01 산업안전보건법에 따른 사업주의 '건강진단에 관한 사업주의 의무'에 대하여 5가지 적으시오.

 해답
1) 건강진단을 실시하는 경우 근로자대표가 요구하면 근로자대표를 참석시켜야 한다.
2) 산업안전보건위원회 또는 근로자대표가 요구할 때에는 직접 또는 건강진단을 한 건강진단 기관에 건강진단 결과에 대하여 설명하도록 하여야 한다.
3) 건강진단의 결과를 근로자의 건강 보호 및 유지 외의 목적으로 사용해서는 안 된다.
4) 건강진단의 결과 근로자의 건강을 유지하기 위하여 필요하다고 인정할 때에는 작업장소 변경, 작업 전환, 근로시간 단축, 야간근로(오후 10시부터 다음 날 오전 6시까지 사이의 근로를 말한다.)의 제한, 작업환경측정 또는 시설·설비의 설치·개선 등 고용노동부령으로 정하는 바에 따라 적절한 조치를 하여야 한다.
5) 고용노동부령으로 정하는 사업주는 그 조치 결과를 고용노동부령으로 정하는 바에 따라 고용노동부 장관에게 제출하여야 한다.

02 산업안전보건법에 따른 사업장을 실질적으로 총괄하여 관리하는 사람인 안전보건 관리책임자의 직무사항 3가지를 적으시오.

 해답
1) 사업장의 산업재해 예방계획의 수립에 관한 사항
2) 안전보건교육에 관한 사항
3) 안전보건관리규정의 작성 및 변경에 관한 사항
4) 작업환경측정 등 작업환경의 점검 및 개선에 관한 사항
5) 근로자의 건강진단 등 건강관리에 관한 사항
6) 산업재해의 원인 조사 및 재발 방지대책 수립에 관한 사항
7) 산업재해에 관한 통계의 기록 및 유지에 관한 사항
8) 안전장치 및 보호구 구입 시 적격품 여부 확인에 관한 사항

03 근골격계질환에 대한 작업자 특성요인과 직업 관련성에 따른 작업 위험요인을 각각 2가지씩 적으시오.

1) 작업자 특성요인: 과거 병력, 연령, 성별, 키, 몸무게
2) 직업 관련성에 따른 작업 위험요인: 무리한 반복적인 동작, 부적절한 작업자세, 과도한 힘의 사용, 날카로운 면과의 신체접촉, 높은 반복 및 작업빈도, 부적절한 휴식, 심한 진동 및 저온 상태

04 산업안전보건기준에 관한 규칙에 나타낸 근로자가 근골격계부담작업을 하는 경우에 사업주가 알려야 하는 주지사항 4가지를 적으시오.

1) 근골격계부담작업의 유해요인
2) 근골격계질환의 징후와 증상
3) 근골격계질환 발생 시의 대처요령
4) 올바른 작업자세와 작업도구, 작업시설의 올바른 사용방법
5) 그 밖에 근골격계질환 예방에 필요한 사항

05 산업안전보건법과 '사업장 위험성 평가에 관한 지침'에서 정의하는 위험성 평가의 정의와 실시 사유에 대하여 적으시오.

1) 정의: 사업주가 스스로 유해·위험요인을 파악하고 해당 유해·위험요인의 위험성 수준을 결정하여, 위험성을 낮추기 위한 적절한 조치를 마련하고 실행하는 과정을 말한다.
2) 실시 이유: 사업주는 건설물, 기계·기구·설비, 원재료, 가스, 증기, 분진, 근로자의 작업행동 또는 그 밖의 업무로 인한 유해·위험 요인을 찾아내어 부상 및 질병으로 이어질 수 있는 위험성의 크기가 허용 가능한 범위인지를 평가하여야 하고, 그 결과에 따라 조치를 하여야 하며, 근로자에 대한 위험 또는 건강장해를 방지하기 위하여 필요한 경우에는 추가적인 조치를 하여야 한다.

2023년 제1회 기출복원문제

배출구(배기구)의 설치
(산업환기설비에 관한 기술지침: 한국산업안전보건공단)

- 옥외에 설치하는 배기구는 지붕으로부터 1.5[m] 이상 높게 설치하고, 배출된 공기가 주변 지역에 영향을 미치지 않도록 상부 방향으로 10[m/s] 이상의 속도로 배출하는 등 배출된 유해물질이 당해 작업장으로 재유입되거나 인근의 다른 작업장으로 확산되어 영향을 미치지 않는 구조로 하여야 한다.
- 배기구는 최종 배기구 종류를 참조하여 내부식성, 내마모성이 있는 재질로 설치하고, 배기구의 하단에 배수밸브를 설치하여야 한다.

06 국소배기장치 배출구의 배기시설에 대한 일반적인 설치 방법에 따른 '15-3-15 규칙'의 의미를 적으시오.

배기구 설치 시 '15-3-15'의 규칙 중 숫자의 의미
1) 15: 배출구와 공기를 유입하는 흡입구는 서로 15[m] 이상 떨어져야 한다.
2) 3: 배출구의 높이는 지붕 꼭대기나 공기 유입구보다 위로 3[m] 이상 높게 하여야 한다.
3) 15: 배출되는 공기는 재유입 되지 않도록 배출가스 속도를 15[m/s] 이상으로 유지한다.

07 국소배기시설 후드와 관련된 플랜지, 테이퍼, 슬롯에 대한 용어와 그 역할을 설명하시오.

1) 플랜지(flange)
   (1) 후드의 후방기류를 차단하는 역할
   (2) 후드 전면에서 포집범위를 확대하여 제어거리가 길어진다.
   (3) 약 25[%] 정도의 송풍량 감소 효과를 갖는다.
2) 테이퍼(taper)
   (1) 후드와 덕트의 연결 부위(경사접합부)로 급격한 단면변화로 인한 압력손실을 방지한다.
   (2) 후드 개구면 속도를 균일하게 분포시킨다.
3) 슬롯(slot)
   (1) 가늘고 긴 개구면으로 폭/길이의 비가 0.2 이하 $\left(\dfrac{W}{L} \leq 0.2\right)$ 인 것을 말한다.
   (2) 슬롯후드의 가장자리에서도 공기의 흐름을 균일하게 한다.

08 야간근로자에게 나타날 수 있는 생리적 현상 4가지를 적으시오.

1) 체중감소   2) 위장장애
3) 수면질 저하   4) 심혈관계질환
5) 생체리듬의 부조화

09 다음 그림에 나타난 입자상 물질의 물리적 직경인 ㉠, ㉡, ㉢의 명칭을 적고 간단히 설명하시오.

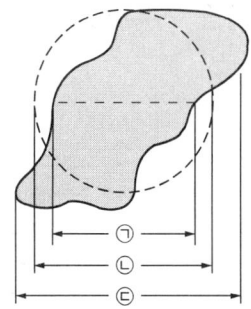

해답
㉠ **마틴직경(Martin's diameter)**: 입자상 물질의 면적을 2등분한 선의 길이이다. 선의 방향은 일정해야 한다. 과소평가할 수 있는 단점이 있다.
㉡ **등면적직경(투영면적경)**: 입자상 물질의 면적과 동일한 면적을 가진 원의 직경으로서, 가장 정확한 직경이라고 인정받고 있다.
㉢ **페렛직경(Feret's diameter)**: 입자상 물질의 한쪽 끝 가장자리와 다른 쪽 끝 가장자리 사이의 거리로서 과대평가할 가능성이 있다.

10 한국산업안전보건공단의 생물학적 노출지표물질 분석에 관한 기술지침에서 나타낸 생물학적 모니터링(biological monitoring)의 정의를 사용되는 생체시료 3가지를 예로 들어 설명하시오.

▶ **생물학적 노출 기준값**
일주일에 40시간 작업하는 근로자가 고용노동부고시에서 제시하는 작업환경 노출기준 정도의 수준에 노출될 때 혈액 및 소변 중에서 검출되는 생물학적 노출지표의 수치를 말한다.

해답
혈액, 소변, 호기 가스 등 생체시료로부터 유해물질 그 자체, 또는 유해물질의 대사산물 또는 생화학적 변화산물 등 '생물학적 노출지표(물질)'를 분석하여 유해물질 노출에 의한 체내 흡수 정도 또는 건강영향 가능성 등을 평가하는 것을 말한다.

11 호흡용 보호구 선정 시 산소결핍장소나 즉시위험건강농도(IDLH, Immediately Dangerous to Life and Health) 이상인 경우 사용하여야 할 보호구 2가지를 쓰시오.

▶ **즉시위험건강농도**
생명 또는 건강에 즉각적으로 위험을 초래하는 농도로서 그 이상의 농도에서 30분간 노출되면 사망 또는 회복 불가능한 건강장해를 일으킬 수 있는 농도를 말한다.

해답
공기호흡기, 송기마스크

2023년 제1회 기출복원문제

12 소음보호구인 귀마개와 귀덮개의 장점을 3가지씩 적으시오.

> **해답**
> 1) 귀마개의 장점
>   (1) 작아서 편리하다.
>   (2) 가격이 귀덮개보다 저렴하다.
>   (3) 고온에서 착용해도 불편함이 없다.
>   (4) 작은 방에서도 고개를 움직이는 데 불편이 없다.
>   (5) 안경, 모자, 귀걸이, 머리카락 등에 방해를 받지 않는다.
> 2) 귀덮개의 장점
>   (1) 귀마개보다 개인차가 적다.
>   (2) 귀마개보다 쉽게 착용할 수 있다.
>   (3) 귀에 염증이 있어도 사용 가능하다.
>   (4) 크기를 여러 가지로 할 필요가 없다.
>   (5) 고음 영역에서 차음 효과가 탁월하다.
>   (6) 멀리서도 착용 여부를 쉽게 확인할 수 있다.
>   (7) 귀마개보다 일관성 있는 차음 효과를 얻을 수 있다.

13 어느 작업장 공기 중 사염화탄소(TLV 10[ppm])가 5[ppm], 디클로로메탄(TLV 50[ppm])이 5[ppm], 디클로로에탄(TLV 20[ppm])이 9[ppm] 측정되었을 경우 다음 물음에 답하시오. (단, 각 물질은 상가작용을 한다고 가정한다.)

1) 이 작업 환경의 노출지수(EI)는?
2) 노출기준 초과 여부는?
3) 세 물질의 상가작용에 의한 허용농도(ppm)는?

> **해답** 오염물질이 혼합물로 존재할 경우
> 1) 노출지수(EI, Exposure Index)의 계산
> $$EI = \frac{C_1}{TLV_1} + \frac{C_2}{TLV_2} + \cdots + \frac{C_n}{TLV_n} = \frac{5}{10} + \frac{5}{50} + \frac{9}{20} = 1.05$$
> 2) 노출지수가 1을 초과하면 노출기준을 초과한다고 평가하므로 노출기준 초과이다.
> 3) 허용농도(ppm) $= \dfrac{(5+5+9)}{1.05} = 18.1[ppm]$

14 조선업종의 대표적인 작업공정 3가지와 발생하는 대표적인 유해요인을 1가지 이상 적으시오.

> **해답**
> 1) 용접 및 절단공정: 용접흄, 소음, 유해광선, 유해가스
> 2) 표면처리 및 보전처리 공정: 철분진, 소음
> 3) 도장공정: 유기용제

15 현재 총 흡음량이 2,500[sabins]인 작업장의 천장에 흡음물질을 덧붙여 2,500[sabins]을 더할 경우 실내 소음 저감량(dB)은 약 얼마로 예측되는가?

> **해답**
> 소음감소량(NR) $= 10 \log \left(\dfrac{2,500 + 2,500}{2,500} \right) = 3[\text{dB}]$

16 육체적 작업능력(PWC)이 16[kcal/min]인 근로자가 1일 8시간 물체를 운반하고 있다. 이때의 작업대사율이 9[kcal/min]이고, 휴식 시의 대사량이 1.4[kcal/min]일 때 매 시간당 적정 휴식시간(분)은 약 얼마인가? (단, Hertig의 식을 적용한다.)

> **해답**
> 피로예방을 위한 적정 휴식시간 산출식(Hertig의 식)
> $T_{rest}(\%) = \dfrac{E_{\max} - E_{task}}{E_{rest} - E_{task}} \times 100$ 에서
> 여기서, $E_{\max}$: 1일 8시간 작업에 적합한 작업대사량으로 육체적 작업능력 (PWC, Physical Work Capacity)의 1/3에 해당하는 값
> E_{task}: 해당 작업의 작업대사량
> E_{rest}: 휴식 중에 소모되는 대사량
> ∴ $T_{rest} = \dfrac{(16/3) - 9}{1.4 - 9} \times 100 = 48.25[\%]$, 즉 매시간 29분(60분 × 0.4825) 동안 휴식을 취하고, 31분간 작업을 하는 것이 바람직하다.

> **육체적 작업능력(PWC, Physical Work Capacity)**
> 육체적 작업능력은 인체공학에서 인간 능력의 육체적 한계를 나타내는 데 사용된다. 따라서 PWC는 개인이 달성할 수 있는 최대 육체적 활동수준으로 정의되며, PWC의 측정은 일반적으로 산소소비량(분당 소비되는 산소 리터)으로 표시되고, 유산소 능력, 즉 $VO_{2,\max}$와 동의어로 사용된다.

2023년 제1회 기출복원문제

17 작업장 내에서 발생하는 분진을 유리섬유여과지로 3회 채취하여 얻은 평균값이 16.04[mg]이었다. 시료포집 전에 실험실에서 여과지를 3회 측정한 결과 10.04[mg]이었다면, 이 작업장 분진농도(mg/m³)는? (단, 시료채취 유량은 분당 40[L], 채취시간은 30분이다.)

해답 분진농도(mg/m³)

$$C = \frac{(\text{시료채취 후 여과지 무게} - \text{시료채취 전 여과지 무게})}{\text{공기시료 채취량}}$$

$$= \frac{(16.04 - 10.04)[\text{mg}]}{40[\text{L/min}] \times 30[\text{min}] \times 10^{-3}[\text{m}^3/\text{L}]}$$

$$= 5[\text{mg/m}^3]$$

18 레이놀즈수, $R_e = 2 \times 10^5$, 공기의 동점성계수, $\nu = 1.5 \times 10^{-5}[\text{m}^2/\text{s}]$, 직경 30[cm]인 덕트 내 유속(m/s)은?

해답 레이놀즈수 $R_e = \dfrac{v \times D}{\nu}$ 에서

$$v = \frac{R_e \times \nu}{D} = \frac{2 \times 10^5 \times 1.5 \times 10^{-5}[\text{m}^2/\text{s}]}{0.3[\text{m}]} = 10[\text{m/s}]$$

19 태양광선이 내리쬐는 옥외 작업장에서 측정한 자연습구온도는 23[℃], 건구온도 20[℃], 흑구온도 23[℃]로 측정되었을 때 습구흑구온도지수(WBGT, ℃)는?

해답 옥외(태양광선이 내리쬐는 장소)
WBGT(℃) = 0.7×자연습구온도(NWB) + 0.2×흑구온도(GT) + 0.1×건구온도(DB)
= 0.7×23 + 0.2×23 + 0.1×20 = 22.7[WBGT, ℃]

20 메틸에틸케톤(MEK)이 0.5[L/h]로 발산되는 작업장에 대해 전체환기를 시키고자 할 경우 필요환기량(m^3/min)은? (단, 메틸에틸케톤 분자량은 72.06, 비중은 0.805, 21[℃], 1기압 기준, 안전계수는 6, TLV는 200[ppm]이다.)

해답
MEK(메틸에틸케톤, Methyl Ethyl Ketone: $CH_3C(O)CH_2CH_3$의 구조로 이루어진 유기화합물)에 대하여

1) MEK의 사용량 $= 0.5[\text{L/h}] \times 0.805[\text{g/mL}] \times 1,000[\text{mL/L}]$
$= 402.5[\text{g/h}]$

2) MEK의 발생률 $= \dfrac{24.1[\text{L}] \times 402.5[\text{g/h}]}{72.06[\text{g}]} = 134.61[\text{L/h}]$

3) 필요환기량 $Q = \dfrac{134.61[\text{L/h}] \times 1,000[\text{mL/L}]}{200[\text{mL/m}^3] \times 60[\text{min}]} \times 6 = 67.31[\text{m}^3/\text{min}]$

2023년 제2회 기출복원문제

안전보건개선계획
산업재해예방을 위하여 시설개선, 안전보건관리체제 확립, 근로자 교육실시 등 종합적인 개선조치를 할 필요가 있다고 인정하는 경우에 고용노동부 장관이 해당 사업장에 대해 안전보건개선계획 수립을 명령하는 제도이다.

01 산업재해 예방을 위하여 종합적인 개선조치를 할 필요가 있다고 인정되는 사업장의 사업주에게 고용노동부 장관은 안전보건개선계획을 시행하라고 명할 수 있다. 여기에 해당하는 사업장의 종류를 적으시오.

[해답]
1) 산업재해율이 같은 업종의 규모별 평균 산업재해율보다 높은 사업장
2) 사업주가 필요한 안전조치 또는 보건조치를 이행하지 아니하여 중대재해가 발생한 사업장
3) 대통령령으로 정하는 수 이상의 직업성 질병자가 발생한 사업장
4) 유해인자의 노출기준을 초과한 사업장

[참고] 산업안전보건법 제49조(안전보건개선계획의 수립·시행 명령)
① 고용노동부 장관은 다음 각 호의 어느 하나에 해당하는 사업장으로서 산업재해 예방을 위하여 종합적인 개선조치를 할 필요가 있다고 인정되는 사업장의 사업주에게 고용노동부령으로 정하는 바에 따라 그 사업장, 시설, 그 밖의 사항에 관한 안전 및 보건에 관한 개선계획을 수립하여 시행할 것을 명할 수 있다.

02 산소부채에 대하여 설명하고 근육에 공급되는 에너지원 2개를 적으시오.

[해답]
1) 작업이 끝난 후에 남아 있는 젖산을 제거하기 위하여 산소가 더 필요하게 되며, 이때 동원되는 산소소비량을 산소부채(oxygen debt)라고 한다.
2) 근육운동에 필요한 에너지원
 (1) 혐기성 대사: 근육 내에 존재하는 ATP(Adenosine Triphos Phate, 아데노신삼인산), CP(Creatine Phosphate, 크레아틴인산), glycogen(글리코겐), glucose(포도당)
 (2) 호기성 대사: 음식물로 섭취된 포도당, 단백질, 지방 등

[참고] 산소부채는 작업이 시작되면서 발생하며 작업 시 소비되는 산소소비량은 초기에 서서히 증가하다가 작업강도에 따라 일정한 양에 도달하고, 작업이 종료된 후 서서히 감소되어 일정 시간 동안 산소를 소비하는 산소부채의 보상(compensation) 현상이 발생한다. 따라서 산소부채 현상은 작업강도에 따라 필요한 산소요구량과 산소공급량의 차이에 의하여 발생한다.

03 공기역학적 직경에 대하여 설명하시오.

> **해답** 공기역학적 직경은 대상 분진과 침강속도가 같고 밀도가 1[g/cm³]이며, 구형인 분진의 직경이다.

04 다음 조건에서 상대위험도를 계산하고 그 값의 의미를 적으시오.

[조건]
비노출군 발병률: 1.0, 노출군 발병률: 2.0

> **해답** 비교위험도(relative risk) 또는 상대위험도
> $$= \frac{\text{노출군에서 질병발병률}}{\text{비노출군에서의 질병발병률}} = \frac{2.0}{1.0} = 2$$
> 이 값은 아래의 (2)번에 해당한다.
> (1) 상대위험비 = 1인 경우: 노출과 질병 사이의 연관성은 없음
> (2) 상대위험비>1인 경우: 위험의 증가를 의미
> (3) 상대위험비<1인 경우: 질병에 대한 방어 효과가 있음을 의미

05 유해물질인 스타이렌(styrene)의 기준치가 초과하였을 때 언제 다시 재측정을 해야 하는가?

> **해답** 그 측정일부터 3개월에 1회 이상 작업환경측정을 해야 한다.
>
> **참고** 산업안전보건법 시행규칙 제190조(작업환경측정 주기 및 횟수)
> ① 사업주는 작업장 또는 작업공정이 신규로 가동되거나 변경되는 등으로 제186조에 따른 작업환경측정 대상 작업장이 된 경우에는 그 날부터 30일 이내에 작업환경측정을 하고, 그 후 반기(半期)에 1회 이상 정기적으로 작업환경을 측정해야 한다. 다만, 작업환경측정 결과가 다음 각 호의 어느 하나에 해당하는 작업장 또는 작업공정은 해당 유해인자에 대하여 그 측정일부터 3개월에 1회 이상 작업환경측정을 해야 한다.
> 1. 별표 21 제1호에 해당하는 화학적 인자의 측정치가 노출기준을 초과하는 경우
> 2. 별표 21 제1호에 해당하는 화학적 인자의 측정치가 노출기준을 2배 이상 초과하는 경우

📝 **스타이렌(styrene)**
벤젠에 비닐기가 붙은 유기 화합물이며 화학식은 $C_6H_5CH=CH_2$이다. 폴리스타이렌을 만드는 데 사용된다.

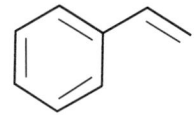

📝 **스타이렌의 노출기준**
- 시간가중평균(TWA)
 : 20[ppm](85[mg/m³])
- 단시간노출기준(STEL)
 : 40[ppm](170[mg/m³])

📝 **스타이렌의 노출에 의한 일반적인 건강장해**
신경 및 호흡기 계통의 영향을 미치며 주요 증상으로는 눈, 목 및 코 자극증상, 호흡기 장애, 피부 자극 증상(갈라짐, 발진), 쇠약, 두통, 피로, 어지럼증, 기억력 장애 등

📝 **ACGIH에서 권고하는 스타이렌에 대한 생물학적 노출지표**
요중 만델산, 요중 페닐글리옥실산, 혈액 중 스타이렌

06 음향출력 1.2[watt]인 소음원으로부터 35[m]되는 지점에서의 음압수준(dB)은? (단, 무지향성 점음원, 자유공간 기준이다.)

해답
$$SPL = PWL - 20\log r - 11$$
$$= 10\log\left(\frac{1.2}{10^{-12}}\right) - 20\log 35 - 11 = 79[dB]$$

07 유해화학물질 사용하는 사업장에 비치해야 할 항목을 3가지 적으시오.

해답
'화학물질의 분류·표시 및 물질안전보건자료에 관한 기준'에 의한 비치 항목
1) 화학물질의 분류 및 경고표시
2) 물질안전보건자료(MSDS)의 작성
3) 유해화학물질 식별정보의 표시

> **근골격계질환**
> 근육, 건 그리고 신경 등에 일어나는 통증을 동반한 질환들을 총칭하는 말로 수근관증후군, 건염, 흉곽출구증후군, 경추자세증후군 등이 그 예라고 할 수 있다. 작업 활동이 반복적이며 지속적이고 또는 부자연스러운 자세로 행하여지는 경우 이러한 질환들이 발생할 확률이 높다. 또한 이러한 질환들은 작업 중 또는 휴식 시에 통증을 동반하기도 한다.

08 근골격계질환 작업 관련성 위험요인을 4가지 적으시오.

해답
1) 무리한 작업자세, 반복적인 동작
2) 부자연스러운 작업자세
3) 과도한 힘의 발휘
4) 높은 반복 및 작업빈도
5) 부적절한 휴식
6) 날카로운 면과의 접촉
7) 기타 원인으로 진동, 저온 등

09 다음 대상 유해인자를 취급하는 근로자의 특수건강진단의 기본 주기를 적으시오.
1) 디메틸포름아미드
2) 염화비닐
3) 석면

> **해답**
> 산업안전보건법 시행규칙 [별표 23] 특수건강진단의 시기 및 주기(제202조 제1항 관련)에 따른다.
> 1) **디메틸포름아미드**: 6개월
> 2) **염화비닐**: 6개월
> 3) **석면**: 12개월

10 미국 NIOSH의 권고중량물 한계기준 또는 권고기준인 RWL 계산식에 포함된 각종 계수 6가지를 적고 간단히 설명하시오.

> **해답**
> $RWL(kg) = 23 \times HM \times VM \times DM \times AM \times FM \times CM$
> 1) **HM(Horizontal Multiplier)**: 수평거리(H)를 권장무게 한계에 고려하기 위한 계수
> 2) **VM(Vertical Multiplier)**: 작업자와 물체 사이의 수직거리(V)를 권장무게한계에 고려하기 위한 계수
> 3) **DM(Distance Multiplier)**: 물체를 이동시킨 수직거리(D)를 권장중량한계에 고려하기 위한 계수
> 4) **AM(Asymmetric Multiplier)**: 비대칭계수
> 5) **FM(Frequency Multiplier)**: 분당 물체를 드는 횟수(회/분)를 나타내는 빈도계수
> 6) **CM(Coupling Multiplier, 커플링 계수)**: 물체가 다소 가볍더라도 손잡이가 없어서 자꾸 미끄러진다거나 드는 물체가 부정형이라서 손으로 들기 불편한 경우에 사용하는 커플링 계수

📝 **권장무게한계(RWL, Recommended Weight Limit)**
허리 통증이나 부상의 위험을 최소화하기 위해 작업 조건에서 들어 올리는 데 권장되는 최대 무게로 정의된다.

2023년 제2회 기출복원문제

11 다음은 작업환경측정에 관한 내용이다. 무엇에 대한 정의인가?

> 1) 일정한 물질에 대해 반복측정·분석했을 경우 나타나는 자료 분석치의 변동 크기가 얼마나 작은가 하는 수치
> 2) 폐포에 침착하여 독성을 나타내는 물질, 입경이 $3.5[\mu m]$인 입자가 폐포로 들어올 확률은 50[%]이다.
> 3) 시료채취기를 이용하여 가스, 증기, 분진, 흄, 미스트 등 유해인자를 근로자의 정상 작업 위치 또는 작업행동 범위에서 호흡기 높이에 고정하여 채취하는 것을 말한다.

1) 정밀도
2) 호흡성 먼지(RPM, Respirable Particulate Matters)
3) 지역시료채취

12 산업피로가 발생한 근로자의 소변과 혈액의 현상에 대하여 설명하시오.

1) **소변**: 소변의 양이 줄고 진한 색깔을 띠며 단백질이나 기타 교질 영양물질의 배설량이 많아진다.
2) **혈액**: 혈당치가 낮아지고 젖산이나 탄산이 증가함으로써 산혈증 증세를 나타낸다.

13 귀마개와 비교하여 귀덮개의 장점 3가지를 적으시오.

1) 귀 안에 염증이 있어도 사용 가능하다.
2) 동일한 크기의 귀 덮개를 대부분의 근로자가 사용할 수 있다.
3) 멀리서도 착용 유무를 확인할 수 있다.

14 자유공간에 떠 있는 직경 30[cm]인 원형 개구 후드의 개구면으로부터 30[cm] 떨어진 곳의 입자를 흡입하려고 한다. 제어풍속을 0.6[m/s]으로 할 때 후드 정압(SP_h)는 약 몇 mmH$_2$O인가? (단, 원형 개구 후드의 유입손실계수(F_h)는 0.93이다.)

해답

필요환기량, $Q = 0.6 \times \left(10 \times 0.3^2 + \dfrac{3.14 \times 0.3^2}{4}\right) = 0.58 [\text{m}^3/\text{s}]$ 에서

$V = \dfrac{Q}{A} = \dfrac{0.58}{\left(\dfrac{3.14 \times 0.3^2}{4}\right)} = 8.29 [\text{m/s}]$

∴ $VP = \dfrac{\gamma V^2}{2[g]} = \dfrac{1.2 \times 8.29^2}{2 \times 9.8} = 4.2 [\text{mmH}_2\text{O}]$

∴ $SP_h = 4.2 \times (1 + 0.93) = 8.1 [\text{mmH}_2\text{O}]$, 송풍기 앞쪽의 정압은 음압이므로 후드 정압은 $-8.1 [\text{mmH}_2\text{O}]$ 이다.

15 어떤 물질의 독성에 관한 인체실험 결과 안전흡수량이 체중 1[kg]당 0.15[mg]이었다. 이때 독성물질의 공기 중 농도가 1[mg/m³]일 경우, 체중이 70[kg]인 근로자가 이 물질의 체내 흡수를 안전흡수량 이하로 유지하려면 1일 몇 시간 이내로 작업을 하여야 하는가? (단, 작업 시 폐환기율은 1.3[m³/h], 체내 잔류율은 1.0으로 한다.)

해답

공기 중 안전농도와 안전용량 사이의 변환공식

$C = \dfrac{\text{SHD}}{\alpha \times \text{BR} \times t}$

여기서, SHD(Safe Human Dose): 사람에 대한 안전노출량(mg/day)으로
SHD = 체중 1[kg]당 용량×BW(체중, Body Weight)이다.
α: 폐에서 흡수되는 비율(%)로 보통 100[%]를 사용함(체내 잔류율)
BR(Breathing Rate): 개인의 호흡률(폐환기율)
t: 노출시간(보통 8시간)

∴ $1[\text{mg/m}^3] = \dfrac{0.15[\text{mg/kg}] \times 70[\text{kg}]}{1.0 \times 1.3[\text{m}^3/\text{h}] \times t[\text{h}]}$ 에서 $t = 8[\text{h}]$

SHD

호흡기 노출을 가정하고 동물실험에서 구한, 인간에게 안전하다고 여겨지는 양(Safe Human Dose)을 말한다.

2023년 제2회 기출복원문제

16 일반적인 작업환경관리의 기본원칙 4가지를 적으시오.

해답
1) 대치(substitution) 또는 대체(물질의 변경, 공정의 변경, 시설의 변경)
2) 격리 및 밀폐(isolation & enclosing)
3) 환기(ventilation)
4) 교육과 훈련(education & training)

17 전자부품을 납땜하는 공정에 외부식 국소배기장치를 설치하려고 한다. 후드의 규격은 400[mm]×400[mm], 제어거리(X)를 20[cm], 제어속도(V_c)를 0.5[m/s]로 하고자 할 때의 소요풍량(m³/min)보다 후드에 플랜지를 부착하여 공간에 설치하면 소요풍량(m³/min)은 얼마나 감소하는가?

제어풍속(제어속도)
후드 전면 또는 후드 개구면에서 유해물질이 함유된 공기를 당해 후드로 흡입시킴으로써 그 지점의 유해물질을 제어할 수 있는 공기속도를 말한다. 다만, 포위식 및 부스식 후드에서는 후드의 개구면에서 흡입되는 기류의 풍속을 말하며, 외부식 및 레시버식 후드에서는 후드의 개구면으로부터 가장 먼 거리의 유해물질 발생원 또는 작업위치에서 후드 쪽으로 흡입되는 기류의 속도를 말한다.

제어거리
후드에서 제어속도를 유지해야 할 지점까지의 거리를 말한다.

해답
- 플랜지 미부착 시 필요송풍량
$$Q = 60 \times V_c \times (10X^2 + A)$$
$$= 60 \times 0.5 \times [10 \times 0.2^2 + (0.4 \times 0.4)] = 16.8 [m^3/min]$$
- 플랜지 부착 시 필요송풍량
$$Q = 60 \times 0.75 \times V_c \times (10X^2 + A)$$
$$= 60 \times 0.75 \times 0.5 \times (10 \times 0.2^2 + 0.4 \times 0.4) = 12.6 [m^3/min]$$
$$\therefore 16.8 - 12.6 = 4.2 [m^3/min]$$

18 외부식 후드 중 오염원이 외부에 있고 송풍기의 흡입력을 이용하여 유해물질의 발생원에서 후드 내로 흡입하는 형식 3가지를 쓰고, 각각의 적용 작업을 1가지씩 쓰시오.

해답
1) 슬롯형 후드: 도금작업
2) 루버형 후드: 주물공장에서 모래털기(blasting) 작업
3) 그리드형: 도장(painting) 작업

19 절단기를 사용하는 작업장의 소음수준이 105[dB(A)], 작업자는 귀덮개(NRR = 22)를 착용하였다. 귀덮개 사용에 따른 차음효과 (dB(A))와 노출되는 소음의 음압수준(dB)을 미국 OSHA의 계산법으로 계측해보시오.

> **해답**
> NRR(Noise Reduction Rating)은 청력보호구의 차음효과를 말하는 지수인 차음평가수이다. 미국의 NIOSH(미국 국립산업안전보건연구원)와 EPA(미국환경보호청)에서는 개인 소음보호구 제작자에게 각 소음 보호구에 NRR을 제시하도록 하고 있다.
> - 실제 차음효과 $= (NRR - 7) \times 0.5 = (22 - 7) \times 0.5 = 7.5[dB(A)]$
> - 노출되는 소음의 음압수준 $= 105 - 7.5 = 97.5[dB(A)]$

20 음향출력이 1[watt]로 측정된 소음원의 음력수준(PWL, dB)은?

> **해답**
> 음력수준(음의 파워레벨)은
> $$PWL(dB) = 10\log\frac{W}{W_o} = 10\log\frac{W}{10^{-12}}$$
> 여기서, W: 측정음력, W_o: 기준음력(10^{-12}[watt])
> $$\therefore PWL(dB) = 10\log\frac{1}{10^{-12}} = 120[dB]$$

2023년 제3회 기출복원문제

01 어떤 작업장 내에서 톨루엔(분자량 92, TLV 100[ppm])을 시간당 3[kg]씩 사용하고 있다. 톨루엔의 폭발방지 유효환기량(m³/min)은? (단, 톨루엔의 폭발농도 하한치(LEL, Lower Explosive Limit) 1[%], B는 0.7, 안전계수는 10, 사용온도는 130[℃]이다.)

해답 톨루엔의 화재·폭발 방지를 위한 필요환기량 계산식은

$$Q = \frac{24.1 \times S \times G \times S_f \times 100}{M \times \text{LEL} \times B}$$

여기서, Q ; 필요환기량(m³/h)
S : 유해물질의 비중
G : 유해물질의 시간당 사용량(L/h)
LEL : 폭발하한치(%)
B : 온도에 따른 상수(121[℃] 이하: 1, 121[℃] 초과: 0.7)
S_f : 안전계수(연속공정: 4, 회분식공정: 10 ~ 12)

$$\therefore Q = \frac{24.1 \times S \times G \times S_f \times 100}{M \times \text{LEL} \times B}$$
$$= \frac{24.1 \times 3 \times 10 \times 100}{92 \times 1 \times 0.7} = 1,122.67 [\text{m}^3/\text{h}] = 18.71 [\text{m}^3/\text{min}]$$

(유해물질의 비중, S와 유해물질의 시간당 사용량, G[L/h]를 곱하면 유해물질의 시간당 사용량 단위가 kg/h가 된다.)

02 건조공기가 원형 직관 내를 흐르고 있다. 피토관을 이용하여 측정한 속도압이 6[mmH₂O]일 경우 덕트 내 풍속(m/s)은? (단, 피토관 계수는 0.85, 건조 공기의 비중량 1.2[kg_f/m³]이다.)

해답
$$V = C \times \sqrt{\frac{2g \times VP}{\gamma}} = 0.85 \times \sqrt{\frac{2 \times 9.8 \times 6}{1.2}} = 8.42 [\text{m/s}]$$

03 근골격계에 부담을 주는 업무(신체 부담업무)인 근골격계질환의 업무를 4가지 적으시오.

> **해답**
> 근골격계질환은 업무에 종사한 기간과 시간, 업무의 양과 강도, 업무수행 자세와 속도, 업무수행 장소의 구조 등이 근골격계에 부담을 주는 업무(신체부담업무)로서 다음 어느 하나에 해당하는 업무에 종사한 경력이 있는 근로자의 팔 다리 또는 허리 부분에 근골격계 질병이 발생하거나 악화된 경우에는 업무상 질병으로 본다. 다만 업무와 관련이 없는 다른 원인으로 발병한 경우에는 업무상 질병으로 보지 않는다.
> 1) 반복 동작이 많은 업무
> 2) 무리한 힘을 가해야 하는 업무
> 3) 부적절한 자세를 유지하는 업무
> 4) 진동 작업
> 5) 그 밖에 특정 신체 부위에 부담되는 상태에서 하는 업무(장시간, 장기간 작업 등)

> **참고** 근골격계질환의 범위(산업재해보상보험법 시행령 [별표 3])
> 2. 근골격계에 발생한 질병
>   근골격계질병은 팔(上肢), 다리(下肢) 및 허리부분으로 구분한다.
>   1) 팔 부분은 목, 어깨, 등, 위팔, 아래팔, 팔꿈치, 손목, 손 및 손가락 부위를 말하며, 대표적인 질병으로는 경추염좌, 경추간판탈출증, 회전근개건염, 팔꿈치의 내(외)상과염, 수부의 건염 및 건초염, 수근관증후군 등이 있다.
>   2) 다리 부분은 둔부, 대퇴부, 무릎, 다리, 발목, 발 및 발가락 부위를 말하며, 대표적인 질병으로는 무릎의 연골손상, 슬개대퇴부 통증증후군, 발바닥의 근막염, 발과 발목의 건염 등이 있다.
>   3) 허리 부분은 요추 및 주변의 조직을 지칭하며 대표적인 질병으로는 요부염좌, 요추간판탈출증 등이 있다.

04 화학물질 및 물리적 인자의 노출기준에 따른 석면, 가스증기, 고온 허용농도 기준 단위를 적으시오.

> **해답**
> 1) 석면의 노출기준 표시단위는 세제곱센티미터당 개수(개/cm^3)를 사용한다.
> 2) 가스 및 증기의 노출기준 표시단위는 피피엠(ppm)을 사용한다.
> 3) 고온의 노출기준 표시단위는 습구흑구온도지수(WBGT, ℃)를 사용한다.

📝 노출기준
근로자가 유해인자에 노출되는 경우 노출기준 이하 수준은 거의 모든 근로자에게 건강상 나쁜 영향을 미치지 아니하는 기준을 일컫는다. 1일 작업시간 동안의 시간가중평균노출기준(TWA, Time Weighted Average), 단시간노출기준(STEL, Short Term Exposure Limit) 또는 최고노출기준(Ceiling, C)으로 표시한다.

2023년 제3회 기출복원문제

05 작업장의 입자상 물질을 여과지로 채취할 경우 여과지에 작용하는 차단, 관성충돌, 확산 메커니즘에 끼치는 영향 인자를 각각 2가지씩 적으시오.

여과의 메커니즘과 각각에 영향을 미치는 요소
1) **차단(간섭)**: 입자 크기, 여과지의 공경(막여과지), 섬유 직경, 여과지의 고형분
2) **관성 충돌**: 입자 크기, 입자 밀도, 면속도, 여과지의 공경(막여과지), 섬유 직경
3) **확산**: 입자 크기, 입자 농도, 면속도, 여과지의 공경(막여과지), 섬유 직경

📝 진폐증
흡입한 먼지가 폐 내에 축적되어 발생하는 폐의 조직반응으로 국내에서 가장 잘 알려진 직업성 질환이다. 일반적으로 먼지가 호흡기를 통해 흡수되면 대부분의 먼지는 기관지의 섬모운동으로 밖으로 배출되지만, 일부 먼지는 지속적으로 노출되는 경우 밖으로 빠져나가지 못하고 폐 내에 축적되어 염증 반응을 일으키게 되고, 지속적인 염증 반응에 의해 섬유화가 나타나게 된다. 규폐증, 석탄부폐증, 석면폐증이 잘 알려진 진폐증의 종류이다.

06 유리규산, 석탄, 면분진에 따른 각 진폐증의 질병명을 적으시오.

1) **유리규산(SiO₂)**: 채석장 및 모래 분사 작업장(sand blasting)에서 발생하는 유리규산의 미립자가 함유된 공기를 장기간 흡입함으로써 증세가 발생하는 만성질환인 규폐증(silicosis)이 있다.
2) **석탄**: 석탄분진의 흡입으로 인한 진폐증(탄광부 진폐증 또는 탄폐증)이 있다.
3) **면분진**: 면, 아마나 대마 입자를 흡입하여 초래되는 기도의 협착으로 일반적으로 휴식 후 업무 첫날에 흉부의 쌕쌕거림과 긴장을 초래할 수 있는 면폐증이 있다.

07 산업안전보건법에서 적시한 중대 재해 3가지를 적으시오.

1) 사망자가 1명 이상 발생한 재해이다.
2) 3개월 이상의 요양이 필요한 부상자가 동시에 2명 이상 발생한 재해이다.
3) 부상자 또는 직업성 질병자가 동시에 10명 이상 발생한 재해이다.

08 작업장의 휴게시설에 대한 설치기준과 관리기준을 2가지씩 적으시오.

> **해답**
>
> 1. 휴게시설 설치기준
>   1) 크기
>   (1) 최소 바닥 면적과 천장까지의 높이
>   (가) 휴게시설의 바닥 면적은 최소 6[m^2] 이상이어야 하며, 공동휴게시설의 경우 최소 바닥 면적은 6[m^2]에 사업장의 개수를 곱한 면적으로 한다.
>   (나) 휴게시설의 바닥면으로부터 천장까지의 높이는 모든 지점에서 2.1[m] 이상이어야 한다.
>   (다) 최소면적을 충족하지 못하는 경우 휴게시설 설치기준 위반이 되며, 다수 설치하는 경우 모든 휴게시설은 최소면적 이상이어야 한다.
>   (라) 그늘막 등 간이로 휴게시설을 설치하여 벽이나 기둥이 없는 경우에는 지붕 끝부분으로부터 1[m] 안쪽 선으로 둘러싸인, 하늘에서 아래로 내려다보았을 때 보이는 면적을 바닥면적으로 하여 최소면적을 판단한다.
> 2. 휴게시설 관리기준
>   1) 비품 구비 및 표지 부착
>   (1) 가급적 소파, 등받이가 있는 의자, 탁자 등을 비치한다. 다만, 휴게시설을 좌식(온돌 등)으로 설치·운영하는 경우에는 비치되지 않아도 된다.
>   (2) 마실 수 있는 물이나 식수 설비(정수기 등) 등을 구비한다.
>   (3) 휴게시설에서 사용하는 비품을 충분히 제공하고, 부족한 경우 수시로 보충한다.
>   (4) 기자재, 청소도구, 수납장 등은 별도로 확보한다.
>   (5) 휴게시설임을 알 수 있는 표지를 휴게시설 외부에 부착한다.
>   2) 관리 담당자 지정
>   (1) 사업주는 휴게시설을 관리하는 담당자를 반드시 지정해야 한다. 공동으로 휴게시설을 설치하는 경우에는 각 사업장별로 관리 담당자를 지정하여 사업장별 관리방법(주기 등)에 대한 계획을 수립하여 관리하도록 해야 한다.
>   (2) 휴게시설 관리 담당자는 휴게시설을 주기적으로 청소하고, 소독이나 세탁 등을 실시하도록 관리해야 한다.
>   (3) 휴게시설 관리 담당자는 휴게시설의 설치·관리 상태를 확인하고, 그 내용을 기록한 휴게시설 관리대장을 작성해 휴게시설에 비치한다.

2023년 제3회 기출복원문제

기하평균
기하평균(geometric mean)은 n개의 양수 값을 모두 곱한 것의 n제곱근이며, 어떤 지표의 평균 성장률을 계산할 때 주로 사용된다.

09 금속탈지 공정에서 측정한 TCE(trichloroethylene)의 농도(ppm)가 아래와 같을 때, 기하평균 농도(ppm)는?

> 101, 45, 51, 87, 36, 54, 40

 해답

$$\begin{aligned} GM &= \sqrt[n]{x_1 \times x_2 \times \cdots \times x_n} \\ &= \sqrt[7]{(101 \times 45 \times 51 \times 87 \times 36 \times 54 \times 40)} \\ &= (101 \times 45 \times 51 \times 87 \times 36 \times 54 \times 40)^{\frac{1}{7}} \\ &= 55.2 [ppm] \end{aligned}$$

직경분립충돌기 (cascade impactor)
입자의 관성력에 의해 충돌기의 표면에 입자를 충돌시켜 입자상 물질의 크기별 채취가 가능한 측정기기이다.

10 입자상 물질의 채취하는 직경분립충돌기에 대한 장·단점 2가지씩을 적으시오.

 해답

1) 직경분립충돌기(Cascade Impactor)의 장점
   (1) 입자의 질량 크기 분포를 얻을 수 있다.
   (2) 호흡기의 부분별로 침착된 입자 크기의 자료를 추정할 수 있다.
   (3) 흡입성, 흉곽성, 호흡성 입자 크기별로 분포 및 농도를 계산할 수 있다.
2) 단점
   (1) 시료 채취가 까다롭다.
   (2) 비용이 많이 든다.
   (3) 채취 준비시간이 많이 든다.

11 국소배기장치 중 후드의 성능에 대한 불량 요인 3가지를 적으시오.

해답

1) 송풍기의 용량이 부족한 경우
2) 후드 주변에 심한 난기류가 형성된 경우
3) 송풍관 내부에 분진이 과다하게 퇴적되어 있는 경우

12 전자부품을 납땜하는 공정에 외부식 국소배기장치를 설치하려고 한다. 후드의 규격은 300[mm]×300[mm], 제어거리(X)를 50[cm], 제어속도(V_c)를 0.5[m/s]로 하고자 할 때의 소요풍량(m³/min)보다 후드에 플랜지를 부착하여 공간에 설치하면 소요풍량(m³/min)은 얼마나 감소하는가?

해답

1) 플랜지 미부착 시 필요송풍량

$Q = 60 \times V_c \times (10X^2 + A)$
$= 60 \times 0.5 \times [10 \times 0.5^2 + (0.3 \times 0.3)] = 77.7 [\text{m}^3/\text{min}]$

2) 플랜지 부착 시 필요송풍량

$Q = 60 \times 0.75 \times V_c \times (10X^2 + A)$
$= 60 \times 0.75 \times 0.5 \times [10 \times 0.5^2 + (0.3 \times 0.3)] = 58.28 [\text{m}^3/\text{min}]$

∴ $77.7 - 58.28 = 19.42 [\text{m}^3/\text{min}]$

13 물리적 흡착법의 특징 3가지를 적으시오.

해답

1) 다분자 흡착층의 흡착이며 흡착열이 낮다.
2) 임계온도 이상에서는 흡착이 되지 않는다.
3) 가역성이 매우 높아 흡착제의 재생과 회수가 용이하다.
4) 가스 중 분자끼리의 상호인력보다 고체표면과의 인력이 크게 될 때 발생한다.
5) 가스와 흡착제가 분자끼리의 인력(반데르발스 결합력)으로 약하게 결합되어 있다.
6) 흡착제에 대한 용질의 온도가 낮을수록, 분자량이 높을수록, 압력이 높을수록 흡착이 잘 일어난다.

참고 화학적 흡식의 특징

1) 반응열을 수반하여 온도가 높다.
2) 흡착력은 단분자층의 영향을 받는다.
3) 비가역반응이므로 흡착제의 재생 및 오염가스의 회수가 불가능하다.
4) 가스와 흡착제가 화학적 반응을 하므로 결합력은 물리적 흡착보다 크다.

반데르발스 힘 (van der Waals force)

공유결합이나 이온의 전기적 상호작용이 아닌 분자 간, 혹은 한 분자 내의 부분 간의 인력이나 척력을 말하며 이 결합력은 이온결합이나 공유결합보다 훨씬 약하기 때문에 반데르발스 결합력으로 만들어지는 분자의 경우 녹는점과 끓는점이 낮고 물리적인 강도도 약하다.

14 지적온도의 정의와 지적온도에 영향을 미치는 요인 5가지를 적으시오.

1) 정의: 지적온도(적정온도, optimum temperature)는 인간이 활동하기에 가장 좋은 상태인 온열 조건으로 환경온도를 감각온도로 나타낸 것이다.
2) 영향을 미치는 요인
   (1) 작업량이 클수록 체열방산이 많아 지적온도는 낮아진다.
   (2) 여름철(21 ~ 22[℃])이 겨울철(18 ~ 21[℃])보다 지적온도가 높다.
   (3) 더운 음식물, 알코올, 기름진 음식을 섭취하면 지적온도는 낮아진다.
   (4) 노인보다 젊은이의 지적온도가 낮다.
   (5) 주관적(쾌적감각온도), 생리적(기능지적온도), 생산적(최고생산온도) 지적온도로 구분된다.

15 산업안전보건법규에서 제시한 제조업 사업장의 보건관리자의 선임 규정 3가지를 적으시오.

■ 제조업 보건관리자의 선임 규정
1) 보건관리자를 선임해야 사업장의 기준은 상시 근로자 50명 이상 500명 미만의 경우 1명 이상
2) 500명 이상 2천 명 미만의 경우 2명 이상
3) 상시 근로자 2천 명 이상의 경우 2명 이상

16 산업안전보건법 시행규칙에서 제시한 작업환경측정 대상 분진 6가지를 적으시오.

1) 광물성 분진(석영, 크로스토바라이트, 트리디마이트 등의 규산, 운모, 포틀랜드 시멘트, 솝스톤, 활석, 흑연 등의 규산염)
2) 곡물 분진
3) 면 분진
4) 목 분진(연목, 강목)
5) 용접 흄
6) 유리섬유

> **참고** 분진의 종류별 노출기준
> 1) 1종분진(유리규산(SiO_2) 30[%] 이상의 분진(활석, 납석, 알루미늄, 황화광), 노출기준 2[mg/m^3]
> 2) 2종 분진(유리규산(SiO_2) 30[%] 미만의 분진(산화철, 카본블랙, 활성탄), 노출기준 5[mg/m^3]
> 3) 3종 분진(유리규산(SiO_2) 1[%] 이하의 분진(알파알루미나, 알루미늄 금속), 노출기준 10[mg/m^3]
> 4) 기타 분진
>   (1) 석면(길이 5[μm] 이상) 모든 형태, 노출기준 0.1개/cm^3
>   (2) 면 분진(cotton dust), 노출기준 0.2[mg/m^3]
>   (3) 소프스톤(soap stone), 노출기준 6[mg/m^3]

17 60° 곡관의 반경비가 1.5일 때 압력손실계수는 0.32이다. 속도압이 20[mmH_2O]일 경우 곡관의 압력손실(mmH_2O)은?

> **해답** 곡관의 압력손실(mmH_2O)
> $$\Delta P = \left(\xi \times \frac{\theta}{90}\right) \times VP$$
> 여기서, ξ: 압력손실계수 θ: 곡관의 각도
> VP: 속도압(mmH_2O)
> $\therefore \Delta P = 0.32 \times \frac{60°}{90°} \times 20 = 4.27[mmH_2O]$

18 입자상 물질의 기하학적(물리적) 직경 3가지를 적으시오.

> **해답**
> 1) **마틴직경(Martin's diameter)**: 입자상 물질의 면적을 2등분한 선의 길이이다. 선의 방향은 일정해야 한다. 과소평가할 수 있는 단점이 있다.
> 2) **페렛직경(Feret's diameter)**: 입자상 물질의 한쪽 끝 가장자리와 다른 쪽 끝 가장자리 사이의 거리로서 과대평가할 가능성이 있다.
> 3) **등면적직경**: 입자상 물질이 면적과 동일한 면적을 가진 원의 지경으로서, 가장 정확한 직경이라고 인정받고 있다. 현미경 접안경에 porton reticle 삽입하여 측정한다.
>
> 분진의 공기역학적 직경: 대상 분진과 침강속도가 같고 밀도가 1[g/cm^3]이며, 구형인 분진의 직경이다.

X선 회절 분석법(XRD, X-Ray Diffractometry)

분석물질의 화학 조성, 결정 구조, 결정질 크기, 격자 유형, 선호 방향 및 층 두께 등의 정보를 비파괴적인 방식으로 정확히 얻을 수 있는 유일한 실험 기법이다. 초기에 비교적 단순한 형태의 결정 물질 속에 있는 원자들의 배열과 상호거리에 관한 지식과 금속, 중합물질 그리고 다른 고체들의 물리적 성질을 명확하게 분석하는 데 유용한 분석기법이다.

19 유리규산을 채취하여 X선 회절법으로 분석하고 6가 크로뮴, 아연 산화물 등 중량분석을 위한 측정에 사용되는 막여과지는?

해답
PVC 막여과지(polyvinyl chloride membrane filter)

20 상시 근로자 수가 7,500명인 대형 사업장에 1년 동안 200건의 재해가 발생하였고, 이로 인한 근로손실일수는 28,000일이었다. 근로자가 1일 8시간씩 매월 25일씩 근무하였다면, 이 사업장의 총 근로시간 1,000시간당 재해 발생으로 인한 근로손실일수를 나타내시오.

해답
총 연근로시간수의 계산: 7,500명×8시간×25일×12개월 = 18,000,000시간에서 근로손실일수는 28,000일이므로 18,000,000 − (28,000×8) = 17,776,000시간

강도율은 연간 총 근로시간 1,000 시간당 재해발생으로 인한 근로손실일수이다.

$$강도율(SR) = \frac{일정기간\ 중\ 근로손실일수}{일정기간\ 중\ 연근로시간수} \times 1,000$$

$$= \frac{28,000}{17,776,000} \times 1,000 = 1.58$$

즉 이 사업장은 연간 총 근로시간 1,000 시간당 재해 발생으로 인한 근로손실일수가 1.58일이다.

기출복원문제

2024년 제1회

01 한 변의 길이가 0.5[m]인 정사각형 덕트에 표준공기가 흐르고, 덕트 내 전압은 50[mmH₂O], 정압은 40[mmH₂O]일 때 덕트 내 반송속도(m/s)와 공기유량(m³/min)을 각각 구하시오.

해답 주어진 전압과 정압으로부터 속도압을 구한 후 덕트 내 반송속도를 구한다.
TP = SP + VP에서 VP = 50 − 40 = 10[mmH₂O]
∴ 반송속도, $V_T = 4.043 \times \sqrt{VP} = 4.043 \times \sqrt{10} = 12.79[m/s]$
공기 유량, $Q = A \times V_T = 60 \times 0.5 \times 0.5 \times 12.79$
$= 191.85[m^3/min]$

02 유해물질이 인체에 미치는 유해성(건강 영향)을 좌우하는 인자를 5가지 쓰시오.

해답
1) 개인의 감수성
2) 유해물질의 농도(독성)
3) 유해물질의 노출시간(노출빈도)
4) 작업방법(작업강도, 기상조건 등)
5) 인체의 침입경로(호흡량, 피부 노출량, 음식물 섭취 등)

03 도금공장 작업장에서 6가 크롬 채취 후 분석을 할 때 각 물음에 답하시오.
1) 채취 여과지의 종류
2) 분석기기

해답
1) PVC 막여과지
2) 이온크로마토그래프(IC)

2024년 제1회 기출복원문제

📝 톨루엔
메틸벤젠이라고도 불리는 톨루엔은 벤젠고리의 수소 자리에 수소 대신 메틸기(—CH_3) 하나가 붙는다.

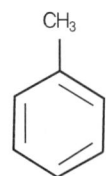

📝 자일렌(크실렌)
다이메틸벤젠(dimethylbenzene)이라고도 불리는 자일렌은 2개의 메틸기가 어떤 방향으로 붙느냐에 따라 3개의 이성질체(분자식은 같으나 구조식이 다른 화합물)로 나뉜다.

① o-xylene(오르토 자일렌, 1,2-dimethylbenzene)

② m-xylene(메타 자일렌, 1,3-dimethylbenzene)

③ p-xylene(파라 자일렌, 1,4-dimethylbenzene)

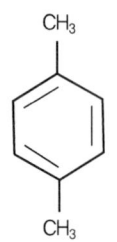

04 '산업안전보건법'상 사업장의 안전 및 보건에 관한 중요 사항을 심의·의결하기 위해 사업장에 근로자 위원과 사용자 위원이 동일한 수로 구성되는 회의체의 명칭을 쓰시오.

해답 산업안전보건위원회

참고 산업안전보건법 제24조(산업안전보건위원회)
① 사업주는 사업장의 안전 및 보건에 관한 중요 사항을 심의·의결하기 위하여 사업장에 근로자위원과 사용자위원이 같은 수로 구성되는 산업안전보건위원회를 구성·운영하여야 한다.

05 작업장의 실내온도가 40[℃], 800[mmHg]에서 853[L]인 아세틸아세톤(Acetylacetone, $C_5H_8O_2$) 65[mg]이 있다. 21[℃]에, 1기압에서 아세틸아세톤의 농도(ppm)를 구하시오.

해답 보일-샤를의 법칙에서

$$V_2 = V_1 \times \frac{T_2}{T_1} \times \frac{P_1}{P_2} = 853 \times \frac{(273+21)}{(273+40)} \times \frac{800}{760} = 843.39[L]$$

에세틸아세톤의 농도(mg/m³) = $\frac{65}{843.39 \times 10^{-3}}$ = 77.07[mg/m³]

여기서 아세틸아세톤의 분자량, $M = 12 \times 5 + 8 + 16 \times 2 = 100$이므로

∴ ppm = $77.07 \times \frac{24.1}{100}$ = 18.57[ppm]

06 자일렌(크실렌)과 톨루엔의 뇨(尿) 중 대사산물을 각각 적으시오.

해답
1) 크실렌(자일렌)의 대사산물: 메틸마뇨산
2) 톨루엔의 대사산물: 마뇨산(hippuric acid) 또는 오르소(o)-크레졸

참고 톨루엔의 요중 대사산물로 마뇨산은 크레졸보다 공기 중의 톨루엔 농도와 보다 더 연관이 있기 때문에 정확한 변수가 된다. 이는 인체에 흡수된 톨루엔의 80[%] 정도가 마뇨산으로, 단지 0.05[%]만이 크레졸로 생체변환되기 때문이다.

07 '산업안전보건법'상 다음 [보기]는 특수건강진단 등에 대한 내용일 때 빈칸에 해당하는 건강진단의 명칭을 적으시오.

> [보기]
> - 사업주는 특수건강진단 대상업무에 종사할 근로자의 배치 예정 업무에 대한 적합성 평가를 위하여 (㉠)을 실시하여야 한다. 다만, 고용노동부령으로 정하는 근로자에 대해서는 배치 전 건강진단을 실시하지 아니할 수 있다.
> - 사업주는 특수건강진단 대상업무에 따른 유해인자로 인한 것이라고 의심되는 건강장해 증상을 보이거나 의학적 소견이 있는 근로자 중 보건관리자 등이 사업주에게 건강진단 실시를 건의하는 등 고용노동부령으로 정하는 근로자에 대하여 (㉡)을 실시하여야 한다.
> - 고용노동부 장관은 같은 유해인자에 노출되는 근로자들에게 유사한 질병의 증상이 발생한 경우 등 고용노동부령으로 정하는 경우에는 근로자의 건강을 보호하기 위하여 사업주에게 특정 근로자에 대한 (㉢)의 실시나 작업전환, 그 밖에 필요한 조치를 명할 수 있다.

해답 ㉠ 배치 전 건강진단 ㉡ 수시건강진단 ㉢ 임시건강진단

참고 산업안전보건법 제130조(특수건강진단 등)
② 사업주는 특수건강진단 대상업무에 종사할 근로자의 배치 예정 업무에 대한 적합성 평가를 위하여 건강진단(이하 "배치 전 건강진단"이라 한다)을 실시하여야 한다. 다만, 고용노동부령으로 정하는 근로자에 대해서는 배치 전 건강진단을 실시하지 아니할 수 있다.
③ 사업주는 특수건강진단 대상업무에 따른 유해인자로 인한 것이라고 의심되는 건강장해 증상을 보이거나 의학적 소견이 있는 근로자 중 보건관리자 등이 사업주에게 건강진단 실시를 건의하는 등 고용노동부령으로 정하는 근로자에 대하여 건강진단(이하 "수시건강진단"이라 한다)을 실시하여야 한다.

제131조(임시건강진단 명령 등)
① 고용노동부 장관은 같은 유해인자에 노출되는 근로자들에게 유사한 질병의 증상이 발생한 경우 등 고용노동부령으로 정하는 경우에는 근로자의 건강을 보호하기 위하여 사업주에게 특정 근로자에 대한 건강진단(이하 "임시건강진단"이라 한다)의 실시나 작업전환, 그 밖에 필요한 조치를 명할 수 있다.

2024년 제1회 기출복원문제

08 '산업안전보건법'상 다음 [보기]는 중량의 표시 등에 대한 내용일 때 빈칸을 채우시오.

[보기]
사업주는 근로자가 5[kg] 이상의 중량물을 들어올리는 작업을 하는 경우에 다음 각 호의 조치를 하여야 한다.
- 주로 취급하는 물품에 대하여 근로자가 쉽게 알 수 있도록 물품의 (㉠)과 (㉡)에 대하여 작업장 주변에 안내표시를 할 것
- 취급하기 곤란한 물품은 손잡이를 붙이거나 갈고리, 진공빨판 등 적절한 보조도구를 활용할 것

해답
㉠ 중량
㉡ 무게중심

참고 산업안전보건기준에 관한 규칙 제665조(중량의 표시 등)
사업주는 근로자가 5킬로그램 이상의 중량물을 들어 올리는 작업을 하는 경우에 다음 각 호의 조치를 하여야 한다.
1. 주로 취급하는 물품에 대하여 근로자가 쉽게 알 수 있도록 물품의 중량과 무게중심에 대하여 작업장 주변에 안내표시를 할 것
2. 취급하기 곤란한 물품은 손잡이를 붙이거나 갈고리, 진공빨판 등 적절한 보조도구를 활용할 것

09 '사업장 위험성 평가에 관한 지침'상 다음 [보기]는 위험성 평가 수립 및 실시에 관한 내용이다. 위험성 평가를 시행할 경우 순서대로 나열하시오.

[보기]
A: 위험성 요인 제거   B: 관리적 실시
C: 보호구 착용   D: 공학적 실시

해답 A – D – B – C

> **참고** 사업장 위험성 평가에 관한 지침 제12조(위험성 감소대책 수립 및 실행)
> ① 사업주는 제11조제2항에 따라 허용 가능한 위험성이 아니라고 판단한 경우에는 위험성의 수준, 영향을 받는 근로자 수 및 다음 각 호의 순서를 고려하여 위험성 감소를 위한 대책을 수립하여 실행하여야 한다. 이 경우 법령에서 정하는 사항과 그 밖에 근로자의 위험 또는 건강장해를 방지하기 위하여 필요한 조치를 반영하여야 한다.
>   1. 위험한 작업의 폐지·변경, 유해·위험물질 대체 등의 조치 또는 설계나 계획 단계에서 위험성을 제거 또는 저감하는 조치
>   2. 연동장치, 환기장치 설치 등의 공학적 대책
>   3. 사업장 작업절차서 정비 등의 관리적 대책
>   4. 개인용 보호구의 사용

10 재순환 공기 중 CO_2 농도가 650[ppm], 급기 중 CO_2 농도는 550[ppm]이었다. 또한 외부 공기 중 CO_2 농도가 330[ppm]일 때 외부공기 함량(%)은?

해답 외부공기의 함량

$$OA[\%] = \frac{(C_R - C_S)}{(C_R - C_O)} = \frac{(650 - 550)}{(650 - 330)} \times 100 = 31.25[\%]$$

여기서, C_R: 재순환 공기(return air) 중 CO_2 농도, C_S: 급기(supply air) 중 CO_2 농도(재순환 공기와 외부 공기가 혼합된 후의 공기이다.), C_O: 외부 공기 중 CO_2 농도이다.

11 작업장 내의 열부하량이 150,000[kcal/h]이며, 외부의 기온은 20[℃]이고, 작업장 내의 기온은 35[℃]이다. 이러한 작업장의 전체환기 필요환기량(m^3/min)은?

해답 방열목적의 필요환기량

$$Q = \frac{H_s}{0.3 \, \Delta t} = \frac{150,000}{0.3 \times (35 - 20) \times 60} = 555.56[m^3/min]$$

12 '산업안전보건법'상 관리감독자에게 안전 및 보건에 관련하여 지도 및 조언을 할 수 있는 자격 2가지를 쓰시오. (예시: 안전보건관리책임자, 예시는 정답에서 제외한다.)

> **해답**
> 1) 안전관리자
> 2) 보건관리자
> 3) 안전보건관리담당자
> 4) 안전관리전문기관 또는 보건관리전문기관(해당 업무를 위탁받은 경우에 한정한다.)

> **참고** 산업안전보건법 제20조(안전관리자 등의 지도·조언)
> 사업주, 안전보건관리책임자 및 관리감독자는 다음 각 호의 어느 하나에 해당하는 자가 안전 또는 보건에 관한 기술적인 사항에 관하여 지도·조언하는 경우에는 이에 상응하는 적절한 조치를 하여야 한다.

13 레이놀즈수 $R_e = 3.8 \times 10^5$, 공기동점성계수 $\nu = 0.1501 \mathrm{[cm^2/s]}$, 직경 300[mm]인 덕트 내 유속(m/s)은?

> **해답**
> 레이놀즈수 $R_e = \dfrac{v \times D}{\nu}$ 에서
>
> $v = \dfrac{R_e \times \nu}{D} = \dfrac{3.8 \times 10^5 \times 1.501 \times 10^{-5} \mathrm{[m^2/s]}}{0.3 \mathrm{[m]}} = 19.01 \mathrm{[m/s]}$

14 '산업안전보건법'상 사업주가 혈액노출과 관련된 사고가 발생한 경우에 즉시 조사하고 이를 기록하여 보존하여야 하는 사항 3가지를 쓰시오.

> **해답**
> 1. 노출자의 인적사항   2. 노출 현황
> 3. 노출자의 검사 결과   4. 노출자의 처치 내용
> 5. 노출 원인제공자(환자)의 상태

> **참고** 산업안전보건기준에 관한 규칙 제598조(혈액노출 조사 등)
> ① 사업주는 혈액노출과 관련된 사고가 발생한 경우에 즉시 다음 각 호의 사항을 조사하고 이를 기록하여 보존하여야 한다.
>   1. 노출자의 인적사항
>   2. 노출 현황
>   3. 노출 원인제공자(환자)의 상태
>   4. 노출자의 처치 내용
>   5. 노출자의 검사 결과

15 다음 표는 어떤 유기용제를 취급하는 작업장에서 작업환경측정에 대한 분석 자료이다. 이 표를 보고 물음에 답하시오. (단, 톨루엔과 자일렌(크실렌)이 상가작용을 하며, 각각의 TLV는 25[℃], 1[atm]에서 50[ppm]과 100[ppm]이고, 각각의 분자량은 92와 106이다.)

시료번호	톨루엔 분석량	자일렌(크실렌) 분석량	채취시간	채취유량
1	3.2[mg]	12.3[mg]	08:00 ~ 12:00	0.18[L/h]
2	5.4[mg]	10.7[mg]	13:00 ~ 17:00	0.18[L/h]

1) 톨루엔의 TWA(mg/m^3)을 구하시오.
2) 자일렌의 TWA(mg/m^3)을 구하시오.
3) 두 유기용제에 대한 노출초과 여부를 판정하시오.

해답

1) 톨루엔의 TWA(mg/m^3)

$$= \frac{C_1 \times T_1 + C_2 \times T_2}{8} = \frac{(3.2 \times 4) + (5.4 \times 4)}{8} = 4.3 [mg/m^3]$$

2) 자일렌(크실렌)의 TWA(mg/m^3)

$$= \frac{C_1 \times T_1 + C_2 \times T_2}{8} = \frac{(12.3 \times 4) + (10.7 \times 4)}{8} = 11.5 [mg/m^3]$$

3) 노출지수 $EI = \frac{C_1}{TLV_1} + \frac{C_2}{TLV_2}$ 에서

톨루엔의 농도(ppm) $C_1 = 4.3 \times \frac{24.45}{92} = 1.14 [ppm]$

자일렌(크실렌)의 농도(ppm) $C_2 = 11.5 \times \frac{24.45}{106} = 2.65 [ppm]$

$\therefore EI = \frac{C_1}{TLV_1} + \frac{C_2}{TLV_2} = \frac{1.14}{50} + \frac{2.65}{100} = 0.05$

노출지수가 1 미만이므로 노출기준 미만이다.

2024년 제1회 기출복원문제

16 현재 총 흡음량이 500[sabins]인 작업장의 천장에 흡음물질을 첨가하여 2,000[sabins]을 더할 경우 소음감소(dB)는?

해답

소음감소량(NR) $= SPL_1 - SPL_2 = 10\log\left(\dfrac{A_2}{A_1}\right) = 10\log\left(\dfrac{A_1 + A_\alpha}{A_1}\right)$

∴ NR $= 10\log\left(\dfrac{500 + 2{,}000}{500}\right) = 7[\text{dB}]$

📝 **Sabin(새빈)**
100[%] 흡음하는 표면 1[m²]를 1[sabin]으로 한다.

17 세정집진장치의 집진원리 4가지를 적으시오.

해답

세정집진장치는 함진가스에 세정액을 분사시키거나 함진가스를 세정액에 분산시켜 생성되는 액적, 액막, 기포 등에 의해 함진가스를 세정시킴으로써 함진가스 내의 입자를 부착 또는 응집하여 분리, 포집하는 장치로 집진원리는 다음과 같다.
1) 액적과 입자의 충돌
2) 액적, 기포와 입자의 접촉
3) 입자를 핵으로 한 증기의 응결
4) 미립자 확산에 의한 액적과의 접촉
5) 배기의 증습에 의한 입자끼리의 응집

18 시간당 톨루엔의 사용량이 100[g], 톨루엔의 분자량이 92.13이고, 보관장소 온도와 기압이 각각 18[℃], 1기압이다. 국소배기장치 설치가 어려워 전체환기장치를 설치하고자 할 때 톨루엔 증기의 시간당 발생률(L/h)을 구하시오.

해답

보일-샤를의 법칙에서

$V_2 = V_1 \times \dfrac{T_2}{T_1} = 24.1 \times \dfrac{(273+18)}{(273+21)} = 23.85[\text{L}]$

톨루엔의 발생률

$G[\text{L/h}] = 사용량(\text{g/h}) \times \dfrac{증기의\ 부피(\text{L})}{분자량(\text{g})} = 100 \times \dfrac{23.85}{92.13} = 25.89[\text{L/h}]$

19 트라이클로로에틸렌(TCE)을 사용하는 작업장의 과거 노출농도가 50[ppm]이었다. 채취하여야 할 최소한의 시간(분)은? (단, 정량한계(LOQ)의 하한치가 0.5[mg]이고, 시료채취펌프의 유량은 0.15[LPM]이며 작업장의 온도는 25[℃], 1기압이고, 트라이클로로에틸렌(TCE)의 분자량은 131.39이다.)

해답 먼저 트라이클로로에틸렌(TCE) 50[ppm]을 단위 환산한다.

$$\mathrm{mg/m^3} = 50 \times \frac{131.39}{24.45} = 268.7[\mathrm{mg/m^3}]$$

정량한계를 기준으로 최소한으로 채취하여야 하는 공기량이 결정되므로

$$\frac{\mathrm{LOQ}}{\text{예상농도}} = \frac{0.5[\mathrm{mg}]}{268.7[\mathrm{mg/m^3}]} = 1.86 \times 10^{-3}[\mathrm{m^3}] = 1.86[\mathrm{L}]$$

∴ 채취최소시간 $= \dfrac{1.86[\mathrm{L}]}{0.15[\mathrm{L/min}]} = 12.4[\mathrm{min}]$

20 사업주는 근로자가 허가대상 유해물질을 제조하거나 사용하는 경우 근로자에게 알려야 하는 사항을 3가지를 쓰시오. (단, 그 밖에 근로자의 건강장해 예방에 관한 사항은 제외한다.)

해답 산업안전보건기준에 관한 규칙 제460조(유해성 등의 주지)
1. 물리적 · 화학적 특성
2. 발암성 등 인체에 미치는 영향과 증상
3. 취급상의 주의사항
4. 착용하여야 할 보호구와 착용방법
5. 위급상황 시의 대처방법과 응급조치 요령

2024년 제2회 기출복원문제

01 '보호구 안전인증 고시'상 금속 아크용접 등과 같이 열적으로 생기는 분진 등 발생장소에서 적합한 방진마스크의 등급을 쓰시오.

해답
1급

참고 보호구 안전인증 고시(고용노동부고시 제2023-64호)
[별표 4] 방진마스크의 성능기준(제12조 관련)

번호	구분	내용			
1	등급	방진마스크의 등급은 사용장소에 따라 〈표 1〉과 같이 한다. 〈표 1〉 방진마스크의 등급			
		등급	특급	1급	2급
		사용장소	• 베릴륨 등과 같이 독성이 강한 물질들을 함유한 분진 등 발생장소 • 석면 취급장소	• 특급마스크 착용장소를 제외한 분진 등 발생장소 • 금속흄 등과 같이 열적으로 생기는 분진 등 발생장소 • 기계적으로 생기는 분진 등 발생장소(규소 등과 같이 2급 방진마스크를 착용하여도 무방한 경우는 제외한다.)	• 특급 및 1급 마스크 착용장소를 제외한 분진 등 발생장소
		배기밸브가 없는 안면부여과식 마스크는 특급 및 1급 장소에 사용해서는 안 된다.			

02 다음 [보기]의 작업자들의 노출농도를 조사한 데이터를 노출인년(인년)으로 구하시오.

[보기]
• 6개월 동안 노출농도를 조사한 사람의 수: 8명
• 1년 동안 노출농도를 조사한 사람의 수: 20명
• 3년 동안 노출농도를 조사한 사람의 수: 10명

노출인년(person-years of exposure)

= 노출자 수 × 연간 근무시간 = 노출자 수 × $\dfrac{\text{조사 개월 수}}{12\text{개월}}$

∴ 노출인년(person-years of exposure)

= $8 \times \dfrac{6}{12} + 20 \times \dfrac{12}{12} + 10 \times \dfrac{36}{12} = 54$인년

03 공기 중에 사염화탄소(비중 5.7) 5,000[ppm] 존재하고 있다면 사염화탄소와 공기(비중 1.0)의 혼합물 유효비중을 구하시오. (단, 소수점 넷째 자리까지 나타내시오.)

유효비중

$S_{eff} = \dfrac{(0.5 \times 5.7) + (99.5 \times 1.0)}{100} = 1.0235$

04 작업장에 벤젠이 배출되고, 채취한 시료의 벤젠 농도를 분석한 결과가 오전 3시간 동안 60[ppm], 작업이 없는 점심시간은 1시간, 오후 4시간 동안 45[ppm]일 때 다음을 구하시오. (단, 벤젠의 TLV는 50[ppm]이다.)

1) 작업장의 벤젠 TWA(ppm)
2) 허용기준 초과여부 평가

1) 벤젠 TWA(ppm)

= $\dfrac{C_1 T_1 + C_2 T_2 + C_3 T_3}{8} = \dfrac{60 \times 3 + 0 \times 1 + 45 \times 4}{8} = 45\,[\text{ppm}]$

2) 허용기준 초과 여부 평가는 노출지수(EI, Exposure Index)를 계산하여 평가한다.

∴ EI = $\dfrac{C}{TLV} = \dfrac{45}{50} = 0.9$

1을 초과하지 않았으므로 허용기준은 초과하지 않았다.

2024년 제2회 기출복원문제

05 차음평가수(NRR)이 18이고, 음압수준이 95[dB(A)]인 경우 작업자에게 노출되는 음압수준(dB(A))을 구하시오.

미국 OSHA의 보호구 차음효과 예측방법은 소음 측정치의 정확성을 고려하여 NRR 값에서 7dB을 빼고 다시 안전계수 50%를 적용하여 차음효과를 예측한다.
∴ 차음효과 = (NRR − 7) × 50[%] = (18 − 7) × 0.5 = 5.5[dB]
5.5[dB]만큼 차음효과가 있으므로 근로자에게 노출되는 음압수준은 95 − 5.5 = 89.5[dB]이다.

06 산업피로의 생리적 원인 4가지를 쓰시오.

1) 산소를 포함한 근육 내 에너지원의 부족
2) 체내 노폐물의 축적
3) 체내에서 물리·화학적 변조
4) 신체조절기능의 저하

07 '산업안전보건법'상 사업주는 산업재해가 발생할 때 기록·보존해야 하는 사항 4가지를 쓰시오.

1) 사업장의 개요 및 근로자의 인적사항
2) 재해 발생의 일시 및 장소
3) 재해 발생의 원인 및 과정
4) 재해 재발방지 계획

참고 산업안전보건법 시행규칙[고용노동부령 제419호] 제72조(산업재해 기록 등)

08 '산업안전보건법'상 다음 [보기]를 참고하여 안전보건교육기관에서 직무와 관련한 안전보건교육을 받아야 하는 사람을 모두 고르시오.

[보기]
ㆍ ㉠ 사업주   ㉡ 안전관리자
ㆍ ㉢ 보건관리자   ㉣ 안전보건관리담당자

해답 ㉡, ㉢, ㉣

참고 산업안전보건법[법률 제19591호] 제32조(안전보건관리책임자 등에 대한 직무교육)
① 사업주는 다음 각 호에 해당하는 사람에게 제33조에 따른 안전보건교육기관에서 직무와 관련한 안전보건교육을 이수하도록 하여야 한다.
  1. 안전보건관리책임자
  2. 안전관리자
  3. 보건관리자
  4. 안전보건관리담당자
  5. 다음 각 목의 기관에서 안전과 보건에 관련된 업무에 종사하는 사람
    가. 안전관리전문기관
    나. 보건관리전문기관
    다. 건설재해예방전문지도기관
    라. 안전검사기관
    마. 자율안전검사기관
    바. 석면조사기관

09 공기역학적 직경에 대해서 서술하시오.

해답 공기역학적 직경(유체역학적 직경, aerodynamic(equivalent) diameter)은 대상 먼지와 침강속도가 같고, 밀도가 1[g/cm^3]이며, 구형인 먼지의 직경으로 환산된 것을 말한다.

10 중금속 중 납흄 분석 시 각 물음에 답하시오.
  1) 채취 여과지 종류 1가지
  2) 1)의 여과지를 사용하는 이유 2가지

> **해답**
> 1) MCE 막여과지 또는 PVC 막여과지
> 2) • MCE 막여과지
>   ① 산에 쉽게 용해되어 회화되기 쉬우며 분석 시 방해물이 거의 없기 때문에
>   ② 여과지 기공의 크기가 0.45[μm] ~ 0.8[μm] 정도로 작아서 금속 흄 채취가 가능하기 때문에
> • PVC 막여과지
>   ① 가볍고 흡습성이 낮아 분진 중량분석에 사용
>   ② 수분 영향이 낮아 공해성 먼지 중 금속성분의 분석에 적용

11 휘발성유기화합물(VOCs) 처리방법 2가지와 각각의 특징 2가지를 쓰시오.

> **해답**
> 1) 고열산화법(열소각법)
>   (1) VOC 농도가 높은 경우 적합하며, 시스템이 간단하여 보수가 용이하다.
>   (2) 열소각에서는 보통 650 ~ 870[℃] 정도의 연소온도를 유지시켜 주기 위해 가스나 기름 등 보조연료가 사용되어 비용이 많이 든다.
> 2) 촉매산화법(촉매소각법)
>   (1) VOC 농도가 낮고 가스량이 적은 경우에 적용한다.
>   (2) 저온에서 처리하여 이산화탄소와 물로 완전 무해화 처리가 가능하다.
>   (3) 촉매(귀금속 촉매: 백금(Pt), 팔라듐(Pd), 금속산화물 촉매: 크로뮴, 코발트, 구리, 망간 산화물)를 사용하여 저온인 200 ~ 400[℃]에서 처리하여 보조연료 소모가 적어 경제적이다.

12 개인보호구의 구비조건 4가지를 쓰시오.

> **해답**
> 1) 외관이 양호할 것
> 2) 착용이 간편할 것
> 3) 재료의 품질이 우수할 것
> 4) 착용 시 작업이 용이할 것
> 5) 구조 및 표면 가공성이 좋을 것
> 6) 유해·위험요소에 대한 방호성능이 충분할 것

13 '근골격계부담작업의 범위 및 유해요인조사 방법에 관한 고시'상 다음 [보기]는 근골격계부담작업에 대한 내용일 때 빈칸을 채우시오. (단, 단기간작업 또는 간헐적인 작업은 제외한다.)

> [보기]
> 1. 하루에 (①)시간 이상 집중적으로 자료입력 등을 위해 키보드 또는 마우스를 조작하는 작업
> 2. 하루에 총 (②)시간 이상 목, 어깨, 팔꿈치, 손목 또는 손을 사용하여 같은 동작을 반복하는 작업
> 3. 하루에 총 (③)시간 이상 쪼그리고 앉거나 무릎을 굽힌 자세에서 이루어지는 작업
> 4. 하루에 총 2시간 이상 지지되지 않은 상태에서 (④)[kg] 이상의 물건을 한 손으로 들거나 동일한 힘으로 쥐는 작업
> 5. 하루에 10회 이상 (⑤)[kg] 이상의 물체를 드는 작업

> **해답**
> ① 4 ② 2 ③ 2 ④ 2.5 ⑤ 25
>
> **참고** 근골격계부담작업의 범위 및 유해요인조사 방법에 관한 고시[고용노동부고시 제2020-12호]
> 제3조(근골격계부담작업)

2024년 제2회 기출복원문제

14 길이가 10[m]인 장방형 덕트의 단면의 폭이 0.2[m], 높이가 0.6[m]이다. 비중량이 1.2[kg/m³], 관마찰계수가 0.019, 덕트 직관 내 송풍량이 240[m³/min]일 때 압력손실(mmH₂O)을 구하시오.

해답

덕트 내 반송속도

$$V_T = \frac{Q}{A} = \frac{240}{0.2 \times 0.6 \times 60} = 33.33 [\text{m/s}]$$

직관 덕트의 상당직경

$$D_e = \frac{2 \times 0.2 \times 0.6}{0.2 + 0.6} = 0.3 [\text{m}]$$

$$\therefore \Delta P = \lambda \times \frac{L}{D_e} \times \frac{\gamma \times V_T^2}{2 \times g} = 0.019 \times \frac{10}{0.3} \times \frac{1.2 \times 33.33^2}{2 \times 9.8}$$

$$= 43.08 [\text{mmH}_2\text{O}]$$

15 유입손실계수(F)가 0.65인 후드가 있다. 후드에 연결된 덕트는 원통형이고 지름이 20[cm]이다. 필요환기량이 40[m³/min]일 때 후드의 정압(mmH₂O)을 구하시오. (단, 공기의 밀도는 1.2 [kg/m³]이다.)

해답

후드정압 $SP_h = \text{VP}(1+F)$에서

속도압 $\text{VP} = \frac{\gamma V^2}{2g}$에서

$$V = \frac{Q}{A} = \frac{40[\text{m}^3/\text{min}]}{\left(\frac{3.14 \times 0.2^2}{4}\right)[\text{m}^2] \times 60[\text{s/min}]} = 21.23 [\text{m/s}]$$

$$\therefore \text{VP} = \frac{1.2 \times 21.23^2}{2 \times 9.8} = 27.60 [\text{mmH}_2\text{O}]$$

$$\therefore SP_h = 27.60 \times (1+0.65) = 45.54 [\text{mmH}_2\text{O}]$$

16 1일 10시간 클로로포름(TLV: 100[ppm])을 취급할 때 노출기준(ppm)을 Brief & Scala의 방법으로 보정하면 얼마가 되는가?

  Brief & Scala 방법의 계산식 : 전신중독 또는 기관장해를 일으키는 물질에 대하여 보정계수(RF, Reduction Factor, 감소계수)를 구한 후 보정계수와 허용농도를 곱하여 보정한다.

- 1일 노출시간을 기준으로 할 경우

$$\text{TLV 보정계수(RF)} = \frac{8}{H} \times \frac{24-H}{16} = \frac{8}{10} \times \frac{24-10}{16} = 0.7$$

∴ 보정된 노출기준 $\text{TLV}_c = \text{RF} \times \text{TLV} = 0.7 \times 100 = 70 [\text{ppm}]$

17 '사무실 공기관리 지침'상 다음 [보기]의 빈칸을 채우시오.

[보기]
1. 공기정화시설을 갖춘 사무실에서 근로자 1인당 필요한 최소 외기량은 분당 0.57세제곱미터 이상이며, 환기횟수는 시간당 (①)회 이상으로 한다.
2. 공기의 측정시료는 사무실 안에서 공기질이 가장 나쁠 것으로 예상되는 (②)곳 이상에서 채취하고, 측정은 사무실 바닥면으로부터 0.9미터 이상 1.5미터 이하의 높이에서 한다. 다만, 사무실 면적이 500제곱미터를 초과하는 경우에는 500제곱미터마다 1곳씩 추가하여 채취한다.
3. 일산화탄소(CO)의 측정 시기는 연 1회 이상이고, 시료채취시간은 업무 시작 후 1시간 전후 및 업무 종료 전 1시간 전후에 각각 (③)분간 측정을 실시한다.

 ① 4 ② 2 ③ 10

참고 사무실 공기관리 지침[고용노동부고시 제2020-45호]
제3조(사무실의 환기기준), 제5조(사무실 공기질의 측정 등), 제7조(시료채취 및 측정지점)

18 '산업안전보건법'상 사업주는 관리대상 유해물질을 취급하는 작업에 근로자를 종사하도록 하는 경우에 근로자를 작업에 배치하기 전에 근로자에게 알려야 하는 사항 3가지를 쓰시오. (단, 그 밖에 근로자의 건강장해 예방에 관한 사항은 제외하시오.)

1) 관리대상 유해물질의 명칭 및 물리적·화학적 특성
2) 인체에 미치는 영향과 증상
3) 취급상의 주의사항
4) 착용하여야 할 보호구와 착용방법
5) 위급상황 시의 대처방법과 응급조치 요령
6) 그 밖에 근로자의 건강장해 예방에 관한 사항

참고 산업안전보건기준에 관한 규칙[고용노동부령 제417호]
제449조(유해성 등의 주지) ① 사업주는 관리대상 유해물질을 취급하는 작업에 근로자를 종사하도록 하는 경우에 근로자를 작업에 배치하기 전에 다음 각 호의 사항을 근로자에게 알려야 한다.

19 1[atm], 21[℃]의 조건에서 밀도 1.3[g/cm³], 직경이 15[μm]인 분진 입자를 중력 침강실에 처리하려 한다. 공기의 밀도 0.0012[g/cm³], 공기의 점성계수 1.78×10^{-4}[g/cm·s]일 때 침강속도(cm/s)를 구하시오.

Stokes 법칙(종말 침강속도식)

$$v = \frac{(\rho_p - \rho_o)\times g \times d^2}{18\mu}$$

여기서, ρ_p: 입자의 밀도, ρ_o: 가스의 밀도, g: 중력가속도, d: 입자의 직경, μ: 가스의 점성계수(동점성계수 × 가스의 밀도)

∴ 침강속도 $v_s = \dfrac{d_p^2(\rho_p - \rho)g}{18\mu} = \dfrac{(15\times 10^{-4})^2 \times (1.3 - 0.0012)\times 980}{18\times (1.78\times 10^{-4})}$
$= 0.89$[cm/s]

다른 풀이
Lippmann의 식: $v = 0.003\times \rho \times d^2$ [cm/s]
여기서, ρ: 입자의 비중, d: 입경(μm)
∴ 침강속도 $v = 0.003\times \rho \times d^2 = 0.003\times 1.2 \times 15^2 = 0.81$[cm/s]

20 작업장 내에서 발생하는 분진을 유리섬유여과지로 3회 채취하여 얻은 평균값이 16.04[mg]이었다. 시료 채취 전 실험실에서 여과지 무게를 3회 측정한 결과 10.04[mg]이었다면 이 작업장의 분진농도(mg/m^3)는? (단, 공기시료 채취부피는 시간당 40[L], 채취시간은 30분이다.)

해답

$$분진농도 = \frac{(16.04 - 10.04)[mg]}{20 \times 10^{-3}[m^3]} = 300[mg/m^3]$$

2024년 제3회 기출복원문제

01 가스상 유해물질을 측정하는 검지관 측정법의 장·단점을 3가지씩 적으시오.

해답

1) 장점
   ① 사용이 간편하다.
   ② 반응시간이 빨라서 측정결과를 즉시 알 수 있다.
   ③ 숙련된 산업위생전문가가 아니더라도 어느 정도만 숙지하면 사용할 수 있다.
   ④ 맨홀, 밀폐공간, 폭발성 가스로 인한 안전이 문제가 될 경우 유용하게 사용된다.

2) 단점
   ① 단시간 측정만 가능하다.
   ② 측정물질이 미리 동정이 되어 있어야 측정이 가능하다.
   ③ 근로자에게 노출된 TWA를 측정하는 데는 불리한 측면이 있다.
   ④ 민감도, 특이도가 낮아 고농도에만 적용이 가능하고 오차가 크다.
   ⑤ 색변화에 따라 주관적으로 읽을 수 있어 판독자에 따라 변이가 심하다.
   ⑥ 한 검지관으로 단일물질만 측정이 가능하여 각 오염물질에 맞는 검지관을 선정해야 하므로 불편하다.

02 다음은 '일반건강 진단결과에 따른 사후관리 지침'에서 정의한 '사후관리 조치'에 관한 내용이다. (   ) 안을 채우시오.

"사후관리 조치"란 사업주가 건강진단 실시결과에 따른 (㉠), 작업전환, (㉡), 야간근무 제한, 작업환경측정, 시설·설비의 설치 또는 개선, 건강상담, 보호구 지급 및 착용지도, 추적검사, 근무 중 치료 등 근로자의 건강관리를 위하여 실시하는 조치를 말한다.

해답
㉠ 작업장소 변경
㉡ 근로시간 단축

03 어떤 작업장의 아세트알데히드(Acetaldehyde) 취급작업자가 그 유해물질에 노출 시 실시하여야 하는 건강진단의 명칭과 배치 후 첫 번째 건강진단 시기 및 주기를 적으시오.

1) 건강진단명칭: 특수건강진단
2) 배치 후 첫 번째 건강진단 시기: 6개월 이내, 주기: 12개월

04 대기압 1[atm]을 유지하는 화학공장에서 환기장치의 설치가 어려워 유해성이 적은 유기용제를 사용하고자 할 경우 [보기]의 A 유기용제와 B 유기용제의 포화증기압과 허용증기농도가 다음과 같을 경우 다음 물음에 답하시오.

[보기]
ㄱ) A 유기용제: TLV 100[ppm], 포화증기압 25[mmHg]
ㄴ) B 유기용제: TLV 350[ppm], 포화증기압 100[mmHg]

1) A 유기용제의 증기 포화농도(ppm)을 구하시오.
2) A 유기용제의 증기위험도지수(VHI, Vapor Hazard Index)를 구하시오.
3) B 유기용제의 증기 포화농도(ppm)를 구하시오.
4) B 유기용제의 증기위험도지수(VHI, Vapor Hazard Index)를 구하고 A, B 유기용제의 위험성을 비교하시오.

1) A 유기용제의 증기 포화농도(ppm)
$$C = \frac{P_{\max}}{760} \times 10^6 = \frac{25}{760} \times 10^6 = 32,894.7 [\text{ppm}]$$

2) A 유기용제의 VHI $= \log\left(\frac{C}{TLV}\right) = \log\left(\frac{32,894.7}{100}\right) = 2.52$

3) B 유기용제의 증기 포화농도(ppm)
$$C = \frac{P_{\max}}{760} \times 10^6 = \frac{100}{760} \times 10^6 = 131,578.9 [\text{ppm}]$$

4) B 유기용제의 VHI $= \log\left(\frac{C}{TLV}\right) = \log\left(\frac{131,578.9}{350}\right) = 2.58$

∴ 증기위험도지수가 더 큰 B 유기용제가 위험성이 더 크다.

05 사업장에서 근로자의 위험 또는 건강장해를 예방하기 위해 노사가 산업안전보건에 관한 중요한 사항에 대하여 노사가 함께 심의·의결하고 산업재해예방에 대하여 근로자의 이해 및 협력을 구하는 한편 근로자의 의견을 반영하는 역할을 수행하는 기구는?

산업안전보건위원회

06 '산업안전보건기준에 관한 규칙'에서 사업주가 '근골격계질환 예방관리 프로그램'을 수립하여 시행하여야 하는 사업장의 경우를 3가지 적으시오.

1) 근골격계질환으로 「산업재해보상보험법 시행령」에 따라 업무상 질병으로 인정받은 근로자가 연간 10명 이상 발생한 사업장
2) 근골격계질환으로 「산업재해보상보험법 시행령」에 따라 업무상 질병으로 인정받은 근로자가 5명 이상 발생한 사업장으로서 발생 비율이 그 사업장 근로자 수의 10퍼센트 이상인 경우
3) 근골격계질환 예방과 관련하여 노사 간 이견(異見)이 지속되는 사업장으로서 고용노동부 장관이 필요하다고 인정하여 근골격계질환 예방관리 프로그램을 수립하여 시행할 것을 명령한 경우

07 국소배기장치를 처음으로 사용하는 경우나 국소배기장치를 분해하여 개조하거나 수리를 한 후 처음으로 사용하는 경우 사용 전에 점검하여야 하는 사항에 대하여 예시를 제외한 내용을 두 가지 적으시오. (예시, 덕트 접속부가 헐거워졌는지 여부)

1) 덕트와 배풍기의 분진 상태
2) 흡기 및 배기 능력
3) 그 밖에 국소배기장치의 성능을 유지하기 위하여 필요한 사항

08 다음 [보기]에 주어진 측정값의 기하평균(GM)과 기하표준편차(GSD)를 구하시오.

[보기]
- 누적분포가 15.9[%]에 해당하는 값: $0.05[\mu g/m^3]$
- 누적분포가 19.5[%]에 해당하는 값: $0.07[\mu g/m^3]$
- 누적분포가 24.5[%]에 해당하는 값: $0.08[\mu g/m^3]$
- 누적분포가 37.4[%]에 해당하는 값: $0.11[\mu g/m^3]$
- 누적분포가 48.1[%]에 해당하는 값: $0.16[\mu g/m^3]$
- 누적분포가 50.0[%]에 해당하는 값: $0.20[\mu g/m^3]$
- 누적분포가 63.1[%]에 해당하는 값: $0.45[\mu g/m^3]$
- 누적분포가 77.2[%]에 해당하는 값: $0.68[\mu g/m^3]$
- 누적분포가 81.4[%]에 해당하는 값: $0.77[\mu g/m^3]$
- 누적분포가 84.1[%]에 해당하는 값: $0.80[\mu g/m^3]$
- 누적분포가 89.1[%]에 해당하는 값: $0.85[\mu g/m^3]$

해답

1) 기하평균(GM)은 누적분포 50[%]에 해당하는 값이므로
$GM = 0.20[\mu g/m^3]$

2) 기하표준편차(GSD)
$$GSD = \frac{84.1[\%]에\ 해당하는\ 값}{50[\%]에\ 해당하는\ 값} = \frac{0.8}{0.2} = 4[\mu g/m^3]$$

09 옥내 고온작업장의 온도를 측정한 결과 건구온도 28.3[℃], 자연습구온도 21.7[℃], 흑구온도 31.4[℃]이었다. 습구흑구온도지수(WBGT, ℃)는?

해답

 옥내 또는 태양광선이 내리쬐지 않는 옥외 장소
WBGT = 0.7×자연습구온도 + 0.3×흑구온도
= 0.7×21.7 + 0.3×31.4 = 24.6[WBGT, ℃]

2024년 제3회 기출복원문제

10 다음 그림은 여과집진기에서 입자상물질의 입경에 따른 집진원리를 설명한 것이다. [보기]를 참고하여 번호 ①, ②, ③에 적합한 포집기전을 선택하시오.

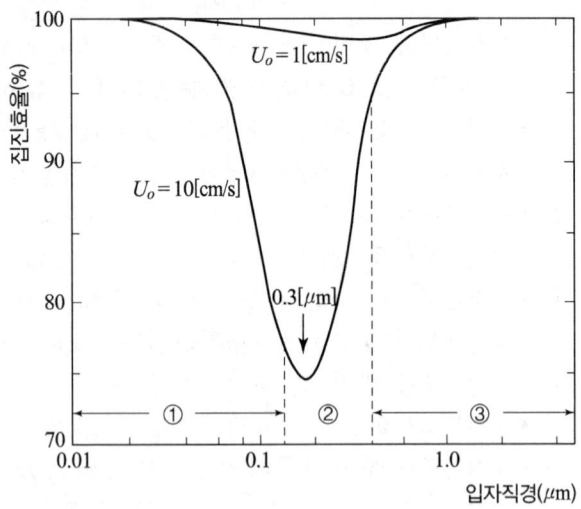

[보기]
㉠ 확산(diffusion)
㉡ 직접차단(간섭, interception)
㉢ 관성충돌(inertial impaction)
㉣ 확산과 간섭
㉤ 간섭과 관성충돌

해답
① ㉠ ② ㉣ ③ ㉤

참고 1) 관성충돌(impaction)

입경이 1[μm] 이상의 비교적 크고 비중이 큰 입자가 여과재를 통과하는 배출가스의 유선(흐름)에 관계없이 관성에 의하여 섬유층에 직접 충돌하여 부착되는 원리이다.

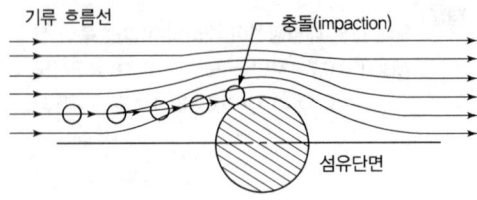

2) 차단(interception)

입경 0.1 ~ 1[μm]의 미세입자가 섬유와의 접촉에 의해서 포집되는 원리로 여과집진에서 가장 효과적인 집진작용이다.

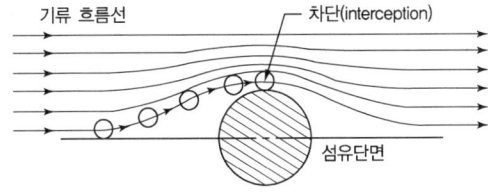

3) 확산(diffusion)

입경 0.1[μm] 이하의 미세한 먼지입자가 유선을 따라 운동하지 않고 불규칙적인 운동인 브라운 운동을 통하여 여재에 부착되는 원리이다.

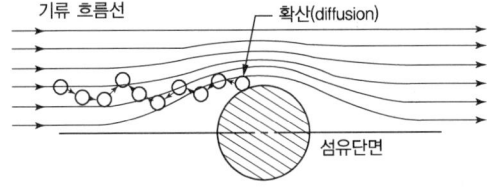

11 덕트의 속도압이 12[mmH₂O], 후드의 압력손실이 20[mmH₂O]일 때 후드의 유입계수(C_e)는?

해답
후드 정압 $SP_h = VP(1+F)$ 에서
$$20 = 12 \times \left(1 + \frac{1}{C_e^2} - 1\right)$$
∴ 유입계수 $C_e = 0.77$

12 소음의 음압수준이 96[dB]이고 작업자는 귀덮개(NRR = 19) 착용했다. 귀덮개 착용에 따른 차음효과와 작업자에게 노출되는 음압수준(dB)은?

> **해답**
> 미국 OSHA의 보호구 차음효과 예측방법은 소음 측정치의 정확성을 고려하여 NRR 값에서 7[dB]을 빼고 다시 안전계수 50[%]를 적용하여 차음효과를 예측한다.
> ∴ 차음효과 $= (NRR-7) \times 50[\%] = (19-7) \times 0.5 = 6[dB]$
> 6[dB]만큼 차음효과가 있으므로 근로자에게 노출되는 음압수준은 $96 - 6 = 90[dB]$

13 고열 배출원이 아닌 탱크 위에 장변(L)이 2.5[m], 단변(W)이 1.5[m]인 외부식 캐노피형 후드를 설치했다. 높이 H가 0.7[m]일 때 소요송풍량(m³/min)을 계산하시오. (단, 제어속도 v_c = 0.3[m/s]이다.)

> 📝 외부식 캐노피 후드에서
> $0.3 < \dfrac{H}{W} \leq 0.75$일 때는
> Thomas 식을 적용한다.
> $Q = 60 \times 14.5 \times H^{1.8} \times W^{0.2} \times V_c [\text{m}^3/\text{min}]$

> **해답**
> 외부식 캐노피형 후드의 $\dfrac{H}{L} = \dfrac{0.7}{2.5} = 0.28$
> 즉, $\dfrac{H}{L} \leq 0.3$인 경우는 Dalla Valle 식을 적용한다.
> $Q = 60 \times 1.4 \times 2(L+W) \times H \times V_c$
> $= 60 \times 1.4 \times 2 \times (2.5+1.5) \times 0.7 \times 0.3$
> $= 141.42 [\text{m}^3/\text{min}]$

14 무지향성, 점음원 자유공간에서 음향출력이 1[Watt]인 소음원으로부터 35[m] 떨어진 지점에서의 음압수준(dB)을 계산하시오. (단, ρ =1.18[kg/m³], C =344.4[m/s]이다.)

> 📝 무지향성, 점음원, 반자유공간에서
> $SPL = PWL - 20 \log r - 8 [dB]$

> **해답**
> 무지향성, 점음원 자유공간이므로 $SPL = PWL - 20 \log r - 11 [dB]$
> 음향출력레벨, $PWL = 10 \log \left(\dfrac{W}{W_o}\right) = 10 \log \left(\dfrac{1}{10^{-12}}\right) = 120 [dB]$
> ∴ $SPL = 120 - 20 \log 35 - 11 = 78 [dB]$

15 '사업장 위험성 평가에 관한 지침'에서 위험성 평가를 실시할 때 사업주가 해당 작업에 종사하는 근로자를 참여시켜야 경우를 3가지 적으시오.

1) 유해 · 위험요인의 위험성 수준을 판단하는 기준을 마련하고, 유해 · 위험요인별로 허용 가능한 위험성 수준을 정하거나 변경하는 경우
2) 해당 사업장의 유해 · 위험요인을 파악하는 경우
3) 유해 · 위험요인의 위험성이 허용 가능한 수준인지 여부를 결정하는 경우
4) 위험성 감소대책을 수립하여 실행하는 경우
5) 위험성 감소대책 실행 여부를 확인하는 경우

16 분진발생 작업장에서 2.5[L/min]의 유량으로 8시간 동안 시료를 포집하고 시료채취 전 · 후의 여과지 무게를 측정한 결과 각각 0.0721[g]과 0.0728[g]이었다. 작업장 분진농도(mg/m³)는?

분진농도(mg/m³)

$$= \frac{(0.0728 - 0.0721)[g] \times \left(\frac{1{,}000[\text{mg}]}{[g]}\right)}{2.5[\text{L/min}] \times 8[\text{h}] \times \left(\frac{60[\text{min}]}{[\text{h}]}\right) \times \left(\frac{[\text{m}^3]}{1{,}000[\text{L}]}\right)} = 0.58[\text{mg/m}^3]$$

17 사업장의 작업환경측정 결과를 기록한 서류는 보존(전자적 방법으로 하는 보존을 포함한다) 기간은 몇 년인가?

 5년

[근거] 산업안전보건법 시행규칙 제241조(서류의 보존)
① 작업환경측정 결과를 기록한 서류는 보존(전자적 방법으로 하는 보존을 포함한다) 기간을 5년으로 한다. 다만, 고용노동부 장관이 정하여 고시하는 물질에 대한 기록이 포함된 서류는 그 보존기간을 30년으로 한다.

18 작업장 내의 열부하량이 150,000[kcal/h]이며, 외부의 기온은 20[℃]이고, 작업장 내의 기온은 35[℃]이다. 이러한 작업장의 전체환기 필요환기량(m³/min)은?

방열목적의 필요환기량
$$Q = \frac{H_s}{0.3\,\Delta t} = \frac{150,000}{0.3 \times (35-20) \times 60} = 555.56[\mathrm{m^3/min}]$$

19 특정 작업에 대한 작업방법, 순서 등 표준화된 작업절차 및 매뉴얼에 따라 일관된 작업을 실시할 목적으로 해당 절차 및 수행방법 등을 상세하게 기술한 문서를 무엇이라고 하는가?

표준작업지침서(SOPs, Standard Operating Procedure) 또는 표준작업절차서

20 직업성 피부질환이 일어나는 작업장에서 발생하는 피부암을 유발하는 색소침착 유발물질 2가지와 색소침착 감소물질을 2가지 적고 그에 따른 보호조치 2가지를 설명하시오.

1) 색소침착 유발물질: 피치(pitch), 타르(tar), 파라핀유(paraffin oil) 등의 화학물질, 방사선 노출의 축적된 양
2) 색소침착 감소물질: 모노벤질에테르, 석탄화합물
3) 보호조치: 보호구의 사용, 자외선 차단제의 사용, 피부세척제 및 피부보호크림 사용

■ **저자 약력**

신은상 공학박사

- 대한산업보건평가원(주) 전문위원
- (전) 동남보건대학교 바이오환경보건과 정교수
- 한국대기환경학회 부회장(미래교육) 역임
- NCS 환경·에너지·안전 분야 대표 집필자
- 33년간 산업위생 관련 분야 전 과목 강의 및 문제 출제 경력

[문제집 관련 문의사항]
E-mail: sesang58@daum.net

합격Easy
산업위생관리기사·산업기사 실기

정가 ‖ 26,000원

지은이 ‖ 신 은 상
펴낸이 ‖ 차 승 녀
펴낸곳 ‖ 도서출판 건기원

2024년 5월 10일 제1판 제1쇄 인쇄발행
2025년 2월 20일 제1판 제2쇄 인쇄발행

주소 ‖ 경기도 파주시 연다산길 244(연다산동 186-16)
전화 ‖ (02)2662-1874~5
팩스 ‖ (02)2665-8281
등록 ‖ 제11-162호, 1998. 11. 24

- 건기원은 여러분을 책의 주인공으로 만들어 드리며 출판 윤리 강령을 준수합니다.
- 본 수험서를 복제·변형하여 판매·배포·전송하는 일체의 행위를 금하며, 이를 위반할 경우 저작권법 등에 따라 처벌받을 수 있습니다.

ISBN 979-11-5767-840-2 13530